Carlos E. de M. Bicudo
Organizador da Série

Carlos E. de M. Bicudo
Instituto de Botânica – Núcleo de Pesquisa em Ecologia – São Paulo, SP

Sílvia M. Mathes Faustino
Universidade Federal do Amapá – Macapá, AP

Luciana R. Godinho
Centro Nacional de Pesquisa em Energia e Materiais – Campinas, SP

2018

Processo FAPESP n° 1998/04955-3

Flora Ficológica do Estado de São Paulo – vol. 4, parte 4 – Zygnemaphyceae /
Carlos Eduardo de Mattos Bicudo ; Sílvia M. Mathes Faustino ; Luciana R. Godinho –
São Paulo : RiMa Editora : FAPESP, 2018.

329 p. Il.

ISBN 85-86552-87-9 (obra completa)
ISBN 978-85-7656-354-9 (volume 4, parte 5)

1. Flora : São Paulo (Estado) ; 2. Botânica : Algas : Taxonomia. I. Bicudo,
Carlos E. de M. II. Faustino, Sílvia M. Mathes. III. Godinho, Luciana R.

AGRADECIMENTOS

Agradecemos ao CNPq (Conselho Nacional de Desenvolvimento Científico e Tecnológico), por bolsa de Pesquisador Sênior concedida a CEMB (processo 305031/2016-3).

Somos também gratos à FAPESP (Fundação de Amparo à Pesquisa do Estado de São Paulo), pelo auxílio concedido para realizar o projeto "Flora ficológica do Estado de São Paulo" (processo 1998/04955-3), do qual este fascículo faz parte; e bolsas de mestrado e doutorado outorgadas a Sílvia Maria Mathes Faustino e de mestrado a Luciana Rufino Godinho.

CEMB é profundamente grato a Yukio Hayashi Silva, pelo esmerado e extremamente profissional serviço de digitalização das pranchas e colocação de números e escalas nas figuras.

APRESENTAÇÃO

O volume 4 das Zygnemaphyceae foi projetado para ser publicado em cinco partes e abordar as desmídias tanto falsas quanto verdadeiras. A parte 1 foi publicada incluindo os gêneros com células cilíndricas retas *Docidium* Brébisson *ex* Ralfs emend. Lundell, *Haplotaenium* Bando, *Ichthyocercus* West & West, *Penium* Brébisson *ex* Ralfs, *Pleurotaenium* Nägeli, *Tetmemorus* Ralfs *ex* Ralfs e *Triploceras* J.W. Bailey e os de células lunadas *Closterium* Nitzsch *ex* Ralfs e *Spinoclosterium* Bernard. A parte 2 também já foi publicada e incluiu os gêneros *Euastrum* Ehrenberg *ex* Ralfs e *Micrasterias* C. Agardh *ex* Ralfs. E os gêneros de hábito "filamentoso" (*Bambusina* Kützing *ex* Kützing, *nomen conservandum*, *Desmidium* C. Agardh *ex* Ralfs, *Groenbladia* Teiling, *Hyalotheca* Ehreberg *ex* Ralfs, *Onychonema* Wallich, *Phymatodocis* Nordstedt, *Spondylosium* Brébisson *ex* Kützing e *Teilingia* Bourrelly) constituíram a parte 5 do referido volume que também já se encontra publicada.

A presente é a parte 4 do referido volume e inclui os gêneros que possuem processos ou espinhos angulares, quais sejam: *Bourrellyodesmus* Compère, *Croasdalea* C. Bicudo & Mercante, *Octacanthium* (Hansgirg) Compère, *Staurastrum* Meyen *ex* Ralfs, *Staurodesmus* Teiling e *Xanthidium* Ehrenberg *ex* Ralfs. Esta parte teve como origem uma dissertação de mestrado submetida à Universidade de São Paulo (gêneros *Bourrellyodesmus*, *Octacanthium* e *Xanthidium*), "campus" de Ribeirão Preto, uma dissertação de mestrado submetida ao Instituto de Botânica (gênero *Staurodesmus*) e uma tese de doutorado submetida à Universidade de São Paulo, "campus" de Ribeirão Preto (gênero *Staurastrum*), todas, porém, nunca publicadas em suas íntegras.

CONTEÚDO

1

INTRODUÇÃO

Como já dissemos nas partes 1, 2 e 5 deste volume 4, a primeira referência à ocorrência de desmídias no Brasil consta em Ehrenberg (1843). *Desmidium hexaceros* Ehrenberg é a espécie citada, identificada de material obtido entre raízes de *Eriocaulon modestum* Kunth na Praia de Sernambetiba, Estado do Rio de Janeiro. *Desmidium hexaceros* Ehrenberg foi transferida por Wittrock (1872) para o gênero *Staurastrum*, no qual está atualmente classificada sob a combinação *Staurastrum hexacerum* (Ehrenberg) Wittrock.

São Paulo é o Estado do Brasil que hoje apresenta o melhor conhecimento das Zygnemaphyceae e, mais especificamente, das desmídias. Levantamento realizado por Bicudo *et al.* (1998) revelou que 1.551 táxons de algas de águas continentais, entre espécies, variedades e formas taxonômicas, foram identificados até 1998 para o território paulista, dos quais 639 são de Zygnemaphyceae. Em outras palavras, 41,2% do total dos táxons identificados na época, 20 anos atrás, era de representantes de desmídias. A relação dos táxons identificados no intervalo de 155 anos decorrido entre a primeira referência em 1843 e 1998 é, entretanto, uma lista chamada "suja", e sua depuração taxonômica e sistemática poderá modificar significativamente tais cifras. Entre as Zygnemaphyceae, as desmídias constituíram, de longe, o grupo mais e melhor estudado no Estado.

O conhecimento atual dessas algas no Estado de São Paulo está disperso entre trabalhos taxonômicos e ecológicos. Os primeiros são, na maioria, levantamentos florísticos de áreas bastante restritas realizados, como regra, a partir de coletas pontuais efetuadas em poucos corpos d'água. Tal conhecimento restringiu-se, no Estado, a coletas realizadas no Município de São Paulo e à região de Leme, Laranja Azeda, Campinas, Descalvado, Rio Claro e, principalmente, Pirassununga. A maior parte do material utilizado nesses trabalhos foi coletada pelo Dr. Löfgren (Johan Albert Constantin Löfgren) e enviada a Lund, na Suécia, para estudo pelo Prof. Dr. Carl Fredrik Otto Nordstedt. Esse material fez parte, primeiro, do herbário particular de Nordstedt, mas foi posteriormente incorporado ao Herbário do Museu Botânico (LD) de Lund, na Suécia. Os trabalhos publicados no século XIX contêm, em geral, descrição suscinta dos materiais estudados, além de medidas das características diagnósticas e ilustração. A partir da segunda metade do século XX, quando autores brasileiros assumiram a tarefa de estudar as desmídias do Brasil, houve detalhamento maior nas descrições e divulgação de chaves para identificação dos materiais estudados. Grande quantidade desses materiais foi depositada, primeiro, em herbários do Exterior e, mais tarde, também em instituições nacionais, como, por exemplo, o Instituto de Botânica em São Paulo e o Museu Nacional no Rio de Janeiro. Os trabalhos de cunho ecológico usaram a taxonomia como ferramenta para desenvolver pesquisa em dinâmica de populações e comunidades do fitoplâncton e do perifíton de corpos d'água, principalmente, do Estado de São Paulo. Variou bastante, nesses trabalhos, o nível da identificação taxonômica, pois nos mais antigos tal identificação restringiu-se ao nível gênero, e os mais recentes foram mais a fundo ao providenciarem a identificação até o nível espécie, variedade e/ ou forma taxonômica. Em vários trabalhos de cunho ecológico, entretanto, os nomes das desmídias apenas constaram das listas dos materiais identificados. Muito esporadicamente foram incluídas descrição e/ou ilustração dos materiais. Finalmente, a quase totalidade das amostras utilizadas para produzir pesquisas ecológicas foi descartada logo após a publicação dos resultados – e até antes –, não existindo, portanto, o documento biológico preservado dessas pesquisas. Em alguns poucos casos, as amostras foram depositadas em herbários oficiais ou fazem parte de coleções-documento de laboratórios de ecologia.

O primeiro documento sobre a ocorrência de material de desmídias no Estado de São Paulo consta na coleção de exsicatas preparadas por Veit Brecher Wittrock e Carl Fredrik Otto Nordstedt. Essa é uma coleção de algas coletadas de ambientes de águas doce e marinha, que foram reunidas em fascículos de 50 unidades cada um e distribuídas entre 1877 e 1889 por Wittrock e Nordstedt e, mais tarde, entre 1893 e 1903, também por Gustaf Lagerheim. *Desmidium laticeps* Nordstedt consta na exsicata nº 366 do fascículo nº 8 dessa coleção. O material então estudado proveio de um ambiente de água corrente em Pirassununga, porém, sem maior especificação do sítio da coleta (Wittrock & Nordstedt 1880). No índice das plantas depositadas no herbário da então Comissão Geográfica e Geológica de São Paulo (hoje Herbário Científico do Estado "Maria Eneyda P. Kuffmann Fidalgo" do Instituto de Botânica da Secretaria do Meio Ambiente do Estado de São Paulo), a espécie acima foi relacionada sem, contudo, incluir qualquer detalhe sobre o local de origem das amostras que não seja "água corrente" (Edwall 1896).

Até meados do século XX, dominaram as contribuições de especialistas estrangeiros ao conhecimento das desmídias brasileiras. Destaque-se para o Estado de São Paulo, nessa fase, o trabalho de Olof Borge, publicado em 1918, que resultou do estudo de material pontual enviado à Suécia para estudo de Nordstedt. Borge (1918) analisou 239 unidades amostrais coletadas por Löfgren na cidade de São Paulo, onde residia, e arredores, e na cidade de Pirassununga e imediações. Nesse trabalho, está a maior quantidade de referências até então feitas à ocorrência de desmídias no Estado de São Paulo. Duzentos e sessenta e quatro espécies de desmídias foram aí documentadas. Descrição detalhada e ilustração constam apenas para as novidades taxonômicas, que são nove espécies e cinco variedades. Em alguns poucos outros casos existem descrições extremamente sucintas, que só incluem as características morfológicas diagnósticas. Finalmente, são relativamente poucas as ilustrações.

A atuação efetiva dos autores nacionais em prol do conhecimento da desmidioflórula do Brasil iniciou em 1962. Os trabalhos de Bicudo & Bicudo (1962, 1965) são contribuições ao conhecimento das Desmidiaceae do então Parque do Estado (hoje Parque Estadual das Fontes do Ipiranga), localizado na parte sul da cidade de São Paulo. Em ambos os trabalhos, os materiais identificados foram descritos em detalhes e ilustrados, totalizando 32 espécies, seis variedades que não são as típicas de suas respectivas espécies e uma forma taxonômica que também não é a típica, porém, de sua respectiva variedade.

A partir do exame de 50 unidades amostrais de material proveniente de localidades no Estado de São Paulo e outras poucas de Minas Gerais, Bicudo (1969) identificou 95 espécies, 66 variedades que não são as típicas de suas respectivas espécies e 16 formas taxonômicas igualmente não típicas, entretanto, de suas respectivas variedades, totalizando 177 táxons de desmídias. Vinte desses táxons foram então descritos pioneiramente e propostos como novidades para a Ciência. Para todos os 177 táxons, Bicudo (1969) juntou descrição detalhada e ilustração. Constam também nesse trabalho chaves artificiais para identificar as espécies, variedades e formas taxonômicas em cada gênero.

Há dissertações de mestrado e teses de doutorado que referiram a ocorrência de espécies de desmídias no Estado de São Paulo. São 19 trabalhos, 13 dos quais elaborados da análise de material proveniente de três ambientes situados no PEFI (Parque Estadual das Fontes do Ipiranga), a saber: Lago das Garças, Lago das Ninfeias e Lago do IAG. A maioria desses trabalhos (Ramírez 1996, Nascimento-Moura 1996, Moura 1997, Lopes 1999, Vercellino 2001, Crossetti 2002, 2006, Barcelos 2003, Ferragut 2004, Fonseca 2005, Biesemeyer 2005, Fermino 2006) só fez referência à presença das algas nas listas das espécies identificadas durante o desenvolvimento do estudo. Há outros trabalhos nessa mesma situação, mas que foram realizados com materiais provenientes da Represa

Guarapiranga (Beyruth 1996), Represa de Jurumirim (Nogueira 1996, Ferreira 2005), Represa de Barra Bonita (Calijuri 1999) e de 30 pesqueiros situados na região metropolitana da cidade de São Paulo (Gentil 2007). Lopes (1999) resultou em uma publicação, Lopes *et al.* (2005), cujo conteúdo é o mesmo da parte competente da tese de doutorado de Maria Rosélia Marques Lopes; e Crossetti (2002) resultou em duas publicações, Crossetti & Bicudo (2005a, 2005b), cujos teores também são exatamente os mesmos da dissertação de mestrado de Luciane Oliveira Crossetti.

Outras dissertações e teses apresentaram descrições sucintas, inclusive medidas e/ou ilustração dos materiais identificados, permitindo, dessa forma, reidentificação dos mesmos. Neste sentido, Marinho (1994) apresentou breve descrição e medidas de – corrigida a grafia de alguns deles – *Croasdalea marthae* (Grönblad) C. Bicudo & Mercante, *Staurastrum asteroideum* West & West var. *nanum* (Wille) Grönblad, *S. inconspicuum* Nordstedt var. *inconspicuum*, *S. iotanum* Wolle var. *iotanum*, *S. iotanum* Wolle var. *perpendiculatum* Grönblad, *S. muricatum* (Brébisson) Ralfs, *S. rotula* Nordstedt, *S. subindentatum* Wes & West var. *brasiliense* Borge f. *sexspinulosum* Förster, *S. teliferum* Ralfs var. *groenbladii* (Grönblad) Förster, *S. tetracerum* (Kützing) Ralfs var. *tetracerum* f. *tetracerum*, *S. tohopekaligense* Wolle var. *tohopekaligense* f. *minus* (Turner) Scott & Prescott, *S. trifidum* Nordstedt var. *inflexum* West & West, *Staurodesmus dejectus* (Brébisson) Teiling var. *dejectus*, *S. mamillatus* (Nordstedt) Teiling, *S. omearae* (Archer) Teiling var. *infractus* Förster, *S. patens* (Nordstedt) Croasdale, *S. phimus* (Turner) Thomasson var. *semilunaris* (Schmidle) Teiling e *Xanthidium bifidum* (Brébisson) Deflandre var. *bifidus*, a partir de material coletado no Açude do Jacaré. Os resultados desse trabalho foram publicados três anos mais tarde (Marinho & Sophia 1997). Calijuri (1999) apenas ilustrou os seguintes materiais coletados na Represa de Barra Bonita: *Staurastrum leptocladum* Nordstedt, *S. sebaldi* Reinsch, *S. subamericanum* Grömblad, *S. volans* West & West, *Staustrum* sp. e *Staurodesmus* sp.

Na segunda metade do século XX, principalmente durante o período dos anos 1970-1990, mas que se estendeu até os dias atuais, o conhecimento da desmidioflórula brasileira experimentou um progresso bastante significativo, marcado pela dedicação de autores como Ana Alice Jarreta de Castro, Andréa de Araújo, Dayse Vasques Martins, Ermelinda Maria De Lamonica Freire, Ieti Ungaretti, Ivania Batista de Oliveira, Laine Sormus de Castro Pinto, Luís Nélio Cavalcanti Rodrigues, Maria da Graça Loureiro Sophia, Maria Teresa de Paiva Azevedo, Sílvia Maria Mathes Faustino, Stefania Biolo e Susana Petersen Schetty, entre outros. Alguns desses profissionais encontram-se agora aposentados e afastados da Ciência (Dayse Vasques Martins, Ermelinda Maria De Lamonica Freire e Ieti Ungaretti); outros direcionaram sua atenção para outros grupos taxonômicos que não as desmídias (Ana Alice Jarreta de Castro e Maria Teresa de Paiva Azevedo); e ainda outros se devotaram, integralmente, ao ensino (Luís Nélio Cavalcanti Rodrigues).

A iniciação de novos especialistas em desmídias torna-se, consequentemente, imperiosa no Brasil. Ativos atualmente em todo o território nacional, além do primeiro autor deste trabalho (CEMB), estão Andréa de Araújo (na Universidade Estadual do Maranhão, em São Luiz, MA), Maria da Graça Loureiro Sophia (no Museu Nacional, Universidade Federal do Rio de Janeiro, no Rio de Janeiro, RJ) e Sílvia Maria Mathes Faustino (na Universidade Federal do Amapá, em Macapá, AP).

2

CLASSE ZYGNEMAPHYCEAE

A classe Zygnemaphyceae ou Zygnematophyceae (intercalada a sílaba 'to' eminentemente fonética) é caracterizada por estruturas, principalmente, da fase vegetativa de seu histórico-de-vida. Conforme van-den-Hoek *et al.* (1997), as feições características desta classe são:

- Talo microscópico com dois tipos de organização: cocoide e "filamentosa". Abrindo um parênteses: alguns autores não concordam com a existência do tipo filamentoso de talo nestas algas. De fato, as células aparecem dispostas em uma série linear simples, com a aparência de filamento, porém, mantidas juntas unicamente por contiguidade, ou seja, por contato, pois não existe continuidade plasmática entre células vizinhas. Por não haver continuidade plasmática entre células contíguas, alguns autores preferem identificar apenas um tipo de talo entre as Zygnematophyceae, o cocoide, que pode ser isolado ou colonial. O que alguns autores chamam de filamento seria, para esses autores, uma colônia de aspecto filamentoso.

- Parede celular fibrosa constituída por fibrilas de celulose cristalina. A síntese dessas fibrilas ocorre no plasmalema, a partir de grupos de seis grânulos de celulose-sintase dispostos em roseta; cada grânulo mede ao redor de 10 nm de diâmetro.

- Células flageladas jamais são produzidas durante o histórico-de-vida destas algas. Conjugação é a forma de reprodução sexuada das Zygnematophyceae e envolve a fusão de gametas aflagelados ameboides.

- Mitose e citocinese apresentam características dos tipos VII e VIII. A mitose é semifechada, com o fuso telofásico persistente. A citocinese ocorre pelo crescimento interno de um sulco de clivagem junto, em muitos casos, com uma placa celular formada no interior de um fragmoplasto. O septo transversal é depositado no interior da placa celular. Não ocorrem plasmodesmos.

- Célula uninucleada, com um a vários cloroplastídios de diferentes formas. Além disso, os plastídios podem estar localizados tanto ao longo do eixo principal da célula (situação axial) quanto na porção periférica do citoplasma (situação parietal). Pode existir pirenoide.

- A parte central da célula pode ser ocupada por um grande vacúolo. Além deste, pode também ocorrer, no caso das células alongadas (cilíndricas ou lunadas), um vacúolo em cada ápice da célula.

- As Zygnematophyceae são haplontes e seu histórico-de-vida inclui a formação de um hipnozigoto, isto é, de uma fase unicelulada diploide, com parede bastante espessa e conteúdo celular rico em substâncias de reserva, fase esta interpretada como sendo o esporófito de um processo de alternância de gerações. É nesta fase que ocorrem, ao que tudo indica, a meiose e a produção de esporos.

- Representantes desta classe são restritos às águas doces. Nygaard (1976) é um dos raros documentos a mencionar a ocorrência de desmídias em ambiente salino. O referido autor fez referência à presença de oito espécies de *Cosmarium* em um lago (Lille Saltsø) com altos teores de potássio, magnésio e sódio, localizado na Groenlândia. Há também referência ao fato de algumas espécies de *Spirogyra* serem capazes de tolerar condições levemente salobras. Há, finalmente, menção à ocorrência de representantes desta classe no solo.

Segundo van-den-Hoek *et al.* (1997), a classe Zygnematophyceae inclui cerca de 50 gêneros e um número bastante impreciso de espécies, variedades e formas taxonômicas, que varia entre 4.000 e 6.000. Estimativas mais recentes apontam, entretanto, para a existência de ao redor de 60 gêneros.

Algumas Zygnemataceae apresentam corriqueiramente reprodução sexuada, fato este que levou à adoção do conceito biológico para espécie na família. A grande maioria apresenta, todavia, a divisão celular como processo mais corriqueiro de reprodução. Para estas algas, o conceito estritamente morfológico de espécie é o único que pode ser adotado. A definição do que seja uma espécie, variedade ou forma taxonômica do ponto de vista estritamente morfológico é uma questão de discussão infinda. Muitas espécies, variedades e formas taxonômicas dessas algas foram estabelecidas sem um critério preestabelecido, com suas circunscrições nem sempre bem definidas, ou seja, com muita sobreposição entre elas. Daí, o número mais conservador de 4.000 e o mais abusado de 6.000 espécies.

Do ponto de vista filogenético (veja McCourt *et al.* 2000, Gontcharov *et al.* 2003, Lewis & McCourt 2004, Reviers 2006, Gontcharov 2008), a linhagem das algas verdes conjugantes deve ser incluída na classe Zygnematophyceae, divisão Streptophyta, formando a segunda linhagem mais diversa dessa divisão (Škaloud *et al.* 2012). Junto com as Chlorophyta, as Zygnematophyceae compõem a linhagem das plantas verdes (Viridiplantae) (Reviers 2010).

Alguns autores incluíram a classe Zygnematophyceae na divisão Charophyta, por conta de semelhanças na citocinese e no fuso mitótico. Outros, entretanto, têm considerado evidente a proximidade das relações filogenéticas de alguns membros das Zygnematophyceae e com as Embryophyta (Wodniock 2011).

A situação filogenética da classe Zygnematophyceae na linhagem Streptophyta ainda não está, todavia, completamente solucionada (Gontcharov & Melkonian 2008) e sua classificação ainda vive intenso debate.

De acordo com Gontcharov (2008) e Š?astný & Kouwets (2012), as relações filogenéticas e a taxonomia de famílias, gêneros e espécies dos representantes de Zygnematophyceae têm sofrido grandes mudanças nos últimos 20-25 anos. Assim como para os níveis superiores, a taxonomia dos níveis subalternos (família, gênero e espécie) permanece controversa e indefinida (McCourt *et al.* 2000, Gontcharov *et al.* 2003, Gontcharov & Melkonian 2004, Neustupa & Škaloud 2007, Hall *et al.* 2008, Gontcharov & Melkonian 2005, 2008, 2010, 2011, Neustupa *et al.* 2010, Škaloud *et al.* 2011, 2012). Isto se deve à falta de estudos detalhados sobre a estabilidade e a situação evolutiva dos caracteres taxonômicos que definem essas categorias, principalmente, gênero e níveis infragênéricos, e também à insuficiência de dados que apontam para a origem polifilética de muitos gêneros (Gontcharov 2008, Gontcharov & Melkonian 2011).

As Zygnematophyceae têm sido reunidas em uma ou em duas ordens com base na ultraestrutura da parede celular. Assim, Smith (1950) e Lee (1999) agruparam os indivíduos de aparência filamentosa e os unicelulares isolados em uma única ordem, Zygnematales (sílaba 'ta' apenas fonética) ou Zygnemales. Entretanto, vem sendo mais adotada a separação em duas ordens, Zygnemales (Saccodermae) e Desmidiales (Placodermae) (Mix 1972, Guiry 2013), tanto pelos taxonomistas considerados clássicos (Okada 1953, Prescott 1968, R?•ižka 1977, Brook 1981, Bold & Wynne 1985, van-den-Hoek *et al.* 1997) quanto pelos filogenéticos (Lewis & McCourt 2004, Gontcharov & Melkonian 2005, 2011, Gontcharov 2008, Krienitz & Bock 2012). Tais ordens estão relacionadas às prováveis origens monofilética e polifilética, respectivamente (McCourt *et al.* 2000).

Hipnozigotos fósseis de quatro gêneros recentes foram encontrados em depósitos sedimentares que datam do Carbonífero, isto é, de cerca de 300 milhões de anos atrás. Tais estruturas fossilizaram com certa facilidade por conta da camada de esporopolenina que só raramente se decompõe na natureza.

3
PARTE SISTEMÁTICA

Quatro nomes costumam denominar esta classe de algas, quais sejam: Zygophyceae, Conjugatophyceae, Zygnemaphyceae e Zygnematophyceae. Dos quatro, os dois primeiros são nomes descritivos e os demais dois automaticamente tipificados. Os nomes Zygophyceae (grego "*zygós*" = jugo, canga) e Conjugatophyceae (latim "*conjugatio, conjugationis*" = união, cópula) referem-se ao processo de reprodução sexuada característico do grupo: a conjugação. Zygnemaphyceae e Zygnematophyceae são nomes automaticamente tipificados, pois dizem respeito à classe de algas que inclui o gênero *Zygnema*, o mais antigo de todos nela incluído e publicado conforme o Código Internacional de Nomenclatura para Algas, Fungos e Plantas. No segundo dos últimos dois (Zygnematophyceae) aparece inserida a sílaba 'to' entre o nome do gênero e a terminação para classe de algas, cuja função é meramente fonética, isto é, melhorar a pronúncia da palavra. Qualquer dos quatro nomes é passível de utilização, lembrando, porém, que a tipificação automática é obrigatória só até o nível família, inclusive (Art. 16.4, Nota 2). Contudo, o mesmo Código (Rec. 16A) diz que, ao escolher entre os nomes tipificados para um táxon acima do nível família, os autores deveriam, em geral, seguir o princípio da prioridade.

Conforme van-den-Hoek *et al.* (1997), a classe Zygnemaphyceae compreende duas ordens: Zygnemales e Desmidiales.

A ordem Zygnemales ou Zygnematales (com a sílaba fonética 'ta') compreende, por sua vez, duas famílias: Zygnemaceae ou Zygnemataceae (com a sílaba fonética 'ta') e Mesotaeniaceae; e a ordem Desmidiales, as famílias Gonatozygaceae e Desmidiaceae.

Essas quatro famílias podem ser identificadas conforme segue:

1. Parede celular constituída por 2 ou mais peças ....Desmidiaceae
1. Parede celular constituída por peça única.
   2. Parede celular ornada com grânulos ou espinhos .... Gonatozygaceae
   2. Parede celular lisa.
      3. Indivíduos unicelulares de hábito solitário ou colonial .... Mesotaeniaceae
      3. Indivíduos multicelulares "filamentosos" . ... Zygnemaceae

É a seguinte a sinopse dos gêneros, espécies, variedades e formas taxonômicas identificadas neste volume:

Classe Zygnemaphyceae
  Ordem Desmidiales
    Família Desmidiaceae
      Gênero *Bourrellyodesmus*
        Bourrellyodesmus guarrerae Faustino & C. Bicudo
        Bourrellyodesmus jolyanus (C. Bicudo & Azevedo) C. Bicudo & Compère
      Gênero *Croasdalea*
        Croasdalea marthae (Grönblad) C. Bicudo & Mercante
      Gênero *Octacanthium*
        Octacanthium bifidum (Ralfs) Compère var. *bifidum*
        Octacanthium mucronulatum (Nordstedt) Compère var. *mucronulatum*
        Octacanthium octocorne (Ralfs) Compère var. *octocorne*
      Gênero *Staurastrum*
        Staurastrum aciculiferum (W. West) Anderson
        Staurastrum affine West & West
        Staurastrum alternans (Brébisson) Ralfs var. *alternans*
        Staurastrum alternans (Brébisson) Ralfs var. *basichondrum* Schmidle
        Staurastrum amoenum Hilse var. *brasiliense* Börgesen
        Staurastrum anatinum Cooke & Wills var. *anatium* f. *parvum* (W. West)
          Prescott, Vinyard & C. Bicudo
        Staurastrum arachne Ralfs *ex* Ralfs var. *arachne* f. *arachne*
        Staurastrum asteroideum West & West var. *nanum* (Wille) Grönblad
        Staurastrum bicoronatum Johnson var. *simplicius* West & West
        Staurastrum bieneanum Rabenhorst var. *brasiliense* Grönblad
        Staurastrum bifidum (Ehrenberg) Brébisson
        Staurastrum binum Borge var. *binum*
        Staurastrum binum Borge var. *minor* Borge
        Staurastrum bloklandiae Coesel & Joosten
        Staurastrum boldtianum Grönblad

Staurastrum brachioprominens Börgesen
Staurastrum brachyacanthum Nordstedt *in* Wittrock & Nordstedt
Staurastrum brasiliense Nordstedt var. *brasiliense* f. *brasiliense*
Staurastrum capitulum Brébisson *in* Ralfs var. *tumidiusculum* (Nordstedt) West & West
Staurastrum chavesii Bohlin
Staurastrum coarctatum Brébisson var. *coarctatum*
Staurastrum cosmarioides Nordstedt var. *cosmarioides* f. *cosmarioides*
Staurastrum cosmarioides Nordstedt var. *tropicum* (Lagerheim) Borge
Staurastrum cruciatum Wolle
Staurastrum curvimarginatum Scott & Grönblad
Staurastrum cyrtocerum Brébisson *in* Ralfs var. *cyrtocerum*
Staurastrum dilatatum (Ehrenberg) Ralfs var. *hibernicum* West & West
Staurastrum disputatum West & West var. *sinense* (Lütkemmüller) West & West
Staurastrum donardense West & West var. *major* Borge
Staurastrum ellipticum W. West f. *minus* C. Bicudo
Staurastrum ellipticum W. West f. *"minutum"* Sormus
Staurastrum erostellum West & West
Staurastrum furcatum (Ehrenberg) Brébisson var. *furcatum*
Staurastrum gemelliparum Nordstedt
Staurastrum gracile Ralfs var. *subventricosum* Börgesen
Staurastrum grallatorium Nordstedt var. *grallatorium*
Staurastrum gurgeliense Schmidle
Staurastrum hagmannii Grönblad
Staurastrum heimerlianum Lütkemmüller
Staurastrum hirsutum (Ehrenberg) Ralfs
Staurastrum hirtum Borge
Staurastrum hystrix Ralfs var. *polyspinum* Börgesen
Staurastrum hystrix Ralfs var. *tessulare* Nordstedt
Staurastrum inaequale Nordstedt
Staurastrum inconspicuum Nordstedt
Staurastrum iotanum Wolle var. *iotanum*
Staurastrum iotanum Wolle var. *perpendiculatum* Grönblad
Staurastrum irregulare West & West var. *subosceolense* Grönblad
Staurastrum iversenii Nygaard var. *americanum* Scott & Grönblad
Staurastrum labiatum Borge
Staurastrum laeve Ralfs var. *laeve*
Staurastrum leptacanthum Nordstedt var. *borgei* Förster

Staurastrum leptocladum Nordstedt var. *cornutum* Wille f. *cornutum*

Staurastrum leptocladum Nordstedt var. *leptocladum* f. *africanum* G.S. West

Staurastrum leptocladum Nordstedt var. *sinuatum* Wolle f. *sinuatum*

Staurastrum loefgrenii Borge

Staurastrum manfeldtii Delponte var.

Staurastrum margaritaceum (Ehrenberg) *ex* Ralfs var. *margaritaceum*

Staurastrum micronoides Coesel & Joosten

Staurastrum minimum Coesel

Staurastrum muricatum (Brébisson) Ralfs

Staurastrum muticum (Brébisson) Ralfs var. *depressum* Nordstedt

Staurastrum muticum (Brébisson) Ralfs var. *muticum* f. *muticum*

Staurastrum nudibrachiatum Borge

Staurastrum octangulare Grönblad

Staurastrum octoverrucosum Scott & Grönblad var. *octoverrucosum*

Staurastrum orbiculare (Ehrenberg) Ralfs var. *depressum* Roy & Bisset

Staurastrum orbiculare (Ehrenberg) Ralfs var. *orbiculare* f. *orbiculare*

Staurastrum orbiculare (Ehrenberg) Ralfs var. *ralfsii* West & West f. *ralfsii*

Staurastrum palmatum Irénée-Marie

Staurastrum paradoxum Meyen *ex* Ralfs

Staurastrum paulense Börgesen

Staurastrum polymorphum (Brébisson) Ralfs var. *itirapinense* C. Bicudo

Staurastrum polymorphum (Brébisson) Ralfs var. *polymorphum*

Staurastrum prescottianum C. Bicudo

Staurastrum productum (West & West) Coesel

Staurastrum proboscideum (Brébisson) Archer var. *brasiliense* Börgesen

Staurastrum proboscideum (Brébisson) Archer var. *proboscideum* f. *minus* (Schmidle) Prescott

Staurastrum pseudotetracerum (Nordstedt) West & West

Staurastrum punctulatum (Brébisson) Ralfs var. *punctulatum* f. *minor* (West & West) Hirano

Staurastrum punctulatum (Brébisson) Ralfs var. *punctulatum* f. *punctulatum*

Staurastrum quadrangulare Brebisson *in* Ralfs var. *contectum* (Turner) Grönblad

Staurastrum quadrangulare Brébisson *in* Ralfs var. *longispinum* Börgesen

Staurastrum quadrangulare Brébisson *in* Ralfs var. *quadrangulare*

Staurastrum quadrangulare Brébisson *in* Ralfs var. *sanctipaulense* C. Bicudo

Staurastrum quadrangulare Brébisson *in* Ralfs var. *setigerum* Grönblad

Staurastrum quadrinotatum Grönblad

Staurastrum rotula Nordstedt

Staurastrum sagitiferum Börgesen

Staurastrum saxonicum Bulnheim
Staurastrum setigerum Cleve var. *longirostre* Grönblad
Staurastrum setigerum Cleve var. *occidentale* West & West
Staurastrum setigerum Cleve var. *subvillosum* Grönblad
Staurastrum sinuatum Borge
Staurastrum smithii (G.M. Smith) Teiling
Staurastrum spiculiferum Borge
Staurastrum stellatum Börgesen
Staurastrum striolatum (Nägeli) Archer var. *divergens* West & West f.
    major Irénée-Marie
Staurastrum striolatum (Nägeli) Archer var. *striolatum* f. *brasiliense* Turner
Staurastrum subindentatum West & West var. *brasiliense* Borge f. *brasiliense*
Staurastrum subindentatum West & West var. *brasiliense* Borge f.
    sexspinulosum Förster & Eckert
Staurastrum subophiura Borge
Staurastrum teliferum Ralfs var. *groenbladii* (Grönblad) Förster
Staurastrum teliferum Ralfs var. *pecten* (Perty) Grönblad
Staurastrum tentaculiferum Borge
Staurastrum terribile Borge
Staurastrum tetracerum (Kützing) Ralfs ex Ralfs var. *tetracerum* f. *tetracerum*
Staurastrum tetracerum (Kützing) Ralfs ex Ralfs var. *tetracerum* f. *tetragona*
    West & West
Staurastrum tetracerum (Kützing) Ralfs ex Ralfs var. *tetracerum* f. *trigona*
    Lundell
Staurastrum tetracerum (Kützing) Ralfs ex Ralfs var. *tortum* (Teiling) Borge
Staurastrum tohopekaligense Wolle var. *tohopekaligense* f. *minus* (Turner)
    Scott & Prescott
Staurastrum trifidum Nordstedt var. *glabrum* Lagerheim f. *tortum* Börgesen
Staurastrum trifidum Nordstedt var. *inflexum* West & West
Staurastrum trihedrale Wolle var. *trihedrale*
Staurastrum turgescens De Notaris var. *turgescens* f. *turgescens*
Staurastrum volans West & West
Staurastrum warmingii Börgesen
Staurastrum zonatum Börgesen var. *horizontale* Borge
Staurastrum zonatum Börgesen var. *zonatum*
Gênero *Staurodesmus*
Staurodesmus attenuatus (Borge) Teiling
Staurodesmus brevispina (Brébisson) Croasdale
Staurodesmus brevispina (Brébisson) Croasdale f.

Staurodesmus connatus (Lundell) Thomasson

Staurodesmus controversus (West & West) Teiling var. *brasiliensis* (Borge) Teiling

Staurodesmus convergens (Ehrenberg *ex* Ralfs) Teiling var. *convergens*

Staurodesmus convergens (Ehrenberg *ex* Ralfs) Teiling var. *laportei* Teiling

Staurodesmus convergens (Ehrenberg *ex* Ralfs) Teiling var. *pumilus* (Nordstedt) Teiling

Staurodesmus convergens (Ehrenberg *ex* Ralfs) Teiling var. *pumilus* (Nordstedt) Teiling f.

Staurodesmus crassus (West & West) Florin var. *crassus*

Staurodesmus crassus (West & West) Florin var. *productus* (Skuja) Teiling

Staurodesmus croasdaleae Teiling f.

Staurodesmus curvatus (Turner) Thomasson var. *curvatus*

Staurodesmus cuspidatus (Brébisson *ex* Ralfs) Teiling var. *cuspidatus*

Staurodesmus dejectus (Brébisson) Teiling

Staurodesmus dickiei (Ralfs) Lillieroth var. *denticulatus* (Nordstedt) Teiling

Staurodesmus dickiei (Ralfs) Lillieroth var. *dickiei*

Staurodesmus dickiei (Ralfs) Lillieroth var. *rhomboideus* (West & West) Lillieroth f. *rhomboideus*

Staurodesmus dickiei (Ralfs) Lillieroth var. *rhomboideus* (West & West) Lillieroth f. *minor* Poucques

Staurodesmus extensus (Borge) Teiling var. *extensus*

Staurodesmus glaber (Ehrenberg) Teiling var. *flexispinus* (Förster & Eckert) Teiling

Staurodesmus glaber (Ehrenberg) Teiling var. *glaber*

Staurodesmus glaber (Ehrenberg) Teiling var. *hirundinella* (Messikommer) Teiling

Staurodesmus incus (Brébisson) Teiling var. *ralfsii* (W. West) Teiling

Staurodesmus leptodermus (Lundell) Thomasson var. *leptodermus*

Staurodesmus leptodermus (Lundell) Thomasson var. *subcorniculatus* (Rich) Teiling

Staurodesmus lobatus (Börgesen) Bourrelly var. *ellipticus* (Fritsch & Rich) Teiling

Staurodesmus lobatus (Börgesen) Bourrelly var. *ellipticus* (Fritsch & Rich) Teiling f.

Staurodesmus mamillatus (Nordstedt) Teiling var. *mamillatus*

Staurodesmus mucronatus (Ralfs) Croasdale var. *groenbladii* Teiling

Staurodesmus mucronatus (Ralfs) Croasdale var. *parallelus* (Nordstedt) Teiling

Staurodesmus o'mearii (Archer) Teiling var. *infractus* Förster

Staurodesmus pachyrhynchus (Nordstedt) Teiling var. *convergens*
(Raciborski) Teiling

Staurodesmus pachyrhynchus (Nordstedt) Teiling var. *pachyrhynchus*

Staurodesmus pachyrhynchus (Nordstedt) Teiling var. *pseudopachyrhynchus*
(Wolle) Teiling

Staurodesmus patens (Nordstedt) Croasdale

Staurodesmus phimus (Turner) Thomasson var. *hebridarus* (West & West)
Teiling

Staurodesmus phimus (Turner) Thomasson var. *phimus*

Staurodesmus phimus (Turner) Thomasson var. *semilunaris* (Schmidle)
Teiling

Staurodesmus psilosporus (Nordstedt & Löfgren) Teiling var. *psilosporus*

Staurodesmus psilosporus (Nordstedt & Löfgren) Teiling var. *retusus*
(Grönblad) Teiling

Staurodesmus pterosporus (Lundell) Bourrelly

Staurodesmus quiriferus (West & West) Teiling var. *quiriferus*

Staurodesmus selenaeus (Grönblad) Teiling

Staurodesmus smolandicus (Lundell) Teiling var. *angulosus* (Kirchner)
Teiling

Staurodesmus subulatus (Kützing) Thomasson var. *nordstedtii* (G.M. Smith)
Thomasson

Staurodesmus subulatus (Kützing) Thomasson var. *subaequalis* (West &
West) Thomasson

Staurodesmus subulatus (Kützing) Thomasson var. *subulatus*

Staurodesmus tortus (Grönblad) *Teiling*

Staurodesmus triangularis (Lagerheim) Teiling

Staurodesmus validus (West & West) Thomasson var. *sinuosus* (Börgesen)
Teiling

Staurodesmus validus (West & West) Thomasson var. *validus*

Staurodesmus wandae (Raciborski) Bourrelly var. *longissimus* (Borge) Teiling

Staurodesmus sp. 1

Staurodesmus sp. 2

Gênero *Xanthidium*

Xanthidium antilopaeum (Brébisson) Kützing f. Nordstedt

Xanthidium antilopaeum (Brébisson) Kützing var.

Xanthidium antilopaeum (Brébisson) Kützing var. *antilopaeum* f. *javanicum*
Nordstedt

Xanthidium antilopaeum (Brébisson) Kützing var. *canadense* Joshua

Xanthidium antilopaeum (Brébisson) Kützing var. *mamillosum* Grönblad f. *mediolaeve* Grönblad

Xanthidium antilopaeum (Roy & Bisset) Bourrelly

Xanthidium concinum Archer var. *concinum*

Xanthidium cristatum Brébisson

Xanthidium paulense Borge

Xanthidium regulare Nordstedt var. *asteptum* Nordstedt emend. C. Bicudo & L.M. Carvalho

Xanthidium regulare Nordstedt var. *foersteri* Nordstedt var. *foersteri* C. Bicudo

Xanthidium regulare Nordstedt var. *pseudoregulare* (Borge) C. Bicudo & L.M. Carvalho

Xanthidium regulare Nordstedt var. *regulare*

Xanthidium trilobum Nordstedt

Xanthidium westii Förster *ex* C. Bicudo & Azevedo var. *protuberans* (Förster) C. Bicudo & S.M.M. Faustino

CHAVE PARA IDENTIFICAÇÃO DOS GÊNEROS

1. Espinhos angulares em 2 níveis superpostos.
   2. Semicélula com decoração facial mediana .... *Xanthidium*
   2. Semicélula sem decoração facial mediana.
      3. Ângulos ornados com 1 espinho simples .... *Octacanthium*
      3. Ângulos nus ou ornados com mais de 1 espinho simples
         ou processos ocos .... *Staurastrum* (em parte)
1. Espinhos angulares em 1 único nível.
   4. Células bipolarmente assimétricas .... *Croasdalea*
   4. Células bipolarmente simétricas.
      5. Semicélula com decoração facial mediana .... *Bourrellyodesmus*
      5. Semicélula sem decoração facial mediana.
         6. Ângulos ornados com 1 espinho simples .... *Staurodesmus*
         6. Ângulos nus ou ornados com mais de 1 espinho
            ou processos ocos .... *Staurastrum* (em parte)

3.1 *BOURRELLYODESMUS* COMPÈRE 1976

Células isoladas, profundamente constritas na parte média, seno mediano estreito, linear ou em forma de ângulo agudo. As semicélulas são elípticas a sub-retangulares, margem celular lisa, com um espinho situado de cada lado, na porção mediana ou no terço inferior das semicélulas imediatamente acima do istmo, um tubérculo ou um conjunto de grânulos, cada grânulo rodeado por seis escrobículos triangulares. Parede celular de resto lisa. A vista apical das semicélulas é 2-radiada, variando entre elíptica e elíptica-fusiforme. O cloroplastídio é axial, único por semicélula e pode ser monocêntrico (um pirenoide) ou dicêntrico (dois pirenoides). Alguns espécimes de maior tamanho podem possuir dois cloroplastídios.

A reprodução é atualmente desconhecida.

O gênero *Bourrellyodesmus* foi proposto por Compère (1976) para incluir *Arthrodesmus heimii* Bourrelly, uma espécie então classificada na Seção *Ornatae* Bourrelly *ex* C. Bicudo & Azevedo. A Seção *Ornatae* foi originalmente proposta por Bourrelly (1966) para incluir todos os espécimes de *Arthrodesmus* que tivessem dois espinhos situados no mesmo plano, um de cada lado da semicélula, e cuja parede da face da semicélula tivesse uma decoração facial mediana representada por um grânulo, uma verruga ou vários grânulos rodeados por escrobículos triangulares. Contudo, não foi proposta conforme as exigências do Código Internacional de Nomenclatura para Algas, Fungos e Plantas.

Bourrellyodesmus guarrerae Faustino & C. Bicudo e *B. jolyanus* (C. Bicudo & Azevedo) C. Bicudo & Compère são as duas espécies identificadas para o Estado de São Paulo e podem ser reconhecidas como segue:

1. Parede celular com 1 grânulo facial mediano e 2 intramarginais de cada lado; célula 23,0-27,0 x 21,0-24,0 µm .... *B. jolyanus*
1. Parede celular com 1 grânulo facial mediano, sem grânulos intramarginais; célula 7,0-9,2 x 6,9-10,0 µm .... *B. guarrerae*

BOURRELLYODESMUS GUARRERAE FAUSTINO & C. BICUDO (FIG. 1-2)

Revta bras. Bot. 27(4): 669, fig. 2-5. 2004.

Células ca. tão longas quanto largas sem espinhos, 1,3-1,4 vez mais largas que longas com espinhos, profundamente constritas na parte média, 7,0-9,2 µm compr., 9,1-13,0 µm larg. (incluindo espinhos), 6,9-10,0 µm larg. (sem espinhos), 4,0-5,0 µm espess., 3,9-5,5 µm larg. istmo; semicélulas elípticas a quase circulares em vista frontal, margem superior convexa no meio, margens basais convexas, ângulos com 1 espinho curto, sólido, reto, pontiagudo, seno mediano aberto, acutangular; parede celular hialina, lisa, 1 grânulo localizado aproximadamente no centro da face de cada semicélula; vista apical da semicélula amplamente elíptica a elíptico-fusiforme, 1 espinho curto de cada lado, 1 grânulo marginal mediano; cloroplastídio e pirenoide não observados.

DISTRIBUIÇÃO GEOGRÁFICA NO ESTADO DE SÃO PAULO

EM LITERATURA: Novo Horizonte e Rifaina (Faustino 2001, Faustino & Bicudo 2004).

Material examinado: **Município de Novo Horizonte**, 14.II.2001, *C.E.M. Bicudo, L.R. Godinho & S.M.M. Faustino s.n.* (SP336349). **Município de Rifaina**, 30.V.2000, *C.E.M. Bicudo & D.C. Bicudo s.n.* (SP336342).

Comentários

O estudo sobre o gênero *Bourrellyodesmus* feito por Bicudo & Compère (1978) providenciou combinação para todas as espécies da Seção *Ornatae* Bourrelly *ex* C. Bicudo & Azevedo do gênero *Arthrodesmus* Ehrenberg *ex* Ralfs que se encaixaram na circunscrição do novo gênero. Os presentes espécimes coletados nos municípios de Rifaina e Novo Horizonte, Estado de São Paulo, são extremamente característicos por serem levemente mais largos do que longos (fig. 1), raro mais longos do que largos (fig. 2) se não se considerarem os espinhos e profundamente constritos na parte média. As semicélulas variam desde elípticas (fig. 1) até quase circulares (fig. 2), com a margem superior mais ou menos amplamente convexa na porção mediana e as basais também convexas, de modo que a primeira e o conjuntos das segundas são quase igualmente convexos. Os ângulos laterais são munidos de um espinho curto, sólido, reto e pontiagudo. O seno mediano é aberto, acutangular. A parede celular é hialina, lisa e possui um grânulo localizado aproximadamente no centro da face de cada semicélula. Em vista apical, a célula é amplamente elíptica a elíptico-fusiforme, com um espinho curto em cada polo e um grânulo marginal mediano.

A despeito de haver examinado um número relativamente grande de espécimes, cloroplastídio e pirenoide jamais foram observados.

Bourrellyodesmus guarrerae lembra morfologicamente *B. jolyanus* (C. Bicudo & Azevedo) C. Bicudo & Compère, do qual é distinto pela ausência de grânulos intramarginais e pelo tamanho comparativamente menor de seus indivíduos representantes (*B. guarrerae* 7,0-9,2 x 6,9-10,0 μm; *B. jolyanus* 23,0-27,0 x 21,0-24,0 μm).

A espécie foi nomeada em homenagem ao Prof. Dr. Sebastián Alberto Guarrera, da Universidad Nacional de La Plata, Argentina, falecido recentemente e um dos pilares no desenvolvimento da ficologia naquele país.

Bourrellyodesmus jolyanus (C. Bicudo & Azevedo) C. Bicudo & Compère (Fig. 3)

Bull. Jard. Bot. nat. Belg. 48(3-4): 416, fig. 9. 1978.

Basiônimo: *Arthrodesmus jolyanus* C. Bicudo & Azevedo, Biblthca phycol. 36: 64, fig. 73. 1977.

Células tão longas quanto largas sem espinhos, profundamente constritas na parte média, 23,0-27,0 µm compr., 30,0-33,0 µm larg. (inclusive espinhos), 21,0-24,0 µm larg. (sem espinhos), 16,0-17,5 µm espes., ca. 10,0 µm larg. istmo; semicélulas elípticas ou quase em vista frontal, margem superior levemente convexa no meio, abruptamente arqueada em seguida aos grânulos, 2 grânulos visíveis de cada lado no local onde ocorre abrupta mudança no grau de curvatura da margem superior, margens basais convexas, um tanto arqueadas, ângulos com 1 espinho curto, sólido, reto, acuminado, seno mediano aberto, acutangular; parede celular hialina, lisa, 1 intumescência facial mediana logo acima do istmo; vista apical da semicélula aproximadamente oblonga, lados paralelos ou quase, ângulos truncado-arredondados, 1 espinho curto, 2 grânulos intramarginais de cada lado, próximo dos espinhos, 1 intumescência mediana; cloroplastídio e pirenoide não observados.

Distribuição geográfica no Estado de São Paulo

Em literatura: Aparecida (Bicudo & Azevedo 1977, como *Arthrodesmus jolyanus*, Faustino 2001).

Material examinado: **Município de Aparecida**, 18.II.1972, *C.E.M. Bicudo & L. Sormus s.n.* (SP104843).

Comentários

Bourrellyodesmus jolyanus (C. Bicudo & Azevedo) C. Bicudo & Compère é facilmente identificado por possuir semicélulas aproximadamente elípticas em vista frontal, um espinho curto em cada ângulo e cinco grânulos visíveis em vista frontal, dois dos quais estão localizados imediatamente abaixo da margem superior das semicélulas, de cada lado, na altura em que ocorre a mudança abrupta no grau de curvatura da referida margem, e o terceiro, um pouco maior do que os dois anteriores, localizado mais ou menos no centro da face de cada semicélula. O formato das semicélulas de *B. jolyanus* (C. Bicudo & Azevedo) C. Bicudo & Compère lembra o de *Xanthidium concinnum* Archer var. *floridense* Scott & Grönblad (Scott & Grönblad 1957). Contudo, há diferença marcante no que tange à margem superior das semicélulas, que é levemente convexa no primeiro e reta no segundo, no padrão de distribuição da decoração dos ângulos semicelulares, que é representado por dois pares de grânulos em cada ângulo da primeira espécie e por um par de espinhos acuminados na segunda, e, por fim, no formato das semicélulas em vista apical, que é um tanto oblongo na primeira e elíptico-oblongo na segunda. Existe também diferença nas dimensões celulares, desde que os representantes de *B. jolyanus* (C. Bicudo & Azevedo) C. Bicudo & Compère são pouco maiores do que o dobro daqueles de *X. concinnum* Archer var. *floridense* Scott & Grönblad.

3.2 *CROASDALEA* C. BICUDO & MERCANTE 1993

Células solitárias, moderadamente constritas na parte média, istmo estreito. As semicélulas de um mesmo exemplar são diferentes entre si, sendo ambas trapeziforme-invertidas com um verticilo apical de espinhos simples, mas a semicélula superior (a que vai sempre voltada para cima nas ilustrações) tem os espinhos curvados para fora, enquanto os da semicélula inferior (a que vai sempre voltada para baixo nas ilustrações) são levemente curvados no sentido da semicélula superior. A célula é, por isso, nitidamente assimétrica segundo o plano de simetria que corta o istmo (assimetria bipolar) da célula. Os espinhos são simples, mas os da semicélula superior são um pouco mais longos do que os da semicélula inferior, raro de tamanhos idênticos. A parede celular é aparentemente lisa. O cloroplastídio é único por semicélula, esteloide, tem situação axial e um pirenoide no centro. Em vista apical, a semicélula apresenta de sete a nove ângulos, cada qual terminado por um espinho simples e relativamente longo.

Croasdalea foi proposto a partir de material proveniente do rio Ayayá, um rio de pouca correnteza situado nas imediações da fazenda Taperinha, uma pequena fazenda a oeste de Santarém, no Estado do Pará, região Norte do Brasil, próximo ao trópico do Equador, e que havia sido inicialmente identificado como *Staurastrum marthae*. O nome do gênero foi uma homenagem à Profª Hannah Thompson Croasdale, dos Estados Unidos, uma das mais completas taxonomistas de desmídias do mundo. O gênero é monoespecífico e conhecido unicamente do Brasil, onde já foi coletado em mais de uma localidade no Estado do Pará e em uma no Estado de São Paulo. O trabalho de Bicudo & Mercante (1993) permite identificar a única espécie do gênero: *Croasdalea marthae* (Grönblad) C. Bicudo & Mercante.

CROASDALEA MARTHAE (GRÖNBLAD) C. BICUDO & MERCANTE (FIG. 4-8)

Cryptog. Bot. 3: 271, fig. 1-5. 1993.

Basiônimo: *Staurastrum marthae* Grönblad, Acta Soc. Scient. Fenn.: sér. B, 2(6): 27, pl. 11, fig. 229-229'. 1945.

Células solitárias, bipolarmente assimétricas, moderadamente constritas na parte média, istmo estreito, 25,0-33,8(-36,5) μm compr., 59,5-80,5(-87,3) μm larg. (inclusive espinhos), 17,0-20,0 μm larg. istmo; semicélulas trapeziforme-invertidas, semicélula superior com espinhos curvados no sentido do ápice da própria semicélula, espinhos da semicélula inferior levemente curvados no sentido da semicélula superior; espinhos simples, os da semicélula superior pouco mais longos que os da semicélula inferior, raro de tamanhos idênticos; parede celular aparentemente lisa; cloroplastídio único por semicélula, axial, esteloide, um pirenoide central; em vista apical semicélula 7-9-angular, cada ângulo terminado por 1 espinho simples, relativamente longo.

Em literatura: Moji-Guaçu (Mercante 1993, Faustino 2001).

Material examinado: **Município de Moji-Guaçu**, data?, *C.E.M. Bicudo* (amostra não preservada).

Comentários

O material estudado foi coletado de um pequeno corpo d'água (Açude do Jacaré) localizado na fazenda Campininha, Município de Moji-Guaçu, Estado de São Paulo. As características físicas e químicas do açude foram monitoradas mensalmente durante 15 meses sucessivos, entre janeiro de 1990 e março de 1991. Todas as células encontradas no Açude do Jacaré (acima de 500) foram 9-angulares, embora a literatura mencione formas 7 e 8-angulares.

3.3 *Octacanthium* (Hansgirg 1888) Compère 1996

Células solitárias, constritas na parte média, istmo estreito; semicélulas desde elípticas até sub-hexagonais, com 4-8 espinhos geralmente localizados 1 (muito raro 2) em cada ângulo proeminente, em planos superpostos, nunca pareados; parede celular lisa ou pontuada, destituída de decoração facial mediana. Cloroplastídio e pirenoide nunca observados.

O gênero *Octacanthium* foi proposto por Compère (1996). Na prática, Compère (1996) elevou à categoria gênero a seção *Octacanthium* Hansgirg de *Arthrodesmus* Ehrenberg *ex* Ralfs emend. Archer.

O nome *Arthrodesmus* Ehrenberg *ex* Ralfs emend. Archer apareceu pela primeira vez na literatura em Ehrenberg (1836) em uma lista de sinônimos sem descrição e/ou diagnose, mas proposto como um substituto etmologicamente vantajoso para *Scenedesmus* Meyen 1829. A primeira descrição formal de *Arthrodesmus* está em Ehrenberg (1838). Entretanto, porque Ralfs (1848) é considerado o ponto oficial de partida para os estudos nomenclaturais das Desmidiaceae e incluiu *Arthrodesmus* Ehreberg 1838 entre os sinônimos de *Arthrodesmus* Ralfs, a data da publicação efetiva do nome *Arthrodesmus* deve ser 1848, e sua autoridade pode ser citada tanto Ralfs 1848 como Ehrenberg 1838 *ex* Ralfs 1848. De qualquer forma, *Arthrodesmus* Ralfs 1848 é um homônimo posterior de *Arthrodesmus* Ehrenberg 1836 e, nessa condição, não pode mais ser utilizado por se tratar de um nome ilegítimo (Art. 53.1 do Código Internacional de Nomenclatura para Algas, Fungos e Plantas).

O gênero *Arthrodesmus* Ehrenberg *ex* Ralfs emend. Archer foi dividido em quatro seções. As espécies então classificadas na Seç. *Arthrodesmus*, típica, foram transferidas para *Staurodesmus* Teiling 1948; as espécies da Seç. *Ornatae* Bourrelly 1966 *ex* C. Bicudo & Azevedo 1972 constituiram o gênero *Bourrellyodesmus* Compère; permaneceram, finalmente, sob o nome ilegítimo *Arthrodesmus* Ehrenberg *ex* Ralfs as espécies classificadas nas seções *Octacanthium* Hansgirg e *Polycanthium* Printz, que deveriam ser acomodadas em outro gênero. Estas espécies foram transferidas para *Octacanthium* (Hansgirg) Compère.

Chave artificial para identificação das espécies e variedades estudadas:

1. Células mais largas que longas .... *O. mucronulatum*
1. Células tão longas quanto largas ou mais longas que largas.
   2. Células com forma aproximada de "X"; istmo extremamente
     reduzido, nunca cilíndrico .... *O. bifidum* var. *bifidum*
   2. Células não em forma de "X"; istmo alongado, subcilíndrico .... *O. octocorne*

OCTACANTHIUM BIFIDUM (BRÉBISSON) COMPÈRE VAR. *BIFIDUM* (FIG. 9-10)

Nova Hedwigia 112: 503, fig. 3. 1996.

Basiônimo: *Arthrodesmus bifidus* Brébisson, Mém. Soc. imp. Sci. nat. Cherbourg 4: 135, pl. 1, fig. 19. 1856.

Células aproximadamente tão longas quanto largas incluindo espinhos, moderadamente constritas na parte média, forma aproximada de "X", 22,0-25,0 µm compr. (inclusive espinhos), 38,0-40,0 µm larg. (inclusive espinhos), 24,0-28,0 µm larg. (sem espinhos), 11,0-12,0 µm larg. istmo; semicélulas elíptico-lunadas a quase hexagonais, ângulos em geral mais ou menos arqueados para cima, bífidos, emarginados, margem superior reta ou côncava, margens basais retas ou mais ou menos convexas, seno mediano aberto, aproximadamente retangular; parede celular hialina, lisa; cloroplastídio de forma desconhecida, 1 pirenoide; vista apical da semicélula elíptica, 1 espinho diminuto em cada polo. Zigósporo não conhecido.

DISTRIBUIÇÃO GEOGRÁFICA NO ESTADO DE SÃO PAULO

EM LITERATURA: Moji-Guaçu (Marinho 1994, como *Xanthidium bifidum* var. *bifidum*). São Paulo (Bicudo & Azevedo 1977, como *Arthrodesmus bifidus* var. *bifidus*, Faustino 2001).

MATERIAL EXAMINADO: **Município de São Paulo**, 18.VI.1973, *C.E.M. Bicudo, C.R. Leite & L. Sormus* (SP113662).

COMENTÁRIOS

Conforme Compère (1996), apenas indivíduos com dois espinhos simples, superpostos, situados de cada lado da semicélula devem ser considerados representantes de

Octacanthium (Hansgirg) Compère. Contudo, há certos exemplares que em tudo se confundem com os de *Octacanthium bifidum* (Brébisson) Compère, porém, possuem os espinhos distribuídos em três planos. Segundo o mesmo autor, tais espécimes devem ser classificados em *Xanthidium*, próximos de X. *tenuissimum* (Archer) Turner. A situação sistemática das formas trispinadas deve ser melhor investigada, pois suas semicélulas carecem de decoração facial mediana, que seria uma característica diagnóstica de *Xanthidium* Ehrenberg emend. Ralfs.

Os espécimes coletados no Estado de São Paulo provieram de duas localidades, isto é, do Açude do Jacaré, um pequeno corpo d'água raso situado na Reserva Biológica de Moji-Guaçu, no Município de Moji-Guaçu, e de uma lagoa sem nome situada na altura do km 74-75 da rodovia SP-88, no Município de São Paulo. A população estudada por Bicudo & Azevedo (1977) constou de poucos indivíduos, contudo, apresentou variação morfológica referente ao istmo mais (fig. 10) ou menos (fig. 9) marcado e à forma da margem superior das semicélulas. No primeiro caso (fig. 10), o istmo apareceu bem delimitado pelo vértice do ângulo mais ou menos reto que se forma; no segundo caso (fig. 9), não existe tal vértice e o istmo ficou sem definição, aparecendo como uma linha curva, côncava, que vai do ângulo espinífero de uma semicélula ao ângulo espinífero da semicélula oposta. Também ocorreu variação na forma da margem superior das semicélulas, que foi mais rasa (fig. 10) ou mais profunda (fig. 9).

Os exemplares referidos em Bicudo & Azevedo (1977) foram comparados com os de A. *bifidus* Brébisson var. *latidivergens* W. West, mas os últimos apresentam o contorno das semicélulas trapeziforme-invertido, com os dois espinhos em cada ângulo lateral das semicélulas divergentes entre si e inseridos segundo um ângulo de ca. 90°. Quanto às demais feições morfológicas, inclusive medidas, as duas variedades se confundem.

OCTACANTHIUM MUCRONULATUM (NORDSTEDT) COMPÈRE VAR. *MUCRONULATUM* (FIG. 11-18)

Nova Hedwigia 112: 505, fig. 8-9. 1996.

Basiônimo: *Arthrodesmus mucronulatus* Nordstedt, Vidensk. Meddr dansk naturh. Foren. 1869(14-15): 232. 1869; 1887: pl. 4, fig. 58. 1887.

Células 0,2-0,7 vez mais largas que longas sem considerar os espinhos, profundamente constritas na parte média, 22,0-38,0 µm compr., 30,0-52,3 µm larg. (inclusive espinhos), 24,0-46,3 µm larg. (sem espinhos), 8,0-17,5 µm larg. istmo; semicélulas elíptico-fusiformes a hexagonais, margem superior de convexidade variável, margem basal mais ou menos angulosa, ângulos superiores e inferiores com 1 espinho curto, os superiores geralmente mucronados, seno mediano aberto em ângulo agudo; parede celular hialina, lisa ou finamente pontuada; cloroplastídios furcoides, dicêntricos; vista apical da semicélula elíptico-fusiforme, 1 espinho curto, pontiagudo em cada polo. Zigósporo não conhecido.

DISTRIBUIÇÃO GEOGRÁFICA NO ESTADO DE SÃO PAULO

EM LITERATURA: Aparecida, Arealva, Jaraçatiá, Moji-Guaçu, Pinhal, Pontes Gestal, Registro, Ribeirão Preto, São Carlos, Sumaré (Bicudo & Azevedo 1977, como *Arthrodesmus mucronulatus* var. *mucronulatus*), Mococa e Tambaú (Bicudo 1975, Bicudo & Azevedo 1977; como *Arthrodesmus mucronulatus* var. *mucronulatus*), Itatinga, Paraguaçu Paulista, Pitangueiras, Rio Claro e São Paulo (Faustino 2001).

MATERIAL EXAMINADO: **Município de Itatinga**, 21.IX.2000, *L.L. Morandi & S.P. Schetty* (SP336347). **Município de Paraguaçu Paulista**, 28.III.2001, *C.E.M. Bicudo, L.A. Carneiro & S.M.M. Faustino* (SP336350). **Município de Pitangueiras**, 16.VIII.2000, *C.E.M. Bicudo, S.M.M. Faustino & L.L. Morandi* (SP336343); 18.VI.2001, *C.E.M. Bicudo, D.L. Costa & S.M.M. Faustino* (SP336344, SP336345). **Município de Rio Claro**, 17.VII.1989, *A.A.J. Castro & C.E.M. Bicudo* (SP188219). **Município de São Paulo**, 08.XI.1991, *A.A.J. Castro & D.C. Bicudo* (SP239097).

COMENTÁRIOS

O material que serviu de base para a proposição desta espécie sob o nome *Arthrodesmus mucronulatus* Nordstedt foi coletado por Eugene Warming de um ambiente próximo de Lagoa Santa, Estado de Minas Gerais. Conforme a descrição original, *A. mucronulatus* Nordstedt possui um espinho curto e simples em cada ângulo lateral inferior das semicélulas e apenas uma estrutura mucroniforme nos ângulos superiores (Nordstedt 1869). As ilustrações originais da espécie foram publicadas 17 anos mais tarde (Nordstedt 1887) junto com as das demais em Nordstedt (1869) e algumas correções que o autor providenciou nas legendas.

Octacanthium mucronulatum (Nordstedt) Compère é uma espécie bastante polimórfica. Neste sentido, Bicudo & Azevedo (1977) confirmaram as observações em Bicudo (1975). Viram espécimes com um espinho supernumerário de cada lado, contíguo e imediatamente abaixo do espinho usual dos ângulos superiores das semicélulas; outros espécimes sem os espinhos regulares desses ângulos, embora persista a angulosidade no lugar naturalmente ocupado pelo espinho; e ainda outros espécimes em que desapareceram tanto os espinhos dos ângulos superiores das semicélulas quanto a referida angulosidade, resultando em um tipo de margem superior uniformemente convexa. Os espécimes com espinhos apenas nos ângulos laterais inferiores das semicélulas e margem celular superior ampla e uniformemente convexa, que dá perfeita continuidade aos espinhos angulares, podem ser comparados com os de *Staurodesmus convergens*

(Ehrenberg *ex* Ralfs) Teiling. E os espécimes em que os espinhos angulares inferiores apareceram inseridos no terço inferior de cada semicélula, ou seja, no terço próximo ao seno mediano e nos quais não existe uma continuidade indelével do arco de curvatura das semicélulas com os espinhos angulares, podem ser confundidos com os de *Staurodesmus convergens* (Ehrenberg *ex* Ralfs) Teiling var. *pumilus* (Nordstedt) Teiling.

As populações de Itatinga, Paraguaçu Paulista, Pitangueiras, Rio Claro e São Paulo atualmente examinadas também mostraram variação no que tange à ausência dos espinhos laterais superiores (fig. 12, 14, 17) ou à presença de espinhos extranumerários nos ângulos superiores (fig. 18) e inferiores (fig. 18) das semicélulas. Viu-se também o desaparecimento da angulosidade superior das semicélulas (fig. 12, 15) e o aparecimento de um tipo uniformemente convexo (fig. 15) de margem superior que dá continuidade indelével aos espinhos dos ângulos laterais inferiores (agora únicos) das semicélulas.

OCTACANTHIUM OCTOCORNE (RALFS) COMPÈRE VAR. *OCTOCORNE* (FIG. 19-20)

Nova Hedwigia 112: 503, fig. 3. 1996.

Basiônimo: *Xanthidium octocorne* Ralfs, Brit. Desmidieae. 116, pl. 20, fig. 2a-e.1848.

Células ca. 1,3 vez mais longas que largas sem considerar os espinhos, profundamente constritas na parte média, seno mediano geralmente linear, fechado, raro aberto, acutangular, 28,0-30,0 µm compr. (inclusive espinhos), 16,0-18,0 µm compr. (sem espinhos), 24,0-25,0 µm larg. (inclusive espinhos), 11,0-12,0 µm larg. (sem espinhos), ca. 5,0 µm larg. istmo; semicélulas subtrapeziformes a sub-hexagonais, margens superior e basais suavemente côncavas, ângulos arredondados, ornados com 1 espinho simples, retilíneo; cloroplastídio e pirenoide não observados; vista apical da semicélula elíptica, 1 espinho reto em cada polo arredondado. Zigósporo globoso a subgloboso, ornado com poucos espinhos simples, retos, ca. 8 vistos perifericamente; parede do zigósporo formando 1 espessamento visível na base de cada espinho.

DISTRIBUIÇÃO GEOGRÁFICA NO ESTADO DE SÃO PAULO

EM LITERATURA: Pirassununga (Borge 1918, como *Arthrodesmus octocornis*), Atibaia, Lorena, São Paulo (Bicudo & Azevedo 1977, como *Arthrodesmus octocornis*), Itatinga e Porangaba (Faustino 2001).

MATERIAL EXAMINADO: **Município de Itatinga**, 21.IX.2000, *L.L. Morandi & C.E.M. Bicudo* (SP336347). **Município de Porangaba**, 17.IX.1988, *A.A.J. Castro & C.E.M. Bicudo* (SP188207).

COMENTÁRIOS

Octacanthium octocorne (Ralfs) Compère é uma espécie bastante característica e morfologicamente bastante estável. A despeito de sua ampla distribuição geográfica em nível mundial, a espécie apresenta pouca variação morfológica. Conforme a literatura, tal variação diz respeito ao arco de curvatura das margens superior e basais das semicélulas, à proeminência dos ângulos espiníferos e à orientação e ao tamanho dos espinhos angulares.

O material do Estado de São Paulo mostrou variação, principalmente, no que tange ao istmo que ora se apresentou longo e bastante cilíndrico (fig. 20), ora mais curto e quase nada cilíndrico (fig. 19). É interessante notar também a pequena variabilidade métrica encontrada por Bicudo & Azevedo (1977) nos espécimes das três populações que examinaram provenientes de três locais (Atibaia, Lorena e São Paulo) bem distintos no Estado.

O material do Município de São Paulo coletado no hidrofitotério do Jardim Botânico de São Paulo apresentou frequentememnte zigósporos.

3.4 *STAURASTRUM* MEYEN 1829 *EX* RALFS 1848

Células solitárias de tamanhos variados, em geral mais longas do que largas, sem incluir os espinhos ou processos angulares, constrição mediana variável de rasa a profunda e seno mediano fechado ou aberto e, neste caso, acutangular a obtusangular e de ápice acuminado ou arredondado. As semicélulas possuem forma extremamente variada, podendo ser quase circulares, semicirculares, elípticas, ovoides, fusiformes, triangulares, quadrangulares, trapeziformes, campanuladas ou ciatiformes em vista frontal. Os ângulos das semicélulas podem terminar sem qualquer adorno do tipo espinho ou processo oco. O istmo dificilmente é alongado e mais ou menos cilíndrico. Em vista vertical, a célula pode variar desde bi até 12-angular, cada ângulo isento de decoração ou ornado com um número variado de espinhos ou processos. A parede celular pode ser lisa, pontuada (porosa), escrobiculada, granulosa ou espinhosa. Grânulos e espinhos podem obedecer a vários padrões de distribuição, que variam desde caótico até organizado em séries ora supraistmial, ora logo abaixo da margem apical, ora na base dos processos, etc. O zigósporo da maioria das espécies não é conhecido.

Chave artificial para identificação das espécies, variedades e formas taxonômicas estudadas:

1. Células com parede celular lisa; angulos não terminados em espinhos ou processos.
  2. Margem apical levemente ondulada.. *S. coarctatum*
  2. Margem apical reta a amplamente conxexa.
    3. Ângulos laterais arredondado-acuminados, ângulos basais ausentes.
      4. Semicélulas obpiramidais, constrição mediana suave; vista
        vertical 3-4-angular ....*S. boldtianum*
      4. Semicélulas transversalmente subelípticas, constrição mediana
        profunda; vista vertical 3-angular...................... *S. bieneanum* var. *brasiliense*
    3. Ângulos laterais e basais arredondados.
      5. Margem apical convexa, estreita, seno mediano
        fechado .... *S. trihedrale*
      5. Margem apical convexa, ampla, seno mediano aberto.
        6. Seno mediano linear, ápice arredondado........... *S. muticum* var. *muticum*
        6. Seno mediano acutangular ou obtusangular.
          7. Semicélulas transversalmente obovais......... *S. muticum* var. *depressum*
          7. Semicélulas transversalmente elípticas.
            8. Constrição mediana rasa; célula 14,0-15,3 µm compr.,
              9,0-10,2 µm larg. ....*S. ellipticum* var. *minus*
            8. Constrição mediana profunda; célula ca. 21 µm compr.,
               ca. 16,0 µm larg.. *S. ellipticum* var. *minutum*
1. Células com parede celular com algum tipo de ornamentação ou
com ângulos terminados em espinhos ou processos.
  9. Parede celular finamente pontuada.
    10. Ápice do seno mediano arredondado, fechado.
      11. Semicélulas subpiramidais a
        semicirculares .... *S. cosmarioides* var. *cosmarioides*
      11. Semicélulas ovais a sub-retangulares .... *S. cosmarioides* var. *tropicum*
    10. Ápice do seno mediano arredondado, aberto.
      12. Semicélulas suboblongas a sub-retangulares, margens laterais retas
        ou quase, ápice arredondado ....*S. orbiculare* var. *orbiculare*
      12. Semicélulas semicirculares a semicirculares achatadas ou
        subtriangulares, ápice achatado ou levemente acuminado.
        13. Semicélulas subtriangulares, margem apical com ápice levemente
          acuminado .... *S. orbiculare* var. *ralfsii*
        13. Semicélulas semicirculares, margem apical
          achatada .... *S. orbiculare* var. *depressum*
  9. Parede celular com grânulos e espinhos.
    14. Ângulos celulares arredondados ou acuminados, com
      grânulos ou espinhos curtos distribuídos regularmente ou não.
      15. Parede celular com grânulos e espinhos.

16. Parede celular com grânulos e espinhos curtos somente
nos ângulos laterais .... *S. erostellum*
16. Parede celular com grânulos e espinhos curtos nas
crenulações dos ângulos laterais e na margem apical .... *S. paulense*
15. Parede celular somente com grânulos ou somente com espinhos.
17. Parede celular com grânulos.
18. Grânulos distribuídos por toda parede celular.
19. Seno mediano fechado, aberto só no ápice.
20. Semicélulas trapeziformes .... *S. prescottianum*
20. Semicélulas subcirculares .... *S. donardense* var. *major*
19. Seno mediano aberto em toda extensão.
21. Seno mediano acutangular ou obtusangular.
22. Ângulos laterais arredondados.
23. Semicélulas
obpiramidais .... *S. dilatatum* var. *hibernicum*
23. Semicélulas transversalmente
elípticas .... *S. turgescens*
22. Ângulos laterais acuminados.
24. Semicélulas subelípticas ou
sub-rômbicas .... *S. punctulatum* var. *punctulatum*
24. Semicélulas transversalmente amplamente
elípticas .... *S. punctulatum* f. *minor*
21. Seno mediano acutangular ou em forma de "U",
amplamente aberto.
25. Semicélulas oblongo-
elípticas .... *S. alternans* var. *alternans*
25. Semicélulas obpiramidais a
obtrapeziformes .... *S. alternans* var. *basichondrum*
18. Grânulos concentrados em certas regiões da parede celular.
26. Grânulos nos ângulos apicais e nas margens basais
da semicélula .... *S. amoenum* var. *brasiliense*
26. Grânulos apenas nos ângulos apicais das semicélulas.
27. Vista vertical da célula
3-angular .... *S. striolatum* var. *divergens* f. *major*
27. Vista vertical da célula 4-angular.
28. Seno mediano acutangular . *S. disputatum* var. *sinense*
28. Seno mediano
cilíndrico .... *S. striolatum* var. *striolatum* f. *brasiliense*

17. Parede celular com espinhos.
    29. Parede celular com espinhos apenas nos ângulos laterais;
        vista vertical da célula cruciforme ....*S. cruciatum*
    29. Parede celular uniformemente espinhosa; vista vertical da
        célula 3-angular, raro 4-angular.
        30. Semicélulas transversalmente subquadráticas
            a sub-retangulares.
            31. Ângulos laterais das semicélulas com espinhos delicados
                de tamanhos diferentes .... *S. hystrix* var. *polyspinum*
            31. Ângulos laterais das semicélulas com 2 anéis de
                espinhos curtos, 1 anel no plano superior e o outro
                no plano inferior .... *S. hystrix* var. *tessulare*
      30. Semicélulas transversalmente elípticas, sub-romboidais,
          semicirculares, ovais ou obovadas.
          32. Semicélulas transversalmente elípticas a
             sub-romboidais, com espinhos dispostos em
             séries verticais .... *S. hirtum*
          32. Semicélulas semicirculares, ovais ou obovadas, com
             espinhos dispostos em círculos.
            33. Vista vertical da semicélula com 9 ou 12 espinhos
                grosseiros intramarginais.
                34. Vista vertical da semicélula com
                    9 espinhos grosseiros
                    intramarginais .... *S. teliferum* var. *groenbladii*
                34. Vista vertical da semicélula com 12
                    espinhos grosseiros
                    intramarginais .... *S. teliferum* var. *pecten*
            33. Vista vertical da semicélula com muitos espinhos.
                35. Vista vertical da semicélula com
                    espinhos uniformemente
                    distribuídos .... *S. muricatum*
                35. Vista vertical da semicélula com espinhos
                  uniformemente distribuídos exceto na
                  região central.
                36. Espinhos extremamente delicados,
                    semelhando pelos .... *S. hirsutum*
                36. Espinhos grosseiros.

37. Espinhos distribuídos uniformemente
em numerosas fileiras ....S. *saxonicum*
37. Espinhos distribuídos em
3 anéis superpostos,
subparalelos ....S. *brachyacanthum*
14. Ângulos celulares terminados em espinhos ou continuados
em processos ocos.
38. Ângulos laterais terminados em espinhos.
39. Espinhos em mais de 1 dos ângulos das semicélulas.
40. Espinhos nos ângulos basais das semicélulas ....S. *labiatum*
40. Espinhos nos ângulos apicais ou nos ângulos laterais
das semicélulas.
41. Espinhos somente nos ângulos apicais das
semicélulas .... S. *spiculiferum*
41. Espinhos somente nos ângulos laterais das semicélulas.
42. Ângulos laterais das semicélulas terminados em
2 espinhos . ...S. *bifidum*
42. Ângulos laterais das semicélulas terminados
em 3-4 espinhos.
43. Semicélulas piramidal-truncadas,
ângulos terminados em 4
espinhos ....S. *quadrangulare* var. *contectum*
43. Semicélulas piramidal-truncadas,
ângulos terminados em 3 espinhos.
44. Semicélulas ciatiformes, vista vertical
4-angular .... S. *brasiliense*
44. Semicélulas transversalmente subelípticas a
obtriangulares, vista vertical 3-angular.
45. Espinhos curtos, curvos no sentido
do istmo, base não
inflada ....S. *trifidum* var. *glabrum* f. *tortum*
45. Espinhos longos, curvos no sentido
do istmo, base levemente
inflada .... S. *trifidum* var. *inflexum*
39. Espinhos somente em 1 dos ângulos (basais, apicais
ou laterais) das semicélulas.
46. Ângulos somente com espinhos simples (não furcados).
47. Espinhos nos ângulos basais e apicais das semicélulas.
48. Semicélulas semicirculares ou transversalmente
subelípticas a obovadas.

49. Semicélulas semicirculares a transversalmente
subelípticas; vista vertical 3-angular, 9 espinhos
marginais levemente curvos e 9 espinhos
intramarginais dispostos em círculo ... S. *tentaculiferum*

49. Semicélulas transversalmente obovadas;
vista vertical 3-angular, 9 espinhos
marginais retos ....S. *terribile*

48. Semicélulas transvesalmente retangulares.

50. Espinhos curtos apenas.

51. Ângulos basais e laterais das semicélulas
com 1 ou 2 espinhos
simples ...... S. *quadrangulare* var. *quadrangulare*

51. Ângulos basais e laterais das semicélulas
com 1 ou 2 espinhos
mamilados .... S. *quadrangulare* var. *sanctipaulense*

50. Espinhos curtos e longos ou somente longos.

52. Ângulos basais das semicélulas com
1 espinho curto, às vezes curvo, ângulos
apicais com 1 espinho longo,
divergente .... S. *quadrangulare* var. *setigerum*

52. Ângulos basais e laterais das semicélulas com 1
espinho longo .... S. *quadrangulare* var. *longispinum*

47. Espinhos nos ângulos laterais e apicais das semicélulas.

53. Vista vertical da semicélula 7-angular.

54. Espinhos longos .... S. *binum* var. *binum*

54. Espinhos curtos........................... S. *binum* var. *minor*

53. Vista vertical da semicélula 3, 9 ou 12-angular.

55. Ângulos apicais e basais das semicélulas com
1 espinho sólido, curto .... S. *loefgrenii*

55. Ângulos laterais das semicélulas com 3 ou 6
espinhos delicados, longos.

56. Ângulos laterais das semicélulas com 3 espinhos
delicados, longos ...... S. *setigerum* var. *longirostre*

56. Ângulos laterais das semicélulas com 6 espinhos
delicados, longos.

57. Vista vertical das semicélulas
3-angular .... S. *sagitiferum*

57. Vista vertical das semicélulas 12-angular.

58. Vista vertical da semicélula com
1 anel intramarginal de 12
espinhos curtos (< 8 µm
compr.) .... *S. setigerum* var. *occidentale*
58. Vista vertical da semicélula com
1 anel intramarginal de 12 espinhos
longos (> 10 µm
compr.) .... *S. setigerum* var. *subvillosum*
46. Ângulos com espinhos simples 2 ou 3-furcados.
59. Ângulos basais e laterais das semicélulas com espinhos
simples e 2 e/ou 3-furcados na mesma semicélula; vista
vertical da semicélula 5-angular .... *S. sinuatum*
59. Ângulos basais das semicélulas com 3 espinhos
2-3-furcados, ângulos apicais com espinhos 2-3-furcados
na mesma semicélula; vista vertical da semicélula
3-angular . ... *S. warmingii*
38. Ângulos laterais terminados em projeções ou processos ocos.
60. Ângulos laterais não terminados em processos; parede celular
coberta por espinhos . ... *S. gurgeliense*
60. Ângulos laterais terminados em processos ocos.
61. Processos lisos.
62. Processos curtos (comprimento < metade da largura
da semicélula sem processos).
63. Processos somente nos ângulos laterais das semicélulas.
64. Vista vertical da semicélula 4-angular ..... *S. inconspicuum*
64. Vista vertical da semicélula 3-angular.
65. Vista vertical da semicélula 3-angular, ângulos
de uma semicélula alternando com os da
outra .... *S. palmatum*
65. Vista vertical da semicélula 3-angular, ângulos
das 2 semicélulas coincidentes, sobrepostos.
66. Margem apical da semicélula com espinhos.
67. Margem apical da semicélula com 3
pares de espinhos na região
mediana .... *S. aciculiferum*
67. Margem apical da semicélula com 3-4
espinhos nas laterais próximo da
base do processo .... *S. hagmannii*

66. Margem apical da semicélula sem espinhos (lisa).
  68. Vista vertical da semicélula com
    ângulos acuminados ornados com
    1 par de espinhos
    sobrepostos ....*S. curvimarginatum*
  68. Vista vertical da semicélula com
    ângulos 2-furcados ....*S. laeve*
63. Processos nos ângulos laterais e apicais das semicélulas.
  69. Vista vertical da semicélula 3-angular ... *S. furcatum*
  69. Vista vertical da semicélula 6 ou 8-angular.
    70. Vista vertical da semicélula
      6-angular .... *S. gemelliparum*
    70. Vista vertical da semicélula
      8-angular .... *S. octangulare*
62. Processos longos (comprimento > metade da largura
da semicélula sem processos).
  71. Extremidade dos processos
    angulares afilada ....*S. nudibrachiatum*
  71. Extremidade dos processos angulares 2-3-furcada.
    72. Processos em números iguais nos ângulos
      laterais e apicais.
      73. Semicélulas com 5 processos longos nos
        ângulos basais e 5 processos curtos
        nos apicais .... *S. stellatum*
      73. Semicélulas com 6 processos curtos nos ângulos
        basais e 6 processos curtos nos
        apicais .... *S. tohopekaligense* f. *minus*
    72. Processos em números diferentes nos ângulos
      laterais e apicais.
      74. Vista vertical da semicélula com 9
        processos marginais e 6 processos
        intramarginais .... *S. inaequale*
      74. Vista vertical da semicélula com 9
        processos marginais no plano inferior e 6
        processos marginais
        no plano superior .... *S. leptocladum* var. *borgei*
61. Processos crenulados, serrilhados, ondulados ou denticulados.
  75. Processos curtos (comprimento < metade da largura da
semicélula sem processos).

76. Células no máximo 2-3 vezes mais longas que largas; processos extremamente curtos .... *S. capitulum* var. *tumidiusculum*

76. Células no máximo 1,8 vez mais longas que largas ou 1,8 vez mais largas que longas; processos curtos.

  77. Processos crenulados, serrilhados ou ondulados, porém, sem ornamentação.

    78. Vista vertical da semicélula com região central lisa.

      79. Parede celular com séries concêntricas de grânulos .... *S. affine*

      79. Parede celular lisa ou finamente pontuada.

        80. Processos divergentes entre si.

          81. Vista vertical da semicélula 5-angular .... *S. zonatum*

          81. Vista vertical da semicélula 3-4-angular.

            82. Vista vertical da semicélula 4-angular .... *S. chavesii*

            82. Vista vertical da semicélula 3-angular.

              83. Processos angulares em vista vertical com 1 fileira intramarginal de grânulos. .... *S. proboscideum* f. *minus*

              83. Processos angulares em vista vertical sem fileira intramarginal de grânulos.

                84. Margem basal das semicélulas lisa .... *S. pseudotetracerum*

                84. Margem basal das semicélulas com 1-3 espinhos .... *S. micronoides*

        80. Processos paralelos entre si.

          85. Vista vertical da semicélula 4-6-angular; 1 fileira de grânulos supraistmiais .... *S. margaritaceum*

85. Vista vertical da semicélula 3-7-
angular; região supraistmial lisa
..... *S. polymorphum* var. *polymorphum*
78. Vista vertical da semicélula com região central
ornamentada.
86. Vista vertical da semicélula 5-angular,
com 1 círculo intramarginal de
grânulos ..... *S. polymorphum* var. *itirapinense*
86. Vista vertical da semicélula 6-angular,
com 1 círculo intramarginal de
12 grânulos ...... *S. zonatum* var. *horizontale*
77. Processos serrilhados ou denticulados, ornados
com espinhos ou dentículos.
87. Processos angulares ondulados,
1 fileira intramarginal de 8
dentículos .... *S. proboscideum* var. *brasiliense*
87. Processos angulares serrilhados, cada
proeminência com 1 espinho
diminuto .... *S. asteroideum* var. *nanum*
75. Processos longos (comprimento > metade da largura da
semicélula sem processos).
88. Vista vertical da semicélula 2-4-angular.
89. Vista vertical da semicélula 2-angular.
90. Processos angulares paralelos a divergentes.
91. Vista vertical da semicélula com
ornamentação.
92. Ornamentação da vista vertical da
semicélula de um só tipo (espinhos ou
grânulos ou verrugas).
93. Vista vertical da semicélula com
espinhos ou grânulos.
94. Vista vertical da semicélula
com grânulos intramarginais
.... *S. bloklandiae*
94. Vista vertical da semicélula
com espinhos.

95. Vista vertical da semicélula fusiforme ou elíptico-fusiforme, 2 espinhos intramarginais (1 no pólo superior, outro no inferior) ..... *S. leptocladum* var. *cornutum*

95. Vista vertical da semicélula elíptica, 4 espinhos intramarginais (2 no polo superior, 2 no inferior) .... *S. quadrinotatum*

93. Vista vertical da semicélula com verrugas.

96. Vista vertical da semicélula com 1 verruga emarginada na região mediana de cada lado .. .... *S. irregulare* var. *subceolense*

96. Vista vertical da semicélula com 5 verrugas emarginadas .... *S. grallatorium*

92. Ornamentação da vista vertical da semicélula combinada (protuberâncias, espinhos e grânulos ou protuberâncias e espinhos na mesma célula).

97. Margem basal das semicélulas com 2 círculos de grânulos supraistmiais .. *S. brachioprominens*

97. Margem basal das semicélulas inflada,1 espinho curto de cada lado .... *S. octoverrucosum*

91. Vista vertical da semicélula lisa, sem ornamentação.

98. Processos angulares ondulados ....*S. volans*

98. Processos angulares crenulados ou serrilhados.

99. Processos angulares longos (> 1,5 vez mais longos que a largura da semicélula sem processos).

100. Vista vertical da semicélula
com os ângulos alternados
com os da outra semicélula
.... *S. tetracerum* f. *tortum*

100. Vista vertical da semicélula
com os ângulos coincidentes
(sobrepostos) ou quase
com os da outra semicélula
.... *S. tetracerum* var. *tetracerum*

99. Processos angulares muito longos
(< 3,5-6 vezes mais longos que a
largura da semicélula sem
processos).

101. Vista vertical da semicélula
com processos retos; margens
basais das semicélulas
com 1 par de ângulos laterais
.....*S. leptocladum* var. *africanum*

101. Vista vertical da semicélula
com processos curvos em
sentidos opostos (em forma de
"S"); margens basais das
semicélulas
assimetricamente côncavas
..... *S. leptocladum* var. *sinuatum*

90. Processos angulares convergentes.

102. Vista vertical da semicélula 2-angular,
alternada .... *S. smithii*

102. Vista vertical da semicélula 2-angular, com
4 ou 6 espinhos intramarginais.

103. Vista vertical da semicélula com 4
espinhos intramarginais
...........*S. subindentatum* var. *brasiliense*
f. *brasiliense*

103. Vista vertical da semicélula com 6
espinhos intramarginais
.........*S. subindentatum* var. *brasiliense*
f. *sexspinulosum*

89. Vista vertical da semicélula 3-4-angular.

104. Células muito pequenas (≤ 20 µm compr. com
processos); processos angulares somente
crenulados ou ondulados.
   105. Margens basais e apicais das semicélulas
lisas .... *S. minimum*
   105. Margens basais e apicais das semicélulas
crenuladas .... *S. iotanum*
104. Células pequenas (> 20 µm compr. com
processos); processos angulares crenulados ou
serrilhados, com espinhos ou grânulos.
   106. Processos angulares paralelos ou
divergentes.
      107. Processos angulares com grânulos.
         108. Processos angulares com
grânulos irregularmente
distribuídos........ *S. paradoxum*
         108. Processos angulares com
grânulos dispostos em 1 linha
mediana.
            109. Vista vertical da
semicélula 3-angular
...... *S. tetracerum* f. *trigona*
            109. Vista vertical da
semicélula 4-angular
.... *S. tetracerum* f. *tetragona*
      107. Processos angulares com espimhos
ou dentículos.
         110. Espinhos presentes apenas nos
processos angulares.
            111. Processos divergentes, 4-6
anéis transversais de
espinhos diminutos
..... *S. anatinum* f. *parvum*
            111. Processos divergentes, 3-5
anéis transversais de
espinhos diminutos
.... *S. iotanum* var.
perpendiculatum

110. Espinhos presentes nos processos angulares e em outras regiões da célula.

112. Espinhos simples nos processos angulares e bífidos na região mediana das semicélulas .... *S. iversenii* var. *americanum*

112. Espinhos simples nos processos angulares e na região apical da semicélulas.

113. Vista vertical da semicélula 3-angular, 2 espinhos medianos e 1 círculo intramarginal de 6 espinhos .... *S. heimerlianum*

113. Vista vertical da semicélula 3-angular, 1 série intramarginal de espinhos diminutos .... *S. gracile* f. *subventricosum*

106. Processos angulares convergentes.

114. Vista vertical da semicélula 3-angular, 1 fileira intramarginal de grânulos ou verrugas distribuídas concentricamente.

115. Vista vertical da semicélula ligeiramente torcida; parede celular verrucosa ....*S. cyrtocerum*

115. Vista vertical da semicélula
não torcida, 2 processos
intramarginais 2-furcados,
curtos; parede celular lisa
.... *S. bicoronatum*

114. Vista vertical da semicélula 3-angular,
processos angulares com 2-3 fileiras
intramarginais de grânulos ou
dentículos.

116. Margem apical das semicélulas
côncava, dentículos marginais;
processos angulares com 2-3
anéis de grânulos de
tamanhos decrescentes
.............................*S. manfeldtii*

116. Margem apical das semicélulas
convexa, dentículos marginais;
processos angulares
com 2-3 anéis de grânulos de
tamanhos idênticos
...........................*S. productum*

88. Vista vertical da semicélula 5-9-angular.

117. Processos angulares paralelos, raro
convergentes; vista vertical da semicélula
6-9-angular ....*S. rotula*

117. Processos angulares convergentes; vista
vertical da semicélula 5-6-angular.

118. Vista vertical da semicélula 5-angular,
inteiramente lisa ....*S. arachne*

118. Vista vertical da semicélula 6-angular,
1 círculo intramarginal de 12
dentículos ....*S. subophiura*

STAURASTRUM ACICULIFERUM (W. WEST) ANDERSON (FIG. 205)

Kongl. Svenska VetenskAkad. Handl. 16(5): 11, pl. 1, fig. 4. 1890.

Célula ca. 1,3 vez mais longa que larga, constrição mediana profunda, seno mediano amplamente aberto, obtusangular, ca. 19,0 µm compr., ca. 23,0 µm larg., ca.

5,0 µm larg. istmo; semicélulas obtriangulares, margens basais levemente convexas a quase retas, margem superior com 1 par de espinhos acessórios, ângulos laterais terminados em processos curtos, 2-furcados, margem apical convexa, região mediana com 3 pares de espinhos; vista vertical 3-angular, margens levemente convexas a quase retas, ângulos terminados em processos curtos, 2-furcados, ângulos com 3 pares de espinhos alternados; parede celular finamente pontuada. Zigósporo não conhecido.

Distribuição geográfica no Estado de São Paulo

Em literatura: São Paulo (Sant'Anna *et al.* 1989).

Material examinado: nenhum.

Comentários

O único trabalho que permite reconhecer a presença da espécie no Estado de São Paulo é de Sant'Anna *et al.* (1989). Nele constam a forma das semicélulas e as medidas do comprimento e da largura celulares e da largura do istmo, além de ilustração.

Martins & Bicudo (1987) examinaram material da Ilha de Tinharé, Estado da Bahia, e encontraram exemplares de *S. aciculiferum* (W. West) Anderson cujas medidas são próximas daquelas em Sant'Anna *et al.* (1989), isto é, 19,3-27,6 µm compr., 16,6-22,1 µm larg. sem espinhos e istmo: 6,9-8,3 µm larg. Os referidos autores mencionaram a característica diagnóstica da espécie, que é a existência de um par de espinhos acessórios projetados quase verticalmente da margem superior das semicélulas e a meia distância entre dois ângulos consecutivos.

Na sinopse das desmídias norte-americanas, Prescott *et al.* (1982) registraram medidas do comprimento da célula pouco superiores às referidas em Sant'Anna *et al.* (1989). Os referidos autores descreveram a espécie com espinhos simples e bífidos (Prescott *et al.* 1982). Para o Estado de São Paulo, não há relato sobre esta variação morfológica, pois todos os espécimes examinados até agora são portadores somente de espinhos simples.

Staurastrum affine West & West (Fig. 206)

Trans. Bot. Soc. Edinburgh 23: 26, pl. 2, fig. 27. 1905.

Células 1,3-1,6 vez mais longas que largas, constrição mediana profunda, seno mediano aberto, acutangular, 18,0-23,0 µm compr., 28,0-32,0 µm larg. (inclusive processos), 8,0-9,0 µm larg. istmo; semicélulas piramidal-truncadas, margens basal e lateral levemente convexas, ângulos laterais prolongados em processos com 2 anéis superpostos de denticulações, terminados em 3 espinhos, margem apical convexa; vista apical 3-angular, margens levemente côncavas a quase retas, ângulos terminados em processos 3-furcados; parede celular com séries concêntricas de grânulos. Zigósporo não observado.

DISTRIBUIÇÃO GEOGRÁFICA NO ESTADO DE SÃO PAULO

EM LITERATURA: Ribeirão Preto (Silva 1999).

MATERIAL EXAMINADO: nenhum.

COMENTÁRIOS

Silva (1999) registrou a presença desta espécie no lago Monte Alegre situado no "campus" da Universidade de São Paulo, em Ribeirão Preto. Além da descrição, há ilustração, porém, não há informação sobre variabilidade populacional.

Prescott *et al.* (1982) mencionaram serem característicos desta espécie os processos com dois anéis paralelos superpostos de denticulações e a presença de quatro espinhos apicais, os quais não foram mencionados nem ilustrados em Silva (1999). As medidas do comprimento da célula e da largura do istmo do material em Prescott *et al.* (1982) são pouco superiores às dos atuais espécimes do Estado de São Paulo.

Esta espécie pode ser confundida com *Staurastrum polymorphum* Brébisson, que, entretanto, é constituída por exemplares menores e processos angulares e relação comprimento:largura celular diferentes.

Apesar de haver examinado grande quantidade de preparações feitas do material coletado em todo o Estado e, especialmente, do lago Monte Alegre, Município de Ribeirão Preto, nenhum espécime de *S. affine* West & West foi encontrado.

STAURASTRUM ALTERNANS (BRÉBISSON) RALFS VAR. *ALTERNANS* (FIG. 72-78)

In Ralfs, Brit. Desmidieae. 132, pl. 21, fig. 7. 1848.

Basiônimo: *Staurastrum alternans* Brébisson *in litt.* 1846.

Células tão longas quanto largas a 1,1-1,2 vez mais longas que largas ou pouco mais largas que longas, uma das semicélulas torcida 60° na altura do istmo, constrição mediana profunda, seno mediano aberto, acutangular, 18,0-30,6 µm compr., 15,0-28,9 µm larg., 5,0-11,9 µm larg. istmo; semicélulas transversalmente elípticas, margens basais levemente côncavas, quase retas, ângulos laterais arredondados, margem apical convexa, às vezes plana no meio; vista vertical 3-angular, margens levemente côncavas a quase retas, ângulos arredondados, alternados com os ângulos da outra semicélula;

parede celular finamente pontuada, grânulos espalhados, arranjados em anéis superpostos nos ângulos, algumas vezes reduzidos na região mediana do ápice. Zigósporo globoso, com espinhos furcados no ápice, conforme Ralfs (1848).

Distribuição geográfica no Estado de São Paulo

Em literatura: Itirapina (Bicudo 1969).

Material examinado: **Município de Divinolândia**, 08.VIII.2000, *C.E.M. Bicudo, L.A. Carneiro & S.M.M. Faustino* (SP365697). **Município de Ibiúna**, 18.II.1992, *A.A.J. Castro* (SP239139). **Município de Iepê**, 28.III.2001, *C.E.M. Bicudo, L.A. Carneiro & S.M.M. Faustino* (SP370954). **Município de Itatinga**, 18.II.1992, *A.A.J. Castro* (SP365712). **Município de Mirante do Paranapanema**, 15.V.2001, *C.E.M. Bicudo & D.C. Bicudo* (SP355396). **Município de Nhandeara**, 15.VIII.2001, *C.E.M. Bicudo, L.R. Godinho & C.I. Santos* (SP370970). **Município de Pilar do Sul**, 17.IV.1989, *A.A.J. Castro, C.E.M. Bicudo & D.C. Bicudo* (SP188431). **Município de Pirassununga**, 16.XI.2000, *C.E.M. Bicudo, S.M.M. Faustino & L.R. Godinho* (SP370947). **Município de Ribeirão Bonito**, 12.V.2000, *C.E.M. Bicudo & L.L. Morandi* (SP365688) e **Município de São José do Barreiro**, 21.XI.1989, *A.A.J. Castro & C.E.M. Bicudo* (SP188322).

Comentários

Staurastrum alternans (Brébisson) Ralfs var. *alternans* está descrita com detalhes em Bicudo (1969). O material então estudado proveio do Município de Itirapina. O referido autor observou que existe, desde há muitos anos, confusão entre esta espécie e *Staurastrum hexacerum* (Ehrenberg) Wittrock.

Durante o período do atual estudo foram encontrados exemplares em amostras provenientes de 11 municípios, caracterizando sua ampla distribuição geográfica no Estado.

Pode-se notar, com bastante clareza, variação morfológica nas amostras analisadas. Em todas elas ocorreram espécimes distintos quanto à morfologia, mas evidentemente pertencentes à mesma espécie. A característica morfológica que apresentou a maior variação foi a relação comprimento:largura celulares. Tal variação foi observada em uma mesma população, ou seja, em uma mesma unidade amostral. Outra característica bastante variável foi a distribuição irregular dos grânulos na parede celular, sempre de forma concêntrica, porém, variando quanto à quantidade em diferentes regiões e, principalmente, na apical.

As vistas frontal e apical dos exemplares desta espécie são muito peculiares em virtude da torção de ao redor de 60° das semicélulas no nível do istmo. Esta torção faz com que os ângulos de uma semicélula apareçam, em vista apical, a meio caminho entre dois ângulos da outra semicélula, de modo que o conjunto lembra uma estrela de davi. Esta torção faz com que os espécimes sejam mais facilmente observados em vista apical do que em vista frontal (taxonômica).

Staurastrum alternans (Brébisson) Ralfs var. *basichondrum* Schmidle (Fig. 79)

Bih. Svenska VetenskAkad. Handl.: sér. 3, 24(8): 58. pl. 3, fig. 6. 1898.

Células tão longas quanto largas ou até 1,1 vez mais longas que largas, torcidas de 60° no istmo, constrição mediana profunda, seno mediano aberto, em forma de "U", 18,0-23,0 µm compr., 16,0-22,0 µm larg., 5,0-9,0 µm larg. istmo; semicélulas transversalmente elípticas a obtrapeziformes, margens basais levemente côncavas, ângulos laterais arredondados, margem apical levemente convexa; vista vertical 3-angular, margens suavemente côncavas, ângulos arredondados, alternados com os ângulos da outra semicélula, extremidades com grânulos aparentes; parede celular granulada, grânulos arranjados em círculos concêntricos em volta dos lobos. Zigósporo não observado.

Distribuição geográfica no Estado de São Paulo

Em literatura: nenhuma.

Material examinado: **Município de Itatinga**, 18.II.1992, *A.A.J. Castro* (SP365712). **Município de Mirante do Paranapanema**, 15.V.2001, *C.E.M. Bicudo & D.C. Bicudo* (SP355396) e **Município de Rifaina**, 30.V.2000, *C.E.M. Bicudo & D.C. Bicudo* (SP336342).

Comentários

A var. *basichondrum* Schmidle difere da típica da espécie por apresentar o istmo amplamente aberto, com a forma de "U", e a pontuação da parede celular mais evidente e uniformemente distribuída. Não existe nos representantes da var. *basichondrum* Schmidle uma região da parede que não tenha pontuação. A vista apical desta variedade apresenta-se relativamente mais inflada do que a da variedade-tipo.

Esta é a primeira citação da ocorrência de *Staurastrum alternans* (Brébisson) Ralfs var. *basichondrum* Schmidle no Estado de São Paulo. Exemplares da variedade foram encontrados em três localidades e sempre junto com outros da variedade típica da espécie, o que permitiu reconhecer as diferenças sutis entre ambas. Entre essas diferenças pode-se salientar na atual var. *basichondrum* Schmidle, como já referido acima, o istmo extremamente aberto, com a forma de "U", e a pontuação da parede celular mais evidente e uniformemente distribuída. Não há nos representantes da última variedade qualquer região destituída de pontuação. A vista apical dos espécimes da var. *basichondrum* Schmidle apresenta-se mais inflada do que a da variedade-tipo.

As populações estudadas tiveram seus limites métricos iguais ou muito próximos dos valores mínimos observados em Prescott *et al.* (1982).

STAURASTRUM AMOENUM HILSE VAR. *BRASILIENSE* BÖRGESEN (FIG. 200)

Vidensk. Meddr dansk naturh. Foren. 46: 45, pl. 4, fig. 44. 1890.

Célula ca. 2,3 vezes mais longa que larga, constrição mediana rasa, seno mediano aberto, em forma de "U", ca. 45,0 µm compr., ca. 19,0 µm larg., ca. 12,0 µm larg. istmo; semicélulas subquadrangulares, margens basais curtas, pouco convexas, ângulos basais amplamente arredondados, 4-5 grânulos dispostos em série, margens laterais côncavas, lisas, ângulos superiores arredondado-acuminados, 4-5 anéis de grânulos superpostos, margem apical côncava; vista vertical 4-angular, margens côncavas, ângulos arredondados, 4-5 anéis concêntricos de grânulos, base da semicélula 12-ondulada; parede celular lisa, grânulos arranjados em anéis concêntricos em volta dos ângulos e da região basal. Zigósporo não observado.

DISTRIBUIÇÃO GEOGRÁFICA NO ESTADO DE SÃO PAULO

EM LITERATURA: São Paulo (Börgesen 1890).

MATERIAL EXAMINADO: nenhum.

COMENTÁRIOS

Staurastrum amoenum Hilse var. *brasiliense* Börgesen foi proposto a partir de material coletado no Estado de São Paulo, mais especificamente em um ambiente alagado ("Marais de Mogi"). O autor não precisou, entretanto, qual dos "Mogi", desde que existem três localidades no Estado em que a palavra "Moji" (grafia antiga "Mogi") faz parte, quais sejam: Moji das Cruzes, Moji-Guaçu e Moji-Mirim. Esse é o único registro da ocorrência da aludida var. *brasiliense* Börgesen no Estado de São Paulo.

Segundo Börgesen (1980), esta alga possui grande semelhança morfológica com outra variedade da mesma espécie, *Staurastrum amoenum* Hilse var. *tumidiuscula* Nordstedt. A presente var. *brasiliense* Börgesen é diferente, principalmente, pelo fato de os ângulos superiores das semicélulas serem mais arredondados e a vista apical da célula não apresentar grânulos no centro.

STAURASTRUM ANATINUM COOKE & WILLS VAR. *ANATINUM* F. *PARVUM* (W. WEST) PRESCOTT, VINYARD & C. BICUDO (FIG. 283-284)

Syn. North Amer. Desmids 2(4): 123, pl. 426, fig. 13. pl. 429, fig. 4. 1982.

Basiônimo: *Staurastrum paradoxum* Meyen f. *parva* W. West, Linn. Soc. Journ. Bot. 29: 182, pl. 23, fig. 12. 1892.

Células 1,4-1,5 vez mais longas que largas, constrição mediana suave, seno mediano aberto, acutangular, 26,0-30,0 µm compr. (inclusive processos), 11,0-17,0 µm compr. (sem processos), 23,0-37,0 µm larg. (inclusive processos), 12,0-15,0 µm larg. (sem processos), 10,0-17,0 µm compr. processos, 4,0-7,0 µm larg. istmo; semicélulas poculiformes, margems basais convexas, ângulos laterais com processos delgados, divergentes, 4-6 anéis transversais de dentículos, terminados por 3 espinhos bastante curtos, margem apical levemente côncava a bastante convexa; vista vertical 3-angular, margens levemente côncavas ou retas, ângulos de uma semicélula alternados com os da outra semicélula, processos com 6 verrugas de cada lado; parede celular lisa. Zigósporo não observado.

DISTRIBUIÇÃO GEOGRÁFICA NO ESTADO DE SÃO PAULO

EM LITERATURA: nenhuma.

MATERIAL EXAMINADO: **Município de Paraguaçu Paulista**, 20.VII.1991, M.C. *Bittencourt-Oliveira* (SP239085).

COMENTÁRIOS

Difere da forma típica da espécie graças, principalmente, ao tamanho distintamente menor de seus espécimes, mas também pela forma de copo das semicélulas (poculiformes) e pelos processos angulares com diminutos espinhos marginais.

Encontrada somente no Município de Paraguaçu Paulista, porém, mais de 30 indivíduos foram observados. A população examinada apresentou grande variação no que tange ao tamanho dos processos angulares e à margem apical, que variou desde levemente côncava até bastante convexa. Esta variação foi observada com frequência até em um mesmo espécime, que apresentou a referida margem côncava em uma semicélula e convexa na outra.

STAURASTRUM ARACHNE RALFS *EX* RALFS VAR. *ARACHNE* F. *ARACHNE* (FIG. 258-260)

Brit. Desmidieae. 135, pl. 22, fig. 9, pl. 34, fig. 6. 1848.

Células 1,7-1,9 vez mais longas que largas, constrição mediana profunda, seno mediano aberto, acutangular, 17,0-25,0 µm compr., 24,0-32,0 µm larg. (inclusive processos), 10,0-14,0 μm larg. (sem processos), 6,0-8,0 μm larg. istmo, 6,0-8,0 μm compr. processos; semicélulas obovais a obtriangulares, margens basais convexas, levemente infladas, margens laterais ascendentes, ângulos laterais com processos crenulados, suavemente curvos para a outra semicélula, margem apical convexa; vista vertical 5-angular, margens côncavas, ângulos com processos crenulados; parede celular lisa. Zigósporo não observado.

DISTRIBUIÇÃO GEOGRÁFICA NO ESTADO DE SÃO PAULO

EM LITERATURA: nenhuma.

MATERIAL EXAMINADO: **Município de Reginópolis**, 22.II.1992, C.E.M. *Bicudo & D.C. Bicudo* (SP239144). **Município de Sertãozinho**, 16.VIII.2000, C.E.M. *Bicudo, S.M.M. Faustino & L.L. Morandi* (SP365702).

COMENTÁRIOS

Descrita por Ralfs (1848), esta espécie caracteriza-se pelos processos angulares suavemente curvos na direção da outra semicélula e pela vista apical da célula 5-angular.

O material examinado foi coletado em duas localidades distintas no Estado – os municípios de Reginópolis e Sertãozinho – e apresentou populações muito semelhantes quanto à morfologia dos indivíduos. Tanto no material de Reginópolis quanto no de Sertãozinho a parede celular apresentou-se nitidamente lisa, sem qualquer granulação, uma característica referida na descrição original da espécie. As diferenças entre os espécimes em cada população e entre os espécimes das duas populações analisadas referiram-se ao diâmetro dos processos angulares, que ora se apresentaram mais delgados, ora menos, e à curvatura dos referidos processos, que se apresentou mais ou menos acentuada. Quanto às medidas, os espécimes do Estado de São Paulo apresentaram valores do comprimento e da largura celular menores dos que os referidos em Prescott *et al.* [1982: ca. 32,0 μm compr., 60,0-80,0 μm larg. (inclusive processos), 15,0-18,0 μm larg. (sem processos)].

O presente é o primeiro registro da ocorrência da espécie no Estado de São Paulo.

STAURASTRUM ASTEROIDEUM WEST & WEST VAR. *NANUM* (WILLE) GRÖNBLAD (FIG. 261)

Bot. Notiser 1949(4): 413. 1948.

Células tão largas quanto longas ou até 1,1 vez mais largas que longas, constrição mediana suave, seno mediano aberto, acutangular, 19,0-21,0 μm compr., 21,0-22,0 μm larg., istmo 6,0-8,0 µm larg.; semicélulas obtrapeziformes, margens basais convexas, lisas, depois divergentes para o ápice, ângulos laterais com processos 3-crenulados, crenulação com espinho terminal, margem apical amplamente convexa; vista vertical 5-angular, margens côncavas, ângulos com processos retos, horizontalmente dispostos ou muito pouco divergentes, margens laterais serreadas, cada proeminência terminada em 1 espinho, processos terminados em 5 espinhos curtos; parede celular lisa. Zigósporo não observado.

Distribuição geográfica no Estado de São Paulo

Em literatura: Moji-Guaçu (Marinho & Sophia 1997).

Material examinado: nenhum.

Comentários

Marinho & Sophia (1997) divulgaram, ao realizarem o levantamento das desmídias do Açude do Jacaré, no Município de Moji-Guaçu, a única referência à ocorrência da variedade no Estado de São Paulo. Encontram-se nesse trabalho breve descrição e ilustração do material estudado, o que permite reidentificar o material que examinaram. Não há, entretanto, qualquer comentário sobre a existência de variação morfológica na população que examinaram. Além disso, não se especificou se as medidas foram tomadas incluindo os processos ou não.

Por fim, a despeito das inúmeras preparações ora examinadas, nenhum outro exemplar de *Staurastrum asteroideum* West & West var. *nanum* (Wille) Grönblad foi encontrado.

Staurastrum bicoronatum Johnson var. *simplicius* West & West (Fig. 347)

Trans. Linn. Soc. Lond.: sér. 2, 5(5): 264, pl. 17, fig. 6. 1896.

Células 1,4-1,8 vez mais longas que largas, constrição mediana rasa, seno mediano aberto, acutangular, 17,0-26,2 µm compr., 28,0-41,0 µm larg. (inclusive processos), 10,0-18,0 µm larg. (sem processos), istmo 5,0-7,5 µm larg.; semicélulas obtrapeziformes, margens basais convexas, margens laterais retas ou quase, mais ou menos acentuadamente divergentes para o ápice, ângulos laterais prolongados em processos longos, retos ou suavemente curvos, horizontalmente dispostos, às vezes pouco convergentes ou divergentes, margens crenuladas, crenulação arredondada, às vezes pontiaguda, 1 série intramarginal de grânulos, margem apical reta ou pouco convexa, 2 processos, curtos, 2-espinados, espinhos situados um de cada lado na base dos processos angulares; vista vertical 3-angular, margens pouco côncavas, 2 processos curtos, 2-espinados, situados um de cada lado na base dos processos angulares, ângulos com processos longos, retos, margens crenuladas, crenulação arredondada, às vezes pontiaguda, 1 série intramarginal de grânulos; parede celular lisa. Zigósporo não observado.

Distribuição geográfica no Estado de São Paulo

Em literatura: nenhuma.

Material examinado: **Município de Reginópolis**, 22.II.1992, C.E.M. *Bicudo & D.C. Bicudo* (SP239144) e **Município de Pitangueiras**, 16.VIII.2000, C.E.M. *Bicudo, L.L. Morandi & S.M.M. Faustino* (SP355382).

Comentários

A presença da var. *simplicius* West & West é atualmente documentada pela primeira vez no Estado de São Paulo por meio de materiais provenientes dos municípios de Pitangueiras e Reginópolis. As diferenças entre as duas populações examinadas restringiram-se ao tamanho dos exemplares, sendo os representantes da população de Reginópolis menores (17,0-20,0 µm compr., 10,0-18,0 µm larg.) do que aqueles da população de Pitangueiras (25,0-26,2 µm compr., 17,0-18,0 µm larg.), e à relação entre o comprimento e a largura da célula, sendo os espécimes de Reginópolis pouco mais longos (1,7-1,8 vez) do que os de Pitangueiras (ca. 1,4 vez). As medidas da célula sem incluir os processos angulares coincidem com as documentadas em literatura (Prescott *et al.* 1982: ca. 14,5 µm compr., ca. 9,5 µm larg., ca. 6,0 µm larg. istmo).

Staurastrum bieneanum Rabenhorst var. *brasiliense* Grönblad (Fig. 27-29)

Acta Soc. Sci. Fenn.: sér. B, 2(6): 24, fig. 190. 1945.

Células tão longas quanto largas ou até 1,1 vez mais largas que longas, constrição mediana profunda, seno mediano aberto, acutangular, 17,0-20,0 µm compr., 20,0-22,0 µm larg., istmo 7,0-8,0 µm larg.; semicélulas transversalmente subelípticas, margens basais convexas, às vezes quase retas, ângulos laterais arredondado-acuminados, margem apical uniformemente convexa; vista vertical 3-angular, margens laterais retusas na parte média, ângulos arredondado-acuminados; parede celular lisa. Zigósporo não observado.

Distribuição geográfica no Estado de São Paulo

Em literatura: nenhuma.

MATERIAL EXAMINADO: **Município de Ibitinga**, 22.VIII.2000, *C.E.M. Bicudo, S.M.M. Faustino & S.P. Schetty* (SP365704) e **Município de Santo Antônio do Aracanguá**, 25.IV.2001, *C.E.M. Bicudo, D.L. Costa & S.M.M. Faustino* (SP355386).

COMENTÁRIOS

Os espécimes atualmente observados correspondem, quanto às medidas, aos examinados por Grönblad (1945), porém, diferindo um pouco na forma mais arredondada dos ângulos, na margem basal e no ápice da semicélula. No material coletado em Santo Antônio do Aracanguá ocorreram muitos indivíduos com margem apical quase reta e ângulos celulares arredondado-acuminados. Todavia, espécimes com formas pouco mais arredondadas também foram encontrados na amostra, caracterizando a diversidade intrapopulacional.

Este é o primeiro registro da ocorrência de *Staurastrum bieneanum* Rabenhorst var. *brasiliense* Grönblad no Estado de São Paulo.

STAURASTRUM BIFIDUM (EHRENBERG) BRÉBISSON (FIG. 108-109)

In Ralfs, Brit. Desmidieae. 215. 1848.

Basiônimo: *Phycastrum bifidum* Kützing, Phycol. Germ.138. 1845.

Células tão longas quanto largas ou até 1,2 vez mais longas que largas, constrição mediana suave, seno mediano aberto, acutangular, 23,0-30,0 µm compr., 28,0-36,0 µm larg. (inclusive espinhos), 23,0-25,0 µm larg. (sem espinhos), istmo 10,0-12,3 µm larg.; semicélulas transversalmente elípticas a subelípticas, margens basais convexas, ângulos com 1 par de espinhos pontiagudos, paralelos, sobrepostos, margem apical amplamente arredondada a quase reta; vista vertical 3-angular, margens retusas na parte média a quase retas, ângulos 2-furcados, 2 espinhos terminais sobrepostos; parede celular lisa. Zigósporo não observado.

DISTRIBUIÇÃO GEOGRÁFICA NO ESTADO DE SÃO PAULO

EM LITERATURA: nenhuma.

MATERIAL EXAMINADO: **Município de Angatuba**, 17.IV.1989, *A.A.J. Castro, C.E.M. Bicudo & D.C. Bicudo* (SP188215) e **Município de Pitangueiras**, 16.VIII.2000, *C.E.M. Bicudo, L.L. Morandi & S.M.M. Faustino* (SP355382).

COMENTÁRIOS

Esta espécie possui certas peculiaridades quanto à sua morfologia em cada localidade em que foi encontrada. Assim, a maioria dos espécimes de Pitangueiras apresentou a margem celular apical quase reta, enquanto os de Angatuba mostraram os ápices amplamente arredondados. Em vista apical, os espécimes de Angatuba têm as margens quase retas e os de Pitangueiras mais aconcavadas. Apesar destas diferenças, entretanto, a relação comprimento:largura das células foi igual nas duas populações.

Os valores métricos do comprimento e da largura celular obtidos atualmente sem incluir os espinhos são pouco inferiores se comparados com os referidos em Prescott *et al.* (1982).

STAURASTRUM BINUM **Borge var.** *BINUM* **(Fig. 193)**

Ark. Bot. 15(13): 48, pl. 4, fig. 13. 1918.

Células ca. 1,3 vez mais longas que largas, constrição mediana suave, seno mediano aberto, acutangular, 64,0-73,0 µm compr. (inclusive espinhos), 40,0-48,0 µm compr. (sem espinhos), 66,0-80,0 µm larg. (inclusive espinhos), 30,0-36,0 mm larg. (sem espinhos), istmo 21,0-23,0 µm larg.; semicélulas transversalmente mais ou menos elípticas até um tanto oblongas, margens basais levemente convexas, margens laterais retusas, ângulos inferiores e superiores ornados com 1 espinho reto, longo, margem apical levemente convexa a quase reta; vista vertical 7-angular, margens entre os ângulos levemente côncavas a quase retas, ângulos ornados com 1 par de espinhos retos, longos, espinhos distribuídos em 2 planos, 1 superior e 1 inferior; parede celular lisa. Zigósporo não observado.

Distribuição geográfica no Estado de São Paulo

Em literatura: Pirassununga (Borge 1918).

Material examinado: nenhum.

Comentários

Esta espécie foi descrita originalmente por Borge (1918), e sua ocorrência no Estado de São Paulo está restrita à sua proposição. *Staurastrum binum* Borge é uma espécie bem caracterizada pela vista apical da célula 7-angular, cada ângulo ornado com um espinho longo e forte.

A despeito de haver examinado grande quantidade de amostras de todo o Estado e, principalmente, da região de Pirassununga, onde foi coletado o material que serviu de base para a proposição da espécie, não foi possível reencontrar exemplares de *S. binum* Borge durante o presente estudo.

STAURASTRUM BINUM BORGE VAR. *MINOR* BORGE (FIG. 192)

Ark. Bot. 15(13): 48, pl. 4, fig. 14. 1918.

Células 1,3-1,4 vez mais longas que largas, constrição mediana rasa, seno mediano aberto, acutangular a obtusangular, 21,5-27,0 µm compr. (sem espinhos), 15,0-20,0 µm larg. (sem espinhos), istmo 11,5-13,0 µm larg.; semicélulas transversalmente oblongas, margens basais levemente convexas, margens laterais retas a suavemente convexas, ângulos superiores e inferiores ornados com 1 espinho reto, tamanho médio, margem apical levemente convexa a quase reta; vista vertical 7-angular, margens levemente côncavas a quase retas, ângulos terminados por 1 espinho reto, porte médio, espinhos distribuídos em 2 planos, 1 superior e 1 inferior; parede celular lisa. Zigósporo não observado.

DISTRIBUIÇÃO GEOGRÁFICA NO ESTADO DE SÃO PAULO

EM LITERATURA: Pirassununga (Borge 1918).

MATERIAL EXAMINADO: nenhum.

COMENTÁRIOS

Staurastrum binum Borge var. *minor* Borge difere da variedade típica da espécie por apresentar dimensões menores e espinhos angulares relativamente mais curtos.

A variedade é, assim como a típica da espécie, conhecida unicamente pelo trabalho de Borge (1918). Embora houvéssemos examinado uma quantidade considerável de preparações feitas de amostras coletadas em todo o Estado de São Paulo, principalmente na região de Pirassununga, de onde veio o material a partir do qual a variedade foi descrita, não foi possível reencontrar exemplares de *S. binum* Borge var. *minor* Borge.

Além das medidas inferiores e dos espinhos mais curtos que diferenciam a var. *minor* Borge da típica da espécie, outras feições morfológicas podem auxiliar na caracterização da primeira variedade, quais sejam: (1) semicélulas mais amplamente oblongas e (2) relação comprimento:largura das células pouco maior na var. *minor* Borge.

Os materiais examinados por Borge (1918) foram coletados em Pirassununga, porém, não se sabe se do mesmo local de onde vieram as amostras que permitiram descrever a variedade-tipo da espécie. As unidades amostrais receberam números distintos de coleta (*S. binum* Borge var. *binum* amostra n° 163 e *S. binum* Borge var. *minor* Borge amostra n° 131). De qualquer forma, a diferença de tamanho dos exemplares de cada unidade amostral acima é grande, ou seja, praticamente a metade, o que justifica a proposição da novidade taxonômica para os representantes originários da amostra n° 131.

STAURASTRUM BLOKLANDIAE COESEL & JOOSTEN (FIG. 325-327)

Algol. Stud. 80: 9, fig. 1-6. 1996.

Células 1,3-1,6 vez mais longas que largas, constrição mediana profunda, seno mediano aberto, acutangular, 17,0-20,0 µm compr. (inclusive processos), 8,0-9,0 µm compr. (sem processos), 23,0-25,0 µm larg. (inclusive processos), 5,0-7,0 µm larg. (sem processos), istmo 4,0-6,0 µm larg.; semicélulas obtriangulares a subciatiformes, margens basais convexas, às vezes infladas, margens laterais ascendentes, ângulos laterais com processo crenulado, ascendente, 2 espinhos terminais, margem apical reta a levemente convexa, 2 grânulos intramarginais; vista vertical elíptica, 4 grânulos intramarginais, ângulos com processo crenulado, 2 espinhos terminais; parede celular lisa. Zigósporo não observado.

DISTRIBUIÇÃO GEOGRÁFICA NO ESTADO DE SÃO PAULO

EM LITERATURA: nenhuma.

MATERIAL EXAMINADO: **Município de Orlândia**, 29.V.2000, *C.E.M. Bicudo & D.C. Bicudo* (SP355380).

COMENTÁRIOS

A espécie atualmente encontrada pela primeira vez no Brasil apresentou diferença na forma das semicélulas, que variou de obtriangular a quase ciatiforme, e, às vezes, mostrou as duas semicélulas diferentes entre si (espécimes dicotípicos). Além disso, os processos apresentaram-se mais retos ou mais curvos, e o tamanho dos grânulos apicais variou desde bem visíveis até dificilmente discerníveis, aparecendo ao microscópio óptico como pontos. Entretanto, jamais foi encontrado um espécime sem tais grânulos.

Os espécimes utilizados por Coesel & Joosten (1996) para proposição da espécie apresentaram medidas celulares significativamente maiores (24,0-45,0 µm compr., 28,0-48,0 µm larg.) do que as do presente material de Orlândia. Foram observados atualmente vários exemplares. Caso a diferença de tamanho persista no nível atual, deverá ser proposta uma variedade ou forma taxonômica para nomear o material de Orlândia.

STAURASTRUM BOLDTIANUM GRÖNBLAD (FIG. 21-24)

Acta Soc. Sci. Fenn.: sér. B, 2(5): 40, pl. 4, fig. 4. 1942.

Células tão longas quanto largas ou ca. 1,1 vez mais longas que largas, constrição mediana suave, seno mediano aberto, obtuso, 19,0-24,0 µm compr., 17,0-22,0 µm larg., istmo 7,0-8,0 µm larg.; semicélulas obpiramidais, margens basais retas ou levemente convexas, ângulos laterais mais ou menos arredondado-acuminados, margem apical quase reta a amplamente convexa; vista vertical 3-4-angular, margens retas ou levemente côncavas, ângulos mais ou menos acuminado-arredondados; parede celular lisa. Zigósporo não observado.

DISTRIBUIÇÃO GEOGRÁFICA NO ESTADO DE SÃO PAULO

EM LITERATURA: nenhuma.

MATERIAL EXAMINADO: **Município de Pitangueiras**, 16.VIII.2000, *C.E.M. Bicudo, L.L. Morandi & S.M.M. Faustino* (SP355382).

COMENTÁRIOS

O material estudado procedeu de uma única localidade no Município de Pitangueiras e apresentou grande diversidade morfológica no que tange à forma dos ângulos laterais. Alguns indivíduos apresentaram ângulos amplamente arredondados, outros mais proeminentes e acuminado-arredondados, ainda outros com uma forma intermediária entre o amplamente arredondado e o acuminado-arredondado e, finalmente, outros com as duas formas de grânulos em um mesmo indivíduo, ora em semicélulas distintas, ora na mesma semicélula. Situação semelhante foi encontrada por Prescott *et al.* (1982), que ilustraram essas diferenças, mas não as comentaram. A vista apical da célula também variou, podendo ser tri ou quadrangular, mas não foi observado um indivíduo sequer que apresentasse uma semicélula de cada tipo. Foi observado, isto sim, certo equilíbrio nas porcentagens dessas duas formas de vista apical na população examinada.

STAURASTRUM BRACHIOPROMINENS BÖRGESEN (FIG. 319-323).

Vidensk. Meddr danske naturh. Foren. 46: 47, pl. 5, fig. 52. 1890.

Células ca. 1,5 vez mais longas que largas, constrição mediana suave, seno aberto, acutangular, 25,0-30,0 µm compr. (inclusive processos), 12,0-15,0 µm compr. (sem processos), 30,0-72,0 µm larg. (inclusive processos), 8,0-12,0 µm larg. (sem processos), istmo 5,0-11,0 µm larg.; semicélulas obtriangulares, margem basal convexa, ascendente, 2 círculos de grânulos supra-istmiais, ângulos laterais com processo crenulado, longo, ascendente, margem apical convexa, 4-ondulada, ondulações com espinhos diminutos, círculo intramarginal de 7 grânulos; vista vertical elíptica, 8 ondulações intramarginais, ondulações com espinhos diminutos, ângulos com processo longo, crenulado; parede celular lisa. Zigósporo não observado.

Distribuição geográfica no Estado de São Paulo

Em literatura: São Paulo (Börgesen 1890).

Material examinado: **Município de Pirapozinho**, 15.V.2001, *C.E.M. Bicudo & D.C. Bicudo* (SP370959).

Comentários

Esta espécie foi uma das poucas reencontradas após mais de um século de sua publicação original (127 anos!). Börgesen (1890) forneceu uma descrição bem detalhada da espécie e boa ilustração que permitiram a fácil identificação dos atuais espécimes encontrados nas amostras de Pirapozinho.

As características morfológicas são muito peculiares, mas nem sempre é possível a perfeita visualização dos grânulos apicais e supraistimais e mesmo dos espinhos, que são extremamente pequenos e muito delicados. Encontramos indivíduos com medidas da largura celular obtidas incluindo os processos (30,0-34,0 µm) bem inferiores às divulgadas na obra 'princeps' (70,0 µm).

Para observação ao microscópio de todas as características acima mencionadas foi necessário empregar contraste-de-fase e foco utilizando constantemente o parafuso micrométrico, tanto em vista apical quanto em vista frontal.

Staurastrum brachyacanthum Nordstedt (Fig. 100)

In Wittrock & Nordstedt, Algae Exsiccatae 12: exsic. n° 554. 1883.

Células tão longas quanto largas ou até 1,3 vez mais longas que largas, constrição mediana profunda, seno mediano aberto, obtusangular, arredondado no ápice ou acutangular, 19,0-21,0 µm compr., 16,5-19,5 µm larg. (inclusive espinhos), istmo 7,0-9,0 µm larg.; semicélulas transversalmente elípticas, um tanto oblongas, margens basais convexas, ângulos arredondados, 3 espinhos pequenos distribuídos sem qualquer ordem em planos diferentes, margem apical amplamente convexa; vista vertical 3-angular, margens retas ou levemente côncavas, crenuladas ou lisas, espinhos diminutos, 1 série de espinhos intramarginais, centro liso, ângulos arredondados, 1 espinho terminal; parede celular com 3 séries de espinhos arranjados em níveis superpostos, subparalelos, região do istmo lisa. Zigósporo não observado.

Distribuição geográfica no Estado de São Paulo

Em literatura: Pirassununga (Borge 1918).

Material examinado: nenhum.

COMENTÁRIOS

Borge (1918) é o único registro da ocorrência da espécie no Estado de São Paulo. Para dificultar, o referido trabalho contém apenas ilustrações do material examinado, com escala nas legendas das figuras, mas não traz as medidas dos espécimes observados. Borge (1918) mencionou as exsicatas n° 554 e 680, respectivamente, da coleção de Wittrock & Nordstedt (1883a, 1886), as quais foram examinadas, porém, nenhum espécime correspondeu às características de *S. brachyacanthum* Nordstedt. Sendo assim, somente pelas ilustrações originais é que foi possível registrar a presença da espécie no Estado de São Paulo. São duas ilustrações, sendo uma com escala 570/1 e a outra 890/1, ambas feitas a partir do material coletado no rio Tietê e incluem tanto a vista frontal quanto a vertical. Além do tamanho, outras características que diferenciam os dois indivíduos ilustrados são: no espécime de maior tamanho, o seno acutangular e a vista vertical do indivíduo com a margem não-crenulada; no exemplar menor, o seno obtusangular, arredondado no ápice, e a vista vertical do indivíduo com a margem crenulada.

STAURASTRUM BRASILIENSE NORDSTEDT VAR. *BRASILIENSE* F. *BRASILIENSE* (FIG. 197)

Vidensk. Meddr dansk naturh. Foren. 1869(14-15): 227, pl. 4, fig. 39. 1869.

Células ca. 1,1 vez mais largas que longas ou tão largas quanto longas, constrição mediana rasa, seno mediano amplamente aberto, acutangular, levemente arredondado no ápice, 60,0-64,0 µm compr. (inclusive espinhos), 38,0-41,0 µm compr. (sem espinhos), 75,0-80,0 µm larg. (inclusive espinhos), 41,0-43,0 µm larg. (sem espinhos), istmo 15,0-18,0 µm larg.; semicélulas ciatiformes, margens basais pouco convexas, ângulos laterais com 3 espinhos divergentes, retos ou levemente curvos, sendo 1 espinho superior e 2 formando 1 par inferior; margem apical levemente côncava ou reta; vista vertical 4-angular, margens profundamente côncavas, ângulos com 3 espinhos, espinhos divergentes. Zigósporo não observado.

DISTRIBUIÇÃO GEOGRÁFICA NO ESTADO DE SÃO PAULO

EM LITERATURA: nenhuma.

MATERIAL EXAMINADO: **Município de Santo Antônio do Aracanguá**, 25.IV.2001, *C.E.M. Bicudo, D.L. Costa & S.M.M. Faustino* (SP355386).

COMENTÁRIOS

Esta espécie foi encontrada no Estado de São Paulo somente no Município de Santo Antônio do Aracanguá. A população estudada foi bastante estável morfologicamente, o que nem sempre informou a literatura. Assim, Brook (1958) ilustrou e comentou espécimes com espinhos supranumerários e espinhos bi ou trifurcados. Os espécimes provieram de amostras coletadas de lagos britânicos.

Com relação a Prescott *et al.* (1982), os espécimes examinados possuem medidas do comprimento inferiores às da largura, fazendo com que a relação comprimento:largura seja diferente, isto é, as células sejam mais largas do que longas e até tão largas quanto longas, nunca mais longas do que largas.

Os espinhos foram sempre robustos, embora variassem um pouco em espessura. Alguns espécimes apresentaram os espinhos bem curvos e outros retos; e estes dois tipos de espinho foram encontrados até em um mesmo espécime (dicotípico).

STAURASTRUM CAPITULUM BRÉBISSON VAR. *TUMIDIUSCULUM* (NORDSTEDT) WEST & WEST (FIG. 201-202)

Brit. Desmidiaceae 4: 176, pl. 126, fig. 9. 1912.

Basiônimo: *Staurastrum amoenum* Hilse var. *tumidiusculum* Nordstedt, K. Svenska VetenskAkad. Handl. 22(8): 38: pl. 4, fig. 13. 1888.

Células 1,9-3,0 vezes mais longas que largas, constrição mediana suave, seno mediano aberto, acutangular, 22,0-43,0 µm compr. (inclusive processos), 20,0-41,0 µm compr. (sem processos), 14,0-23,0 µm larg. (inclusice processos), 7,0-13,0 µm larg. (sem processos), istmo 7,0-9,5 µm larg.; semicélulas longitudinalmente sub-retangulares, base com 11 lobos decorados com 2 séries lineares paralelas de grânulos, margens laterais primeiro convexas, em seguida acentuadamente côncavas, finalmente divergentes para o ápice, ângulos laterais proeminentes, continuados em processos curtos, 2-3 anéis superpostos de espinhos diminutos, margem apical levemente côncava ou quase reta; vista vertical 4-5-angular, margens côncavas, ângulos com processos curtos, 2-3 anéis superpostos de espinhos diminutos, 1 par de espinhos igualmente diminutos intercalando com ângulos; parede celular lisa, grânulos pequenos nos processos, grânulos grandes arranjados em círculos concêntricos nos lobos basais. Zigósporo não observado.

DISTRIBUIÇÃO GEOGRÁFICA NO ESTADO DE SÃO PAULO

EM LITERATURA: São Paulo (Borge 1918).

MATERIAL EXAMINADO: **Município de Ibitinga**, 22.VIII.2000, *C.E.M. Bicudo, S.M.M. Faustino & S.P. Schetty* (SP365704).

COMENTÁRIOS

A primeira citação da ocorrência desta espécie no Brasil está em Borge (1918), que encontrou indivíduos com a vista apical quadrangular ou pentagonal.

Mais tarde, Förster (1963) identificou, em um levantamento florístico que realizou das desmídias da região amazônica, exemplares da espécie com vista apical apenas quadrangular. Förster (1963) fez referência ao trabalho de Borge (1918) e mencionou a semelhança do material que estudou com o de Nordstedt (1888), que identificou a presente variedade para a Austrália e Nova Zelândia. Förster (1963) ainda mencionou que Arthur Miller Scott lhe participou, em uma carta, a existência de exemplares com a vista apical triangular.

Förster (1964) efetuou um levantamento da flórula de desmídias dos estados da Bahia, Goiás e Piauí, além de alguns locais da região Norte do Brasil. Consta nesse trabalho *S. capitulum* Brébisson var *tumidiusculum* Nordstedt, cuja ilustração é idêntica à presente do material coletado em Ibitinga.

Quanto às medidas, a população de Ibitinga incluiu indivíduos bem menores do que os identificados por Borge (1918: 41,0-43,0 μm compr. com processos, 21,0-23,0 μm larg. com processos, istmo 7,5-8,5 μm larg.) e muito próximos dos documentados por Förster (1964: 18,0-22,0 μm compr. sem processos, 22,0-29,0 μm larg. com processos, 15,0-18,0 μm larg. com processos, istmo 9,0-12,0 μm larg.), exceto a largura do istmo, que é mais do que o dobro. Entretanto, a variação de tamanho na população de Ibitinga incluiu espécimes menores e maiores, praticamente sem qualquer solução de continuidade que caracterizasse duas e não só uma população.

Os componentes da população estudada ainda possuem a relação comprimento:largura (2,8-3) superior à dos espécimes em Borge (1918: 1,9).

STAURASTRUM CHAVESII BOHLIN (FIG. 223-226)

Bih. K. Svenska VetenskAkad. Handl.: sér. 3, 27(4): 56, fig. 15. 1901.

Células 1,3-1,7 vez mais largas que longas, constrição mediana rasa, seno mediano aberto, semicircular a acutangular, ápice arredondado, 10,0-17,0 μm compr. (inclusive processos), 15,0-24,0 μm larg. (inclusive processos), istmo 6,0-8,0 μm larg.; semicélulas obtrapeziformes a transversalmente retangulares, margens basais côncavas a levemente convexas, processos curtos, 2-furcados, margens laterais crenuladas ou lisas, ângulos laterais terminados em processo curto, ascendente, 2 anéis superpostos de grânulos, 2-3 espinhos apicais, margem apical levemente convexa a quase reta, crenulada, 1 espinho simples ou 1 processo extremamente curto na base de cada processo, bífido na extremidade; vista vertical 4-angular, margens côncavas, crenuladas ou lisas, ângulos com 1 processo curto, 2 anéis superpostos de grânulos, 2-3 espinhos apicais, 1 ou 2 pares de espinhos, 1 espinho simples ou 1 processo extremamente curto, bífido na extremidade, alternados, na base de cada ângulo; parede celular finamente pontuada. Zigósporo não observado.

DISTRIBUIÇÃO GEOGRÁFICA NO ESTADO DE SÃO PAULO

EM LITERATURA: nenhuma.

MATERIAL EXAMINADO: **Município de São José do Rio Pardo**, 08.VIII.2000, *C.E.M. Bicudo, L.A. Carneiro & S.M.M. Faustino* (SP365698) e **Município de São Pedro do Turvo**, 28.III.2001, *C.E.M. Bicudo, L.A. Carneiro & S.M.M. Faustino* (SP355399).

COMENTÁRIOS

Esta espécie foi encontrada somente nos municípios de São José do Rio Pardo e São Pedro do Turvo, e não há registro anterior sobre a ocorrência desta espécie no Estado de São Paulo. A população de São José do Rio Pardo proveio de um açude e apresentou maior variação morfológica do que a de São Pedro do Turvo. As maiores variações referiram-se à forma das semicélulas (retangular a obtrapeziforme), forma do istmo (semicircular a acutangular, às vezes as duas formas no mesmo espécime) e espinhos apicais (simples ou bifurcados). A amostra de São Pedro do Turvo foi coletada de um pântano e mostrou-se mais homogênea, pois todos os indivíduos examinados tinham semicélulas obtrapeziformes e istmo em forma de "U". Os representantes constituintes dessa população apresentaram parede celular com pontuações mais evidentes do que os de São José do Rio Pardo, e a maioria deles sem espinhos de ápice bifurcado.

Uma característica que variou bastante em ambas as populações foi a quantidade de espinhos por processo (2 espinhos formando uma fileira ou paralelos entre si ou 2 pares de espinhos paralelos). Esta característica foi melhor observada quando os espécimes se apresentaram em vista apical. Ainda com relação à vista apical quadrangular, as margens às vezes eram mais côncavas, e os processos raramente se apresentaram tortos, divergindo de forma irregular.

STAURASTRUM COARCTATUM BRÉBISSON VAR. *COARCTATUM* F. *COARCTATUM* (FIG. 67-68)

Mém. Soc. Impér. Sci. nat. Cherbourg 4: 144, pl. 1, fig. 29. 1856.

Células tão longas quanto largas, constrição mediana profunda, seno mediano aberto, obtusangular 30,0-32,0 μm compr., 30,0-32,0 μm larg., istmo 10,0-11,0 μm larg.; semicélulas transversalmente triangulares, margens basais convexas a quase retas, ângulos laterais amplamente arredondado-truncados, margem apical levemente convexa a quase reta, suavemente ondulada; vista vertical 3-angular, margens côncavas, lisas, ângulos amplamente arredondados; parede celular lisa. Zigósporo não observado.

Distribuição geográfica no Estado de São Paulo

Em literatura: nenhuma.

Material examinado: **Município de Santa Adélia**, 22.VIII.2000, *C.E.M. Bicudo, S.M.M. Faustino & S.P. Schetty* (SP365705), **Município de Sarapuí**, 20.IX.2000, *L.L. Morandi & S.P. Schetty* (SP365711) e **Município de Tatuí**, 20.IX.2000, *L.L. Morandi & S.P. Schetty* (SP365710).

Comentários

Citada presentemente pela primeira vez para o Estado de São Paulo, a variedade típica da espécie descrita originalmente por Brébisson (1856) foi identificada em três localidades. É uma alga relativamente grande, e em todas as localidades em que foi coletada foram encontrados muitos indivíduos que não diferiram significativamente uns dos outros e as populações também apresentaram as mesmas características. As diferenças foram, na realidade, muito sutis e referiram-se às margens basal e apical, que foram quase retas ou convexas, e às ondulações existentes na margem apical. Estas ondulações foram tão suaves que em alguns indivíduos só puderam ser observadas com muito auxílio do parafuso micrométrico do microscópio.

As medidas do comprimento e da largura celulares diferem um pouco daquelas em Prescott *et al.* (1982), que são maiores (ca. 33,3 µm compr., 38,0-40,0 µm larg.) do que as presentemente obtidas. Outra característica que não correspondeu à descrição em Prescott *et al.* (1982) foi a presença de ondulações na margem apical das semicélulas.

STAURASTRUM COSMARIOIDES NORDSTEDT VAR. *COSMARIOIDES* F. *COSMARIOIDES* (FIG. 45-51)

Vidensk. Meddr dansk naturh. Foren. 1869(14-15): 223, pl. 4, fig. 43. 1869.

Células 1,5-2,2 vezes mais longas que largas, constrição mediana moderada, seno mediano linear, fechado, ápice arredondado, 41,0-142,0 µm compr., 30,0-68,0 µm larg., istmo 13,0-39,0 µm larg.; semicélulas mais ou menos semicirculares, ângulos basais arredondados, margem amplamente convexa; vista vertical 3-4-angular, margens desde leve até marcadamente côncavas na parte média, ângulos arredondados; parede celular finamente pontuada, pontuação mais acentuada na região apical da semicélula. Zigósporo não observado.

Distribuição geográfica no Estado de São Paulo

Em literatura: São Paulo, "Marais de Moji" (Börgesen 1890, Borge 1918) e Pirassununga (Borge 1918).

Material examinado: nenhum.

Comentários

Apenas dois trabalhos constataram a presença de *Staurastrum cosmarioides* Nordstedt var. *cosmarioides* f. *cosmarioides* no Estado de São Paulo. O primeiro deles é de Börgesen (1890), que relatou a identificação de seis expressões morfológicas distintas da espécie graças, basicamente, às medidas dos espécimes. Tais expressões morfológicas foram designadas pelas letras *a, b, c, d, e* e *f* e cada uma foi representada por um único espécime. O exame acurado das formas em Börgesen (1890) permitiu verificar que, além das medidas, também variaram as vistas frontal e apical desses seis indivíduos. Assim, a semicélula variou em vista frontal entre semielíptica (Börgesen, 1890: fig. 4), subpiramidal (Börgesen, 1890: fig. 5-6), semioblonga (Börgesen, 1890: fig. 2) e sub-retangular (Börgesen, 1890: fig. 1, 3); e em vista apical entre triangular (Börgesen, 1890: fig. 1, 3-4) e quadrangular (Börgesen, 1890: fig. 2). Börgesen, (1890) não propôs formalmente qualquer uma das formas acima citadas por supor, ao que tudo indica, se tratarem apenas de expressões morfológicas dentro de uma mesma população. Börgesen (1890: fig. 1-2) lembra muito os representantes de *S. cosmarioides* Nordstedt var. *tropicum* (Lagerheim) Borge.

Borge (1918) documentou a ocorrência de sete expressões morfológicas de *S. cosmarioides* Nordstedt no Estado de São Paulo, relacionando-as com outras em Nordstedt (1870), Börgesen (1890) e Borge (1903) e à coleção de exsicatas de Wittrock e Nordstedt (exsicatas nº 367, 466, 554, 558 e 680) e Wittrock, Nordstedt e Lagerheim (exsicata nº 1270). Todas essas sete expressões morfológicas não foram formalmente propostas conforme exige o Código Internacional de Nomenclatura para Algas, Fungos e Plantas, talvez, pelas mesmas razões que nortearam Börgesen (1890). Borge (1918) referiu também a identificação de espécimes triangulares de *S. cosmarioides* Nordstedt var. *tropicum* (Lagerheim) Borge em vista apical ao lado de outros quadrangulares.

Prescott *et al.* (1982) igualmente relataram variação de tamanho e de forma em *S. cosmarioides* Nordstedt, mencionando, inclusive, que essas duas características já foram comentadas por vários outros autores desde a descrição original da espécie em Nordstedt (1870).

Considerando que não foram encontrados representantes desta espécie nas inúmeras preparações feitas do material coletado, os únicos documentos de sua ocorrência no Estado de São Paulo são as ilustrações em Börgesen (1890) e Borge (1918).

STAURASTRUM COSMARIOIDES NORDSTEDT VAR. *TROPICUM* (LAGERHEIM) BORGE (FIG. 52-55)

Bih. K. Svenska VetenskAkad. Handl.: sér. 3, 24(12): 28, pl. 2, fig. 41. 1899.

Basiônimo: *Staurastrum alpinum* Raciborski var. *tropicum* Lagerheim, Notarisia 3: 593. 1889.

Células 1,8-2,4 vezes mais longas que largas, constrição mediana suave, seno mediano fechado, linear, 78,0-102,0 µm compr., 39,0-50,0 µm larg., istmo 17,0-29,0 µm larg.; semicélulas suboblongas, às vezes sub-retangulares, margens inicialmente retas ou quase, paralelas ou pouco convergentes para o ápice, depois amplamente arredondadas, ângulos basais retangular-arredondados; vista vertical 3-angular, raro 4-angular, margens retusas na parte média, ângulos amplamente arredondados; parede celular finamente pontuada, 1 espessamento apical mediano em cada semicélula. Zigósporo não observado.

DISTRIBUIÇÃO GEOGRÁFICA NO ESTADO DE SÃO PAULO

EM LITERATURA: Pirassununga (Borge 1918) e Itirapina (Bicudo 1969).

MATERIAL EXAMINADO: nenhum.

COMENTÁRIOS

Staurastrum cosmarioides Nordstedt var. *tropicum* (Lagerheim) Borge difere da variedade típica da espécie pela forma das semicélulas, que na variedade típica é semicircular a subpiramidal e na var. *tropicum* (Lagerheim) Borge suboblonga a sub-retangular.

Borge (1899) propôs esta variedade baseado nas margens laterais paralelas das semicélulas, que são retas ou pouco aconcavadas na porção mediana. O material que serviu de base para a descrição original dessa variedade foi coletado em meio a *Utricularia purpurea*, em local não especificado na Guiana Inglesa. O mesmo autor reportou a ocorrência da referida var. *tropicum* (Lagerheim) Borge no Brasil ao estudar material de Pirassununga e São Paulo (forma 3-angular) e, de novo, em Pirassununga (forma 4-angular) (Borge 1918). Nesse trabalho, na amostra nº 131, foram encontrados exemplares tanto da forma 3-angular quanto da 4-angular em vista apical. Os espécimes da forma 4-angular foram nitidamente maiores do que os da forma 3-angular.

Mais de 50 anos depois, *S. cosmarioides* Nordstedt var. *tropicum* (Lagerheim) Borge foi novamente citado para o Estado de São Paulo, desta vez por Bicudo (1969), ao estudar material de Itirapina. O aludido autor apresentou descrição detalhada e ilustração do material estudado. A população examinada por Bicudo (1969) apresentou semicélulas pouco mais infladas do que aquelas em Borge (1918).

STAURASTRUM CRUCIATUM **WOLLE (FIG. 95)**

Bull. Torr. Bot. Club. 6(23): 123. 1876.

Células tão longas quanto largas ou ligeiramente mais largas que longas (ca. 1,03 vez), constrição mediana profunda, seno aberto, ápice arredondado, 25,0-29,0 µm compr., 25,0-30,0 µm larg., istmo 8,0-10,0 µm larg.; semicélulas transversalmente elípticas a sub-retangulares, margem basal reta, ângulos laterais arredondados ou quase retos, ápice 3-4 espinhos curtos, 3-4 espinhos intramarginais, margem apical amplamente convexa; vista vertical cruciforme, margens perpendiculares, ângulos arredondados ou quase retos, com espinhos terminais curtos; parede celular lisa. Zigósporo não observado.

DISTRIBUIÇÃO GEOGRÁFICA NO ESTADO DE SÃO PAULO

EM LITERATURA: nenhuma.

MATERIAL EXAMINADO: **Município de Florínea**, 29.III.2001, *C.E.M. Bicudo, L.A. Carneiro & S.M.M. Faustino* (SP370955).

COMENTÁRIOS

Esta espécie mostra diversas peculiaridades, a começar por sua proposição por Wolle (1876), que fez breve descrição em inglês. Embora em inglês, o binômio *Staurastrum cruciatum* foi validamente publicado, pois a exigência dessa descrição ser em latim deu-se a partir de 1º de janeiro de 1958 (Código Internacional de Nomenclatura para Algas, Fungos e Plantas, Art. 44.1). O curioso é que o autor descreveu como sendo cruciforme a vista frontal da espécie e a vista apical 3 ou 4-lobada, mas não ilustrou o material que estudou. A primeira ilustração da espécie foi fornecida pelo próprio autor 16 anos depois, em 1892, em seu livro sobre as desmídias dos Estados Unidos (Wolle 1892). O referido autor não especificou, entretanto, qual vista ilustrou, mas provavelmente foi a apical de um indivíduo.

Prescott *et al* (1982) não incluíram descrição e mencionaram que esta se encontra incompleta em Wolle (1892) e questionaram até mesmo se o material é de fato uma desmídia.

O material atualmente examinado proveio de um estancado no Município de Florínea e é, claramente, uma desmídia com características muito próximas das relatadas por Wolle (1892), concordando, inclusive, com a única medida mencionada pelo último autor, qual seja, 25,0 mm de "diâmetro", medida esta que representa o limite inferior do espectro de variação dos presentes exemplares de Florínea. A ilustração original é muito semelhante à vista apical dos presentes espécimes, mas difere na espessura e no tamanho dos espinhos, que são mais longos e delicados no material estadunidense do que o atual de Florínea.

STAURASTRUM CURVIMARGINATUM SCOTT & GRÖNBLAD (FIG. 173-174)

Acta Soc.Sci. Fenn.: sér. B, 2(8): 34: pl. 19, fig. 16. 1957.

Células desde tão longas quanto largas até 1,2 vez mais longas que largas, constrição mediana suave, seno mediano aberto, acutangular, ápice raramente arredondado, 22,0-24,0 µm compr., 19,0-21,0 µm larg., istmo 7,0-9,0 µm larg.; semicélulas obtrapeziformes, margens basais convexas a quase retas, ângulos laterais com processos curtos, lisos, ascendentes, base inflada, extremidade bífida, margem apical truncada a levemente côncava; vista vertical 3-angular, margens levemente côncavas na parte média, ângulos acuminados, 1 par de espinhos terminais curtos, sobrepostos; parede celular lisa. Zigósporo não observado.

DISTRIBUIÇÃO GEOGRÁFICA NO ESTADO DE SÃO PAULO

EM LITERATURA: Luís Antônio (Taniguchi *et al.* 2000b).

MATERIAL EXAMINADO: **Município de Pitangueiras**, 16.VIII.2000, *C.E.M. Bicudo, L.L. Morandi & S.M.M. Faustino* (SP355382).

COMENTÁRIOS

A primeira citação da ocorrência de *Staurastrum curvimarginatum* Scott & Grönblad no Estado de São Paulo está em Taniguchi *et al.* (2000b), e as informações sobre a espécie resumem-se à ilustração de um espécime e suas medidas celulares.

A espécie foi atualmente encontrada no Município de Pitangueiras. Estes espécimes correspondem, metricamente, àqueles em Taniguchi *et al.* (2000b) coletados no Município de Luís Antônio. As poucas diferenças morfológicas entre as duas populações resumiram-se ao ápice do seno mediano e à vista apical da célula. No material de Luís Antônio, o ápice do seno mediano apresentou-se arredondado e a margem apical truncada, enquanto no de Pitangueiras o ápice do seno mediano foi acuminado e a margem apical da célula levemente côncava.

Existe considerável diferença de tamanho entre os presentes espécimes e aqueles em Prescott *et al.* (1982), que reside no tamanho dos indivíduos, pois os primeiros são bastante menores, isto é, praticamente a metade do tamanho dos exemplares da América do Norte (Prescott *et al.* 1982: 39,0 µm compr., 40,0 µm larg., istmo 12,0 µm larg.).

STAURASTRUM CYRTOCERUM BRÉBISSON VAR. *CYRTOCERUM* (FIG. 346)

In Ralfs, Brit. Desmidieae. 139, pl. 22, fig. 10. 1848.

Célula ca. 1,1 vez mais longa que larga, constrição mediana suave, seno mediano aberto, acutangular, ca. 27,0 µm compr., ca. 30,0 µm larg., istmo 8,0-11,0 µm larg.;

semicélulas ciatiformes, margens basais convexas, infladas, margens laterais côncavas, ângulos laterais com processos curvados no sentido do istmo, pequenas verrugas, margem apical reta ou convexa, verrucosa; vista vertical 3-angular, semicélulas ligeiramente torcidas uma em relação à outra do mesmo indivíduo, margens côncavas a quase retas na parte média, ângulos com processos 3-espinados na extremidade, verrugas intramarginais, região central com verrugas distribuídas concentricamente; parede celular verrucosa, lisa próximo ao istmo. Zigósporo não observado. Segundo Prescott *et al.* (1982), o zigósporo é globular, ca. 80,0 μm diâm., e tem a parede decorada com espinhos duplamente bifurcados, oito dos quais são visíveis perifericamente.

Distribuição geográfica no Estado de São Paulo

Em literatura: São Paulo (Börgesen 1890).

Material examinado: nenhum.

Comentários

A combinação *Staurastrum cyrtocerum* Brébisson *in* Ralfs aparece pela primeira vez em 1846, numa carta endereçada por Brébisson a Ralfs, contendo uma ilustração do material. Tal combinação não foi efetivamente publicada segundo o art. 29.1 do Código Internacional de Nomenclatura para Algas, Fungos e Plantas. Ralfs (1848) é a publicação válida da referida combinação, entretanto, dando a paternidade da espécie a Brébisson.

Börgesen (1890) é o único documento da ocorrência desta espécie no Estado de São Paulo. O referido autor forneceu apenas as medidas do comprimento e da largura de um único exemplar. Apesar de pouca informação em Börgesen (1890), é possível reidentificar o espécime que ilustrou se considerar sua identidade, como o próprio autor afirmou, com a ilustração em Ralfs (1848: pl. 22, fig. 10).

Apesar de haver presentemente examinado bastante material derivado de um número representativo de localidades, não foi encontrado um único exemplar de *S. cyrtocerum* (Brébisson) Ralfs var. *cyrtocerum*.

Prescott *et al.* (1982) apresentaram a melhor descrição dos representantes desta espécie. As medidas nesse trabalho são semelhantes às do material de São Paulo em Börgesen (1890).

STAURASTRUM DILATATUM (EHRENBERG) RALFS VAR. *HIBERNICUM* WEST & WEST (FIG. 84-85)

Brit. Desmidiaceae 4: 175, pl. 126, fig. 18. 1912.

Células ca. 1,1 vez mais largas que longas, constrição mediana profunda, seno mediano amplamente aberto, ápice acutangular ou arredondado, 33,0-36,0 µm compr., 36,0-39,0 µm larg., istmo 8,0-10,0 µm larg.; semicélulas obpiramidais, margens basais convexas, levemente crenuladas, margem apical levemente convexa, quase reta, suavemente crenulada, ângulos laterais acuminado-arredondados a arredondados, proeminentes, circundados por fina granulação; vista vertical 3-angular, margens pouco côncavas, ângulos acuminado-arredondados a arredondados, crenulados; parede celular granulosa, grânulos distribuídos em círculos concêntricos. Zigósporo não observado.

DISTRIBUIÇÃO GEOGRÁFICA NO ESTADO DE SÃO PAULO

EM LITERATURA: nenhuma.

MATERIAL EXAMINADO: **Município de Pitangueiras**, 16.VIII.2000, *C.E.M. Bicudo, L.L. Morandi & S.M.M. Faustino* (SP355382).

COMENTÁRIOS

Os espécimes que constituem a população proveniente de Pitangueiras possuem características morfológicas muito semelhantes às de *S. dilatatum* (Ehrenberg) Ralfs var. *hibernicum* West & West, mas diferem no maior tamanho [*S. dilatatum* (Ehrenberg) Ralfs var. *hibernicum* West & West: ca. 24,0 µm compr., 21,0-24,0 µm larg., istmo ca. 7,0 µm larg.] e na presença de grânulos também na região facial mediana das semicélulas.

Quanto à variação intrapopulacional, a principal diferença observada foi no ápice do istmo, que ora se apresentou arredondado, ora acuminado.

STAURASTRUM DISPUTATUM WEST & WEST VAR. *SINENSE* (LÜTKEMMÜLLER) WEST & WEST (FIG. 86-88)

Brit. Desmidiaceae 4: 176, pl. 126, fig. 9. 1912.

Basiônimo: *Staurastrum sinense* Lütkemmüller, Ann. Naturh. Hofsmus. 15: 124, pl. 6, fig. 39-40. 1900.

Células 1,1-1,2 vezs mais largas que longas, constrição mediana suave, seno mediano aberto, acutangular, 17,0-19,0 µm compr., 20,5-22,5 µm larg., istmo 8,0-8,5 µm larg.; semicélulas cuneiformes, margens basais convexas, levemente infladas, ângulos laterais projetados horizontalmente, ápice arredondado, 4-5 anéis concêntricos de grânulos, margem apical amplamente truncada, reta ou levemente convexa, lisa; vista vertical 4-angular, margens côncavas, ângulos arredondados, 4-5 anéis concêntricos de grânulos; parede celular lisa, exceto na região apical dos ângulos (4-5 anéis concêntricos de grânulos). Zigósporo não observado.

Distribuição geográfica no Estado de São Paulo

Em literatura: nenhuma.

Material examinado: **Município de Nova Granada**, 15.II.2001, *C.E.M. Bicudo, S.M.M. Faustino & L.R. Godinho* (SP370951) e **Município de Pitangueiras**, 16.VIII.2000, *C.E.M. Bicudo, L.L. Morandi & S.M.M. Faustino* (SP355382).

Comentários

Esta variedade difere da típica da espécie pelo menor tamanho de seus representantes, pelos ângulos laterais projetados horizontalmente, aproximadamente cilíndricos, com quatro ou cinco anéis de grânulos concêntricos, e pela vista apical triangular.

Representantes desta variedade foram encontrados em duas localidades do Estado de São Paulo, quais sejam, nos municípios de Nova Granada e Pitangueiras. A única diferença observada entre os espécimes de uma e outra população referiu-se à forma das semicélulas, que se apresentou pouco mais inflada nos exemplares de Nova Granada. Quanto às medidas, os indivíduos de ambas as localidades encaixaram-se nos limites referidos em Prescott *et al.* (1982).

Staurastrum donardense West & West var. *major* Borge (Fig. 80)

Ark. Bot. 15(13): 49, pl. 4, fig. 16. 1918.

Célula ca. 1,3 vez mais longa que larga, constrição mediana profunda, seno mediano fechado, linear, ápice arredondado, ca. 38,0 µm compr., ca. 30,0 µm larg., istmo ca. 10,0 µm larg.; semicélulas semicirculares, margem mais ou menos uniformemente convexa, ângulos basais amplamente retangular-arredondados; vista vertical 3-angular, margens retusas na parte média, ângulos arredondados; parede celular uniformemente granulada, grânulos distribuídos em séries verticais. Zigósporo não observado.

Distribuição geográfica no Estado de São Paulo

Em literatura: Pirassununga (Borge 1918).

Material examinado: nenhum.

COMENTÁRIOS

Staurastrum donardense West & West var. *major* Borge é atualmente conhecido apenas por meio de sua descrição original em Borge (1918) e, ao que tudo indica, de um único exemplar. A presença de grânulos dispostos em séries verticais é a característica diagnóstica da variedade (Borge 1918).

Não foi possível encontrar material representativo desta variedade a despeito de havermos examinado uma quantidade significativa de amostras.

STAURASTRUM ELLIPTICUM W. WEST F. *MINUS* C. BICUDO (FIG. 26)

Nova Hedwigia 17(1-4): 564, fig. 191. 1969.

Células ca. 1,5 vez mais longas que largas, constrição mediana rasa, seno mediano aberto, obtuso, quase retangular, 14,0-15,3 µm compr., 9,5-10,2 µm larg., istmo ca. 5,1 µm larg.; semicélulas subcirculares, margem amplamente convexa, ângulos laterais arredondados, lisos; vista vertical 3(-4)-angular, margens retas ou levemente côncavas na parte média ou raro convexas, ângulos amplamente arredondados; parede celular lisa. Zigósporo não observado.

DISTRIBUIÇÃO GEOGRÁFICA NO ESTADO DE SÃO PAULO

EM LITERATURA: Rio Claro (Bicudo 1969).

MATERIAL EXAMINADO: nenhum.

COMENTÁRIOS

O material que serviu de base para a proposição desta forma taxonômica foi coletado de um reservatório no Horto Florestal "Edmundo Navarro de Andrade", na cidade de Rio Claro, Estado de São Paulo. Segundo Bicudo (1969), esta forma difere da típica da espécie, basicamente, pelo tamanho consideravelmente menor de seus representantes. Esses indivíduos também são menores do que os de todas as demais variedades e formas taxonômicas da espécie.

Não foi presentemente encontrado sequer um exemplar representante desta forma taxonômica, embora tivéssemos examinado um número significativo de preparações.

STAURASTRUM ELLIPTICUM W. WEST F. "*MINUTUM*" SORMUS (FIG. 25)

Hoehnea 16: 104, fig. 116a-b. 1989.

Célula ca. 1,3 vez mais longa que larga, constrição mediana profunda, seno mediano aberto, acutangular, ca. 21,0 µm compr., ca. 16,0 µm larg., istmo ca. 8,0 µm larg.; semicélulas transversalmente elípticas, margens basais convexas, ângulos laterais lisos, amplamente arredondados, margem apical convexa; vista vertical 3-angular, margens retas, ângulos arredondados; parede celular lisa. Zigósporo não observado.

Distribuição geográfica no Estado de São Paulo

Em literatura: São Paulo (Sant'Anna *et al.* 1989).

Material examinado: nenhum.

Comentários

Não foi possível localizar a descrição original desta forma taxonômica. Ela aparece em Sant'Anna *et al.* (1989), porém, sem qualquer referência ao fato de ser uma novidade taxonômica. Sant'Anna *et al.* (1989) descreveram a forma das semicélulas como sendo subelíptica e incluíram as medidas do comprimento e da largura celulares e da largura do istmo. Consta também nesse trabalho a ilustração de um espécime em vistas frontal e vertical.

A informação em Sant'Anna *et al.* (1989) é a única disponível sobre a presente f. '*minutum*' Sormus em literatura. Apesar de haver examinado um número razoável de preparações de amostras coletadas no Estado de São Paulo e, principalmente, no Lago das Garças (onde foi originalmente coletada) e nos demais ambientes aquáticos do Parque Estadual das Fontes do Ipiranga, não foi possível encontrar um único exemplar deste tipo.

Na incerteza de se esta forma taxonômica foi efetivamente proposta, optou-se presentemente por referi-la entre aspas, sem lhe atribuir valor taxonômico.

Staurastrum erostellum West & West (Fig. 91)

Journ. Bot. 38: 296. 1900.

Células aproximadamente tão longas quanto largas, constrição mediana profunda, seno mediano aberto, acutangular, 28,0-33,0 µm compr., 28,0-33,0 µm larg., istmo 9,0-11,0 µm larg.; semicélulas transversalmente subelípticas, assimétricas, conjunto das margens basais pouco mais curvo que a margem apical, margens basais convexas, ângulos laterais amplamente arredondados, 6-8 espinhos marginais mais longos, margem apical convexa; vista vertical 3-angular, margens côncavas na porção média, espinhos marginais curtos, ângulos arredondados, espinhos angulares maiores que os da margem; parede celular coberta de espinhos curtos, arranjados em anéis concêntricos em torno dos ângulos. Zigósporo não observado.

DISTRIBUIÇÃO GEOGRÁFICA NO ESTADO DE SÃO PAULO

EM LITERATURA: nenhuma.

MATERIAL EXAMINADO: **Município de Santa Adélia**, 22.VIII.2000, *C.E.M. Bicudo, S.M.M. Faustino & S.P. Schetty* (SP365705).

COMENTÁRIOS

A ocorrência de *Staurastrum erostellum* West & West é presentemente registrada pela primeira vez no Estado de São Paulo. O material estudado foi coletado em Santa Adélia, e os espécimes apresentaram medidas entre 50% e 60% maiores do que as mencionadas em literatura, que são: ca. 19,5 µm compr., ca. 19,5 µm larg. e istmo ca. 6,0 µm larg. (West *et al.* 1923, Prescott *et al.* 1982). Há de considerar, entretanto, que as medidas na literatura provêm de um único exemplar que serviu de base para a descrição da espécie e que foram simplesmente repetidas por todos os autores subsequentes. Nestas condições, preferimos identificar os espécimes de Santa Adélia com *S. erostellum* West & West.

STAURASTRUM FURCATUM (EHRENBERG) BRÉBISSON VAR. *FURCATUM* (FIG. 159-166)

Mém. Soc. Impér. Sci. nat. Cherbourg 4: 136, fig. 207-208. 1856.

Basiônimo: *Xanthidium furcatum* Ehrenberg, Infusoria. 148, pl. 10, fig. 25. 1838.

Células tão largas quanto longas ou até 1,2 vez mais longas que largas, constrição mediana profunda, seno mediano aberto, acutangular, 20,0-30,0 mm compr. (inclusive processos), 16,0-24,0 µm compr. (sem processos), 21,0-30,5 µm larg. (inclusive processos), 13,0-20,0 µm larg. (sem processos), istmo 7,5-10,0 µm larg., processos 1,5-6,0 µm compr.; semicélulas transversalmente elípticas ou quase, margens basais convexas, ângulos laterais inferiores e superiores com processos curtos, bífidos ou terminados em espinhos simples, margem côncava entre os processos, margem apical em geral convexa, raro quase reta; vista vertical 3-angular, margens retas ou levemente côncavas na parte média, 1 par intramarginal de espinhos bífidos ou apenas 1 próximo de cada ângulo, ângulos com 2 espinhos terminais em planos ligeiramente diferentes; parede celular lisa. Zigósporo atualmente não observado. Segundo Prescott *et al.* (1982), o zigósporo é globoso, com numerosos espinhos bífidos na extremidade, ca. 57,0 µm diâm. com espinhos, ca. 33,0 µm diâm. sem espinhos.

DISTRIBUIÇÃO GEOGRÁFICA NO ESTADO DE SÃO PAULO

EM LITERATURA: nenhuma.

MATERIAL EXAMINADO: **Município de Echaporã**, 28.III.2001, *C.E.M. Bicudo, L.A. Carneiro & S.M.M. Faustino* (SP370953). **Município de Palmital**, 24.X.2001, *C.E.M. Bicudo, L.A. Carneiro & S.M.M. Faustino* (SP370973). **Município de Porto Feliz**, 20.IX.2000, *L.L. Morandi & S.P. Schetty* (SP365709). **Município de Salmourão**, 17.V.2001, *C.E.M. Bicudo & D.C. Bicudo* (SP370967). **Município de São José do Rio Pardo**, 08.VIII.2000, *C.E.M. Bicudo, L.A. Carneiro & S.M.M. Faustino* (SP365698) e **Município de Tatuí**, 20.IX.2000, *L.L. Morandi & S.P. Schetty* (SP365710).

COMENTÁRIOS

Bicudo (1969) documentou a presença de *S. furcatum* (Ehrenberg) Brébisson no Parque Estadual das Fontes do Ipiranga, no Município de São Paulo, mas a ilustração e a descrição que apresentou identificam o material com *S. hagmannii* Grönblad, como será comentado mais adiante.

Esta espécie, que foi primeiro classificada no gênero *Xanthidium*, possui ampla distribuição geográfica, tendo sido encontrada em seis localidades do Estado de São Paulo. Embora nenhum relato de polimorfismo tenha sido documentado nesta espécie, os espécimes em todas as seis populações do Estado de São Paulo apresentam variação morfológica. As populações mais estáveis foram as dos municípios de Palmital e Salmourão, por apresentarem todos os processos curtos e bifurcados. As populações de Tatuí, São José do Rio Pardo e Porto Feliz apresentaram, além dos indivíduos com processos bífidos, também outros com espinhos simples em substituição aos bífidos. De fato, a presença de espinhos simples decorre da não-bifurcação do ápice do processo. Tal desaparecimento de um espinho foi aleatório, mas não foi encontrado um exemplar que tivesse somente espinhos simples. A população coletada em Echaporã foi a que apresentou a maior variação morfológica ao exibir espécimes com processos bífidos ou acuminados ao lado de outros sem qualquer vestígio de processo em uma das semicélulas ou com o início de uma projeção que viria a se tornar um processo bífido ou acuminado, porém, cujo desenvolvimento não foi além.

Quanto à variação métrica, os menores valores foram atualmente obtidos de espécimes da população de Echaporã (20,0-23,0 μm compr. com processos, 16,0-18,0 μm compr. sem processos, 21,0-23,0 μm larg. com processos, 13,0-18,0 μm larg. sem processos). As medidas nessas seis populações correspondem àquelas em Prescott *et al.* (1982).

STAURASTRUM GEMELLIPARUM NORDSTEDT (FIG. 154-158)

Vidensk. Meddr dansk naturh. Foren. 1869(14-15): 230, pl. 4, fig. 54. 1869.

Células 1,2-1,4 vez mais longas que largas, constrição mediana suave, seno mediano aberto, acutangular, às vezes fechado no ápice, 21,5-29,0 μm compr. (inclusive processos), 17,0-22,0 μm compr. (sem processos), 22,0-26,0 μm larg. (inclusive processos), 12,0-16,0 μm larg. (sem processos), istmo 8,0-10,0 μm larg.; semicélulas transversalmente subelípticas a sub-hexagonais, margens basais convexas, ângulos laterais inferiores e superiores relativamente curtos, processo curto, bífido, espinhos relativamente grandes, amplamente divergentes, margens entre os ângulos reta ou côncava, margem apical levemente côncava a quase reta; vista vertical 6-angular, margens côncavas, ângulos com 1 par de espinhos longos superpostos; parede celular lisa. Zigósporo não observado.

DISTRIBUIÇÃO GEOGRÁFICA NO ESTADO DE SÃO PAULO

EM LITERATURA: Pirassununga (Borge 1918) e Luís Antônio (Taniguchi *et al.* 2000b).

MATERIAL EXAMINADO: **Município de Pitangueiras**, 16.VIII.2000, *C.E.M. Bicudo, L.L. Morandi & S.M.M. Faustino* (SP355382) e **Município de Porto Feliz**, 20.IX.2000, *L.L. Morandi & S.P. Schetty* (SP365709).

COMENTÁRIOS

Esta espécie é característica pela presença de processos angulares curtos e bífidos nos ângulos laterais tanto inferiores quanto superiores das semicélulas. Além disso, os espinhos que culminam os processos são relativamente longos e bastante divergentes.

O primeiro registro da ocorrência da espécie no Estado de São Paulo está em Borge (1918), para o Município de Pirassununga. O referido autor forneceu medidas e ilustração do material estudado. Posteriormente, em trabalho sobre as desmídias da Lagoa do Diogo, Taniguchi *et al.* (2000b) documentaram com medidas e ilustração a existência da espécie no Município de Luís Antônio. Em nenhum dos trabalhos acima citados foi, entretanto, informada a variação morfológica dentro da população examinada.

No presente estudo, a espécie foi encontrada em dois municípios: Pitangueiras e Porto Feliz. Não foram detectadas diferenças métricas significativas entre os representantes das duas populações nem, tampouco, referente aos materiais de Pirassununga e Luís Antônio. Os espécimes ora identificados encaixaram-se na circunscrição da espécie em Prescott *et al.* (1982), indicando a estabilidade morfológica da espécie.

STAURASTRUM GRACILE RALFS VAR. *SUBVENTRICOSUM* BÖRGESEN (FIG. 329)

Vidensk. Meddr dansk naturh. Foren. 46: 47, pl. 5, fig. 50. 1890.

Células 1,8-2,8 vezes mais largas que longas, incluindo processos, constrição mediana rasa, seno mediano aberto, acutangular, 33,0-47,0 μm compr. (inclusive processos), 83,0-94,0 μm larg. (inclusive processos), istmo 11,0-13,0 μm larg.; semicélulas ciatiformes, margens basais primeiro suavemente convexas, depois quase retas, paralelas ou divergentes, ângulos laterais com processo longo, vários anéis superpostos de espinhos diminutos, 3 espinhos terminais, margem apical reta, 5 verrugas emarginadas, cada uma com 2 pequenos espinhos; vista vertical 3-angular, margens pouco côncavas a quase retas, 1 série intramarginal de espinhos diminutos, ângulos com processos longos, vários anéis superpostos de espinhos diminutos, 3 espinhos terminais; parede celular lisa. Zigósporo não observado.

Distribuição geográfica no Estado de São Paulo

Em literatura: São Paulo (Börgesen 1890) e Pirassununga (Borge 1918).

Material examinado: nenhum.

Comentários

Staurastrum gracile Ralfs var. *subventricosum* Börgesen foi brevemente descrita em Börgesen (1890). Constam nesse trabalho, além da ilustração, as medidas do espécime examinado: ca. 33,0 µm compr., ca. 94,0 µm larg. e istmo ca. 11,0 mm larg.

Borge (1918) identificou alguns espécimes da variedade acima que diferiram daqueles em Börgesen (1890) pelo maior comprimento das células, que variou entre 45,0 e 47,0 µm. Em virtude dessa diferença, Borge (1918) denominou os espécimes que observou como representantes de uma forma '*longior*' apenas para registrar a diferença, porém, sem descrevê-la nem propor formalmente. Além das medidas, Borge (1918) relacionou o material que examinou com aqueles em Börgesen (1890) e Lemmermann (1914). O referido autor não ofereceu, entretanto, ilustração nem qualquer outra informação a respeito do material que estudou. Diante dessa carência de informação sobre o material em Borge (1918), aliada ao fato de *S. gracile* Ralfs var. *subventricosum* Börgesen ser tão pouco conhecida até o momento, optamos por ampliar os limites métricos da presente variedade de modo a incluir o material em Borge (1918). Tal atitude é válida até que mais material deste tipo seja encontrado e um conhecimento mais profundo do significado da variação métrica apontada em Borge (1918) esteja disponível.

Brook (1959b) questionou as espécies *S. paradoxum* Meyen e *S. gracile* Ralfs em virtude da grande quantidade de variedades e formas taxonômicas que ambas incluem. Prescott *et al.* (1982) apontaram para a necessidade de uma revisão dos registros e das ilustrações de *S. gracile* Ralfs na literatura norte-americana, sugerindo a existência de considerável confusão na interpretação e na identificação da espécie. Esta situação alertou-nos para o estabelecimento de critérios melhor definidos e para a adoção de maior cuidado no reconhecimento desta espécie e suas categorias infraespecíficas.

Nenhum espécime de *S. gracile* Ralfs foi encontrado durante o presente estudo apesar do considerável número de amostras avaliadas.

STAURASTRUM GRALLATORIUM **NORDSTEDT VAR.** *GRALLATORIUM* **(FIG. 344-345)**

Vidensk. Meddr dansk naturh Foren. 1869(14-15): 228, pl. 4, fig. 52. 1869.

Células 1,4-1,6 vez mais largas que longas, constrição mediana suave, seno mediano aberto, levemente acutangular, 36,0-38,0 µm compr. (inclusive processos), 90,0-93,0 µm larg. (inclusive processos), 22,0-27,0 µm larg. (sem processos), istmo 6,0-8,0 µm larg.; semicélulas obtrapeziformes, margens basais assimetricamente convexas, ângulos laterais com processo longo, crenulado-serrilhado, ápice 1-3-denticulado, margem apical amplamente truncada, 5 verrugas emarginadas, às vezes 1 espinho em cada ângulo e 1(-2) intermediários; vista vertical 2-angular, elíptica, em geral 1 série intramarginal de 5 verrugas emarginadas de cada lado, muito raro ausente, ângulos com processo longo, serrilhado, ápice 2-denticulado; parede celular lisa. Zigósporo não observado.

DISTRIBUIÇÃO GEOGRÁFICA NO ESTADO DE SÃO PAULO

EM LITERATURA: nenhuma.

MATERIAL EXAMINADO: **Município de Itapura**, 16.V.2001, *C.E.M. Bicudo & D.C. Bicudo* (SP370964).

COMENTÁRIOS

Nordstedt (1870) propôs *Staurastrum grallatorium* Nordstedt a partir de material coletado por Warming em meio a plantas de *Chara* sp. nas proximidades de Lagoa Santa, Estado de Minas Gerais. A vista apical da célula foi descrita elíptica, cada polo prolongado em um processo alongado, de margens crenulado-serreadas e ápice acuminado ou trifurcado. Nordstedt (1870) não relatou, no entanto, a existência de verrugas emarginadas na margem apical em vista frontal. A bem da verdade, o referido autor mencionou a existência dessas verrugas, chamando-as de acúleos, e identificou sua presença nas vistas taxonômica e apical do espécime ilustrado (Nordstedt, 1870: pl. 4, fig. 52). O nome mais apropriado para essas estruturas, verruga, aparece em Prescott *et al.* (1982). Em todos os exemplares atualmente estudados provenientes de Itapura foram encontradas cinco dessas verrugas.

Com relação ainda às diferenças morfológicas observadas na amostra populacional de Itapura, vale a pena mencionar a forma mais alongada das semicélulas de alguns espécimes, que se mostraram mais estreitas na base, próximo do istmo.

STAURASTRUM GURGELIENSE SCHMIDLE (FIG. 203)

Öst. Bot. Zeitschr. 1896: 64, pl. 16, fig. 23-24. 1896.

Células ca. 1,1 vez mais largas que longas, constrição mediana suave, seno mediano aberto, em forma de "U", 14,0-16,0 µm compr. (inclusive processos), 15,0-17,0 µm larg. (inclusive processos), istmo 5,0-7,0 µm larg., processos 1,0-3,0 µm compr.; semicélulas transversalmente elípticas a cuneiformes, margens basais levemente convexas, ângulos laterais com processos muito curtos, margem lisa, ápice bífido, margem apical amplamente convexa, 3 dentículos próximo aos processos, lisa na porção mediana; vista vertical 3-angular, margens pouco côncavas a retas na parte média, 3 espinhos próximo de cada processo angular, 1 concavidade mais acentuada entre cada grupo de 3 espinhos, ângulos com processos curtos, bífidos; parede celular coberta com espinhos, exceto nas regiões do istmo e central do ápice. Zigósporo não observado.

DISTRIBUIÇÃO GEOGRÁFICA NO ESTADO DE SÃO PAULO

EM LITERATURA: nenhuma.

MATERIAL EXAMINADO: **Município de Tatuí**, 20.IX.2000, *L.L. Morandi & S.P. Schetty* (SP365710).

COMENTÁRIOS

O presente é o primeiro registro da ocorrência da espécie no Estado de São Paulo. O material foi coletado de um lago artificial no Município de Tatuí. Muitos exemplares foram encontrados, mas a variação morfológica entre eles foi apenas sutil e referiu-se, unicamente, à quantidade e à espessura dos espinhos. As medidas dos atuais exemplares foram inferiores às divulgadas em Prescott *et al.* (1982: 20,0-24,0 µm compr., 24,0-27,0 µm larg., istmo 7,0-8,0 µm larg.).

Staurastrum gurgeliense Schmidle var. *gurgeliense* é uma variedade de ocorrência, até agora, bastante rara em todo o mundo. Os poucos registros de seu encontro resumem-se à sua descrição original e ao seu encontro no Estado de Montana, Estados Unidos, e agora no Estado de São Paulo, Brasil. Embora a diferença de tamanho entre os espécimes do Estado de São Paulo e os demais seja da ordem de 25%, optamos pela identificação dos atuais espécimes de Tatuí com *S. gurgeliense* Schmidle var. *gurgeliense* até que mais material seja coletado e melhor se conheça esta espécie.

STAURASTRUM HAGMANNII GRÖNBLAD (FIG. 216-218)

Acta Soc. Sci. Fenn.: sér. B, 2(6): 25, pl. 10, fig. 209. 1945.

Células tão longas quanto largas, constrição mediana profunda, seno mediano amplamente aberto, acutangular, 17,0-23,0 µm compr., 17,0-23,0 µm larg., istmo 5,0-8,0 µm larg.; semicélulas obtrapeziformes a obtriangulares, margens basais assimetricamente convexas, 2-3 espinhos curtos, raro nenhum, ângulos laterais com 1 processo curto, bífido, margens lisas, ápice com 1-3 espinhos laterais curtos, superpostos, margem apical leve a amplamente convexa; vista vertical 3-angular, margens retas ou levemente convexas, ângulos acuminados, 2 espinhos terminais superpostos, (1-)2(-3) espinhos intramarginais organizados em série mediana; parede celular lisa. Zigósporo não observado.

DISTRIBUIÇÃO GEOGRÁFICA NO ESTADO DE SÃO PAULO

EM LITERATURA: nenhuma.

MATERIAL EXAMINADO: **Município de Capão Bonito**, 18.VII.2000, *C.E.M. Bicudo, F.C. Pereira & L.L. Morandi* (SP365693). **Município de Itatinga**, 21.IX.2000, *L.L. Morandi & S.P. Schetty* (SP365712) e **Município de Pitangueiras**, 16.VIII.2000, *C.E.M. Bicudo, L.L. Morandi & S.M.M. Faustino* (SP355382).

COMENTÁRIOS

A presente é a primeira citação da ocorrência de *S. hagmannii* Grönblad no Estado de São Paulo, identificada em material de três municípios: Capão Bonito, Itatinga e Pitangueiras.

Os espécimes da população do Município de Pitangueiras são idênticos, inclusive nas medidas, ao ilustrado originalmente por Grönblad (1945: fig. 209). No Município de Itatinga, foram observados os menores e os maiores indivíduos, além de alguns possuírem um espinho a menos na região apical, ou seja, três em vez de quatro espinhos.

A maior variabilidade morfológica ocorreu no material coletado no Município de Capão Bonito, onde foi possível observar indivíduos com todas as características diacríticas da espécie, inclusive e principalmente as diagnósticas, ao lado de outros com o número bastante variável de espinhos, porém, sempre maior e localizados, principalmente, nas margens apical e lateral de ambas as semicélulas ou apenas de uma delas. No material de Capão Bonito também foram vistos indivíduos com as margens basal e lateral onduladas ou crenuladas.

STAURASTRUM HEIMERLIANUM LÜTKEMMÜLLER (FIG. 235-237)

Verh. zool.-bot. Ges. Wien 42: 568. 1892.

Células 1,2-1,6 vez mais longas que largas, constrição mediana suave, seno mediano aberto, acutangular, 21,0-27,0 μm compr., 33,0-38,0 μm larg. (inclusive processos), 15,0-19,0 μm larg. (sem processos), istmo 6,0-8,0 μm larg.; semicélulas obtriangulares a quase ciatiformes, margens basais convexas, ângulos laterais com 1 processo relativamente longo, serrilhado, linha mediana de 3 espinhos pequenos, em geral levemente convergentes, raro horizontais, ápice 2-3 espinhos curtos, margem apical levemente convexa, às vezes quase reta, 1 espinho mais proeminente na base de cada processo; vista vertical 3-angular, margens levemente côncavas, crenuladas, 2 espinhos medianos, círculo intramarginal de 6 espinhos, ângulos com processos crenulados, fileira de 3 espinhos intramarginais; parede celular lisa. Zigósporo não observado.

DISTRIBUIÇÃO GEOGRÁFICA NO ESTADO DE SÃO PAULO

EM LITERATURA: nenhuma.

MATERIAL EXAMINADO: **Município de Itapura**, 16.V.2001, C.E.M. *Bicudo & D.C. Bicudo* (SP370964). **Município de Mirante do Paranapanema**, 15.V.2001, C.E.M. *Bicudo & D.C. Bicudo* (SP355396) e **Município de Panorama**, 17.V.2001, C.E.M. *Bicudo & D.C. Bicudo* (SP370966).

COMENTÁRIOS

A espécie é presentemente identificada pela primeira vez para o Estado de São Paulo. O material examinado proveio de três localidades distintas, a saber, dos municípios de Itapura, Mirante do Paranapanema e Panorama. Nos dois últimos foram encontrados espécimes medindo 21,0-24,0 μm de comprimento, cujas semicélulas eram quase ciatiformes. A relação entre o comprimento e a largura máxima desses indivíduos variou entre 1,2 e 1,3, e a margem apical foi levemente convexa. A população de Itapura apresentou exemplares medindo 24,0-27,0 μm de comprimento e as semicélulas eram triangular-invertidas. A relação entre o comprimento e a largura desses indivíduos foi ca. 1,6 e, dos dois espécimes ora examinados, um apresentou a margem apical amplamente convexa e o outro mostrou espinhos apicais laterais pouco evidentes. As medidas corresponderam àquelas em Prescott *et al.* (1982). A descrição do material estadunidense em Prescott *et al.* (1982) mencionou a existência de três dentículos na margem dos processos em vista tanto frontal quanto apical, os quais não foram, entretanto, observados no presente material do Estado de São Paulo.

Staurastrum hirsutum (Ehrenberg) Ralfs (Fig. 101-102)

Brit. Desmidieae. 127, pl. 22, fig. 3. 1848.

Basiônimo: *Xanthidium hirsutum* Ehrenberg, Phys. Abh. K. Akad. Wiss. Berlin 1833: 318. 1835 (1836).

Células 1,1-1,6 vezs mais longas que largas, constrição mediana profunda, seno mediano aberto, acutangular a obtusangular, 20,0-29,1 μm compr., 18,0-22,0 μm larg., istmo 9,0-12,0 μm larg.; semicélulas transversalmente elípticas, um tanto assimétricas, margens basais levemente convexas, ângulos laterais arredondados, margem apical amplamente convexa; vista vertical 3-angular, margens levemente côncavas na parte média, ângulos arredondados; parede celular com espinhos finos exceto na região central em vista vertical. Zigósporo não observado.

Distribuição geográfica no Estado de São Paulo

Em literatura: Luís Antônio (Taniguchi *et al.* 2000b).

Material examinado: **Município de Nova Granada**, 15.II.2001, *C.E.M. Bicudo, S.M.M. Faustino & L.R. Godinho* (SP370951).

Comentários

Staurastrum hirsutum (Ehrenberg) Ralfs teve sua presença registrada no Estado de São Paulo por Taniguchi *et al.* (2000b) por meio de uma ilustração e medidas. Tanto estes espécimes quanto os atualmente examinados possuem medidas inferiores às divulgadas em West & West (1912: 33,0-44,0 μm compr., 31,0-35,0 μm larg.) e Prescott *et al.* (1982: 38,0-54,0 μm compr., 30,5-54,0 μm larg.). As únicas medidas idênticas foram as da largura do istmo que, por sinal, não têm grande peso na taxonomia do gênero.

Os espinhos do material ora examinado são extremamente finos, lembrando pelos: "*hirsutum*", do latim, quer dizer peludo em português, e é exatamente esta a aparência dos espinhos quando examinados com 400 aumentos. Abaixo deste aumento, os espinhos passam despercebidos.

Staurastrum hirtum Borge (Fig. 98)

Ark. Bot. 15(13): 52, pl. 4, fig. 23. 1918.

Células 1,1-1,2 vez mais longas que largas, constrição mediana profunda, seno mediano amplamente aberto, obtusangular, 28,0-29,0 μm compr., 25,0-26,0 μm larg., istmo 8,0-9,0 μm larg.; semicélulas transversalmente elípticas a sub-romboidais, margens basais levemente convexas a retas, ângulos laterais arredondado-acuminados, margem apical amplamente convexa; vista vertical 3-angular, margens côncavas na parte média, ângulos arredondados, espinhos dispostos uniformemente, exceto no centro; parede celular coberta de pequenos espinhos dispostos em séries mais ou menos verticais. Zigósporo não observado.

DISTRIBUIÇÃO GEOGRÁFICA NO ESTADO DE SÃO PAULO

EM LITERATURA: Pirassununga (Borge 1918).

MATERIAL EXAMINADO: nenhum.

COMENTÁRIOS

A espécie foi proposta por Borge (1918) a partir de material coletado no Município de Pirassununga. A descrição original é o único registro de sua existência.

Material representativo desta espécie não foi reencontrado em todas as amostras ora estudadas. Borge (1918) mencionou a semelhança da espécie com *Staurastrum pilosum* (Nägeli) Archer e afirmou que a única diferença entre ambas é o tamanho dos indivíduos, pois *S. pilosum* (Nägeli) Archer apresenta comprimento e largura celulares muito superiores, quase o dobro.

STAURASTRUM HYSTRIX RALFS VAR. *POLYSPINUM* BÖRGESEN (FIG. 96-97)

Vidensk. Meddr dansk naturh. Foren. 1890: 949, pl. 4, fig. 43. 1890.

Células tão longas quanto largas, ca. 1,3 vez mais longas que largas, constrição mediana suave, seno mediano aberto, obtusangular, 27,0-27,2 μm compr. (sem espinhos), 23,8-26,0 μm larg. (sem espinhos), istmo 8,0-11,9 μm larg.; semicélulas oblongo-elípticas, margens basais levemente convexas a quase retas, ângulos laterais amplamente arredondados, terminados em espinhos delicados, curtos e longos misturados, os mais longos juntos na margem apical próximo dos ângulos, margem apical retusa; vista vertical 3(-4)-angular, margens côncavas na parte média, ângulos arredondados, 2-3 anéis concêntricos de espinhos curtos e longos misturados; parede celular lisa, exceto pelos espinhos angulares. Zigósporo não observado.

DISTRIBUIÇÃO GEOGRÁFICA NO ESTADO DE SÃO PAULO

EM LITERATURA: São Paulo (Börgesen 1890) e Itirapina (Bicudo 1969).

MATERIAL EXAMINADO: nenhum.

COMENTÁRIOS

Esta variedade foi proposta por Börgesen (1890) após estudar material coletado de um pântano em Moji, sem, contudo, especificar qual: Moji das Cruzes, Moji-Guaçu ou Moji-Mirim. A descrição fornecida restringe-se a uma breve frase, que traduzida para o português diz: células tão longas quanto largas, ângulos sub-retos, espinhos pontiagudos, curtos e compactamente dispostos. Seguem as medidas de um único exemplar. Börgesen (1890) sugeriu comparar a nova variedade com *Staurastrum hystrix* Ralfs var. *tessulare* Nordstedt, sem, entretanto, fazer qualquer outro comentário a este respeito.

O material observado por Bicudo (1969) apresentou espinhos curtos e longos misturados, sendo que os mais longos apareceram aglomerados na margem apical próximo dos ângulos, enquanto os espinhos dos espécimes em Börgesen (1890) foram praticamente todos do mesmo tamanho.

Durante todo o período do presente estudo não foram encontrados representantes desta variedade.

STAURASTRUM HYSTRIX RALFS VAR. *TESSULARE* NORDSTEDT (FIG. 93)

In Wittrock & Nordstedt, Algae Exsiccatae 12: exsic. n° 554. 1883.

Células 1,1-1,2 vez mais longas que largas, constrição mediana suave, seno mediano aberto, obtusangular, levemente arredondado no ápice 24,0-26,0 μm compr., 20,0-22,0 μm larg. (sem espinhos), istmo ca. 8,0 μm larg.; semicélulas oblongo-elípticas a sub-retangulares, margens basais convexas, ângulos laterais retangular-arredondados, 1(-2) séries concêntricas de espinhos curtos, margem apical reta ou levemente retusa na parte média; vista vertical 3-5-angular, margens levemente côncavas na parte média, ângulos arredondados, 1(-2) séries concêntricas de espinhos curtos; parede celular com 1(-2) séries concêntricas de espinhos curtos próximo dos ângulos laterais, restante liso. Zigósporo não observado.

DISTRIBUIÇÃO GEOGRÁFICA NO ESTADO DE SÃO PAULO

EM LITERATURA: Pirassununga e São Paulo (Borge 1918).

MATERIAL EXAMINADO: nenhum.

COMENTÁRIOS

Staurastrum hystrix Ralfs var. *tessulare* Nordstedt foi citado só uma vez para o Estado de São Paulo, por Borge (1918). Trata-se da descrição original da variedade a partir de material proveniente de Pirassununga (pedreira de Laranja Azeda) e de São Paulo (rios Tamanduateí e Tietê). Borge (1918) referiu-se a duas expressões morfológicas da variedade, uma 3-angular em vista vertical coletada em Pirassununga e a outra 4-5-angular coletada nos rios Tamanduateí e Tietê. A informação sobre essas duas expressões morfológicas restringe-se às medidas no caso da forma 3-angular. Nada foi acrescentado a respeito da forma 4-5-angular.

Representantes de *S. hystrix* Ralfs var. *tessulare* Nordstedt não foram encontrados durante o atual estudo.

STAURASTRUM INAEQUALE NORDSTEDT (FIG. 177-179)

Öfvers. K. VetenskAkad. Forh. 34(3): 25, pl. 2, fig. 9. 1877.

Células ca. 1,5 vez mais longas que largas, constrição mediana profunda, seno mediano aberto, acutangular, 50,0-53,0 µm compr. (inclusive processos), 24,5-30,0 µm compr. (sem processos), 35,0-44,0 mm larg. (inclusive processos), 16,0-20,0 µm larg. (sem processos), istmo 10,5-13,0 µm larg., processos 8,0-17,0 µm compr.; semicélulas subesféricas, margens basais levemente convexas, 9 ângulos laterais inferiores com processos de margens lisas, bífidos na extremidade, 6 ângulos laterais superiores com processos semelhantes aos dos ângulos laterais inferiores, margem apical amplamente convexa; vista vertical 9-angular, margens côncavas, ângulos com processos bífidos na extremidade, 6 processos intramarginais bífidos na extremidade; parede celular lisa. Zigósporo não observado.

DISTRIBUIÇÃO GEOGRÁFICA NO ESTADO DE SÃO PAULO

EM LITERATURA: São Paulo (Bicudo & Bicudo 1965).

MATERIAL EXAMINADO: **Município de Ibiúna**, 18.II.1992, *A.A.J. Castro* (SP239139).

COMENTÁRIOS

O único registro da ocorrência desta espécie no Estado de São Paulo está em Bicudo & Bicudo (1965). A partir do material coletado de tanques artificiais, valetas e empoçados no Jardim Botânico de São Paulo, sem, porém, especificar as localidades, os autores descreveram detalhadamente e ilustraram o material estudado. Bicudo & Bicudo (1965) comentaram que os processos, tanto do nível inferior quanto do superior, apresentaram tamanhos semelhantes uns aos outros. Neste aspecto, os exemplares em Bicudo & Bicudo (1965) divergiram do único descrito por Nordstedt (1877) para Lagoa Santa, Estado de Minas Gerais, que apresentou processos basais manifestamente menores (ca. 5,0 µm compr.) do que os superiores (ca. 12,0 µm compr.). Estas duas situações foram encontradas na presente população de Ibiúna, isto é, foram vistos espécimes com processos de tamanhos semelhantes nos dois níveis ao lado de outros espécimes nos quais os processos do nível inferior foram menores (ca. 8,0 µm compr.) do que os do nível superior (ca. 17,0 µm compr.).

STAURASTRUM INCONSPICUUM NORDSTEDT (FIG. 207-215)

Acta Univ. Lund. 9: 26, pl. 1, fig. 11. 1873.

Células tão longas quanto largas até 1,5 vez mais longas que largas, constrição mediana rasa, seno mediano acutangular, raro quase inexistente, 12,0-16,0 µm compr. (inclusive processos), 9,0-10,0 µm compr. (sem processos), 8,4-18,0 µm larg. (inclusive processos), 7,4-10,0 µm larg. (sem processos), istmo 5,0-8,0 µm larg., processos 2,5-5,0 µm compr.; semicélulas quadrangulares a obtrapeziformes, margens basais convexas ou inexistentes, margem lateral suavemente côncava, divergente para o ápice, ângulos laterais com 1 processo curto, uma das margens lisa, a outra com 1 proeminência próximo do corpo da semicélula, margem apical levemente côncava, reta ou levemente convexa, em geral lisa, raro crenulada; vista vertical 4-angular, ângulos de uma semicélula alternando com os da outra semicélula, margens retas ou levemente côncavas, lisas, ângulos com processos curtos, lisos; parede celular lisa. Zigósporo não observado.

DISTRIBUIÇÃO GEOGRÁFICA NO ESTADO DE SÃO PAULO

EM LITERATURA: Moji-Guaçu (Marinho & Sophia 1997).

MATERIAL EXAMINADO: **Município de Ibitinga**, 22.VIII.2000, *C.E.M. Bicudo, S.M.M. Faustino & S.P. Schetty* (SP365704). **Município de Martinópolis**, 15.V.2001, *C.E.M. Bicudo & D.C. Bicudo* (SP370960). **Município de Mirante do Paranapanema**, 15.V.2001, *C.E.M. Bicudo & D.C. Bicudo* (SP355396). **Município de Palmital**, 24.X.2001, *C.E.M. Bicudo, L.A. Carneiro & S.M.M. Faustino* (SP370973). **Município de Pirassununga**, 16.XI.2000, *C.E.M. Bicudo, S.M.M. Faustino & L.R. Godinho* (SP370947) e **Município de Pitangueiras**, 16.VIII.2000, *C.E.M. Bicudo, L.L. Morandi & S.M.M. Faustino* (SP355382).

COMENTÁRIOS

Marinho & Sophia (1997) foram os únicos a registrar a presença de S. *inconspicuum* Nordstedt no Estado de São Paulo, a partir de material coletado no Açude do Jacaré, situado no Município de Moji-Guaçu. O registro foi acompanhado de breve descrição e ilustração.

A espécie foi presentemente encontrada em seis municípios e apresentou grande diversidade morfológica tanto intra quanto interpopulacional. Em todas as seis unidades amostrais coletadas nos seis municípios, as medidas celulares, incluindo os processos

(12,0-14,0 x 8,4-14,0 µm), foram inferiores àquelas em Marinho & Sophia (1997: 16,0 x 18,0 µm). Também, os processos angulares dos espécimes do Açude do Jacaré não apresentaram crenulações, ou seja, eram totalmente lisos, e a vista apical dos indivíduos não apresentou os ângulos de uma semicélula alternando com os ângulos da outra semicélula, mas se sobrepuseram. Além das medidas, no material das referidas seis unidades amostrais todos os indivíduos apresentaram os processos angulares encurvados por conta de uma das margens ser lisa e a outra mostrar uma proeminência próximo do corpo da semicélula. Com relação à presença de processos angulares tortuosos, a população que mais se destacou foi a de Ibitinga, por apresentar elevada quantidade de formas teratológicas, isto é, de indivíduos com deformidades decorrentes, provavelmente, do processo acelerado de divisão celular em que os espécimes-filhos não alcançaram o estádio adulto antes de entrar em novo processo de reprodução. Ocorreram, por exemplo, indivíduos com três semicélulas ao lado de outros totalmente retorcidos.

Na população de Ibitinga também foi observada a presença de uma proeminência próximo da base de cada processo que, entretanto, não foi universal na amostra. Finalmente, a constrição mediana também variou quanto à sua presença (ora apareceu, ora não) e quanto à sua profundidade. As populações de Mirante do Paranapanema e Pirassununga foram as que apresentaram essa constrição mais evidente.

STAURASTRUM IOTANUM WOLLE VAR. *IOTANUM* (FIG. 298)

Bull. Torrey Bot. Club 11(2): 13, pl. 44, fig. 5-7. 1884.

Células tão longas quanto largas a 1,1 vez mais longas que largas, constrição mediana rasa, seno mediano aberto, em forma de "U" ou acutangular, 13,0-16,5 µm compr. (inclusive processos), 12,5-15,0 µm larg. (inclusive processos), istmo 4,0-5,0 µm larg.; semicélulas obtrapeziformes, margens basais convexas, crenuladas, ângulos laterais com 1 processo relativamente longo, margens crenuladas, divergentes para ápice, margem apical côncava, crenulada; vista vertical 3-angular, margens levemente côncavas a quase retas, ângulos com processo relativamente longo, crenulado; parede celular lisa. Zigósporo não observado.

DISTRIBUIÇÃO GEOGRÁFICA NO ESTADO DE SÃO PAULO

EM LITERATURA: Moji-Guaçu (Marinho & Sophia 1997).

MATERIAL EXAMINADO: nenhum.

COMENTÁRIOS

O único documento da ocorrência de *S. iotanum* Wolle var. *iotanum* no Estado de São Paulo está em Marinho & Sophia (1997) e decorreu do estudo de material do Açude do

Jacaré, Município de Moji-Guaçu. A alga foi brevemente descrita e ilustrada nesse trabalho. Não há, contudo, medidas do comprimento e da largura da célula sem os processos e qualquer informação adicional sobre a existência de variabilidade populacional.

Prescott *et al.* (1982) registraram, ao estudarem populações desta alga provenientes de várias localidades nos Estados Unidos e do Canadá, medidas somente da largura da célula, incluindo os processos. Estas medidas são pouco maiores do que aquelas dos exemplares do Estado de São Paulo. A bem da verdade, os maiores exemplares em Marinho & Sophia (1997) coincidem com os menores em Prescott *et al.* (1982).

Nenhum exemplar desta espécie foi encontrado após estudarmos material proveniente de diversos locais no Estado de São Paulo, inclusive, do próprio Açude do Jacaré.

STAURASTRUM IOTANUM WOLLE VAR. *PERPENDICULATUM* GRÖNBLAD (FIG. 297)

Acta Soc. Fauna Flora Fenn. 47(4): 67, pl. 3, fig. 72-73. 1920.

Célula muito ligeiramente mais longa que larga (ca. 1,03), constrição mediana profunda, seno mediano aberto, acutangular, arredondado no ápice, ca. 33,0 µm compr. (inclusive processos), ca. 32,0 µm larg. (inclusive processos), istmo ca. 6,5 µm larg.; semicélulas obtrapeziformes a transversalmente retangulares, margens basais levemente côncavas, ângulos laterais com 1 processo longo, 3-5 anéis superpostos de 4 espinhos pequenos cada, margem apical levemente côncava; vista vertical 3-angular, margens côncavas, ângulos com processos longos, 3-5 anéis superpostos de 4 espinhos pequenos cada; parede celular lisa. Zigósporo não observado.

DISTRIBUIÇÃO GEOGRÁFICA NO ESTADO DE SÃO PAULO

EM LITERATURA: Moji-Guaçu (Marinho & Sophia 1997).

MATERIAL EXAMINADO: nenhum.

COMENTÁRIOS

Staurastrum iotanum Wolle var. *perpendiculatum* Grönblad difere da variedade típica da espécie por apresentar semicélulas mais transversalmente retangulares, em que os processos possuem anéis superpostos de espinhos muito pequenos, que podem variar de três em Prescott *et al.* (1982) até cinco na ilustração em Marinho & Sophia (1997), e um pequeno espinho voltado para o exterior na base do istmo.

Todo conhecimento atual desta variedade no Estado de São Paulo está em Marinho & Sophia (1997), que incluíram ilustração e breve descrição. Não encontramos, presentemente, qualquer material desta variedade em todas as amostras examinadas.

STAURASTRUM IRREGULARE WEST & WEST VAR. *SUBOSCEOLENSE* GRÖNBLAD (FIG. 317-318)

Acta Soc. Sci. Fenn.: sér. B, 2(6): 26, pl. 10, fig. 213. 1945.

Células tão longas quanto largas a 1,1 vez mais longas que largas, constrição mediana rasa, seno mediano aberto, em forma de "U", 18,0-20,0 µm compr. (inclusive processos), 7,0-9,0 µm compr. (sem processos), 17,0-22,0 µm larg. (inclusive processos), 7,0-8,0 µm larg. (sem processos), istmo 4,5-6,0 µm larg., processos 7,0-10,0 µm compr.; semicélulas transversalmente sub-retangulares, margens basais levemente côncavas, 1 espinho basal curto, ângulos laterais com 1 processo longo, divergente, ascendente, margens crenuladas, margem apical levemente côncava ou reta; vista vertical elíptica, 1 verruga emarginada no meio de cada lado, ângulos com processos longos, margens crenuladas; parede celular lisa, 1 verruga emarginada facial mediana. Zigósporo não observado.

DISTRIBUIÇÃO GEOGRÁFICA NO ESTADO DE SÃO PAULO

EM LITERATURA: nenhuma.

MATERIAL EXAMINADO: **Município de Pirapozinho**, 15.V.2001, *C.E.M. Bicudo & D.C. Bicudo* (SP370959).

COMENTÁRIOS

As amostras provenientes de um açude próximo da cidade de Pirapozinho constituem o único documento da ocorrência de *S. irregulare* West & West var. *subosceolence* Grönblad no Estado de São Paulo.

A variabilidade detectada na população coletada resumiu-se à margem apical, às vezes reta, às vezes côncava. Comparando as medidas da variedade na descrição original (37,0 µm compr. com espinhos, 11,0 µm compr. sem espinhos, 39,0 µm larg., istmo 6,9 µm larg.) com as dos atuais exemplares de Pirapozinho, as últimas foram bem inferiores, principalmente, as medidas que incluíram os processos. Apesar da diferença de tamanho, as demais características em Grönblad (1945) foram absolutamente concordantes.

STAURASTRUM IVERSENII NYGAARD VAR. *AMERICANUM* SCOTT & GRÖNBLAD (FIG. 324)

Acta Soc. Sci. Fenn.: sér. B, 2(8): 39, pl. 19, fig. 14-15. 1957.

Células ligeiramente (ca. 1,1 vez) mais longas que largas, constrição mediana profunda, seno mediano aberto, levemente acutangular, ápice arredondado, 28,0-38,0 μm compr. (inclusive processos), 14,0-16,0 μm compr. (sem processos), 33,0-45,0 μm larg. (inclusive processos), 13,0-15,0 μm larg. (sem processos), istmo 5,0-7,5 μm larg.; semicélulas obtriangulares a obtrapeziformes, margens basais convexas, às vezes infladas, outras vezes com 1 espinho curto, ângulos laterais com 1 processo longo, divergente, reto ou levemente curvo, margens crenuladas, ápice 2-3-denticulado, margem apical convexa, pequenos espinhos simples ou 1 par de verrugas emarginadas situados intramarginalmente; vista vertical 2-3-angular, margens levemente côncavas a quase retas, crenuladas, espinhos intramarginais, ângulos com processos longos, divergentes, retos ou levemente curvos; parede celular lisa, espinhos bífidos na região facial mediana de cada semicélula. Zigósporo não observado.

DISTRIBUIÇÃO GEOGRÁFICA NO ESTADO DE SÃO PAULO

EM LITERATURA: São Paulo (Sant'Anna *et al.* 1989).

MATERIAL EXAMINADO: nenhum.

COMENTÁRIOS

Staurastrum iversenii Nygaard var. *americanum* Scott & Grönblad foi identificado por Sant'Anna *et al.* (1989) do estudo de material do Lago das Garças, localizado no Parque Estadual das Fontes do Ipiranga, região sul do Município de São Paulo. Além da ilustração, que mostra evidentes as características diagnósticas da variedade, há breve descrição com medidas e a observação sobre a vista apical dos espécimes que estudaram, que foram, em sua maioria, fusiformes e só alguns triangulares.

Esta variedade difere da típica da espécie no menor tamanho de seus representantes, nos processos angulares mais acentuadamente divergentes, na existência de espinhos ou verrugas emarginadas logo abaixo da margem apical, na existência de espinhos bífidos na região facial mediana de cada semicélula e de um par de espinhos em cada margem lateral das semicélulas.

Staurastrum iversenii Nygaard var. *americanum* Scott & Grönblad jamais foi encontrado durante todo o período deste estudo.

STAURASTRUM LABIATUM BORGE (FIG. 94)

Ark. Bot. 15(13): 49, pl. 4, fig. 15. 1918.

Células 1,2-1,3 vez mais longas que largas, constrição mediana profunda, seno mediano fechado, ápice levemente dilatado, 25,0-28,0 μm compr., 22,5-24,5 μm larg. (inclusive espinhos), 20,0-22,0 μm larg. (sem espinhos), istmo 7,0-8,0 μm larg.; semicélulas semicirculares, margem primeiro quase reta, depois amplamente arredondada, ângulos basais com 1 par de espinhos grosseiros, levemente curvos para o ápice da semicélula, 1 dos quais aparece em vista frontal, 2 fileiras superpostas de 3 grânulos cada; vista vertical 3-angular, margens ligeiramente côncavas na parte média, ângulos arredondados, 3 grânulos marginais, 2 espinhos grosseiros, curtos, terminais; parede celular lisa. Zigósporo não observado.

Distribuição geográfica no Estado de São Paulo

Em literatura: Pirassununga (Borge 1918).

Material examinado: nenhum.

Comentários

Staurastrum labiatum foi proposto por Borge (1918) ao estudar material coletado em Pirassununga, no interior do Estado de São Paulo. A coleta original é o único documento sobre a espécie em nível mundial. Borge (1918) fez uma descrição detalhada da espécie, abrangendo todas as características que podem ser observadas nas cinco ilustrações que acompanharam a proposta da espécie e que foram identificadas pelas letras *a* e *a'* (vista frontal), *c* e *c'* (vista apical) e *d* (vista basal). A figura *a* mostra claramente a disposição dos seis grânulos em duas fileiras superpostas de três grânulos cada uma situada logo acima de cada ângulo basal.

Não foi possível encontrar representantes desta espécie em todas as amostras ora examinadas.

STAURASTRUM LAEVE RALFS VAR. *LAEVE* (FIG. 167-172)

Brit. Desmidieae. 131, pl. 23, fig. 10. 1848.

Células ca. 1,7 vez mais longas que largas, constrição mediana suave, seno mediano aberto, acutangular, ápice levemente arredondado, 17,0-26,0 μm compr. (inclusive processos), 15,0-20,0 μm compr. (sem processos), 17,0-25,0 μm larg. (inclusive processos), 10,0-15,0 μm larg. (sem processos), istmo 7,0-11,0 μm larg., processos 3,0-6,0 μm compr.; semicélulas obtrapeziformes a ciatiformes, margens basais mais ou menos acentuadamente convexas, ângulos laterais com 1 par de processos curtos, paralelos entre si, lisos, 2-

espinados na extremidade ou com 1 espinho simples, curto, margem apical mais ou menos amplamente convexa; vista vertical 3-angular, margens retas a levemente côncavas, ângulos cônicos, 2-furcados, 1 processo curto, 2-espinado na extremidade, espinhos curtos, sobrepostos ou 1 espinho simples; parede celular lisa. Zigósporo não observado.

DISTRIBUIÇÃO GEOGRÁFICA NO ESTADO DE SÃO PAULO

EM LITERATURA: nenhuma.

MATERIAL EXAMINADO: **Município de Tatuí**, 20.IX.2000, *L.L. Morandi & S.P. Schetty* (SP365710).

COMENTÁRIOS

Os espécimes examinados provieram de um lago artificial localizado no Município de Tatuí. A população foi bastante abundante, propiciando ampla avaliação da variação morfológica ocorrente na espécie. As principais diferenças referiram-se aos processos angulares. Foram vistos indivíduos com todos os processos bifurcados na extremidade, o que é característico da espécie, ao lado de outros com espinhos simples substituindo o processo bifurcado. Quanto ao comprimento dos processos e espinhos, também houve variação, desde que foram vistos processos e espinhos mais curtos ou mais longos do que especifica a literatura, porém, com toda a gama de variação entre os respectivos limites máximo e mínimo. Finalmente, os processos divergiram quanto à orientação, havendo indivíduos com os processos distendidos horizontalmente ao lado de outros em que os processos foram divergentes, ou seja, voltados para o ápice da respectiva semicélula.

Esta é a primeira citação da ocorrência da espécie no Estado de São Paulo.

STAURASTRUM LEPTACANTHUM NORDSTEDT VAR. *BORGEI* FÖRSTER (FIG. 180-181)

Amazoniana 2(1-2): 86, pl. 59, fig. 4-6. 1969.

Células 1,4-1,6 vez mais longas que largas, constrição mediana suave, seno mediano aberto, acutangular, ápice às vezes arredondado, raro fechado, 37,0-73,0 µm compr. (inclusive processos), 23,0-36,0 µm compr. (sem processos), 38,0-68,0 µm larg. (inclusive processos), 14,0-27,0 µm larg. (sem processos), istmo 9,0-15,0 µm larg., processos 12,0-28,0 µm compr.; semicélulas subcirculares a elíptico-hexagonais, margens basais pouco convexas, margens laterais divergentes para o ápice, 9 ângulos laterais, 1 processo longo, liso, 2-3-furcado na extremidade, margem apical truncada, 6 processos longos, lisos, 2-furcados; vista vertical 6-angular, margens côncavas, 9 ângulos inferiores com 1 processo marginal cada, longo, liso, 2-furcado, 6 ângulos superiores, cada qual com 1 processo intramarginal, curto, 2-furcado; parede celular lisa. Zigósporo não observado.

Distribuição geográfica no Estado de São Paulo

Em literatura: nenhuma.

Material examinado: **Município de Álvares Florence**, 25.IV.2001, *C.E.M. Bicudo, D.L. Costa & S.M.M. Faustino* (SP370956). **Município de Engenheiro Coelho**, 16.XI.2000, *C.E.M. Bicudo, S.M.M. Faustino & L.R. Godinho* (SP365713). **Município de Itatinga**, 21.IX.2000, *L.L. Morandi & S.P. Schetty* (SP365712). **Município de Nhandeara**, 15.VIII.2001, *C.E.M. Bicudo, L.R. Godinho & C.I. Santos* (SP370970) e **Município de Santo Antônio do Aracanguá**, 25.IV.2001, *C.E.M. Bicudo, D.L. Costa & S.M.M. Faustino* (SP355386).

Comentários

Staurastrum leptacanthum Nordstedt var. *borgei* foi proposto por Förster (1969) a partir de material da Amazônia, mais especificamente de localidades próximas a Santarém, Estado do Pará. A característica diagnóstica da variedade são os dois níveis de processos lisos, dos quais o inferior tem nove processos longos e o superior seis processos comparativamente mais curtos.

Esta variedade foi coletada em cinco municípios do Estado de São Paulo. As populações de Álvares Florence e Itatinga são idênticas entre si, e os indivíduos apresentaram medidas maiores do que as dos exemplares dos demais municípios. Os maiores exemplares coincidiram nessas duas populações e encaixaram-se, metricamente, na circunscrição original da variedade em Förster (1969). As semicélulas dos representantes dessas duas populações são elíptico-hexagonais, pouco infladas, e o seno mediano sempre acutangular no ápice, às vezes mais aberto, outras vezes mais fechado.

Os espécimes coletados nos municípios de Engenheiro Coelho e Santo Antônio do Aracanguá foram, em média, menores do que todos os demais, porém, as medidas dos maiores espécimes dessas duas populações coincidiram com as dos menores espécimes de Itatinga e Álvares Florence, o que amplia bastante os limites métricos das medidas da variedade. As semicélulas dos exemplares das populações de Engenheiro Coelho, Nhandeara e Santo Antônio do Aracanguá apresentaram-se subcirculares, com o seno mediano mais aberto e o ápice variando entre acutangular e arredondado. Na população de Nhandeara foi visto um espécime com dois dos seis processos do nível superior mais curtos e os demais quatro mais longos.

Apesar de esta variedade ter sido refererida no trabalho de Taniguchi *et al.* (2000b), a fotomicrografia que a ilustrou não mostra características diagnósticas suficientemente claras que permitam sua reidentificação. Tal referência foi, portanto, presentemente excluída.

STAURASTRUM LEPTOCLADUM **NORDSTEDT VAR.** *CORNUTUM* **WILLE F.** *CORNUTUM* (**FIG. 337-340**)

Bih. K. Svenska VetenskAkad. Handl. 8(18): 19, pl. 1, fig. 39. 1884.

Células 1,9-2,4 vezes mais longas que largas, constrição mediana rasa, seno mediano acutangular, 30,0-38,0 µm compr., 55,0-98,0 µm larg. (inclusive processos), 14,0-17,0 µm larg. (sem processos), istmo 4,0-8,0 µm larg.; semicélulas subcampanuladas, margens basais levemente convexas, 1 anel supraistimal de grânulos, margens laterais primeiro pouco côncavas, convergentes para o ápice, depois decididamente divergentes, ângulos laterais com processos longos, curvos, primeiro levemente convergentes, em seguida divergentes, margens crenuladas, crenulação às vezes com 1 pequeno espinho no ápice, margem apical convexa, 2 espinhos curtos, 1 anterior e outro posterior, voltados em sentidos opostos; vista vertical 2-angular, fusiforme a elíptico-fusiforme, 2 espinhos intramarginais, 1 no polo superior e outro no inferior, dirigidos para a margem externa, ângulos com processos longos, margens crenuladas, 1 série mediana longitudinal de pequenas verrugas ou espinhos; parede celular lisa. Zigósporo não observado.

DISTRIBUIÇÃO GEOGRÁFICA NO ESTADO DE SÃO PAULO

EM LITERATURA: São Paulo (Börgesen 1890).

MATERIAL EXAMINADO: **Município de Itapura**, 16.V.2001, *C.E.M. Bicudo & D.C. Bicudo* (SP370964). **Município de Morungaba**, 18.IX.2001, *C.E.M. Bicudo & D.L. Costa* (SP370971) e **Município de Pitangueiras**, 16.VIII.2000, *C.E.M. Bicudo, L.L. Morandi & S.M.M. Faustino* (SP355382).

COMENTÁRIOS

Börgesen (1890) é o primeiro registro da ocorrência da variedade no Estado de São Paulo, com a divulgação das medidas e um breve comentário sobre o material que estudou, comparando-o com o examinado por Nordstedt (1870). Não publicou ilustração do material examinado, mas fez referência à que foi utilizada na identificação da atual variedade (Nordstedt 1870: pl. 4, fig. 57).

Staurastrum leptocladum Nordstedt var. *cornutum* Wille f. *cornutum* foi coletado em três municípios durante o presente estudo: Itapura, Morungaba e Pitangueiras. A população de Itapura foi a que apresentou os maiores valores métricos do comprimento da célula (36,0-38,0 µm) e dos processos angulares (35,0-39,0 µm). A população de Pitangueiras apresentou os menores valores dessas medidas. Chamou a atenção na última população o comprimento dos processos angulares, sempre bem menor do que o das outras localidades. Quanto às margens basais, as populações de Morungaba e

Pitangueiras apresentaram-nas mais infladas do que a de Itapura. A situação dos dois espinhos apicais também foi diferente nessas populações. Os espécimes de Itapura e Pitangueiras apresentaram os referidos espinhos, em vista frontal, muito próximos da região mediana do ápice, enquanto os de Morungaba situaram-se mais próximos das extremidades.

STAURASTRUM LEPTOCLADUM NORDSTEDT VAR. *LEPTOCLADUM* F. *AFRICANUM* G.S. WEST (FIG. 342-343)

Linn. Soc. Jour. Bot. 38: 129, pl. 6, fig. 12. 1907.

Células 2,0-2,2 vezes mais longas que largas, constrição mediana rasa, seno mediano acutangular, 22,0-24,0 µm compr., 60,0-65,0 µm larg. (inclusive processos), 10,0-12,0 µm larg. (sem processos), istmo 4,0-5,0 µm larg.; semicélulas subcampanuladas, margens basais levemente convexas, 1 par de grânulos diminutos dispostos lateralmente, margens laterais primeiro retas, pouco convergentes para o ápice, em seguida amplamente divergentes para o ápice, ângulos laterais com 1 processo bastante longo, horizontal, levemente curvo, às vezes ascendente nas extremidades, margens crenuladas, ápice 2-espinado, margem apical convexa; vista vertical 2-angular, elíptica, ângulos com processos bastante longos, em geral retos, margens crenuladas, 1 fileira intramarginal de grânulos, ápice com 1 par de espinhos sobrepostos; parede celular lisa. Zigósporo não observado.

DISTRIBUIÇÃO GEOGRÁFICA NO ESTADO DE SÃO PAULO

EM LITERATURA: nenhuma.

MATERIAL EXAMINADO: **Município de Reginópolis**, 22.II.1992, *C.E.M. Bicudo & D.C. Bicudo* (SP239144).

COMENTÁRIOS

Esta forma difere da típica da espécie, que não foi encontrada durante o atual levantamento, nos processos longos dispostos horizontalmente, paralelos aos da outra semicélula, e no par de grânulos na região inflada da margem basal, característica esta de observação bastante difícil.

Staurastrum leptocladum Nordstedt var. *leptocladum* f. *africanum* G.S. West foi dentificado no Estado de São Paulo a partir de material proveniente de Reginópolis. Os 12 espécimes ora examinados não apresentaram diferenças métricas consideráveis entre si. Quando comparado com outros materiais da literatura, o de Reginópolis apresentou medidas do comprimento e da largura celulares, esta última incluindo os processos angulares, muito inferiores. Assim, Grönblad (1945) apresentou as medidas de um único espécime (57,0 μm compr., 163,0 μm larg.), enquanto Prescott *et al.* (1982) examinaram indivíduos que mediram 42,0-43,0 μm compr. e 146,0-152,0 μm larg. As medidas da largura da semicélula e do istmo dos exemplares atualmente estudados corresponderam àquelas citadas na literatura. A presente situação reforça a ideia de que comprimento dos processos não é uma boa característica diagnóstica para a separação de categorias infraespecíficas de *Staurastrum*.

STAURASTRUM LEPTOCLADUM **N**ORDSTEDT **VAR.** *SINUATUM* **W**OLLE **F.** *SINUATUM* (**F**IG. **341**)

Bull. Torrey Bot. Club 10: 20, pl. 27, fig. 24. 1883.

Células 1,7-2,0 vezes mais longas que largas, constrição mediana rasa, seno mediano acutangular, 59,0-75,0 μm compr. (inclusive processos), 30,0-32,0 μm compr. (sem processos), 55,0-57,0 μm larg. (inclusive processos), 15,0-18,0 μm larg. (sem processos), istmo 7,0-8,0 μm larg.; semicélulas verticalmente sub-retangulares, margens basais assimetricamente côncavas, primeiro retas, subparalelas, depois pouco divergentes para o ápice, ângulos laterais com 1 processo longo, curvo, divergente para o ápice, margens crenuladas, margem apical levemente convexa; vista vertical 2-angular, elíptica, ângulos com processos longos, curvos em sentidos opostos; parede celular lisa. Zigósporo não observado.

DISTRIBUIÇÃO GEOGRÁFICA NO **E**STADO DE **S**ÃO **P**AULO

EM LITERATURA: nenhuma.

MATERIAL EXAMINADO: **Município de Itaí**, 25.VII.2000, *S.M.M. Faustino & S.P. Schetty* (SP365694).

COMENTÁRIOS

Este é o primeiro registro da ocorrência da variedade no Estado de São Paulo. Os representantes de *S. leptocladum* Nordstedt var. *sinuatum* Wolle f. *sinuatum* são bastante típicos pela vista apical da semicélula elíptica, com os ângulos terminados em um processo longo e curvo em sentidos opostos. Foram encontrados só nove espécimes desta forma taxonômica e todos no material de Itaí, mas que permitiram observar, de forma inequívoca, as características diagnósticas da variedade. A única diferença notada entre estes espécimes foi quanto ao grau de curvatura dos processos angulares, que em alguns exemplares apareceram quase retos e estendidos horizontalmente e em outros mais ou menos acentuadamente curvos para o ápice das semicélulas. Estas duas situações puderam ser observadas até em um mesmo exemplar (dicotípico).

As medidas corresponderam às citadas em Prescott *et al.* (1982), sendo aquela referente à largura da célula incluindo os processos a única um pouco inferior às atualmente obtidas da população de Itaí (90,0-93,0 µm larg. com processos).

STAURASTRUM LOEFGRENII BORGE (FIG. 194)

Ark. Bot. 15(13): 55, pl. 4, fig. 26. 1918.

Células ca. 1,2 vez mais longas que largas, constrição mediana rasa, seno mediano obtuso, 71,0-76,0 µm compr. (sem processos), 57,0-60,0 µm larg. (sem processos), istmo 41,0-46,0 µm larg., espinhos 14,0-18,0 µm compr.; semicélulas hexagonais, margens basais pouco convexas, ângulos laterais com 1 espinho curto, sólido, margens laterais retas a levemente côncavas, margem apical suavemente convexa, ângulos apicais com 1 espinho curto, sólido; vista vertical 12-angular (dodecagonal), margens côncavas, 6 espinhos intramarginais curtos, sólidos, dispostos de forma mais ou menos intercalar (1 ângulo com espinho intramarginal, 1 ângulo sem espinho), ângulos com espinho curto, sólido; parede celular lisa. Zigósporo não observado.

DISTRIBUIÇÃO GEOGRÁFICA NO ESTADO DE SÃO PAULO

EM LITERATURA: Descalvado e Pirassununga (Borge 1918).

MATERIAL EXAMINADO: nenhum.

COMENTÁRIOS

Não foi encontrado material de *Staurastrum loefgrenii* Borge em todas as amostras ora examinadas. A espécie foi proposta a partir de material coletado de um alagado em Belém do Descalvado (hoje simplesmente Descalvado) e de um local não determinado em Pirassununga, ambos no Estado de São Paulo. A descrição original da espécie em Borge (1918) é bem detalhada, incluindo toda informação disponível nas vistas frontal (taxonômica) e vertical. A ilustração representa uma semicélula em vistas frontal e vertical.

A vista vertical 12-angular de *S. loefgrenii* Borge com as margens côncavas, seis espinhos intramarginais curtos, sólidos, dispostos de forma mais ou menos intercalar (um ângulo com espinho intramarginal outro sem) e os ângulos ornados com um espinho curto e sólido permitem a pronta identificação da espécie.

STAURASTRUM MANFELDTII DELPONTE VAR. (FIG. 348-349)

Células 1,8-2,8 vezes mais longas que largas, constrição mediana suave, seno mediano aberto, forma de "V", ápice acuminado, 45,0-65,0 µm compr. (inclusive processos), 72,0-97,0 µm larg. (inclusive processos), 23,0-27,0 µm larg. (sem processos), istmo 10,0-13,0 µm larg., processos 25,0-40,0 µm compr.; semicélulas poculiformes, margens basais convexas, divergentes, ângulos laterais com 1 processo crenulado, longo, curvo, base do processo com dentículos curtos, processos com 2-3 anéis de grânulos intramarginais e marginais de tamanhos decrescentes para o corpo da célula, ápice 3-4-denticulado, margem apical retusa na parte média, dentículos curtos, marginais e intramarginais; vista vertical 3-angular, margens côncavas, crenuladas, dentículos intramarginais, ângulos com processo longo, crenulado, base do processo com dentículos alongados, processos com 2-3 fileiras de grânulos decrescentes, ápice 3-4-denticulado; parede celular lisa. Zigósporo não observado.

DISTRIBUIÇÃO GEOGRÁFICA NO ESTADO DE SÃO PAULO

EM LITERATURA: nenhuma.

MATERIAL EXAMINADO: **Município de Iepê**, 28.III.2001, *C.E.M. Bicudo, L.A. Carneiro & S.M.M. Faustino* (SP370954). **Município de Mariápolis**, 15.V.2001, *C.E.M. Bicudo & D.C. Bicudo* (SP370961) e **Município de Martinópolis**, 15.V.2001, *C.E.M. Bicudo & D.C. Bicudo* (SP370960).

COMENTÁRIOS

Vários espécimes deste tipo foram encontrados em três localidades do Estado de São Paulo (Iepê, Mariápolis e Martinópolis) e apresentaram, em cada unidade amostral, bastante uniformidade em suas características morfológicas e métricas. Apenas a disposição e o tamanho dos dentículos, tanto marginais quanto intramarginais, variaram bastante de indivíduo para indivíduo nas três localidades, o que dificultou o estabelecimento de um padrão.

Em virtude da grande confusão que permeia as espécies *S. sebaldi* Reinsch e *S. manfeldtii* Delponte é prudente, por hora, deixar os espécimes das três localidades acima identificados apenas até o nível espécie, sem lhes definir variedade ou forma taxonômica.

Coesel (1992) esmiuçou as descrições e as ilustrações originais de cada uma das duas espécies acima – *S. sebaldi* Reinsch e *S. manfeldtii* Delponte – e mostrou, claramente, que sucessivos erros de identificação comprometeram a circunscrição e, por conseguinte, a validade nomenclatural de algumas variedades e formas taxonômicas de ambas as espécies.

No presente trabalho, a análise de um número significativo de espécimes provou que a descrição que mais se aproximou das características desse material foi a de *S. sebaldi* Reinsch var. *ornatum* Nordstedt. Entretanto, esta variedade foi altamente questionada por Coesel (1992) e, de fato, o referido autor levantou subsídios mais do que suficientes para que a validade taxonômica da mesma seja questionada. Ao analisar as ilustrações originais de *S. sebaldi* Reisch e *S. sebaldi* Reinsch var. *ornatum* Nordstedt vê-se, nitidamente, que a última não pode ser variedade da primeira, pois sua ilustração original mostra os espinhos inseridos na metade superior das semicélulas obovadas e os processos curtos e retos, enquanto a ilustração da var. *ornatum* Nordstedt mostra processos longos e dentículos marginais em toda a sua extensão, sem falar da forma da semicélula, que nesta última é poculiforme, muito mais alongada. Outra diferença significativa reside na vista vertical das duas variedades, que são totalmente diferentes. Isto posto, Coesel (1992) sugeriu que *S. sebaldi* Reinsch var. *ornatum* Nordstect seja incluída em *S. manfeldtii* Delponte por possuir mais características em comum com esta espécie do que com *S. sebaldi* Reinsch.

Os atuais espécimes de Iepê, Mariápolis e Martinópolis lembram muito os de *S. sebaldi* Reinsch var. *ornatum* Nordstedt, mas possuem dentículos alongados na base dos processos, o que não é típico da referida variedade. Diante, porém, de tanta controvérsia a respeito da validade taxonômica das variedades e formas taxonômicas de *S. sebaldi* Reinsch e da falta de limites precisos entre *S. sebaldi* Reinsch e *S. manfeldtii* Delponte, optamos por examinar mais material e só então concluir quanto à posição taxonômica dos espécimes das três localildades em pauta, apesar das populações analisadas até o momento serem, do ponto de vista quantitativo, bastante representativas, por serem compostas de mais de 10 indivíduos cada uma.

STAURASTRUM MARGARITACEUM (EHRENBERG) *EX* RALFS VAR. *MARGARITACEUM* (FIG. 238-255)

Brit. Desmidieae. 134, pl. 21, fig. 9. 1848.

Basiônimo: *Pentasterias margaritacea* Ehrenberg, Infus. 144, pl. 10, fig. 15. 1838.

Sinônimo: *Staurastrum margaritaceum* (Ehrenberg) Meneghini f. Borge, Ark. Bot. 19(17): 39, pl. 1, fig. 7. 1925.

Células 1,4-1,5 vez mais longas que largas, constrição mediana suave, seno mediano aberto, acutangular, 20,0-26,0 µm compr., 17,0-28,5 µm larg. (inclusive processos), 13,0-17,5 µm larg. (sem processos), istmo 7,0-9,0 µm larg., processos 4,0-8,0 µm compr.; semicélulas poculiformes a obtrapeziformes, margens basais convexas, às vezes levemente infladas, anel de grânulos sobre o istmo, ângulos laterais com 1 processo curto a médio, mais ou menos acentuadamente crenulado, grânulos intramarginais dispostos em anel, aparentes ou não, terminados em espinhos pequenos, margem apical amplamente truncada a convexa, lisa, ondulada ou serrilhada, vista vertical 4-6-angular, margens quase retas a côncavas, lisas, onduladas ou parcialmente crenuladas, região central lisa, ângulos com 1 processo curto, grânulos intramarginais dispostos em anel, aparentes ou não; parede celular lisa. Zigósporo não observado.

DISTRIBUIÇÃO GEOGRÁFICA NO ESTADO DE SÃO PAULO

EM LITERATURA: Pirassununga (Borge 1918) e São Paulo (Ferragut *et al.* 2005).

MATERIAL EXAMINADO: **Município de Florínea**, 29.III.2001, *C.E.M. Bicudo, L.A. Carneiro & S.M.M. Faustino* (SP370955). **Município de Ibitinga**, 22.VIII.2000, *C.E.M. Bicudo, S.M.M. Faustino & S.P. Schetty* (SP365704). **Município de Ipauçu**, 27.III.2001, *C.E.M. Bicudo, L.A. Carneiro & S.M.M. Faustino* (SP370952). **Município de Itaí**, 25.VII.2000, *S.M.M. Faustino & S.P. Schetty* (SP365694). **Município de Itapura**, 16.V.2001, *C.E.M. Bicudo & D.C. Bicudo* (SP370964). **Município de Itatinga**, 21.IX.2000, *L.L. Morandi & S.P. Schetty* (SP365712). **Município de Nhandeara**, 15.VIII.2001, *C.E.M. Bicudo, L.R. Godinho & C.I. Santos* (SP370970). **Município de Olímpia**, 23.VIII.2000, *C.E.M. Bicudo, S.M.M. Faustino & S.P. Schetty* (SP365707). **Município de Pirassununga**, 16.XI.2000, *C.E.M. Bicudo, L.R. Godinho & S.M.M. Faustino* (SP370947). **Município de Ribeirão Bonito**, 12.V.2000, *C.E.M. Bicudo & L.L. Morandi* (SP365688) e **Município de São José do Rio Pardo**, 08.VIII.2000, *C.E.M. Bicudo, L.A. Carneiro & S.M.M. Faustino* (SP365698).

COMENTÁRIOS

O primeiro registro da ocorrência de S. *margaritaceum* (Ehrenberg) Ralfs no Estado de São Paulo consta em Borge (1918), que identificou material coletado de um local identificado como "pasto da olaria", próximo de Pirassununga. O trabalho apresenta ilustração de um exemplar em vista frontal, porém, absolutamente sem detalhes. Apresenta também breve descrição de uma expressão morfológica ("forma" no dizer de Borge) de tamanho relativamente menor, processos relativamente mais curtos e ápice ornado com espinhos menores. Além disso, a parede celular do corpo das semicélulas é lisa e a vista apical 5-angular.

Todos os demais trabalhos que registraram a presença da espécie no Estado de São Paulo carecem de informação sobre o material identificado e de ilustrações que permitam sua reidentificação.

Só 87 anos após tem-se um registro confirmado da presença de S. *margaritaceum* (Ehrenberg) Ralfs no Estado de São Paulo. A notícia está em Ferragut *et al.* (2005) a partir do estudo de material coletado no Lago do IAG, localizado no PEFI (Parque

Estadual das Fontes do Ipiranga). Nesse trabalho há ilustração e medidas dos espécimes identificados.

No presente estudo, a espécie foi encontrada em 11 municípios do Estado. As populações observadas oriundas de todos os 11 municípios foram abundantes, o que possibilitou rica observação das características diagnósticas da espécie. Foi notado amplo polimorfismo nas populações de Itapura. Nesta localidade, foram encontrados indivíduos com (1) vista apical 4-5-angular, com as margens lisas, onduladas ou parcialmente crenuladas, quase retas a amplamente côncavas; (2) margem apical desde quase reta até amplamente côncava, lisa, ondulada ou crenulada; e (3) semicélulas em forma de copo (poculiformes) a obtrapeziformes, com muitos grânulos evidentes e semicélulas quase sem ornamentação. Somente a partir desta ampla variação é que foi possível identificar os espécimes dos demais municípios. A população de Nhandeara apresentou alguns indivíduos com processos mais curtos que aqueles das demais localidades, e os grânulos que ornam os processos extremamente pequenos, lembrando pontuações. As populações de Florínea e Pirassununga foram constituídas por representantes com a vista apical apenas 5-angular, enquanto os de Ibitinga, Itaí e Ribeirão Bonito foram todos 4-angulares. Os indivíduos de Ipauçu, Olímpia e São José do Rio Pardo apresentaram vista apical 4 e 6-angular. Nos materiais de Olímpia e Ipauçu, as semicélulas foram mais arredondadas, subcirculares e lisas. No material de São José do Rio Pardo, todos os indivíduos apresentaram margem apical ondulada. Em Itatinga, foram observados indivíduos com parede celular praticamente lisa e semicélulas comparativamente mais alongadas, com as margens laterais levemente retusas na parte média. Nesta última população, os processos apresentaram margens visivelmente pontuadas. Os grânulos localizados pouco acima do istmo também tiveram seu tamanho reduzido nesta população. O material de Itatinga é o que mais se assemelhou à ilustração em Borge (1918: pl. 4, fig. 18), exceto pela fileira de grânulos localizada imediatamente acima do istmo, que Borge (1918) não representou.

Menção ao polimorfismo nesta espécie, principalmente quanto à vista apical ser 3-9-angular, foi feita por vários autores, entre eles Prescott *et al.* (1982). Kouwets (1988) encontrou as formas 3-4-angulares com muita frequência e a 5-angular apenas uma vez, no Lago das Rousses, nos montes Jura franceses.

Esta espécie é erroneamente identificada com bastante frequência. De modo geral, todo e qualquer *Staurastrum* que possui processos curtos, de margens crenuladas e vista apical 5-angular é identificado com *S. margaritaceum*. Prescott *et al.*(1982) creditaram a maior parte dessas más identificações taxonômicas à alta variabilidade morfológica apresentada pela espécie. Os referidos autores reforçaram, com isso, a ideia de que o estudo de populações é da máxima importância, senão imprescindível e absolutamente indispensável, na identificação desta espécie, ao que acrescentaríamos que não é só para esta, mas para todas as desmidiáceas.

O que pudemos concluir como caráter uniforme em todas as populações presentemente analisadas foi a presença de um anel de grânulos na base de cada semicélula logo acima do istmo e a relação entre o comprimento e a largura da célula, que sempre ficou ao redor de 1,5 (células ca. 1,5 vez mais longas que largas).

STAURASTRUM MICRONOIDES COESEL & JOOSTEN (FIG. 219-222).

Algol. Studies 80: 15, fig. 12-14. 1996.

Células 1,2-1,6 vez mais longas que largas, constrição mediana profunda, seno mediano aberto, acutangular, 11,0-16,0 μm compr. (inclusive processos), 11,0-14,0 μm compr. (sem processos), 16,0-20,0 μm larg. (inclusive processos), 7,0-11,0 μm larg. (sem processos), istmo 5,0-6,0 μm larg.; semicélulas poculiformes a obtrapeziformes, margens basais convexas, às vezes infladas, margens laterais divergentes para o ápice, ondulações e/ou 1-3 espinhos curtos que diminuem de comprimento para os processos, ângulos laterais com processo médio, margens crenuladas, ápice 3-4-espinado, margem apical convexa a levemente côncava, crenulada ou lisa, com ou sem espinhos, 1-2 pares de espinhos simples dispostos na base de cada processo angular; vista vertical 3-angular, margens levemente côncavas a quase retas, ca. 6 espinhos intramarginais dispostos aos pares próximos da base dos ângulos ou em círculo, ângulos com processos curtos, crenulados; parede celular lisa. Zigósporo não observado.

DISTRIBUIÇÃO GEOGRÁFICA NO ESTADO DE SÃO PAULO

EM LITERATURA: nenhuma.

MATERIAL EXAMINADO: **Município de Ribeirão Bonito**, 12.V.2000, C.E.M. *Bicudo & L.L. Morandi* (SP365688).

COMENTÁRIOS

O presente é o primeiro registro da presença da espécie no Estado de São Paulo. Foi identificada a partir de material coletado do Rio do Pântano, localizado no Município de Ribeirão Bonito.

Os espécimes ora analisados apresentaram alteração, principalmente, na forma da semicélula, que variou desde poculiforme até obtrapeziforme. Variou também na vista apical, que em alguns indivíduos se apresentou mais inflada do que em outros, e na presença e disposição de pequenos espinhos nas margens lateral e apical das semicélulas. Foram ainda observados espécimes com todos os espinhos que constam na descrição original da espécie ao lado de outros espécimes em que faltaram parcial ou totalmente os espinhos marginais e apicais.

Coesel (1997) representou quatro espécimes desta espécie, nos quais são observadas as mesmas modificações antes apontadas e, inclusive, a substituição de um ou mais espinhos simples por outros bífidos, que não foram constatados nos atuais materiais. Os espécimes em Coesel (1997) apresentaram medidas (21,0-30,0 µm compr., 24,0-30,0 µm larg.) superiores às do atual material e semicélulas relativamente menos infladas.

STAURASTRUM MINIMUM COESEL (FIG. 287-292).

Cryptog., Algol. 17: 23, fig. 20-23. 1996.

Células ca. 1,1 vez mais longas que largas, constrição mediana profunda, seno mediano aberto, acutangular, 7,5-10,0 µm compr. (inclusive processos), 5,0-7,0 µm compr. (sem processos), 7,5-12,0 µm larg. (inclusive processos), 4,0-5,0 µm larg. (sem processos), istmo 2,0-3,0 µm larg., processos 2,5-5,0 µm compr.; semicélulas obtriangulares a obtrapeziformes, margens basais convexas, às vezes infladas, ângulos laterais com processos relativamente longos, margem crenulada ou ondulada, margem apical convexa a levemente côncava; vista vertical 3-angular, margens retas, levemente côncavas ou convexas, ângulos com processos longos, crenulados ou ondulados; parede celular lisa. Zigósporo não observado.

DISTRIBUIÇÃO GEOGRÁFICA NO ESTADO DE SÃO PAULO

EM LITERATURA: nenhuma.

MATERIAL EXAMINADO: **Município de Pitangueiras**, 16.VIII.2000, *C.E.M. Bicudo, L.L. Morandi & S.M.M. Faustino* (SP355382).

COMENTÁRIOS

Staurastrum minimum Coesel foi a espécie que apresentou as menores medidas de todas as identificadas durante o atual inventário florístico do gênero no Estado de São Paulo. Nem na literatura há registro de medidas tão pequenas quanto às do presente material de São Paulo.

Estudou-se, presentemente, uma população constituída por mais de 70 exemplares desta espécie coletada no Município de Pitangueiras. Os espécimes não apresentaram grande variação métrica. A característica que mais mudou foi a forma das semicélulas, que variou de obtriangular a obtrapeziforme, sendo que a forma do corpo da semicélula influiu na forma das margens em vista apical, que ora se apresentaram pouco côncavas ora ligeiramente convexas.

O material de Pitangueiras assemelhou-se muito às ilustrações em Coesel (1997), exceto pelas medidas, que foram bem inferiores, da ordem de menos da metade daquelas em Coesel (1997: 17,0-20,0 µm compr., 18,0-22,0 µm larg.). Desde que o conhecimento atual da espécie está restrito, ao que tudo indica, à sua descrição original e à presente identificação de material do Estado de São Paulo e que medidas podem variar muito de acordo com a população analisada, consideramos que os atuais exemplares podem representar uma novidade taxonômica no nível de forma ou apenas a ampliação dos limites métricos do espectro de variação original da espécie. O encontro de representantes desta espécie em outras localidades permitirá definir qual das duas alternativas é a verdadeira.

STAURASTRUM MURICATUM BRÉBISSON *EX* RALFS (FIG. 99).

Brit. Desmidieae. 125, pl. 22, fig. 2. 1848.

Células 1,0-1,1 vez mais longas que largas, constrição mediana profunda, seno mediano aberto, acutângular, ápice arredondado; semicélulas semicirculares, margem apical amplamente convexa, 17,5-21,0 µm compr., 16,0-19,5 µm larg., istmo 6,0-7,5 µm larg.; vista vertical 3-angular, margens retas a suavemente côncavas, ângulos amplamente arredondados; parede celular com espinhos distribuídos mais ou menos uniformemente por toda semicélula. Zigósporo não observado.

DISTRIBUIÇÃO GEOGRÁFICA NO ESTADO DE SÃO PAULO

EM LITERATURA: Moji-Guaçu (Marinho & Sophia 1997).

MATERIAL EXAMINADO: nenhum.

COMENTÁRIOS

Todo conhecimento atual sobre esta espécie no Estado de São Paulo está em Marinho & Sophia (1997), que estudaram material do Açude do Jacaré, situado no Município de Moji-Guaçu.

Ralfs (1848) comentou a semelhança entre os representantes de *S. muricatum* (Brébisson) Ralfs e *S. hirsutum* (Ehrenberg) Ralfs. A diferença entre as duas espécies está em que *S. hirsutum* (Ehrenberg) Ralfs tem a parede celular mais densamente coberta por espinhos extremamente finos, quase piliformes. Além disso, a vista apical dos indivíduos de *S. muricatum* (Brébisson) Ralfs mostra as margens relativamente mais convexas e os espécimes são maiores do que os de *S. hirsutum* (Ehrenberg) Ralfs.

A ilustração de *S. muricatum* (Brébisson) Ralfs em Marinho & Sophia (1997) mostrou que podem ocorrer grânulos cônicos na margem externa e espinhos extremamente pequenos na face da semicélula. Não vimos, entretanto, um exemplar sequer desta espécie em todas as preparações feitas com material do Estado de São Paulo. Assim, confirmamos o registro da espécie no Estado e sugerimos especial atenção ao identificar material seu representativo, utilizando, sempre que possível, Ralfs (1848) como referência, que disponibiliza boas ilustrações das duas espécies em questão.

STAURASTRUM MUTICUM BRÉBISSON *EX* RALFS VA. *MUTICUM* F. *MUTICUM* (FIG. 32-43)

Brit. Desmidieae. 125, pl. 21, fig. 4a-d, pl. 34, fig. 13. 1848.

Células 1,1-1,4 vez mais longas que largas, constrição mediana profunda, seno mediano aberto, obtusangular, ápice arredondado, 16,0-35,0 µm compr., 14,0-29,0 µm larg., istmo 5,0-17,0 µm larg.; semicélulas transversalmente elípticas a reniformes, margem amplamente convexa; vista vertical 3-4-angular, margens côncavas, raro quase retas, ângulos amplamente arredondados; parede celular lisa. Zigósporo não observado. Segundo Bicudo (1969) o zigósporo é globoso e coberto por espinhos retos, 2-furcados no ápice.

DISTRIBUIÇÃO GEOGRÁFICA NO ESTADO DE SÃO PAULO

EM LITERATURA: São Paulo (Sant'Anna *et al.* 1989), Ribeirão Preto (Silva 1999) e Luís Antônio (Taniguchi *et al.* 2000b).

MATERIAL EXAMINADO: **Município de Capão Bonito**, 18.VII.2000, *C.E.M. Bicudo, F.C. Pereira & L.L. Morandi* (SP365693). **Município de Itatinga** 21.IX.2000, *L.L. Morandi & S.P. Schetty* (SP365712). **Município de Martinópolis**, 15.V.2001, *C.E.M. Bicudo & D.C. Bicudo* (SP370960). **Município de Palmital**, 24.X.2001, *C.E.M. Bicudo, L.A. Carneiro & S.M.M. Faustino* (SP370973). **Município de Pitangueiras**, 16.VIII.2000, *C.E.M. Bicudo, L.L. Morandi & S.M.M. Faustino* (SP355382). **Município de Reginópolis**, 22.II.1992, *C.E.M. Bicudo & D.C. Bicudo* (SP239144) e **Município de Tatuí**, 20.IX.2000, *L.L. Morandi & S.P. Schetty* (SP365710).

COMENTÁRIOS

O primeiro registro da ocorrência desta espécie no Estado de São Paulo encontra-se em Borge (1918), porém, referindo-se à sua var. *minor* Rabenhorst e a duas expressões morfológicas de menor porte que o autor denominou de "forma minor". A variedade típica da espécie foi referida por Sant'Anna *et al.* (1989) para o Lago das Garças, situado no Parque Estadual das Fontes do Ipiranga, região sul do Município de São Paulo, divulgando medidas dos exemplares examinados e ilustração das vistas frontal e apical de um deles.

Dez anos depois, Silva (1999) identificou *S. muticum* (Brébisson) Ralfs var. *muticum* f. *muticum* a partir de amostras do lago Monte Alegre, localizado no "campus" da Universidade de São Paulo, em Ribeirão Preto. A referida autora descreveu brevemente o material que identificou e forneceu ilustração da vista frontal e apical de um deles.

Taniguchi *et al.* (2000b) registraram, no ano seguinte, a ocorrência da variedade-tipo da espécie na Lagoa do Diogo, Município de Luís Antônio, por meio de uma fotomicrografia da vista frontal de um espécime e medidas.

As referências à presença da variedade-tipo da espécie em literatura não informam sobre a existência de variação morfológica nas populações estudadas.

Em Tatuí e Capão Bonito foram observados alguns indivíduos com semicélulas semicirculares e vista apical com as margens praticamente retas. Ainda com relação à vista vertical, destaque deve ser dado aos espécimes de Itatinga, que a apresentaram tanto triangular quanto quadrangular, fato este mencionado na literatura desde Ralfs (1948). Segundo o último autor, a vista apical das semicélulas também pode ser pentangular. Bicudo (1969) encontrou formas tri e quadrangulares no material da fazenda Geriza, em Caeté, Estado de Minas Gerais.

Kouwets (1991) identificou espécimes de *S. muticum* (Brébisson) Ralfs coletados no sudoeste da França, região da Gascônia, na Aquitânia, cuja vista apical era elíptica. O referido autor só chegou à conclusão de se tratar de *S. muticum* (Brébisson) Ralfs por ter encontrado outros indivíduos com vista apical de uma das semicélulas triangular. Este é mais um forte argumento a favor da análise de populações e não de indivíduos isolados durante o processo de identificação taxonômica de espécies, variedades e formas taxonômicas de desmídias.

Staurastrum muticum (Brébisson) Ralfs difere de *S. orbiculare* (Ehrenberg) Ralfs, segundo Ralfs (1948), pelo menor tamanho de seus representantes, pela forma transversalmente elíptica de suas semicélulas e pela presença usual de mucilagem abundante, que foi observada nos atuais exemplares do Estado de São Paulo.

STAURASTRUM MUTICUM (BRÉBISSON) RALFS VAR. *DEPRESSUM* NORDSTEDT (FIG. 30-31).

Pointsf. Skandin. Växt. 4: 27. 1880.

Sinônimos: *Staurastrum muticum* Brébisson "forma minor", Ark. Bot. 15(13): 45, pl. 4, fig. 7. 1918; *Staurastrum muticum* Brébisson "forma minor", Ark. Bot. 15(13): 45, pl. 4, fig. 8. 1918.

Células tão longas quanto largas ou 1,1 vez mais largas que longas, constrição mediana profunda, seno mediano aberto, acutangular, ápice acuminado, 21,0-23,0 µm compr., 21,0-26,0 µm larg., istmo 7,0-8,0 µm larg.; semicélulas transversalmente elípticas a subfusiformes, margens basais convexas, ângulos amplamente arredondados a levemente acutangulares, margem apical convexa; vista vertical 3-angular, margens côncavas, ângulos arredondados; parede celular lisa. Zigósporo não observado.

Distribuição geográfica no Estado de São Paulo

Em literatura: Pirassununga e São Paulo (Borge 1918).

Material examinado: nenhum.

Comentários

A primeira e única referência à ocorrência de *S. muticum* (Brébisson) Ralfs var. *depressum* Nordstedt no Estado de São Paulo é devida a Borge (1918). O referido autor identificou a variedade a partir de material coletado em Pirassununga e na cidade de São Paulo. A var. *depressum* Nordstedt difere da típica da espécie por apresentar célula mais larga que longa, semicélulas transversalmente elípticas a subfusiformes e, segundo Prescott *et al.* (1982), indivíduos menores do que os da variedade-tipo.

Borge (1918) identificou duas expressões morfológicas da espécie que referiu como "forma minor". A primeira das expressões acima foi identificada a partir de material coletado de um dreno em Pirassununga, a qual se caracterizou pelas células mais largas do que longas e as margens laterais da vista apical levemente retusas (Borge 1918: pl. 4, fig. 7). A segunda expressão morfológica foi identificada de material proveniente da cidade de São Paulo (Estação Água Branca) e caracterizou-se pelos ângulos das semicélulas arredondado-acuminados (Borge 1918: pl. 4, fig. 8). A nosso entender, as duas expressões morfológicas acima devem ser identificadas com representantes de *S. muticum* (Brébisson) Ralfs var. *depressum* Nordstedt.

Nenhum representante da presente var. *depressum* Nordstedt foi encontrado durante o atual levantamento florístico.

Staurastrum nudibrachiatum Borge (Fig. 198-199).

Ark. Bot. 1: 109, pl. 4, fig. 20. 1903.

Células 1,4-1,5 vez mais longas que largas, constrição mediana rasa, seno mediano aberto, acutangular, às vezes arredondado no ápice, 43,0-67,0 µm compr. (inclusive processos), 36,0-50,0 µm compr. (sem processos), 75,0-100,0 µm larg. (inclusive processos), 30,0-43,0 µm larg. (sem processo), istmo 23,0-34,0 µm larg., processos 19,0-38,0 µm compr.; semicélulas transversalmente elípticas a subglobosas, margens basais côncavas, ângulos laterais arredondados, 1 processo levemente divergente, longo, liso, levemente inflado na metade proximal, ápice 2-denticulado, margem apical amplamente convexa; vista vertical 6-angular, margens convexas, ângulos com processo longo, liso, levemente inflado na metade proximal, ápice 2-denticulado; parede celular lisa. Zigósporo não observado.

Distribuição geográfica no Estado de São Paulo

Em literatura: nenhuma.

Material examinado: **Município de Santo Antonio do Aracanguá**, 25.IV.2001, *C.E.M. Bicudo, D.L. Costa & S.M.M. Faustino* (SP355386).

Comentários

Staurastrum nudibranchiatum foi proposto por Borge (1903) após estudar material proveniente de Areguá, no Paraguai. Este é o primeiro registro da presença da espécie no Estado de São Paulo, onde foi encontrado unicamente em amostras coletadas de um lago sem nome no Município de Santo Antonio do Aracanguá.

Os espécimes representantes de *S. nudibranchiatum* Borge possuem tamanho relativamente maior quando comparado com o de outros táxons, e a variação métrica foi a principal característica observada na população de Santo Antonio do Aracanguá. Assim, foram encontrados alguns indivíduos cujas medidas foram menores do que as citadas na literatura, ampliando, consequentemente, os limites métricos mínimos da espécie. Observou-se também que os menores indivíduos apresentaram, proporcionalmente, processos mais longos e que tais processos foram ligeiramente mais delgados. A vista apical de todos os indivíduos foi 6-angular. Autores como Grönblad (1945) e Förster (1969) observaram em material coletado no Brasil, além de espécimes 6-angulares em vista apical, outros 7-8-angulares.

Staurastrum octangulare Grönblad (Fig. 153)

Acta Soc. Sci. Fenn.: sér. B, 11(6): 28, pl. 12, fig. 240. 1945.

Células tão longas quanto largas, constrição mediana profunda, seno mediano aberto, acutangular, 25,5-39,1 µm compr. (inclusive processos), 30,6-34,0 µm larg. (inclusive processos), istmo 11,9-13,6 µm larg.; semicélulas hexagonais, às vezes transversalmente subelípticas, margens basais convexas, ângulos laterais com 2 processos bífidos, curtos, retos, margem apical quase reta, ângulos apicais com processos bífidos, curtos; vista vertical 8-angular, margens côncavas, 8 ângulos inferiores bifurcados, cada furca com 1 processo bífido, curto, 4 ângulos superiores intercalando os pares de ângulos inferiores; parede celular lisa. Zigósporo não observado.

Distribuição geográfica no Estado de São Paulo

Em literatura: Itirapina (Bicudo 1969).

Material examinado: nenhum.

Comentários

Grönblad (1945) descreveu esta espécie ao estudar material oriundo de Santarém, Estado do Pará.

Staurastrum octangulare Grönblad foi documentado para o Estado de São Paulo unicamente por Bicudo (1969), a partir de material do Município de Itirapina. As medidas desses espécimes são pouco inferiores às do único exemplar em Grönblad (1945). Não há, entretanto, qualquer outra diferença significativa a considerar entre os materiais dos estados do Pará e de São Paulo, e mesmo a diferença de medidas pode ser entendida como desprezível.

STAURASTRUM OCTOVERRUCOSUM Scott & Grönblad var. *OCTOVERRUCOSUM* (Fig. 328)

Acta Soc. Sci. Fenn.: sér. B, 2(8): 43, pl. 22, fig. 10-11. 1957.

Células 1,8-2,0 vezes mais longas que largas, constrição mediana suave, seno mediano aberto, acutangular a arredondado, 24,0-47,0 μm compr. (inclusive processos), 20,0-25,1 μm compr. (sem processos), 42,0-75,0 μm larg. (inclusive processos), 10,0-12,0 μm larg. (sem processos), istmo 7,0-8,0 μm larg.; semicélulas campanuladas, margens basais convexas, margens laterais subparalelas, retas ou quase, 2 espinhos pequenos laterais, ângulos laterais com 2 processos longos, divergentes, margens crenuladas ou espinhosas, margem apical truncada, 4 protuberâncias, 2 visíveis em vista frontal, cada uma com 3 espinhos curtos; vista vertical 2-angular, elíptica, ângulos com processo longo, margens crenuladas, 8 protuberâncias intramarginais, 4 de cada lado, protuberâncias centrais com 3 espinhos, protuberâncias extremas com 2 espinhos, espinhos curtos; parede celular lisa. Zigósporo não observado.

Distribuição geográfica no Estado de São Paulo

Em literatura: nenhuma.

Material examinado: **Município de Echaporã**, 28.III.2001, *C.E.M. Bicudo, L.A. Carneiro & S.M.M. Faustino* (SP370953).

COMENTÁRIOS

Esta espécie não havia sido encontrada até agora no Estado de São Paulo. Presentemente, foi identificada somente de uma localidade: o Município de Echaporã. A população analisada, embora constituída por somente nove indivíduos, demonstrou certa variação morfológica. Assim, foram vistos espécimes com processos de margens crenuladas e outros com espinhos finos. Não encontramos, entretanto, um único indivíduo que fosse intermediário, ou seja, com processos de ambos os tipos antes mencionados. O istmo apresentou extremidade ora acutangular ora arredondada.

Comparando os espécimes de Echaporã com o originalmente descrito por Scott & Grönblad (1957) pode-se observar que os primeiros foram menores, principalmente no que diz respeito à largura da célula incluindo os processos (89,0-100,0 μm). As demais medidas, ou se encaixam na gama de variação constante da descrição original, ou são inferiores, ampliando os limites métricos da espécie.

STAURASTRUM ORBICULARE (EHRENBERG) RALFS VAR. *ORBICULARE* F. *ORBICULARE* (FIG. 56-58).

Brit. Desmidieae. 125, pl. 21, fig. 5. 1848.

Basiônimo: *Desmidium orbiculare* Ehrenberg, Phys. Abh. Akad. Wiss. 1883: 292. 1834.

Células 1,2-1,3 vez mais compridas que largas, constrição mediana profunda, seno mediano linear, fechado, ápice arredondado, dilatado, 38,0-52,0 μm compr., 34,0-41,0 μm larg., istmo 13,0-20,0 μm larg.; semicélulas semicirculares a levemente piramidais, margem amplamente convexa, ângulos amplamente arredondados ou margens primeiro retas ou quase, depois amplamente convexas, ângulos acuminado-arredondados; parede celular fina e uniformemente pontuada; vista vertical 3-angular, margens retas a levemente côncavas na parte média, ângulos acuminado-arredondados. Zigósporo não observado.

DISTRIBUIÇÃO GEOGRÁFICA NO ESTADO DE SÃO PAULO

EM LITERATURA: nenhuma.

MATERIAL EXAMINADO: **Município de Batatais**, 16.XI.1991, *A.A.J. Castro* (SP239096). **Município de Palmital**, 24.X.2001, *C.E.M. Bicudo, L.A. Carneiro & S.M.M. Faustino* (SP370973). **Município de Pirassununga**, 16.XI.2000, *C.E.M. Bicudo, S.M.M. Faustino & L.R. Godinho* (SP370947). **Município de Ribeirão Bonito**, 12.V.2000, *C.E.M. Bicudo & L.L. Morandi* (SP365688). **Município de Sarapuí**, 20.IX.2000, *L.L. Morandi & S.P. Schetty* (SP365711). **Município de Tambaú**, 17.XI.2000, *C.E.M. Bicudo, S.M.M. Faustino & L.R. Godinho* (SP370948) e **Município de Tatuí**, 20.IX.2000, *L.L. Morandi & S.P. Schetty* (SP365710).

Comentários

A presente é a primeira notícia da ocorrência da variedade-tipo da espécie no Estado de São Paulo.

Staurastrum orbiculare (Ehrenberg) Ralfs foi atualmente identificado de material coletado em sete municípios do Estado. As populações divergiram quanto ao tamanho dos indivíduos, à forma das semicélulas e à margem da vista apical da célula. Os maiores espécimes foram encontrados nos municípios de Batatais, Tambaú, Palmital e Tatuí (48,0-52,0 μm compr., 37,0-41,0 μm larg., istmo 13,0-20,0 μm larg.). Tais indivíduos apresentaram semicélulas subpiramidais e vista apical com margens pouco mais côncavas do que as dos representantes das demais localidades. Em Sarapuí e Ribeirão Bonito foram observados indivíduos relativamente pouco mais largos e com semicélulas semicirculares. As margens da vista apical dos últimos espécimes foram levemente côncavas. A população constituída por indivíduos de menor tamanho foi a de Pirassununga (38,0-41,0 μm compr., 34,0-36,0 μm larg., istmo 13,0-14,0 μm larg.). Estes exemplares apresentaram as margens da vista apical variando desde muito suavemente côncavas até retas. Apesar dessas diferenças, todas as populações encaixaram-se metricamente nos demais registros da literatura (ex. Ralfs 1848, West & West 1912, Prescott *et al.* 1982).

Staurastrum orbiculare (Ehrenberg) Ralfs var. *depressum* Roy & Bisset (Fig. 59-63).

Jour. Bot. 24: 237, pl. 268, fig. 14. 1886.

Células ca. 1,1 vez pouco mais longas que largas, constrição mediana profunda, seno mediano linear, fechado, ápice arredondado, inflado, 24,0-30,0 mm compr., 22,0-28,0 μm larg., istmo 9,0-13,0 mm larg.; semicélulas semicirculares, margens basais retas ou muito suavemente convexas, ângulos acuminado-arredondados, margem apical convexa; parede celular finamente pontuada; vista vertical 3-4-angular, margens levemente côncavas, ângulos acuminado-arredondados. Zigósporo não observado.

Distribuição geográfica no Estado de São Paulo

Em literatura: Pirassununga (Borge 1918).

Material examinado: **Município de Batatais**, 16.XI.1991, *A.A.J. Castro* (SP239096). **Município de Palmital**, 24.X.2001, *C.E.M. Bicudo, L.A. Carneiro & S.M.M. Faustino* (SP370973). **Município de Pirassununga**, 16.XI.2000, *C.E.M. Bicudo, S.M.M. Faustino & L.R. Godinho* (SP370947). **Município de Pitangueiras**, 16.VIII.2000, *C.E.M. Bicudo, L.L. Morandi & S.M.M. Faustino* (SP355382). **Município de Pradópolis**, 15.VIII.2000, *C.E.M. Bicudo, S.M.M. Faustino & L.L. Morandi* (SP365701). **Município de Reginópolis, 22.II.1992, *C.E.M. Bicudo & D.C. Bicudo* (SP239144) e **Município de Tambaú**, 17.XI.2000, *C.E.M. Bicudo, S.M.M. Faustino & L.R. Godinho* (SP370948).

COMENTÁRIOS

Esta variedade difere da tipo da espécie pelo menor tamanho de seus representantes, células quase tão longas quanto largas e semicélulas obtrapeziformes.

Borge (1918) identificou material desta variedade a partir de amostras oriundas de várias localidades do Município de Pirassununga e propôs uma nova variedade, a var. *nordstedtii*, por conta, unicamente, das medidas de seus representantes. Contudo, Borge (1918) não ilustrou o material que examinou, mas afirmou tratar-se de um sinônimo da forma (= expressão morfológica) de *S. orbiculare* (Ehrenberg) Ralfs, cujos ângulos basais são subacuminados, o seno mediano é linear e fechado e a parede celular é lisa ou sutilmente pontuada. Esta última "forma" de Nordstedt (1870) também não foi ilustrada. Borge (1918) acrescentou que *S. orbiculare* (Ehrenberg) Ralfs var. *nordstedtii* Borge é idêntica à forma (= expressão morfológica) de *S. orbiculare* (Ehrenberg) Ralfs em Borge (1903: 106, pl. 4, fig. 8), cuja descrição é bastante próxima à da referida var. *nordstedtii*. O autor encontrou, ademais, a variedade *S. orbiculare* (Ehrenberg) Ralfs var. *denticulatum* Nordstedt (48,0-49,0 µm compr., 31,5-36,0 µm larg., istmo 11,0-12,0 µm larg.) e uma "forma" (= expressão morfológica) desta variedade, cujas semicélulas possuem, em vista apical, os ângulos truncados e não bidentados. A ilustração de uma semicélula em vista apical em plano oblíquo, não no plano horizontal, acompanha a descrição em Borge (1918: pl. 4, fig. 10). As medidas em Borge (1918) são muito superiores às constantes na literatura. Como não existe uma boa ilustração do material estudado por Borge (1918), não é possível confirmar quem é, de fato, esta "forma". Nestas condições, o registro está mantido, porém, com as ressalvas acima.

No presente estudo, relacionamos sete localidades nas quais *S. orbiculare* (Ehrenberg) Ralfs var. *depressum* Roy & Bisset foi identificado. Não houve diferença significativa entre os representantes das populações analisadas. O que ocorreu em todas as populações foram diferenças sutis entre os espécimes, como, por exemplo, o seno mediano pouco mais aberto e as semicélulas pouco mais infladas. Nada, contudo, que influa na identificação da variedade.

STAURASTRUM ORBICULARE (EHRENBERG) RALFS VAR. *RALFISII* WEST & WEST F. *RALFISII* (FIG. 64-66)

Brit. Desmidiaceae 4: 156, pl. 124, fig. 12-13, 15-16f. 1912.

Células ca. 1,3 vez mais longas que largas, constrição mediana profunda, seno mediano linear, fechado, ápice arredondado, aberto, 27,0-32,0 µm compr., 22,0-29,0 µm larg., istmo

9,0-13,0 μm larg.; semicélulas subtriangulares, ângulos basais arredondados, margem amplamente convexa; parede celular finamente pontuada; vista vertical 3-angular, margens levemente côncavas a retas, ângulos arredondados. Zigósporo não observado, mas, segundo Prescott *et al.* (1982), é esférico e tem a parede revestida por numerosos espinhos cônicos. Diâmetro com espinhos 60,0-66,0 μm, sem espinhos 36,0-40,0 μm.

Distribuição geográfica no Estado de São Paulo

Em literatura: nenhuma.

Material examinado: **Município de Palmital**, 24.X.2001, *C.E.M. Bicudo, L.A. Carneiro & S.M.M. Faustino* (SP370973) e **Município de Tatuí**, 20.IX.2000, *L.L. Morandi & S.P. Schetty* (SP365710).

Comentários

A presente variedade difere da típica da espécie, principalmente, pelas semicélulas longitudinalmente alongadas e subtriangulares em vista frontal.

Staurastrum orbiculare (Ehrenberg) Ralfs var. *ralfisii* West & West f. *ralfisii* foi encontrado nos municípios de Tatuí e Palmital. Os indivíduos ora identificados apresentaram as características tanto morfológicas quanto métricas coincidentes com aquelas da descrição original em West & West (1912). Foram observados, atualmente, diversos exemplares, e a única variação morfológica detectada referiu-se à margem apical, que nos espécimes de Palmital foi mais amplamente arredondada no ápice e nos de Tatuí, ligeiramente acuminada.

Staurastrum palmatum Irénée-Marie (Fig. 182-185)

Hydrobiologia 4(2): 86, pl. 8, fig. 10. 1952.

Células ca. 1,3 vez mais longas que largas, constrição mediana suave, seno mediano aberto, arredondado, 28,0-39,0 μm compr. (inclusive processos), 15,0-17,0 μm compr. (sem processos), 22,0-38,0 μm larg. (inclusive processos), 11,0-13,0 μm larg. (sem processos), istmo 6,0-7,5 μm larg.; semicélulas obtriangulares, margens basais levemente côncavas, às vezes pouco infladas, margens laterais divergentes, ângulos laterais com 1 processo liso, divergente, ápice 4-lobado, lobos alongados, ápice acuminado, margem apical suavemente côncava a quase reta; vista vertical 3-angular, ângulos de uma semicélula alternando com os da outra, margens profundamente côncavas, ângulos com 1 processo liso, extremidade 4-lobada, lobos alongados, ápice acuminado; parede celular lisa. Zigósporo não observado.

Distribuição geográfica no Estado de São Paulo

Em literatura: nenhuma.

Material examinado: **Município de Engenheiro Coelho**, 16.XI.2000, *C.E.M. Bicudo, S.M.M. Faustino & L.R. Godinho* (SP365713).

Comentários

Esta espécie foi encontrada apenas em uma localidade, qual seja, um pequeno açude no Município de Engenheiro Coelho, e apresentou bastante variabilidade morfológica quanto aos processos. A maioria dos espécimes apresentou processos angulares tetralobados, conforme relata a literatura (Prescott *et al.* 1982). Três espécimes apresentaram, entretanto, um ou dois processos angulares bilobados e os lobos um pouco mais prolongados e novamente bifurcados. Finalmente, cinco indivíduos apresentaram todos os processos angulares bilobados.

As medidas dos componentes da população ora estudada coincidiram com o espectro de variação referido em Prescott *et al.* (1982: 45,5-48,0 µm compr. inclusive lobos, 16,0-17,0 µm compr. sem os lobos, 42,0-45,0 µm larg. inclusive lobos, 10,5-13,0 µm larg. sem os lobos, 7,2-8,2 µm larg.) que foram, por sua vez, copiados de Irénée-Marie (1952).

Staurastrum paradoxum Meyen *ex* Ralfs (Fig. 281-282).

Brit. Desmidieae. 138, pl. 23, fig. 8. 1848.

Células pequenas, 1,5-1,7 vez mais longas que largas, constrição mediana profunda, seno mediano aberto, acutangular, 29,0-48,0 µm compr. (inclusive processos), 12,0-22,0 µm compr. (sem processos), 20,0-28,9 µm larg. (inclusive processos), 9,0-12,5 µm larg. (sem processos), istmo 6,0-10,0 µm larg.; semicélulas obtriangulares, margens laterais pouco convexas, ângulos com 1 processo longo, margens crenuladas, margem apical levemente convexa a reta; vista vertical 3-4-angular, margens levemente côncavas a retas, ângulos com 1 processo longo, margens crenuladas; parede celular levemente pontuada. Zigósporo não observado.

Distribuição geográfica no Estado de São Paulo

Em literatura: São Paulo (Sant'Anna *et al.* 1989).

Material examinado: **Município de Pirapozinho**, 15.V.2001, *C.E.M. Bicudo & D.C. Bicudo* (SP370959).

Comentários

Há grande confusão na identificação de *Staurastrum paradoxum* Meyen *ex* Ralfs (Coesel 1996), a ponto de Brook (1959a, 1959b, 1959c) propor que a espécie fosse abandonada. Segundo o último autor, os problemas começaram com Ralfs (1848), que é o ponto oficial de partida para os estudos nomenclaturais de desmídias.

Para Brook (1959c), muitas formas de tamanho pequeno têm sido chamadas, indiscriminadamente, de *parvum*, e outras, com processos alongados, *longipes*. Segundo o mesmo autor, a ilustração rotulada *S. paradoxum* em Ralfs (1848: pl. 23, fig. 8) é de uma forma menor de *S. anatium* Cooke & Wills. Segundo Coesel (1996), entretanto, *S. anatium* Cooke & Wills é uma espécie bastante bem definida e, portanto, não poderia ter sido confundida por Ralfs (1848). Coesel (1996) considerou *S. paradoxum* Meyen *ex* Ralfs uma espécie bem definida no que se refere ao ambiente em que vive, qual seja, distrófico com diferentes valores de pH ácido, enquanto *S. anatium* Cooke & Wills é encontrada em ambientes oligo-mesotróficos levemente ácidos. Se, por um lado, é difícil separar morfologicamente essas duas espécies, por outro, considerando as características dos ambientes em que vivem, a separação torna-se bastante exequível.

Considerando essa problemática, preferimos por ora concordar com a identificação em Sant'Anna *et al* (1989), tomando por base as medidas e a ilustração da vista frontal que divulgaram.

Identificamos atualmente a espécie a partir de material proveniente do Município de Pirapozinho. Foram ali observados indivíduos com a vista apical tanto triangular quanto quadrangular, o que coincide com a literatura. Não foi possível, contudo, identificar qualquer padrão na distribuição da granulação na base e ao longo dos processos angulares.

Staurastrum paradoxum Meyen *ex* Ralfs carece de uma revisão taxonômica urgente, pois seus limites não estão claros. Além disso, nenhum autor tomou, até o momento, providência formal a respeito do possível "abandono" desta espécie, que, por sinal, é a espécie-tipo do gênero *Staurastrum*.

Staurastrum paulense Börgesen (Fig. 92)

Vidensk. Meddr dansk naturh. Foren. 1890: 46, pl. 5, fig. 47. 1890.

Célula 1,2-1,3 vez mais longa que larga, constrição mediana suave, seno mediano aberto, acutangular, ca. 34,0 μm compr. (inclusive processos), ca. 27,0 μm larg. (inclusive processos), istmo ca. 12,0 μm larg.; semicélulas cuneado-semicirculares, margens basais quase retas, divergentes, lisas, ângulos laterais levemente convergentes, margem inferior lisa, margem superior dos ângulos formando um arco contínuo de círculo com a margem superior da semicélula, 11-12 convexidades pequenas, 2-4-denticuladas, ápice 2-3-denticulado; vista vertical 3-angular, margens retas a levemente côncavas, ângulos com 3-5 espinhos, região central das semicélulas destituída de decoração; parede celular espinhosa, espinhos arranjados em 3-4 anéis próximo dos ângulos celulares, demais grânulos desorganizados. Zigósporo não observado.

DISTRIBUIÇÃO GEOGRÁFICA NO ESTADO DE SÃO PAULO

EM LITERATURA: São Paulo (Börgesen 1890).

MATERIAL EXAMINADO: nenhum.

COMENTÁRIOS

Nenhum representante desta espécie foi encontrado durante o atual inventário florístico, apesar do exame de inúmeras preparações. A única referência atual à ocorrência da espécie no Estado de São Paulo está em Börgesen (1890), ou seja, no trabalho em que a espécie foi proposta a partir, ao que parece, da análise de somente um indivíduo. Além da descrição e da ilustração originais, o único comentário que o autor fez é sobre a proximidade morfológica dos exemplares da nova espécie *S. paulense* Börgesen com os de *S. novae-semliae* Wille e *S. scabrum* Brébisson, porém, sem detalhar a semelhanças nem as diferenças.

STAURASTRUM POLYMORPHUM (BRÉBISSON) RALFS VAR. *POLYMORPHUM* (FIG. 229-233)

Brit. Desmidieae. 135, pl. 22, fig. 9, pl. 34, fig. 6. 1848.

Células pequenas, 1,4-1,7 vez mais largas que longas ou ca. 1,2 vez mais longas que largas, constrição mediana profunda, seno mediano aberto, acutangular, 14,0-27,2 μm compr., 20,0-28,9 μm larg. (inclusive processos), 9,0-12,5 μm larg. (sem processos), istmo 5,0-8,5 μm larg., processos 4,3-5,0 μm compr.; semicélulas variáveis entre obtriangular, subcuneada e obtrapeziforme, margens basais convexas a quase retas, margens laterais retas ou quase, divergentes, ângulos laterais com processos curtos, fortes, retos, margens crenuladas, grânulos dispostos em 3-4 anéis concêntricos, ápice 3-espinado, margem apical convexa a reta, lisa a levemente ondulada; vista vertical 3-7-angular, margens côncavas, lisas, crenuladas, ângulos com processos relativamente curtos, lisos, margens crenuladas ou onduladas, grânulos dispostos em 3-4 anéis concêntricos, região central lisa; parede celular levemente pontuada. Zigósporo não observado. Conforme Prescott *et al.* (1982), o zigósporo é esférico, às vezes angular, com a parede revestida por processos retos, bifurcados. Medidas com processos ca. 55,0 μm diâm., sem processos ca. 30,0 μm diâm.

Distribuição geográfica no Estado de São Paulo

Em literatura: Itirapina (Bicudo 1969).

Material examinado: **Município de Ibitinga**, 22.VIII.2000, *C.E.M. Bicudo, S.M.M. Faustino & S.P. Schetty* (SP365704). **Município de Itatinga**, 21.IX.2000, *L.L. Morandi & S.P. Schetty* (SP365712). **Município de Olímpia**, 23.VIII.2000, *C.E.M. Bicudo, S.M.M. Faustino & S.P. Schetty* (SP365707). **Município de Palmital**, 24.X.2001, *C.E.M. Bicudo, L.A. Carneiro & S.M.M. Faustino* (SP370973). **Município de Pitangueiras**, 16.VIII.2000, *C.E.M. Bicudo, L.L. Morandi & S.M.M. Faustino* (SP355382). **Município de Reginópolis**, 22.II.1992, *C.E.M. Bicudo & D.C. Bicudo* (SP239144) e **Município de Sertãozinho**, 16.VIII.2000, *C.E.M. Bicudo, S.M.M. Faustino & L.L. Morandi* (SP365702).

Comentários

Staurastrum polymorphum (Brébisson) Ralfs foi descrita em uma carta de Louis Alphonse de Brébisson a John Ralfs, em 1846, e divulgada pelo próprio John Ralfs em 1848. Neste último trabalho, o autor descreveu a vista apical da célula desde 3 até 6-radiada, um fato observado nas atuais populações do Estado de São Paulo.

O primeiro registro da ocorrência da espécie no Estado de São Paulo por meio de sua variedade-tipo e após estudar material proveniente do Município de Itirapina está em Bicudo (1969). O referido autor incluiu descrição detalhada e ilustração da vista frontal do material que identificou. Bicudo (1969) anotou a presença de espécimes com vista apical 3-7-angular e semicélulas com números diferentes de processos num mesmo espécime (dicotípicos).

Staurastrum polymorphum (Brébisson) Ralfs var. *polymorphum* foi atualmente identificado de material de sete municípios do Estado de São Paulo. Em Reginópolis e Olímpia foram observados espécimes com a vista apical somente triangular. Em Ibitinga, Palmital e Sertãozinho, além da triangular, também foi observada a vista apical quadrangular. Finalmente, nos municípios de Pitangueiras e Itatinga foram encontrados espécimes cuja vista apical foi ora triangular, ora quadrangular, ora hexagonal. Não foram vistos exemplares com vista apical penta ou heptangular. Outra peculiaridade do material do Estado de São Paulo foi a margem apical ora convexa nos materiais de Sertãozinho, Reginópolis, Olímpia, Ibitinga e Palmital, ora reta e lisa a convexa e ondulada nos materiais de Pitangueiras e Itatinga.

Com relação à razão entre o comprimento e a largura da célula, as populações do Estado de São Paulo apresentaram indivíduos, basicamente, mais largos do que longos. Só o material de Itirapina apresentou células mais longas do que largas.

Como próprio epíteto específico diz, *polymorphum*, esta espécie apresentou grande variação morfológica, o que levou à obrigação de um extremo cuidado durante o processo de interpretação da variação, se intra ou interespecífica. Tal necessidade levou ao estudo, obrigatório, de populações.

STAURASTRUM POLYMORPHUM (BRÉBISSON) RALFS VAR. *ITIRAPINENSE* C. BICUDO (FIG. 234)

Jour. Phycol. 3(1): 55, fig. 1-2. 1967.

Células ca. 1,2 vez mais longas que largas, constrição mediana suave, seno mediano aberto, acutangular, 20,0-22,1 µm compr., 18,5-22,4 µm larg. (inclusive processos), istmo ca. 6,8 µm larg.; semicélulas obtrapeziformes, margens basais convexas, 1 anel de grânulos sobre o istmo, ângulos laterais com 1 processo curto, 1 anel de grânulos, ápice 4-5-denticulado, margem apical convexa, 1 anel de grânulos; vista vertical 5-angular, margens côncavas, anel de grânulos intramarginal, ângulos com processos curtos, 1 anel de grânulos, ápice 4-5-denticulado; parede celular lisa. Zigósporo não observado.

DISTRIBUIÇÃO GEOGRÁFICA NO ESTADO DE SÃO PAULO

EM LITERATURA: Itirapina (Bicudo 1967a, Bicudo 1969).

MATERIAL EXAMINADO: nenhum.

COMENTÁRIOS

Ao descrever a nova variedade, Bicudo (1967a) comentou que a característica diagnóstica de *S. polymorphum* (Brébisson) Ralfs var. *itirapinense* C. Bicudo era a presença de dois anéis de grânulos, um dos quais logo acima do istmo e o outro no ápice da semicélula.

A despeito de uma busca intensa, não foi encontrado um espécime representante desta variedade em todas as amostras examinadas.

STAURASTRUM PRESCOTTIANUM C. BICUDO (FIG. 82-83)

Taxon 17(1): 90. 1968.

Basiônimo: *Staurastrum prescottii* C. Bicudo, Trans. Amer. microsc. Soc. 86(2): 219, fig. 4. 1967.

Células ca. 1,3 vez mais longas que largas, constrição mediana profunda, seno mediano linear, fechado, ápice aberto, arredondado, 35,7-38,2 µm compr., 25,5-27,5 µm larg., istmo ca. 13,6 µm larg.; semicélulas trapeziformes, margens basais retas a levemente convexas, ângulos basais arredondados, margens laterais divegentes, levemente retusas na parte média, margem apical reta a levemente convexa; vista vertical 3-4-angular, margens levemente côncavas na parte média, ângulos amplamente arredondados; parede celular granulosa, grânulos dispostos em 7-8 séries concêntricas. Zigósporo não observado.

DISTRIBUIÇÃO GEOGRÁFICA NO ESTADO DE SÃO PAULO

EM LITERATURA: Itirapina (Bicudo 1967b, Bicudo 1969).

MATERIAL EXAMINADO:nenhum.

COMENTÁRIOS

A espécie foi, originalmente, nomeada *S. prescottii*, porém, ante a existência de homônimo anterior, houve necessidade de renomeá-la a fim de garantir a homenagem ao Prof. Dr. Gerald Webber Prescott.

A espécie lembra *S. botrophilum* Wolle, da qual difere pelas células relativamente mais alongadas e as margens laterais levemente retusas na parte média.

Não obstante a busca incansável, nenhum exemplar desta espécie foi encontrado durante o período de estudo.

STAURASTRUM PRODUCTUM (WEST & WEST) COESEL (FIG. 350-354)

Nord. Jour. Bot. 16(1): 1103, fig. 27-29. 1996.

Basiônimo: *Staurastrum sebaldi* Reinsch var. *productum* West & West, Trans. R. Soc. Edinb. 41(3): 504, pl. 7, fig. 24. 1905.

Células 2,2-2,6 vezes mais longas que largas, constrição mediana suave, seno mediano aberto, acutangular, 42,5-67,0 µm compr. (inclusive processos), 56,0-92,0 µm larg. (inclusive processos), 16,0-21,0 µm larg. (sem processos), istmo 8,0-16 µm larg., processos 13,0-25,0 µm compr.; semicélulas obtrapeziformes, margens basais pouco convexas, retas ou assimetricamente côncavas, divergentes, ângulos com processos longos, levemente curvos no sentido da semicélula oposta, margem denticulada ou crenulada, 2 fileiras de dentículos, raro grânulos, tamanho decrescente para o corpo da célula, ápice 3-4-denticulado, margem apical quase reta, 1 fileira intramarginal de 6-8 verrugas emarginadas; vista vertical 3-angular, margens côncavas, lisas, 1 fileira intramarginal de verrugas emarginadas, ângulos com processos longos, denticulados ou crenulados, 2 fileiras de dentículos, raro grânulos; parede celular lisa. Zigósporo não observado.

Distribuição geográfica no Estado de São Paulo

Em literatura: São Paulo (Börgesen 1890, como *Staurastrum sebaldi* var. *brasiliense*).

Material examinado: **Município de Mariápolis**, 15.V.2001, *C.E.M. Bicudo & D.C. Bicudo* (SP370961). **Município de Martinópolis**, 15.V.2001, *C.E.M. Bicudo & D.C. Bicudo* (SP370960) e **Município de Valparaíso**, 17.V.2001, *C.E.M. Bicudo & D.C. Bicudo* (SP370965).

Comentários

Esta espécie foi referida, até há pouco tempo, como *S. sebaldi* Reinsch var. *productum* West & West. Coesel (1996) revisou taxonomicamente alguns representantes de *S. manfeldtii* Delponte e, seguindo sugestão de Grönblad (1920), elevou a espécie à referida var. *productum* West & West. Apesar da morfologia bastante semelhante, *S. productum* (West & West) Coesel difere de *S. manfeldtii* Delponte 'sensu stricto' pela ornamentação da parede celular, pelo ápice mais inflado e pelo tamanho descrescente dos dentículos e grânulos no sentido do corpo da célula.

Börgesen (1890) propôs uma nova variedade de *S. sebaldi* Reinsch, a var. *brasiliense*. Esta variedade seria, segundo o próprio Börgesen (1890), morfologicamente muito semelhante a *S. sebaldi* Reinsch var. *ornatum* Nordstedt. Examinando, porém, a ilustração, principalmente de sua vista vertical, viu-se tratar de um espécime de *S. productum* (West & West) Coesel, pois se encaixa, plenamente, na circunscrição morfológica e métrica da última espécie. Este fato orientou-nos à atual identificação do material.

O material examinado proveniente de três locais no Estado de São Paulo é, quanto à sua morfologia, muito semelhante ao descrito por Coesel (1996). As diferenças observadas foram as seguintes: em alguns espécimes, a semicélula pode ser relativamente um pouco mais alongada e o tamanho das verrugas emarginadas maior ou menor e mais largo ou mais estreito na base, sem, contudo, obedecer a qualquer padrão combinado entre forma e tamanho. A distribuição das verrugas em uma fileira intramarginal foi constante em todos os indivíduos. Foram vistos apenas dois espécimes na amostra coletada em Mariápolis, com grânulos em vez de dentículos nos processos.

Staurastrum proboscideum (Brébisson) Archer var. *brasiliense* Börgesen (Fig. 228)

Vidensk. Meddr dansk naturh. Foren. 1890: 46, pl. 5, fig. 49. 1890.

Célula ca. 1,8 vez mais larga que longa incluindo processos, constrição mediana profunda, seno mediano aberto, acutangular, ca. 34,0 μm compr. (inclusive processos), ca. 27,0 μm larg. (inclusive processos), istmo ca. 12,0 μm larg.; semicélulas fusiforme-assimétricas, margens basais levemente convexas, quase retas, ângulos com processo longo, quase horizontal, margem denticulada, fileira intramarginal de 8 verrugas emarginadas, margem apical convexa, 8 verrugas marginais emarginadas; vista vertical 3-angular, margens retas ou quase, 1 fileira arqueada, intramarginal de verrugas emarginadas, ângulos com 1 processo curto, margem denticulada, 2 anéis de dentículos próximo do ápice, ápice 3-denticulado; parede celular com 1 fileira de dentículos simples próximo do ápice dos processos, depois verrugas emarginadas que vão até um terço da largura máxima da semicélula, restante liso. Zigósporo não observado.

Distribuição geográfica no Estado de São Paulo

Em literatura: São Paulo (Börgesen 1890).

Material examinado: nenhum.

Comentários

A descrição original de *S. proboscideum* (Brébisson) Archer var. *brasiliense* em Börgesen (1890) é o único registro da ocorrência da variedade no Estado de São Paulo. Börgesen (1890) justificou a proposta da var. *brasiliense* pelo maior tamanho dos indivíduos, processos angulares relativamente mais longos e pela vista vertical das semicélulas lisa na porção central, porém, com dois ou três dentículos formando uma série intramarginal ao lado de cada margem basal e outra série de oito dentículos simples próximo do ápice dos processos, depois verrugas emarginadas que vão até um terço da largura máxima da semicélula.

Börgesen (1890) comentou que a nova variedade deveria ser comparada com *S. asperum* Brébisson var. *proboscideum* Brébisson em Ralfs (1848). Não é, entretanto, possível compreender tal comparação, desde que *S. asperum* Brébisson var. *proboscideum* Brébisson é, morfologicamente, bastante diferente de *S. proboscideum* (Brébisson) Archer var. *brasiliense* Börgesen.

Exemplares desta variedade não foram encontrados em todas as amostras presentemente analisadas.

Staurastrum proboscideum (Brébisson) Archer var. *proboscideum* f. *minus* (Schmidle) Prescott (Fig. 227)

In Prescott, Bicudo & Vinyard, Syn. N. Amer. Desmids 2(4): 285, pl. 439, fig. 4. 1982.

Basiônimo: *Staurastrum borgeanum* Schmidle f. *minus* Schmidle, Bih. K. svenska VetenskAkad. Handl. 24(8): 60, pl. 3, fig. 16. 1898.

Células ca. 1,8 vez mais longas que largas, constrição mediana suave, seno mediano aberto, acutangular, 22,0-25,0 µm compr., 24,0-27,0 µm larg. (inclusive processos), 12,0-

15,0 µm larg. (sem processos), istmo 6,0-8,0 µm larg., processos 4,0-6,0 µm; semicélulas mais ou menos transversalmente fusiformes, às vezes aproximadamente obtrapeziformes, margens basais pouco convexas, quase retas, ângulos laterais com 1 processo relativamente curto, reto, em geral horizontal, raro pouco convergente para a semicélula oposta, margem diminutamente crenulada, grânulos intramarginais dispostos em fileiras, margem apical amplamente convexa, levemente crenulada, ápice 4-5-espinado; vista vertical 3-angular, margens suavemente côncavas na parte média ou quase retas, crenuladas, 2-3 fileiras de grânulos intramarginais, ângulos com 1 processo relativamente curto, margem crenulada, 3-4 anéis intramarginais superpostos de grânulos, ápice 4-5-espinado; parede celular com 1 anel de grânulos logo acima do istmo, 3 anéis irregulares próximo do ápice das semicélulas. Zigósporo não observado.

Distribuição geográfica no Estado de São Paulo

Em literatura: nenhuma.

Material examinado: **Município de Rifaina**, 30.V.2000, C.E.M. *Bicudo & D.C. Bicudo* (SP336342).

Comentários

Esta forma difere da típica da espécie, principalmente, por possuir semicélulas transversalmente fusiformes, processos angulares proporcionalmente mais curtos, os quais podem ser horizontalmente dispostos ou voltados para a semicélula oposta e possuírem três anéis superpostos de grânulos, face da semicélula com um anel de grânulos localizado imediatamente acima do istmo e três outros irregulares próximo do ápice das semicélulas.

Variaram bastante o arranjo dos grânulos das fileiras situadas próximo do ápice das semicélulas e o número de anéis de grânulos superpostos nos processos angulares. Foi comum encontrar três, quatro ou cinco fileiras de grânulos mais evidentes, mas este número variou de semicélula para semicélula, ou seja, foram vistos indivíduos com três fileiras de grânulos em uma semicélula e quatro ou cinco na outra (dicotípicos). Foram também observados processos com três anéis de grânulos superpostos em uma das semicélulas e quatro ou cinco na outra (dicotípicos).

Staurastrum proboscideum (Brébisson) Archer var. *proboscideum* f. *minus* (Schmidle) Prescott foi encontrado, atualmente, pela primeira vez no Estado de São Paulo, entretanto, limitado ao Município de Rifaina. Os espécimes nessa amostra encaixaram-se plenamente na circunscrição original da forma taxonômica em Prescott *et al.* (1982), principalmente, quanto às medidas: 22,0-30,0 µm compr., 25,0-37,0 µm larg., istmo 7,0-10,0 µm larg.

STAURASTRUM PSEUDOTETRACERUM (Nordstedt) West & West (Fig. 204)

Trans. Linn. Soc. Lond.: sér. 2, 5(5): 79, pl. 8, fig. 39. 1895.

Basiônimo: *Staurastrum contortum* Delponte var. *pseudotetracerum* Nordstedt, K. Svenska VetenskAkad. Handl. 22(8): 37, pl. 4, fig. 9. 1888.

Células 1,2-1,5 vez mais longas que largas, constrição mediana suave, seno mediano aberto, quase retangular, 10,0-16,0 µm compr. (inclusive processos), 7,0-16,0 µm compr. (sem processos), 8,0-23,0 µm larg. (inclusive processos), 5,0-12,0 µm lar. (sem processos), istmo 3,0-5,0 µm larg.; semicélulas obtriangulares a mais ou menos transversalmente fusiformes, margens basais divergentes, retas ou quase, às vezes irregulares, ângulos laterais com processos curtos, levemente serrilhados, divergentes ou praticamente horizontais, margem apical levemente retusa na parte média, serrilhada, ápice 3-4-denticulado; vista vertical 3-angular, margens levemente côncavas na parte média, suavemente serrilhadas, ângulos com processos curtos, margem serrilhada, 2-3 anéis superpostos de dentículos, ápice 3-4-denticulado; parede celular lisa. Zigósporo não observado.

DISTRIBUIÇÃO GEOGRÁFICA NO ESTADO DE SÃO PAULO

EM LITERATURA: São Paulo (Sant'Anna *et al.* 1989).

MATERIAL EXAMINADO: **Município de Álvares Florence**, 25.IV.2001, *C.E.M. Bicudo, D.L. Costa & S.M.M. Faustino* (SP370956) e **Município de Orlândia**, 29.V.2000, *C.E.M. Bicudo & D.C. Bicudo* (SP335380).

COMENTÁRIOS

Staurastrum pseudotetracerum (Nordstedt) West & West foi identificado pioneiramente para o Estado de São Paulo por Sant'Anna *et al.* (1989) a partir de material coletado no Lago das Garças, Município de São Paulo. As referidas autoras forneceram medidas e ilustração.

Presentemente, a espécie foi identificada de amostras de duas localidades no Estado de São Paulo, dos municípios de Álvares Florence e Orlândia. A principal diferença entre estas duas populações foi a forma da semicélula, que nos espécimes de Orlândia foi obtriangular e nos de Álvares Florence um tanto transversalmente fusiforme. Outra diferença foi o tamanho dos espécimes, que se apresentou menor nos espécimes de Orlândia (ca. 10,0 µm compr. inclusive processos, ca. 7,0 µm compr. sem processos, ca. 8,0 µm larg. inclusive processos, ca. 5,0 µm larg. sem processos e istmo ca. 3,0 µm larg.).

STAURASTRUM PUNCTULATUM (BRÉBISSON) RALFS VAR. *PUNCTULATUM* F. *PUNCTULATUM* (FIG. 69-70)

Brit. Desmidieae. 33, pl. 22, fig. 1. 1848.

Basiônimo: *Cosmarium punctulatum* Brébisson, Liste Desmidiées. 129, pl. 1, fig. 16. 1856.

Células 1,2-1,3 vez mais longas que largas, constrição mediana profunda, seno mediano aberto, acutangular, 23,8-32,0 μm compr., 17,0-23,5 μm larg., istmo 6,8-11,0 μm larg.; semicélulas transversalmente elípticas a sub-romboidais, margens basais em geral levemente convexas, raro quase retas, ângulos laterais acuminado-arredondados, margem apical amplamente convexa; vista vertical 3-angular, ângulos acuminado-arredondados, 4-5 anéis transversais de grânulos, paralelos, anel interno falhado, grânulos achatados; parede celular uniformemente granulosa, grânulos achatados, distribuídos em 4-5 anéis paralelos, anel interno falhado. Zigósporo não observado. Globoso, com espinhos 2-furcados no ápice, mamilados na base (Prescott *et al.* 1982).

DISTRIBUIÇÃO GEOGRÁFICA NO ESTADO DE SÃO PAULO

EM LITERATURA: São Paulo (Bicudo & Bicudo 1965) e Itirapina (Bicudo 1969).

MATERIAL EXAMINADO: nenhum.

COMENTÁRIOS

Não foi possível encontrar material da forma taxonômica típica da espécie em todas as amostras atualmente examinadas. Bicudo & Bicudo (1965) e Bicudo (1969) são os registros da ocorrência dessa forma no Estado de São Paulo. As diferenças entre as populações provenientes da cidade de São Paulo e as de Itirapina foram quanto às medidas e à forma das semicélulas. Assim, a população de São Paulo (Bicudo & Bicudo 1965) foi constituída por exemplares maiores (27,5-32,0 μm compr., 21,5-23,5 μm larg., istmo 10,0-11,0 μm larg.), cujas semicélulas foram mais ou menos transversalmente elípticas, enquanto a população de Itirapina foi composta por exemplares menores (23,8-27,2 μm compr., 17,0-22,0 μm larg., istmo 6,8-9,4 μm larg.) cujas semicélulas foram sub-romboidais.

STAURASTRUM PUNCTULATUM (BRÉBISSON) RALFS VAR. *PUNCTULATUM* FORMA *"MINOR"* WEST & WEST (FIG. 71)

Brit. Desmidiaceae 4: 181, pl. 127, fig. 12. 1912.

Células tão longas quanto largas até 1,3 vez mais longas que largas, constrição mediana profunda, seno mediano aberto, acutangular, 20,0-22,0 μm compr., 17,5-22,0 µm larg., istmo 8,5-10,0 µm larg.; semicélulas transversalmente elípticas, margens basais levemente convexas, quase retas, ângulos laterais acuminado-arredondados, margem apical leve a amplamente convexa; vista vertical 3-angular, margens côncavas, ângulos acuminado-arredondados; parede celular granulosa, grânulos dispostos em 5-6 séries paralelas ao redor de cada ângulo. Zigósporo não observado.

DISTRIBUIÇÃO GEOGRÁFICA NO ESTADO DE SÃO PAULO

EM LITERATURA: nenhuma.

MATERIAL EXAMINADO: **Município de Álvares Florence**, 25.IV.2001, *C.E.M. Bicudo, D.L. Costa & S.M.M. Faustino* (SP370956).

COMENTÁRIOS

Staurastrum punctulatum (Brébisson) Ralfs var. *punctulatum* f. *"minor"* West & West difere da forma típica da espécie nas medidas relativamente menores das células e na forma transversalmente elíptica das semicélulas.

O epíteto *"minor"* no nível forma taxonômica surge primeiro em West & West (1912), mas apenas na legenda da figura (West & West 1912: pl. 127, fig. 12). Na p. 181 dessa mesma obra, os referidos autores mencionaram a existência de espécimes menores, com 22,0 µm de compr. e 18,5 µm de largura, coletados em Lewis, nas Ilhas Hébridas de Fora. Não há, contudo, descrição nem proposição formal de uma forma taxonômica. Hirano (1957) refere-se à forma *"minor"* atribuindo-a a West & West (1912) ao relacionar material que examinou de Hokkaido, Japão. Divulga uma breve descrição em latim, mas todas as descrições de material examinado constam nessa língua nessa obra. Concluindo, a forma *"minor"* em pauta jamais foi publicada formalmente.

A primeira menção à ocorrência desta f. *"minor"* Hirano no Estado de São Paulo está em Borge (1918), cujas informações são incompletas, desde que apenas medidas constam desse trabalho. Na ausência de informação que permitisse reidentificar tal material, excluímos sua referência do presente trabalho.

Os atuais espécimes de Álvares Florence foram bastante uniformes entre si quanto à sua morfologia geral e medidas e concordantes com a circunscrição em Prescott *et al.* (1982).

STAURASTRUM QUADRANGULARE BRÉBISSON VAR. *QUADRANGULARE* (FIG. 125-132)

In Ralfs, Brit. Desmidieae. 128, pl. 22, fig. 7, pl. 34, fig. 11. 1848.

Células 1,0-1,4 vez mais longas que largas, constrição mediana profunda, seno mediano aberto, acutangular-arredondado, 13,0-22,0 µm compr. (inclusive processos), 12,0-

19,0 µm compr. (sem processos), 14,0-18,0 µm larg. (inclusive processos), 11,0-15,0 µm larg. (sem processos), istmo 6,0-8,5 µm larg.; semicélulas transversalmente retangulares, margens basais retas a levemente convexas, ângulos basais com 1-2 espinhos simples, raro 1 espinho 2-furcado, margens laterais divergentes, pouco retusas na parte média, ângulos laterais com 1-2 espinhos curtos, divergentes, retos, margem apical em geral reta, às vezes retusa na parte média; vista vertical (3-)4(-5)angular, margens côncavas na parte média, ângulos com 2 espinhos curtos, sobrepostos ou 3 espinhos curtos, 2 no plano superior, 1 no plano inferior ou 1 no plano superior e 2 no inferior; parede celular lisa. Zigósporo não observado.

Distribuição geográfica no Estado de São Paulo

Em literatura: São Paulo (Bicudo & Bicudo 1965, Bicudo 1969, Ferragut *et al.* 2005).

Material examinado: **Município de Angatuba**, 17.IV.1989, *A.A.J. Castro, C.E.M. Bicudo & D.C. Bicudo* (SP188215). **Município de Echaporã**, 28.III.2001, *C.E.M. Bicudo, L.A. Carneiro & S.M.M. Faustino* (SP370953). **Município de Florínea**, 29.III.2001, *C.E.M. Bicudo, L.A. Carneiro & S.M.M. Faustino* (SP370955). **Município de Ibitinga**, 22.VIII.2000, *C.E.M. Bicudo, S.M.M. Faustino & S.P. Schetty* (SP365704). **Município de Ibiúna**, 18.II.1992, *A.A.J. Castro* (SP239139). **Município de Martinópolis**, 15.V.2001, *C.E.M. Bicudo & D.C. Bicudo* (SP370960). **Município de Nova Granada**, 15.II.2001, *C.E.M. Bicudo, S.M.M. Faustino & L.R. Godinho* (SP370951). **Município de Olímpia**, 23.VIII.2000, *C.E.M. Bicudo, S.M.M. Faustino & S.P. Schetty* (SP365707). **Município de Orlândia**, 29.V.2000, *C.E.M. Bicudo & D.C. Bicudo* (SP335380). **Município de Panorama**, 17.V.2001, *C.E.M. Bicudo & D.C. Bicudo* (SP370966). **Município de Paraguaçu Paulista**, 20.VII.1991, *M.C. Bittencourt-Oliveira* (SP239085). **Município de Pirassununga**, 16.XI.2000, *C.E.M. Bicudo, S.M.M. Faustino & L.R. Godinho* (SP370947). **Município de Pitangueiras**, 16.VIII.2000, *C.E.M. Bicudo, L.L. Morandi & S.M.M. Faustino* (SP355382). **Município de Ponta Linda**, 25.IV.2001, *C.E.M. Bicudo, D.L. Costa & S.M.M. Faustino* (SP370957). **Município de Ribeirão Bonito**, 12.V.2000, *C.E.M. Bicudo & L.L. Morandi* (SP365688). **Município de São Luís do Paraitinga**, 27.XI.1989, *A.A.J. Castro, C.E.M. Bicudo, E.M. De-Lamonica-Freire* (SP188323). **Município de São Pedro do Turvo**, 23.III.2001, *C.E.M. Bicudo, L.A. Carneiro & S.M.M. Faustino* (SP355399) e **Município de Tatuí**, 20.IX.2000, *L.L. Morandi & S.P. Schetty* (SP365710).

Comentários

O primeiro registro da ocorrência de *S. quadrangulare* Brébisson var. *quadrangulare* no Estado de São Paulo se deva a Bicudo & Bicudo (1965), que identificaram a variedade-tipo da espécie após estudar material do Parque Estadual das Fontes do Ipiranga, Município de São Paulo.

Staurastrum quadrangulare Brébisson var. *quadrangulare* foi presentemente identificado em amostras de 18 localidades no Estado, comprovando sua grande distribuição
geográfica e grande variação morfológica.

Com relação à variação morfológica, o material ora examinado foi dividido em três
grupos distintos de populações. O primeiro grupo reuniu as populações de Angatuba,
Echaporã, Florínea, Ibitinga, Ibiúna, Orlândia, Panorama, Pirassununga, Pitangueiras,
Ponta Linda, Ribeirão Bonito e São Pedro do Turvo, que apresentaram três espinhos
simples em cada ângulo celular, sendo dois no ângulo lateral (superior) e um no basal
(inferior). O segundo grupo reuniu as populações de Martinópolis, Olímpia, Paraguaçu
Paulista e São Luís do Paraitinga, que apresentaram quatro espinhos simples sobrepostos,
sendo dois no ângulo lateral (superior) e outros dois no basal (inferior). Os espécimes
que constituíram a população de Olímpia foram também os que apresentaram as maiores
dimensões celulares: 23,0-25,0 µm compr., 27,0-30,0 µm larg. e istmo 11,0-12,0 µm larg.
O terceiro e último grupo reuniu as populações de Nova Granada e Tatuí, que
apresentaram um espinho bifurcado nos ângulos basais (inferiores). Note-se que nos dois
últimos municípios foram encontrados espécimes com características dos dois outros
grupos de populações ao lado de outros com um único espinho simples no ângulo lateral
(superior) e dois espinhos simples ou um bifurcado no ângulo basal (inferior). Todos os
indivíduos analisados apresentaram, indistintamente, a vista vertical quadrangular.

STAURASTRUM QUADRANGULARE BREBISSON VAR. *CONTECTUM* (TURNER) GRÖNBLAD (FIG. 121)

Acta Soc. Sci. Fenn. 2(6): 29, pl. 12, fig. 255. 1945.

Basiônimo: *Staurastrum contectum* Turner, K. Svenska VetenskAkad. Handl. 25(5): 111,
pl. 16, fig. 2, pl. 22, fig. 11. 1892.

Células 1,1-1,2 vez mais longas que largas, constrição mediana profunda, seno
aberto, obtusangular a acutangular, 22,0-25,0 µm compr. (inclusive processos), 26,0-29,0
µm larg. (inclusive processos), istmo 10,5-12,0 µm larg.; semicélulas piramidal-
truncadas, margem basal retusa a levemente convexa, ângulos laterais furcados, 2
espinhos curtos superiores, 2 espinhos curtos inferiores, margem apical retusa a convexa;
vista vertical 5-angular, margens côncavas, ângulos arredondados, 2-furcados, bifurcação
com 1 par de espinhos curtos divergentes; parede celular lisa. Zigósporo não observado.

DISTRIBUIÇÃO GEOGRÁFICA NO ESTADO DE SÃO PAULO

EM LITERATURA: Ribeirão Preto (Silva 1999).

MATERIAL EXAMINADO: nenhum.

COMENTÁRIOS

Com sua ocorrência documentada uma única vez no Estado a partir de material proveniente do Município de Ribeirão Preto identificado por Silva (1999), esta variedade difere da típica da espécie pelo formato piramidal das semicélulas e a vista apical pentangular.

STAURASTRUM QUADRANGULARE BRÉBISSON VAR. *LONGISPINUM* BÖRGESEN (FIG. 133-138)

Vidensk. Meddr dansk naturh. Foren. 1890: 49, pl. 5, fig. 55. 1890.

Células 1,1-1,2 vez mais longas que largas, constrição mediana profunda, seno mediano aberto, acutangular, 22,0-30,0 µm compr. (inclusive processos), 19,9-23,0 µm compr. (sem processos), 25,6-30,0 µm larg. (inclusive processos), 17,0-20,5 µm larg. (sem processos), istmo 7,8-10,2 µm larg., espinhos 2,0-7,8 µm compr.; semicélulas transversalmente retangulares, margem basal retusa na parte média ou levemente convexa, ângulos basais com 1 espinho longo, delicado, convergente, margens laterais acentuadamente côncavas, ângulos laterais com 2 espinhos longos, delicados, divergentes, margem apical desde suavemente retusa na parte média até pouco convexa; vista vertical 3-5-angular, margens suavemente côncavas a quase retas, ângulos com 2 espinhos longos, retos, quase paralelos entre si, 1 espinho semelhante aos 2 primeiros no plano inferior, aparecendo entre os 2 espinhos do plano superior; parede celular lisa. Zigósporo não observado.

DISTRIBUIÇÃO GEOGRÁFICA NO ESTADO DE SÃO PAULO

EM LITERATURA: São Paulo (Börgesen 1890, Bicudo & Bicudo 1965, Bicudo 1969). Itirapina (Bicudo 1969) e Luís Antônio (Taniguchi *et al.* 2000b).

MATERIAL EXAMINADO: **Município de Araras**, 16.XI.2000, *C.E.M. Bicudo, D.L. Costa & S.M.M. Faustino* (SP365714). **Município de Pirapozinho**, 15.V.2001, *C.E.M. Bicudo & D.C. Bicudo* (SP370959) e **Município de São José do Rio Pardo**, 08.VIII.2000, *C.E.M. Bicudo, L.A. Carneiro & S.M.M. Faustino* (SP365698).

COMENTÁRIOS

Staurastrum quadrangulare Brébisson *in* Ralfs var. *longispinum* foi proposto por Börgesen (1890) após examinar material proveniente do Município de São Paulo. Os representantes desta variedade diferem daqueles da típica da espécie por apresentarem o ângulo celular lateral (superior) ornado com dois espinhos longos, delicados e quase paralelos entre si e o ângulo basal (inferior) com um só espinho semelhante aos dois primeiros, porém, convergente e localizado, em vista vertical, entre os dois espinhos do ângulo superior.

A variedade foi novamente referida para o Município de São Paulo por Bicudo & Bicudo (1965), que documentaram espécimes com vista vertical triangular até pentangular e afirmaram ser esta última vista de ocorrência rara.

Bicudo (1969) documentou a presença da variedade no Município de Itirapina, incluindo descrição e ilustração do material examinado. Finalmente, para o Município de Luís Antônio, há o registro de Taniguchi *et al.* (2000b), que encontraram a variedade na Lagoa do Diogo, fazendo constar medidas e uma fotomicrografia em que são observadas as características diagnósticas da variedade.

Staurastrum quadrangulare Brébisson var. *longispinum* Börgesen foi, presentemente, encontrado em três municípios do Estado de São Paulo: Araras, Pirapozinho e São José do Rio Pardo. As populações apresentaram pouca variação morfológica. Merecem destaque neste sentido, entretanto, dois espécimes, um dos quais apareceu no material do Município de Araras, que possuía um espinho supranumerário nos ângulos basais das semicélulas em vista frontal; e o outro em Pirapozinho, que possuía um dos espinhos dos ângulos basais das semicélulas curto e bifurcado. Jamais, durante todo o presente inventário, foram encontrados espécimes com a vista vertical pentangular.

STAURASTRUM QUADRANGULARE Brébisson var. *SANCTIPAULENSE* C. Bicudo (Fig. 122-124)

Jour. Phycol. 3(1): 56, fig. 3-4. 1967.

Células desde tão longas quanto largas até 1,1 vez mais longas que largas, constrição mediana moderada, seno mediano acutangular, 13,0-20,0 µm compr. (inclusive processos), 12,0-17,0 µm compr. (sem processos), 14,0-18,0 µm larg. (inclusive processos), 11,0-18,0 µm larg. (sem processos), istmo 6,0-11,9 µm larg.; semicélulas transversalmente retangulares, margens basais levemente convexas, ângulos basais com 1 espinho curto, grosseiro, base mamilada, margens laterais pouco divergentes, retilíneas, ângulos laterais com 2 espinhos curtos, grosseiros, base mamilada, margem apical levemente convexa; vista vertical 4-angular, margens retusas na parte média, ângulos com 2 espinhos curtos, grosseiros, base mamilada, mais ou menos paralelos, 1 espinho semelhante no plano inferior entre os 2 primeiros; parede celular lisa. Zigósporo não observado.

Distribuição geográfica no Estado de São Paulo

Em literatura: São Paulo (Bicudo 1967b, Bicudo 1969).

Material examinado: **Município de Echaporã**, 28.III.2001, *C.E.M. Bicudo, L.A. Carneiro & S.M.M. Faustino* (SP370953) e **Município de Ribeirão Bonito**, 12.V.2000, *C.E.M. Bicudo & L.L. Morandi* (SP365688).

Comentários

Esta variedade difere da típica e de todas as demais da espécie por apresentar a base dos espinhos mamilada (em forma de úbere na descrição original). Foi proposta por Bicudo (1967b), que atentou para possível confusão entre os representantes desta variedade e os de *S. quadrangulare* Brébisson var. *contectum* (Turner) Grönblad, dos quais são suficientemente diferentes no que se refere ao número, arranjo e tipo de espinhos. Segundo Bicudo (1967b), a var. *sanctipaulense* C. Bicudo também pode ser comparada com *S. quadrangulare* Brébisson var. *attenuatum* Nordstedt, mas é distinta por possuir a constrição mediana relativamente menos pronunciada e a base dos espinhos angulares mamilada.

Staurastrum quadrangulare Brébisson var. *sanctipaulense* C. Bicudo foi atualmente identificada de duas outras localidades: Echaporã e Ribeirão Bonito. Nessas duas localidades simultaneamente ocorreram representantes da variedade típica da espécie, sendo extremamente fácil separá-las, mormente, pela morfologia da base dos espinhos dos representantes da var. *sanctipaulense* C. Bicudo. As populações tanto de Echaporã quanto de Ribeirão Bonito foram bastante homogêneas quanto às suas características morfológicas e medidas, exceto pela constrição mediana que foi bem acentuada em alguns espécimes em que o istmo mediu ca. 6,0 μm de largura.

Staurastrum quadrangulare Brébisson var. *setigerum* Grönblad (Fig. 139-141)

Acta. Soc. Sci. Fenn.: sér. B, 2(6): 29, pl. 12, fig. 257. 1945.

Células 1,1-1,2 vez mais longas que largas, constrição mediana profunda, seno mediano aberto, acutangular, 25,0-30,0 μm compr. (inclusive processos), 14,0-16,0 μm compr. (sem processos), 27,0-30,0 μm larg. (inclusive processos), 12,0-14,0 μm larg. (sem processos), istmo ca. 7,0 μm larg., espinhos 8,0-10,0 μm compr.; semicélulas transversalmente retangulares, margens basais levemente convexas a retas, ângulos basais com 1 espinho bastante curto, grosseiro, convergente, margens laterais assimetricamente côncavas, ângulos laterais com 2 espinhos longos, delicados, divergentes, margem apical reta a pouco convexa; vista vertical 3-angular, margens suavemente côncavas, ângulos com 2 espinhos curvos, delicados, divergentes; parede celular lisa. Zigósporo não observado.

Distribuição geográfica no Estado de São Paulo

Em literatura: nenhuma.

Material examinado: **Município de Mirante do Paranapanema**, 15.V.2001, C.E.M. *Bicudo & D.C. Bicudo* (SP355396).

Comentários

Grönblad (1945) propôs esta variedade a partir de material proveniente de um empoçado na fazenda Taperinha, Estado do Pará. A diferença entre esta variedade e a típica da espécie reside nos espinhos dos ângulos laterais (superiores) bastante longos e curvados de modo divergente quando se observa a célula em vista vertical.

Representantes da presente variedade foram encontrados em um charco no Município de Mirante do Paranapanema. As diferenças observadas entre este material e o original em Grönblad (1945) referem-se, principalmente, ao comprimento e à curvatura dos espinhos dos ângulos basais. Os espinhos dos ângulos laterais apresentaram-se sempre retos, longos e divergentes, enquanto os basais foram retos ou curvos e extremamente curtos. Espinhos retos e curvos estiveram presentes, simultaneamente, na mesma semicélula (exemplares dicotípicos). Em vista vertical, entretanto, todos os espinhos apareceram curvos.

STAURASTRUM QUADRINOTATUM Grönblad (Fig. 330-333)

Acta Soc. Sci. Fenn.: sér. B, 2(6): 29, pl. 12, fig. 258. 1945.

Células 1,2-1,5 vez mais longas que largas, constrição mediana rasa, seno mediano aberto, acutangular ou semicircular, 25,0-45,0 μm compr. (inclusive processos), 10,0-20,0 μm compr. (sem processos), 30,0-60,0 μm larg. (inclusive processos), 8,0-15,0 μm larg. (sem processos), istmo 3,0-8,0 μm larg.; semicélulas obtriangulares a obtrapeziformes, margens basais pouco convexas, ângulos com processo serrilhado, bastante longo, divergente, 1 espinho basal curto, margem apical convexa ou reta na parte média, 2 espinhos curtos, 1 de cada lado, próximo da inserção do processo; vista vertical 2-angular, elíptica, 4 espinhos curtos, intramarginais, sendo 2 de cada lado, próximos da inserção dos processos, ângulos com processos longos, serrilhados, ápice 2-denteado; parede celular lisa. Zigósporo não observado.

Distribuição geográfica no Estado de São Paulo

Em literatura: Ribeirão Preto (Silva 1999).

Material examinado: **Município de Pirapozinho**, 15.V.2001, C.E.M. *Bicudo & D.C. Bicudo* (SP370959) e **Município de São José do Rio Pardo**, 08.VIII.2000, C.E.M. *Bicudo, L.A. Carneiro & S.M.M. Faustino* (SP365698).

COMENTÁRIOS

Staurastrum quadrinotatum foi proposto por Grönblad (1945) a partir de material coletado de um empoçado na fazenda Taperinha, Estado do Pará. Foi, posteriormente, encontrada no lago Monte Alegre, situado em Ribeirão Preto. Esta referência é a primeira da ocorrência da espécie no Estado de São Paulo e foi feita por Silva (1999), que apresentou descrição e ilustração do material examinado.

Nas duas populações presentemente analisadas foram observadas diferenças no comprimento dos processos, sendo que os espécimes de Pirapozinho sempre apresentaram processos mais curtos do que os de São José do Rio Pardo. Nesta última população também foi verificada a supressão do espinho basal externo em um ou em ambos os lados da semicélula e em uma ou em ambas as semicélulas (exemplares dicotípicos). Quanto aos espinhos apicais, nenhuma alteração foi observada, sendo uniforme a presença de quatro espinhos em todos os indivíduos analisados.

STAURASTRUM ROTULA NORDSTEDT (FIG. 262-280)

Vidensk. Meddr dansk naturh. Foren. 1869(14-15): 227. 1869; 1887: pl. 4, fig. 38. 1887.

Células 1,2-2,3 vezes mais longas que largas, constrição mediana rasa, seno mediano aberto, acutangular, 31,0-45,9 µm compr. (inclusive processos), 18,0-35,2 µm compr. (sem processos), 41,0-68,0 µm larg. (inclusive processos), ca. 18,4 µm larg. (sem processos), istmo 8,0-10,7 µm larg., processos 16,0-22,0 µm compr.; semicélulas mais ou menos hexagonais, margens basais amplamente divergentes, pouco convexas, ângulos com 1 processo longo, reto a pouco curvo, horizontal ou muito suavemente convergente, margem crenulada a serrilhada, ápice 3-5-denticulado, margem apical proeminente, reta ou quase, 1 anel submarginal de dentículos cônicos; vista vertical 6-9-angular, margens côncavas, círculo intramarginal de dentículos cônicos, dentículos situados 1 na frente de cada processo angular, 7-9 processos, longos, retos, margem serrilhada ou denticulada, 2-4 anéis concêntricos de dentículos, dentículos de tamanho crescente no sentido do corpo da célula, ápice 3-5-denticulado; parede celular lisa, raro porção central do ápice finamente pontuada. Zigósporo não observado.

DISTRIBUIÇÃO GEOGRÁFICA NO ESTADO DE SÃO PAULO

EM LITERATURA: São Paulo (Bicudo & Bicudo 1965, Bicudo 1969, Ferragut *et al.* 2005), Luís Antônio (Peres & Senna 2000a, Taniguchi *et al.* 2000a), Moji-Guaçu (Marinho & Sophia 1997) e São Carlos (Hino & Tundisi 1977).

MATERIAL EXAMINADO: **Município de Echaporã**, 28.III.2001, *C.E.M. Bicudo, L.A. Carneiro & S.M.M. Faustino* (SP370953). **Município de Ibitinga**, 22.VIII.2000, *C.E.M.*

Bicudo, S.M.M. Faustino & S.P. Schetty (SP365704). **Município de Iporanga**, 13.IX.2000, *C.E.M. Bicudo, L.A. Carneiro & S.M.M. Faustino* (SP365708). **Município de Itatinga**, 21.IX.2000, *L.L. Morandi & S.P. Schetty* (SP365712). **Município de Jacupiranga**, 13.IX.2000, *C.E.M. Bicudo, L.A. Carneiro & S.M.M. Faustino* (SP336346), **Município de Martinópolis**, 15.V.2001, *C.E.M. Bicudo & D.C. Bicudo* (SP370960). **Município de Mirante do Paranapanema**, 15.V.2001, *C.E.M. Bicudo & D.C. Bicudo* (SP355396). **Município de Morungaba**, 18.IX.2001, *C.E.M. Bicudo & D.L. Costa* (SP370971). **Município de Palmital**, 24.X.2001, *C.E.M. Bicudo, L.A. Carneiro & S.M.M. Faustino* (SP370973). **Município de Paraguaçu Paulista**, (SP239085). **Município de Pitangueiras**, 16.VIII.2000, *C.E.M. Bicudo, L.L. Morandi & S.M.M. Faustino* (SP355382). **Município de São Pedro do Turvo**, 28.III.2001, *C.E.M. Bicudo, L.A. Carneiro & S.M.M. Faustino* (SP355399) e **Município de Tatuí**, 20.IX.2000, *L.L. Morandi & S.P. Schetty* (SP365710).

COMENTÁRIOS

Sete publicações contêm informação sobre esta espécie amplamente distribuída no Estado de São Paulo.

Há três artigos em que a espécie foi referida para o Município de São Paulo, sendo os três referentes a corpos d'água localizados no Parque Estadual das Fontes do Ipiranga, e todos incluem descrição e ilustração dos materiais identificados. Assim, Bicudo & Bicudo (1965) divulgaram boa descrição e ilustração do material que identificaram e descreveram as semicélulas como sendo cuneadas, a vista apical 7-8-radiada e os processos ornados com duas ou três séries de dentículos que aumentam de tamanho à medida que se aproximam do corpo da célula. Bicudo (1969) definiu as semicélulas como sendo hexagonais e mencionou que os processos podem, às vezes, aparecer levemente curvos, com três ou quatro pequenos espinhos no ápice, e que a vista vertical das semicélulas variou entre 7 e 9-angular. Além disso, o ápice pode, embora raro, ser diminutamente poroso. Por fim, no mais recente desses trabalhos, Ferragut *et al.* (2005) afirmaram que os indivíduos desta espécie possuem vista apical 6 ou 7-angular.

A espécie também foi identificada de material proveniente da Represa do Broa, localizada no Município de São Carlos (Hino & Tundisi 1977). Os referidos autores forneceram uma fotomicrografia da vista apical de um espécime que não se encontra perfeitamente no plano horizontal, mas um pouco inclinado. Contudo, ainda assim foi possível reidentificar o espécime.

Marinho & Sophia (1997) coletaram *S. rotula* Nordstedt no Município de Moji-Guaçu, e os exemplares que identificaram possuem vista vertical 7-angular.

Finalizando os registros na literatura pertinente ao Estado de São Paulo, há dois trabalhos publicados simultaneamente no livro *Estação Ecológica de Jataí*, que são o de Taniguchi *et al.* (2000a), contendo fotomicrografia do material examinado, e o de Peres & Senna (2000a), que contém uma ilustração feita com câmara-clara. Esses dois materiais foram identificados do exame de material oriundo do Município de Luís Antônio, mais precisamente da Lagoa do Diogo. Além de ilustrações e medidas, não há qualquer outro tipo de comentário nesses trabalhos.

Staurastrum rotula Nordstedt foi identificado de 13 localidades durante o atual levantamento florístico. A maioria das populações estudadas apresentou ampla variação morfológica. Pode-se mesmo dizer que, de modo geral, a variação morfológica mais relevante nesses trabalhos restringiu-se à vista vertical da célula.

A forma das semicélulas variou bastante, desde transversalmente romboidal (Echaporã), a subcircular (Palmital), cuneada (Iporanga e Tatuí), sub-hexagonal (Ibitinga, Itatinga, Martinópolis, Mirante do Paranapanema, Morungaba, Palmital, Paraguaçu Paulista, Pitangueiras e São Pedro do Turvo) e transversalmente elíptica (Jacupiranga).

Os indivíduos apresentaram vista vertical 7-9-angular, sendo a 7-angular a mais comum (Echaporã, Ibitinga, Itatinga, Martinópolis, Morungaba, Paraguaçu Paulista e Tatuí) e a 9-radiada a mais rara (apenas em Iporanga). A vista apical 8-radiada foi exclusiva nas populações de Jacupiranga, Palmital, Pitangueiras e São Pedro do Turvo e, concomitante, com a 7-angular em Ibitinga, Mirante do Paranapanema e Morungaba. Embora conste da literatura a existência de formas 6-angulares em vista vertical, nenhum exemplar deste tipo foi encontrado em todas as localidades presentemente estudadas. Förster (1969) mencionou a existência de formas 6-9-angulares em materiais coletados em distintas localidades do Areal de Santarém, Estado do Pará. Contudo, em nenhum local encontrou, simultaneamente, as quatro formas.

Quanto à ornamentação apical, os espécimes das populações de Ibitinga, Mirante do Paranapanema, Morungaba, Palmital, Pitangueiras, São Pedro do Turvo e Tatuí apresentaram espinhos grosseiros e curtos; a de Echaporã, espinhos delicados e curtos; as de Jacupiranga e Iporanga, grânulos; e as de Itatinga, Martinópolis e Paraguaçu Paulista, dentículos. Os espécimes nas três últimas localidades também apresentaram processos longos, com protuberâncias em diversos pontos do comprimento. As outras localidades demonstraram o mesmo padrão verificado na literatura.

No material de Echaporã, foram encontrados espécimes com aspecto achatado, ou seja, relativamente mais curtos dos que os demais dos outros locais; e, em Iporanga, os indivíduos apresentaram a margem apical ondulada em vista frontal. Outra peculiaridade detectada na população de Tatuí foi o grande número de exemplares com processos de tamanhos diferentes mesmo numa única semicélula.

A espécie originalmente descrita em Nordstedt (1887) é bastante polimórfica, contudo, apesar de todo o polimorfismo verificado, jamais houve proposição de variedades ou formas taxonômicas novas para a espécie. Fala em prol deste comportamento o fato de a variação ser gradual em cada população e plena de formas intermediárias comuns a várias populações. É extremamente difícil, senão quase impossível, estabelecer limites entre as várias populações.

STAURASTRUM SAGITIFERUM BÖRGESEN (FIG. 190)

Vidensk. Meddr dansk naturh. Foren. 1890: 45, pl. 5, fig. 46. 1890.

Célula ca. 1,2 vez mais longa que larga, constrição mediana profunda, seno mediano aberto, acutangular, arredondado no ápice, ca. 54,0 µm compr. (inclusive espinhos), ca. 41,0 µm compr. (sem espinhos), ca. 67,0 µm larg. (inclusive espinhos), ca. 35,0 µm larg. (sem espinhos), istmo ca. 13,0 µm larg.; semicélulas transversalmente elípticas, margens basais convexas, ângulos arredondados, 6 espinhos longos, delicados, retos ou levemente curvos, sendo 1 par mediano e 1 espinho de cada lado, espinhos em planos superpostos, margem apical amplamente convexa, espinhos intramarginais, longos, delicados, retos ou curvos; vista vertical 3-angular, margens levemente côncavas na parte média, ângulos acuminados, vários espinhos intramarginais, longos, delicados, retos ou levemente curvos, desordenadamente dispostos; parede celular espinhosa. Zigósporo não observado.

DISTRIBUIÇÃO GEOGRÁFICA NO ESTADO DE SÃO PAULO

Em literatura: São Paulo (Börgesen 1890).

Material examinado: nenhum.

COMENTÁRIOS

Staurastrum sagitiferum Börgesen é atualmente conhecido unicamente por sua descrição original. Jamais foi reencontrado em nível mundial.

Börgesen (1890) apenas informou que a nova espécie deveria ser comparada com *S. setigerum* Cleve, mas não detalhou tal comparação. De fato, a diferença está em que *S. setigerum* Cleve possui os espinhos apicais arranjados em um círculo bem definido, o que não ocorre em *S. sagitiferum* Börgesen.

STAURASTRUM SAXONICUM BULNHEIM (FIG. 103)

In Rabenhorst, Kryptogamenfl. Sachsens. 190. 1868.

Células ca. 1,2 vez mais longas que largas, constrição mediana profunda, seno mediano aberto, acutangular, 87,0-89,0 µm compr. (inclusive espinhos), 74,0-78,0 µm compr. (sem espinhos), 78,0-86,0 µm larg. (inclusive espinhos), 59,0-62,0 µm larg. (sem espinhos), istmo 21,0-23,0 µm larg., espinhos 8,0-14,0 µm compr.; semicélulas transversalmente subelípticas a quase ovoides, margens basais de um lado quase retas, do outro convexas, ângulos de um lado amplamente arredondados, do outro acuminado-arredondados, margem apical amplamente convexa; vista vertical 3-angular, margens praticamente retas, ângulos acuminado-arredondados; parede celular espinhosa, exceto na região central das semicélulas, espinhos curtos, distribuídos em séries concêntricas, às vezes um pouco irregulares. Zigósporo não observado.

DISTRIBUIÇÃO GEOGRÁFICA NO ESTADO DE SÃO PAULO

EM LITERATURA: São Paulo (Borge 1918).

MATERIAL EXAMINADO: nenhum.

COMENTÁRIOS

Borge (1918) é o único trabalho a documentar a ocorrência desta espécie no Estado de São Paulo. O referido autor ofereceu breve descrição, medidas e ilustração da vista vertical de um espécime e de uma semicélula em vista frontal. Além disso, Borge (1918) referiu-se à citação da espécie em Börgesen (1890), mas esta referência não foi presentemente considerada por não conter elementos que permitissem reidentificação do material.

Material de *S. saxonicum* Bulnheim não foi encontrado nas muitas preparações escrutinadas durante o presente inventário.

STAURASTRUM SETIGERUM CLEVE VAR. *LONGIROSTRE* GRÖNBLAD (FIG. 188-189)

Acta Soc. Sci. Fenn.: sér. B, 2(6): 30, pl. 13, fig. 265. 1945.

Células 1,1-1,2 vez mais longas que largas, constrição mediana profunda, seno mediano aberto, acutangular, 98,0-114,0 µm compr. (inclusive espinhos), 59,0-62,0 µm compr. (sem espinhos), 105,0-125,0 µm larg. (inclusive espinhos), 48,0-57,0 µm larg. (sem espinhos), istmo 18,0-20,0 µm larg., espinhos 17,0-36,0 µm compr.; semicélulas assimétricas, transversalmente elípticas, margens basais levemente convexas, ângulos com 1 par de espinhos sobrepostos, longos, delicados, retos ou levemente curvos, divergentes, margem apical amplamente convexa, espinhos intramarginais medindo metade do comprimento dos espinhos angulares, delicados, retos ou pouco curvos; vista vertical 3-angular, margens levemente côncavas na parte média, 2 espinhos marginais longos, robustos, 4 espinhos intramarginais não tão longos quanto os marginais, delicados, retos ou pouco curvos em cada margem, região central da semicélula não ornamentada; parede celular espinhosa. Zigósporo não observado.

DISTRIBUIÇÃO GEOGRÁFICA NO ESTADO DE SÃO PAULO

EM LITERATURA: nenhuma.

MATERIAL EXAMINADO: **Município de Capão Bonito**,18.VII.2000, *C.E.M. Bicudo, F.C. Pereira & L.L. Morandi* (SP365693) e **Município de Itatinga**, 21.IX.2000, *L.L. Morandi & S.P.Schetty* (SP365712).

COMENTÁRIOS

Os espécimes nas populações de Capão Bonito e Itatinga praticamente coincidiram com a descrição original de *S. setigerum* Cleve var. *longirostre* em Grönblad (1945). Apenas uma observação a ser feita com relação aos exemplares de Capão Bonito, em que ocorreram de um a quatro espinhos apicais supranumerários. Tais espinhos aconteceram em números distintos conforme o indivíduo e conforme as semicélulas de um mesmo indivíduo (exemplares dicotípicos).

O presente é o primeiro registro da ocorrência de *S. setigerum* Cleve var. *longirostre* Grönblad no Estado de São Paulo.

STAURASTRUM SETIGERUM CLEVE VAR. *OCCIDENTALE* WEST & WEST (FIG. 186)

Trans. Linn. Soc. Lond.: sér. 2, 5(5): 260, pl. 16, fig. 28. 1896.

Células 1,1-1,2 vez mais longas que largas, constrição mediana profunda, seno mediano aberto, acutangular, 67,0-110,0 µm compr. (inclusive espinhos), 46,0-85,0 µm compr. (sem espinhos), 72,0-107,0 µm larg. (inclusive espinhos), 42,0-82,0 µm larg. (sem espinhos), istmo 12,0-31,0 µm larg.; semicélulas transversalmente elípticas a subtrapeziformes, margens basais levemente convexas, ângulos com 2 espinhos superpostos, robustos, longos, divergentes, 1 espinho situado na margem apical próximo de 2 espinhos anteriores, margem apical convexa, 1 fileira desordenada de espinhos curtos, intramarginais; vista vertical 3-angular, margens levemente côncavas, 2 espinhos robustos em cada ângulo, 1 espinho subapical, 1 espinho da cada lado, 1 anel intramarginal de 12 espinhos curtos, ângulos com 3 espinhos robustos marginais, espinho mediano do ângulo com 1 par de pequenos espinhos basais; parede celular lisa. Zigósporo não observado.

Distribuição geográfica no Estado de São Paulo

Em literatura: nenhuma.

Material examinado: **Município de Ibiúna**, 18.II.1992, *C.E.M. Bicudo & D.C. Bicudo* (SP239139). **Município de Nova Granada**, 15.II.2001, *C.E.M. Bicudo, S.M.M. Faustino & L.R. Godinho* (SP370951). **Município de Panorama**, 17.V.2001, *C.E.M. Bicudo & D.C. Bicudo* (SP370966). **Município de Pirassununga**, 16.XI.2000, *C.E.M. Bicudo, S.M.M. Faustino & L.R. Godinho* (SP370947). **Município de Pitangueiras**, 16.VIII.2000, *C.E.M. Bicudo, L.L. Morandi & S.M.M. Faustino* (SP355382) e **Município de Ribeirão Bonito**, 12.V.2000, *C.E.M. Bicudo & L.L. Morandi* (SP365688).

Comentários

Staurastrum setigerum Cleve var. *occidentale* West & West difere da variedade-tipo da espécie por apresentar semicélulas transversalmente elípticas a subtrapeziformes, adornadas com uma quantidade comparativamente bastante inferior de espinhos. Esta variedade possui farta ilustração representando espécimes até bastante diferentes quanto ao arranjo dos espinhos em vistas frontal e apical.

O material ora examinado apresentou características praticamente idênticas às do material em Förster (1969), principalmente no que tange à vista vertical dos espécimes. *Staurastrum setigerum* Cleve var. *occidentale* West & West foi coletada de seis localidades no Estado de São Paulo, e as respectivas populações não apresentaram diferença quanto ao padrão de disposição dos espinhos, mas sim quanto ao tamanho desses espinhos. Os espinhos de menor tamanho foram encontrados no material do Município de Ibiúna (46,0-50,0 µm compr. sem espinhos, 42,0-45,0 µm larg. sem espinhos), e os maiores, que, inclusive, superaram bastante os valores da literatura, foram encontrados em Nova Granada (80,0-85,0 µm compr. sem espinhos, 69,0-82,0 µm larg. sem espinhos).

Staurastrum setigerum Cleve var. *occidentale* West & West foi anteriormente referido para o Estado de São Paulo por Taniguchi *et al.* (2000a). Esta referência inclui as medidas de alguns espécimes e a fotomicrografia de um deles, que, todavia, não mostra as características diagnósticas da aludida variedade e não permitiu, por isso, sua reidentificação.

Staurastrum setigerum Cleve var. *subvillosum* Grönblad (Fig. 187)

Acta Soc. Sci. Fenn.: sér. B, 2(6): 30, pl. 13, fig. 269. 1945.

Células 1,1-1,2 vez mais longas que largas, constrição mediana profunda, seno mediano aberto, acutangular, compr. (inclusive espinhos) 105,0-110,0 µm, compr. (sem espinhos) 93,0-95,0 µm, larg. (inclusive espinhos) 110,0-115,0 µm, larg. (sem espinhos)

80,0-82,0 µm, istmo 39,0-40,0 µm larg., espinhos 10,0-30,0 µm compr.; semicélulas transversalmente elípticas, assimétricas, margens basais retas ou pouco convexas, ângulos laterais com 2 espinhos superpostos, longos, robustos, divergentes, margem apical convexa, 2 séries transversais paralelas de espinhos não tão longos quanto os angulares, espinhos divergentes na série superior, convergentes na série inferior; vista vertical 3-angular, margens côncavas na parte média, série intramarginal de 4 espinhos não tão longos quanto os angulares, ângulos com 2 espinhos superpostos longos, robustos, porção central nua; parede celular espinhosa. Zigósporo não observado.

Distribuição geográfica no Estado de São Paulo

Em literatura: nenhuma.

Material examinado: **Município de Araras**, 16.XI.2000, *C.E.M. Bicudo, S.M.M. Faustino & L.R. Godinho* (SP365714). **Município de Itapura**, 16.V.2001, *C.E.M. Bicudo & D.C. Bicudo* (SP370964). **Município de Itatinga**, 21.IX.2000, *L.L. Morandi & S.P. Schetty* (SP365712) e **Município de Pirapozinho**, 15.V.2001, *C.E.M. Bicudo & D.C. Bicudo* (SP370959).

Comentários

Staurastrum setigerum Cleve var. *subvillosum* foi proposto por Rolf Grönblad a partir de material coletado de um empoçado na fazenda Taperinha, Estado do Pará.

Há registro da ocorrência da var. *subvillosum* Grönblad no Estado de São Paulo nos trabalhos de Taniguchi *et al.* (2000b) e Peres & Senna (2000a). No primeiro, constam medidas e uma fotomicrografia do material examinado, mas no último apenas a citação do nome da variedade. Ambas as citações foram excluídas do presente trabalho, pois não foi possível reidentificar o material em Taniguchi *et al.* (2000b), e aquele em Peres & Senna (2000a) não inclui informação que possibilite a identificação do material estudado.

No presente estudo, *S. setigerum* Cleve var. *subvillosum* Grönblad foi identificado em amostras de quatro localidades do Estado de São Paulo (Araras, Itapura, Itatinga e Pirapozinho). As populações examinadas encaixaram-se, plenamente, na circunscrição original em Grönblad (1945). A única diferença observada foi quanto às medidas, que foram bastante superiores às da descrição original (42,0 µm compr. sem espinhos, 59,0 µm compr. inclusive espinhos, 74,0 µm larg. inclusive espinhos, istmo 13,0 µm larg.) e às descrições de outros autores, como, por exemplo, Förster (1969). Apesar de a diferença de medidas ser, praticamente, o dobro, não vimos presentemente a necessidade de propor uma nova forma, já que as demais características estiveram presentes em todos os espécimes ora examinados.

STAURASTRUM SINUATUM BORGE (FIG. 146-151)

Ark. Bot. 1: 109, pl. 4, fig. 18. 1903.

Células 1,3-1,4 vez mais longas que largas, constrição mediana suave, seno mediano aberto, acutangular, compr. (inclusive espinhos) 74,1-82,5 µm, larg. (inclusive espinhos) 72,0-82,5 µm, larg. (sem espinhos) 54,0-63,9 µm, istmo 33,0-36,0 µm larg.; semicélulas transversalmente retangulares a hexagonais, margens basais quase retas, divergentes, ângulos basais com 1 processo curto, grosseiro, ápice 2-3-espinado, margens laterais acentuadamente retusas, divergentes, ângulos laterais com 1 par de espinhos simples, curtos, grosseiros, ápice 2-3-espinado, margem apical reta a suavemente convexa; vista vertical 5-angular, margens retas ou pouco côncavas, ângulos 2-3-espinados, espinhos simples; parede celular lisa. Zigósporo não observado.

DISTRIBUIÇÃO GEOGRÁFICA NO ESTADO DE SÃO PAULO

EM LITERATURA: nenhuma.

MATERIAL EXAMINADO: **Município de Olímpia**, 23.VIII.2000, C.E.M. *Bicudo, S.M.M. Faustino & S.P. Schetty* (SP365707).

COMENTÁRIOS

Este é o primeiro registro da ocorrência da espécie no Estado de São Paulo. O material examinado foi uma população abundante coletada em Olímpia, em que muitos indivíduos se encontravam em processo de reprodução vegetativa por divisão celular.

Os espécimes analisados são muito semelhantes aos ilustrados em Grönblad (1945), inclusive no que se refere às medidas. Foi detectado polimorfismo significativo quanto aos espinhos, que foram sempre presentes e variaram entre simples, bi e trifurcados. Como a população estudada foi numerosa, praticamente todas as possibilidades de combinação entre as três formas acima de espinhos foram observadas em uma mesma semicélula ou nas duas semicélulas de um mesmo indivíduo. Alguns indivíduos apresentaram, inclusive, os três tipos de espinhos numa mesma semicélula.

Na descrição original, Borge (1903) verificou que os espinhos eram apenas do tipo simples, mas Grönblad (1945) chegou a propor duas novas formas, sem deixar claramente explícito o fato de serem formas taxonômicas, pois o referido autor forneceu apenas uma frase em latim mencionando a presença de espinhos bi ou trifurcados, e esta informação consta somente na legenda da figura na prancha: fig. 272 a f. *bifida* e fig. 271 a f. *trifida*.

STAURASTRUM SMITHII (G.M. SMITH) TEILING (FIG. 293-296)

Bot. Notiser 1946: 82. 1946.

Basiônimo: *Staurastrum contortum* G.M. Smith, Wisc. Geol. nat. Hist. Surv. Bull. 57(2): 98, pl. 76, fig. 17-20. 1924.

Células ca. 1,4 vez mais longas que largas, constrição mediana suave a profunda, seno mediano aberto, acutangular, compr. (inclusive processos) 14,0-18,0 µm, compr. (sem processos) 7,0-10,0 µm, larg. (inclusive processos) 24,0-28,0 µm, larg. (sem processos) 5,0-7,0 µm, istmo 3,0-4,0 µm larg.; semicélulas obtrapeziformes, margens basais suavemente convexas, ângulos com 1 processo longo, divergente ou convergente, reto ou pouco encurvado no sentido da semicélula oposta, margem crenulada, ápice 3-denticulado, margem apical reta ou retusa na parte média; vista vertical 2-angular, semicélulas torcidas quase 90°, margens lisas, ângulos com processo longo, reto ou pouco encurvado, margem crenulada, ápice 3-denticulado; parede celular lisa. Zigósporo não observado.

DISTRIBUIÇÃO GEOGRÁFICA NO ESTADO DE SÃO PAULO

EM LITERATURA: nenhuma.

MATERIAL EXAMINADO: **Município de Piracaia**, 24.IV.2000, *C.E.M. Bicudo & C.I. Santos* (SP365699).

COMENTÁRIOS

A espécie é bastante peculiar por possuir as semicélulas torcidas quase 90° em vista vertical.

Este é o primeiro registro da presença da espécie no Estado de São Paulo. O material estudado proveio do Município de Piracaia. Comparado com o material da literatura, observou-se que os espécimes de Piracaia apresentaram medidas tanto do comprimento quanto da largura celular (inclusive os processos) bastante inferiores àquelas em Prescott *et al.* (1982: 36,0-67,0 µm compr., 44,0-119,0 µm larg.), mas as que não incluem os processos foram bem próximas (Prescott *et al.* 1982: 12,0 µm compr., 10,5-12,0 µm larg.).

STAURASTRUM SPICULIFERUM BORGE (FIG. 196)

Ark. Bot. 15(13): 54, pl. 8, fig. 9. 1918.

Células tão longas quanto largas, constrição mediana suave, seno mediano aberto, acutangular, compr. (inclusive espinhos) 57,0-72,0 µm, compr. (sem espinhos) 37,0-40,0 µm, larg. (inclusive espinhos) 57,0-65,0 µm, larg. (sem espinhos) 25,0-26,0 µm, istmo

15,0-16,0 µm larg.; semicélulas subglobosas, margens basais acentuadamente convexas, 1 círculo supraistmial de 10 processos emarginados, bastante curtos, ângulos com 1 espinho longo, grosseiro, divergente, 1 processo emarginado, bastante curto, de cada lado na base, margem apical praticamente reta; vista vertical 5-angular, margem reta entre 2 processos consecutivos, ângulos com 1 espinho longo, grosseiro, 1 processo emarginado, bastante curto, de cada lado na base, anel intramarginal de 10 processos emarginados, bastante curtos; parede celular lisa. Zigósporo não observado.

DISTRIBUIÇÃO GEOGRÁFICA NO ESTADO DE SÃO PAULO

EM LITERATURA: Pirassununga (Borge 1918).

MATERIAL EXAMINADO: nenhum.

COMENTÁRIOS

Staurastrum spiculiferum Borge foi identificado de material coletado de ambiente não especificado em Pirassununga, Estado de São Paulo. A publicação original é o único documento atualmente disponível sobre a existência da espécie em todo o mundo. Borge (1918) apresentou, no momento da proposta da espécie, descrição detalhada e ilustração das vistas frontal, vertical e basal de uma semicélula.

Destarte as inúmeras coletas feitas e preparações examinadas, não foi visto um exemplar sequer desta espécie.

STAURASTRUM STELLATUM BÖRGESEN (FIG. 191)

Vidensk. Meddr naturh. Foren. 1890: 48, pl. 5, fig. 53. 1890.

Célula tão longa quanto larga, constrição mediana suave, seno mediano aberto, acutangular, compr. (inclusive espinhos) ca. 41,0 µm, larg. (inclusive espinhos) ca. 54,0 µm, istmo ca. 17,0 µm larg.; semicélulas obtrapeziformes, margens basais convexas, às vezes angulosas na parte média, círculo de 10 espinhos supraistmiais voltados para a semicélula oposta, ângulos com processos longos, margem lisa, ápice 2(-3)-denticulado, dentículos superpostos, margem apical convexa, 5 processos curtos, ápice 2-3-denticulado; vista vertical 5-angular, margens retas, ângulos com 1 processo longo, margem lisa, ápice 2(-3)-denticulado, dentículos superpostos, anel intramarginal de 5 processos curtos, ápice 2(-3)-furcado; parede celular lisa. Zigósporo não observado.

DISTRIBUIÇÃO GEOGRÁFICA NO ESTADO DE SÃO PAULO

EM LITERATURA: São Paulo (Börgesen 1890).

MATERIAL EXAMINADO: nenhum.

Comentários

Staurastrum stellatum foi descrito por Börgesen (1890) a partir de material coletado por Eugene Warming no Estado de São Paulo, mais especificamente de um pântano em "Moji", sem, porém, definir qual das três localidades no Estado que contêm a palavra Moji em sua composição, quais sejam: Moji das Cruzes, Moji-Guaçu ou Moji-Mirim. O presente é, também, mais um caso em que todo o conhecimento atual da espécie está restrito à publicação original. Além de uma descrição bastante detalhada da nova espécie, Börgesen (1890) forneceu ilustração da vista frontal de um indivíduo e das vistas vertical e basal de uma semicélula, nas quais as características diagnósticas da espécie se encontram claramente representadas.

Nenhum exemplar desta espécie foi encontrado em todo o material presentemente examinado.

Staurastrum striolatum (Nägeli) Archer var. *striolatum* f. *brasiliense* Turner (Fig. 90)

K. Svenska VetenskAkad. Handl. 25(5): 109, pl. 13, fig. 15. 1892.

Células tão longas quanto largas, constrição mediana profunda, seno mediano aberto, cilíndrico, compr. (inclusive espinhos) 18,2-19,0 µm, larg. (inclusive espinhos) 18,7-19,5 µm, istmo 8,2-8,5 µm larg.; semicélulas transversalmente elípticas a oblongas, ligeiramente torcidas no istmo, margens basais levemente côncavas a retas, ângulos arredondados a arredondado-acuminados, 5-7 anéis concêntricos de grânulos, margem apical pouco côncava a reta; vista vertical 4-angular, margens profundamente côncavas na parte média separando estruturas loboides, ângulos arredondados a arredondado-acuminados, 5-7 anéis concêntricos de grânulos; parede celular granulosa, 5-7 anéis concêntricos de grânulos em cada ângulo, grânulos esparsos no restante do corpo celular. Zigósporo não observado.

Distribuição geográfica no Estado de São Paulo

Em literatura: nenhuma.

Material examinado: **Município de Itapura**, 16.V.2001, *C.E.M. Bicudo & D.C. Bicudo* (SP370964).

Comentários

Os representantes de *S. striolatum* (Nägeli) Archer var. *striolatum* f. *brasiliense* Turner diferem daqueles da forma típica da espécie por possuirem istmo alongado, cilíndrico, semicélulas transversalmente elípticas a oblongas, ângulos com anéis concêntricos de grânulos e vista vertical quadrangular.

Representantes desta forma foram encontrados unicamente no Município de Itapura e diferiram da descrição original pelas semicélulas levemente torcidas no istmo, aparecendo deslocadas ca. 45° em vista vertical, característica esta presente em todos os espécimes atualmente estudados. As medidas, entretanto, coincidiram com os limites métricos constante na literatura.

Esta é a primeira citação da forma para o Estado de São Paulo.

STAURASTRUM STRIOLATUM (NÄGELI) ARCHER VAR. *DIVERGENS* WEST & WEST F. *MAJOR* IRÉNÉE-MARIE (FIG. 89)

Rev. Algol.: sér. 2, 4(2): 120, fig. 14. 1958.

Células tão longas quanto largas ou ligeiramente mais longas que largas, constrição mediana profunda, seno mediano aberto, acutangular, compr. (inclusive espinhos) 16,0-18,0 µm, larg. (inclusive espinhos) 15,0-18,0 µm, istmo 5,0-6,2 µm larg.; semicélulas subcampanuladas, margens basais assimetricamente côncavas na parte média, divergentes, ângulos arredondados a arredondado-acuminados, 5-6 anéis concêntricos de grânulos, margem apical amplamente convexa; vista vertical 3-angular, semicélulas deslocadas 45° em vista vertical, margens côncavas, ângulos arredondados a arre-dondado-acuminados, 5-6 anéis concêntricos de grânulos; parede celular granulosa, 5-6 anéis concêntricos de grânulos nos ângulos, grânulos esparsos no restante do corpo celular. Zigósporo não observado.

DISTRIBUIÇÃO GEOGRÁFICA NO ESTADO DE SÃO PAULO

EM LITERATURA: nenhuma.

MATERIAL EXAMINADO: **Município de Pitangueiras**, 16.VIII.2000, *C.E.M. Bicudo, L.L. Morandi & S.M.M. Faustino* (SP355382).

COMENTÁRIOS

Esta forma taxonômica difere da típica da variedade por apresentar a margem apical levemente retusa na parte média, e em vista vertical as semicélulas aparecerem deslocadas em 45° uma da outra, isto é, onde os ângulos de uma semicélula alternam com os da outra.

A população estudada veio de Pitangueiras e foi constituída por um grande número de indivíduos. A principal diferença dos indivíduos de Pitangueiras face à descrição original da espécie foi a forma das semicélulas, que variou de subelíptica a subcampanulada e, também, os lobos que em alguns indivíduos apareceram um tanto inflados.

O presente é o primeiro registro da ocorrência de *S. striolatum* (Nägeli) Archer var. *divergens* West & West f. *major* Irénée-Marie no Estado de São Paulo.

STAURASTRUM SUBINDENTATUM WEST & WEST VAR. *BRASILIENSE* BORGE F. *BRASILIENSE* (FIG. 335)

Ark. Bot. 15(13): 50, pl. 4, fig. 19a, 19c. 1918.

Células 1,6-1,8 vez mais longas que largas, constrição mediana suave, seno mediano aberto, acutangular, extremidade com forma de "V" ou "U", compr. (inclusive processos) 30,0-36,0 µm, larg. (inclusive processos) 93,0-137,0 µm, larg. (sem processos) 17,0-22,0 µm, istmo 11,5-14,5 µm larg.; semicélulas subquadradas, margens basais retas, ângulos basais mais ou menos retangulares, côncavos no ápice, 1 espinho curto em cada lado, ângulos laterais com 1 processo longo, curvo no sentido da semicélula oposta, margem serrilhada, ápice 2-denticulado, 1 dentículo basal, margem apical convexa, 3-ondulada, 1 espinho curto, divergente em cada ondulação extrema; vista vertical 2-angular, margens côncavas, 4 espinhos intramarginais, ângulos com processos longos, serrilhados; parede celular lisa. Zigósporo não observado.

DISTRIBUIÇÃO GEOGRÁFICA NO ESTADO DE SÃO PAULO

EM LITERATURA: Pirassununga (Borge 1918).

MATERIAL EXAMINADO: nenhum.

COMENTÁRIOS

A descrição original desta variedade em Borge (1918) incluiu apenas as características diagnósticas. As ilustrações da vista frontal de uma semicélula e da vista vertical de um indivíduo são, contudo, extremamente elucidativas e contêm todas as características diagnósticas de maneira inequívoca.

Staurastrum subindentatum West & West var. *brasiliense* Borge difere da variedade-tipo da espécie por possuir processos angulares relativamente mais longos e de ápice 2-denticulado, margem apical com três ondulações e um espinho curto, divergente em cada ondulação extrema e vista vertical com dois espinhos situados de cada lado, imediatamente abaixo da margem.

STAURASTRUM SUBINDENTATUM WEST & WEST VAR. *BRASILIENSE* BORGE F. *SEXSPINULOSUM* FÖRSTER & ECKERT (FIG. 336)

In Förster, Hydrobiologia 23(3-4): 428, pl. 31, fig. 6. 1964.

Células 3,0-3,3 vezes mais largas que longas com processos, constrição mediana rasa, seno mediano aberto, acutangular, compr. (inclusive processos) 26,0-27,0 µm, larg. (inclusive processos) 80,0-81,0 µm, istmo 8,0-9,0 µm larg.; semicélulas subquadradas, margens basais retas, ângulos basais mais ou menos retangulares, côncavos no ápice, 1 espinho curto em cada lado, ângulos laterais com processo longo, reto ou quase, horizontalmente disposto ou levemente divergente, margem serrilhada, ápice 2-3-denticulado, 1 dentículo basal, margem apical convexa, 1 espinho mediano, 1 espinho curto divergente em cada extremidade; vista vertical 2-angular, fusiforme, margens côncavas, 6 espinhos intramarginais, ângulos com processos longos; parede celular lisa. Zigósporo não observado.

DISTRIBUIÇÃO GEOGRÁFICA NO ESTADO DE SÃO PAULO

EM LITERATURA: Moji-Guaçu (Marinho & Sophia 1997).

MATERIAL EXAMINADO: nenhum.

COMENTÁRIOS

Esta forma taxonômica é característica pela posse de seis em vez de quatro espinhos intramarginais, de onde o próprio epíteto da forma taxonômica: *sexspinulosum*. Foi proposta a partir de material coletado de um ambiente contendo *Utricularia luetzelburgii* em Conceição, Estado de Goiás.

O único documento da presença desta forma taxonômica no Estado de São Paulo está em Marinho & Sophia (1997). Esses autores forneceram breve descrição do material identificado e a ilustração da vista frontal de um espécime. A presença dos seis espinhos intramarginais diagnósticos desta forma taxonômica não está clara na vista frontal do exemplar figurado por Marinho & Sophia (1997). Embora os autores se refiram a ângulos superiores proeminentes formando dois longos braços, a ilustração mostra uma estrutura no centro da face de cada semicélula que parece ser a extremidade de um terceiro processo angular (braço, no dizer dos autores), conferindo à célula vista vertical triangular. Neste caso, o número de espinhos intramarginais estaria correto, ou seja, o mediano e maior deles seria o espinho próximo do processo e os dois laterais menores os que se situam na porção mediana da semicélula.

Nenhum exemplar de *S. subindentatum* West & West var. *brasiliense* Borge f. *sexspinulosum* Förster & Eckert foi encontrado durante o presente levantamento.

STAURASTRUM SUBOPHIURA Borge (Fig. 334)

Ark. Bot. 15(13): 51, pl. 4, fig. 20. 1918.

Células ca. 2,3 vezes mais largas que longas com processos, constrição mediana suave, seno mediano aberto, obtusangular, compr. (inclusive processos) 44,0-46,0 μm, larg. (inclusive processos) ca. 103,0 μm, istmo ca. 17,0 μm larg.; semicélulas obtrape-ziformes, margens basais assimetricamente convexas, divergentes, ângulos com 1 processo longo, encurvado para a semicélula oposta, margem superior denteada, margem inferior lisa ou quase, 1 fileira de dentículos paralela às margens, ápice 3-denticulado, margem apical convexa, dando continuidade à curvatura dos processos angulares, 3-4 verrugas emarginadas marginais; vista vertical 6-angular, margens côncavas, anel intramarginal com 12 verrugas emarginadas, ângulos com processo longo, serrilhado, 2 fileiras de dentículos; parede celular lisa. Zigósporo não observado.

Distribuição geográfica no Estado de São Paulo

Em literatura: São Paulo (Borge 1918).

Material examinado: nenhum.

Comentários

O material que serviu de base para a descrição original de *Staurastrum subophiura* Borge foi coletado no dia 20 de março de 1882 na Estação de Água Branca, na cidade de São Paulo. Essa descrição é bastante detalhada, e a ilustração de uma semicélula em vistas frontal e vertical incluem todas as características diagnósticas da espécie. Borge (1918) mencionou, ao final da descrição, que *S. ophiura* Lundell e *S. sagittarium* Nordstedt são as espécies morfologicamente próximas de sua nova espécie, porém, não detalhou as semelhanças.

Após a descrição original, a espécie jamais foi reencontrada em nível mundial.

STAURASTRUM TELIFERUM Ralfs var. *GROENBLADII* (Grönblad) Förster (Fig. 104)

Hydrobiologia 23(3-4): 429, pl. 28, fig. 7. 1964.

Basiônimo: *Staurastrum teliferum* Ralfs var. *lagoense* Wille *in* Grönblad, Acta Soc. Sci. Fenn.: sér. B, 2(6): 31, pl. 14, fig. 292. 1945.

Células 1,2-1,6 vez mais longas que largas, constrição mediana profunda, seno mediano aberto, acutangular, compr. (inclusive espinhos) 34,0-38,5 μm, larg. (inclusive espinhos) 21,0-30,0 μm, istmo 9,0-12,5 μm larg.; semicélulas subcirculares, margens basais levemente convexas, ângulos arredondado-truncados, 1 par de espinhos curtos, divergentes, margem apical convexa; vista vertical 3-angular, margens convexas, espinhos marginais curtos, círculo intramarginal de 9 espinhos, ângulos arredondados; parede celular espinhosa, 2 séries superpostas de espinhos curtos, paralelas, 4-5 espinhos em cada série. Zigósporo não observado.

Distribuição geográfica no Estado de São Paulo

Em literatura: Moji-Guaçu (Marinho & Sophia 1997).

Material examinado: nenhum.

Comentários

Esta variedade difere da típica da espécie por apresentar semicélulas subcirculares em vista frontal e espinhos organizados em duas séries superpostas, paralelas entre si, com quatro ou cinco espinhos cada uma. Quanto ao arranjo dos espinhos em duas séries paralelas superpostas, esta variedade pode ser confundida com a var. *pecten* (Perty) Grönblad da mesma espécie, da qual difere pelo formato mais circular das semicélulas e pelo tamanho pouco maior dos indivíduos.

Marinho & Sophia (1997) constituem a única referência à ocorrência da variedade no Estado de São Paulo. A descrição que apresentaram e as medidas que anotaram se encaixam, perfeitamente, na circunscrição original da variedade. A ilustração em Marinho & Sophia (1997) é um tanto diferente da original da variedade (Grönblad 1945) ao mostrar as semicélulas transversalmente elípticas. Dado, entretanto, o pouco conhecimento atualmente disponível sobre a referida var. *pecten* (Perty) Grönblad preferimos, por enquanto, reidentificar o material em Marinho & Sophia (1997) como representante da referida variedade *S. teliferum* Ralfs var. *pecten* (Grönblad) Förster.

Staurastrum teliferum Ralfs var. *pecten* (Perty) Grönblad (Fig. 105-107)

Acta Soc. Sci. Fenn.: sér. B, 2(6): 31, pl. 14, fig. 294-295. 1945.

Basiônimo: *Phycastrum pecten* Perty, Kleinst. Lebensf. 210, pl. 16, fig. 32. 1852.

Células 1,1-1,3 vez mais longas que largas; constrição mediana profunda, seno mediano aberto, acutangular, compr. (inclusive espinhos) 18,0-25,0 µm, compr. (sem espinhos) 17,0-21,0 µm, larg. (inclusive espinhos) 18,0-20,0 µm, larg. (sem espinhos) 15,0-16,0 µm, istmo 6,5-8,0 µm larg., espinhos 2,0-3,0 µm compr.; semicélulas transversalmente elípticas, assimétricas, margens basais retas ou quase, ângulos arredondado-truncados, 2 espinhos curtos sendo 1 no plano superior, o outro no plano inferior, margem apical convexa; vista vertical 3-angular, margens suavemente convexas, 1 par de espinhos marginais, 1 triângulo formado por 12 espinhos apicais, intramarginais; parede celular espinhosa, 4 espinhos na série superior, 4 na série inferior, margem apical côncava, 6 espinhos curtos. Zigósporo não observado.

Distribuição geográfica no Estado de São Paulo

Em literatura: nenhuma.

Material examinado: **Município de Itatinga**, 21.IX.2000, *L.L. Morandi & S.P. Schetty* (SP365712). **Município de Mirante do Paranapanema**, 15.V.2001, *C.E.M. Bicudo & D.C. Bicudo* (SP355396). **Município de Paraguaçu Paulista**, 20.VII.1991, *M.C. Bittencourt-Oliveira* (SP239085). **Município de Piracaia**, 24.IV.2000, *C.E.M. Bicudo & C.I. Santos* (SP365699). **Município de Pirassununga**, 16.XI.2000, *C.E.M. Bicudo, S.M.M. Faustino & L.R. Godinho* (SP370947) e **Município de Ribeirão Bonito**, 12.V.2000, *C.E.M. Bicudo & L.L. Morandi* (SP365688).

Comentários

Staurastrum teliferum Ralfs var. *pecten* (Perty) Grönblad difere da variedade-tipo da espécie pelas semicélulas mais amplamente elípticas em vista frontal e margens suavemente convexas em vista vertical, com um par de espinhos marginais e um triângulo de espinhos apicais intramarginais.

Material desta variedade foi identificado em amostras de seis localidades no Estado de São Paulo, a saber: Itatinga, Mirante do Paranapanema, Paraguaçu Paulista, Piracaia, Pirassununga e Ribeirão Bonito. As populações em cada unidade amostral foram constituídas por numerosos exemplares, e cada população apresentou grande uniformidade métrica. Destaque-se a população de Piracaia, em que foram medidos os menores espécimes (18,0-19,0 µm compr. com processos, 17,0-18,0 µm compr. sem processos, ca. 18 µm larg. com processos, ca. 15,0 µm larg. sem processos, istmo ca. 6,5 µm larg.). Ainda, esta última população mostrou indivíduos com um dos ângulos de uma semicélula desprovido de processos, o que foi interpretado como espécimes teratológicos.

Taniguchi *et al.* (2000b) apresentaram fotomicrografia e medidas dos exemplares que identificaram. Contudo, como já foi mencionado antes, a fotomicrografia não mostrou, de maneira inequívoca, as características diagnósticas da variedade em questão. Em se tratando de uma espécie com tantas variedades diferenciáveis, via de regra, por pequenos detalhes morfológicos e de uma ilustração que não traz óbvios os caracteres diagnósticos da var. *pecten* (Perty) Grönblad, optamos por considerar tal referência entre os materiais presentemente excluídos (veja "Material excluído").

STAURASTRUM TENTACULIFERUM BORGE (FIG. 142-145)

Bih. K. Svenska VetenskAkad. Handl.: sér. 3, 24(12): 31, pl. 2, fig. 48. 1899.

Células 1,4-1,5 vez mais longas que largas, constrição mediana profunda, seno mediano aberto, praticamente retangular, compr. (inclusive espinhos) 40,0-58,0 μm, compr. (sem espinhos) 27,0-30,0 μm, larg. (inclusive espinhos) 29,0-34,0 μm, larg. (sem espinhos) 18,5-20,0 μm, istmo 10,0-11,0 μm larg., espinhos 4,0-16,5 μm compr.; semicélulas subcirculares, margens basais convexas, ângulos amplamente arredondados, 1 espinho bastante longo, robusto, divergente, 2 espinhos menores, convergentes, logo abaixo do anterior, margem apical amplamente convexa, 2-3 espinhos marginais médios, curvos; vista vertical 3-angular, margens levemente convexas, ângulos arredondados, 3 espinhos curtos separados por 1 concavidade, 9 espinhos intramarginais, pequenos, dispostos em anel; parede celular espinhosa, 2-3 espinhos voltados para o ápice da semicélula, formando 1 série curta logo abaixo da margem apical, 3-4 espinhos voltados para a semicélula oposta, formando 1 série mais ou menos paralela à anterior, logo acima do istmo. Zigósporo não observado.

DISTRIBUIÇÃO GEOGRÁFICA NO ESTADO DE SÃO PAULO

EM LITERATURA: nenhuma.

MATERIAL EXAMINADO: **Município de Paraguaçu Paulista**, 20.VII.1991, M.C. *Bittencourt-Oliveira* (SP239085).

COMENTÁRIOS

Foram encontrados diversos espécimes desta espécie em amostras do Município de Paraguaçu Paulista, que jamais havia sido referida para o Estado de São Paulo. A abundância de indivíduos permitiu observar o polimorfismo na população.

Por se tratar de espécimes ornados com espinhos, foi exatamente neles que se observou o maior número de variações. Variaram a disposição dos espinhos na semicélula e o número e o comprimento deles. No que tange ao comprimento, os espinhos angulares robustos e divergentes apresentaram-se, mais frequentemente, curtos em uma semicélula e longos na outra de um mesmo espécime. Este fato foi interpretado como decorrente da fase em que se encontrava o desenvolvimento da semicélula que os tem curtos, que ainda não haviam alcançado sua completa maturidade. Houve, também, supressão dos espinhos curtos apicais. Em outros indivíduos, ocorreu exatamente o contrário, isto é, aconteceu um número maior de espinhos apicais e basais (espinhos supranumerários) que não apresentaram qualquer padrão em sua disposição.

STAURASTRUM TERRIBILE Borge (Fig. 195)

Ark. Bot. 15(13): 51, pl. 4, fig. 22. 1918.

Células 1,4-1,5 vez mais longas que largas, constrição mediana profunda, seno mediano aberto, acutangular a quase retangular, compr. (sem espinhos) 54,0-58,0 µm, larg. (sem espinhos) 38,0-40,0 µm, istmo 38,0-40,0 µm larg., espinhos 21,0-22,0 µm compr.; semicélulas transversalmente elípticas, margens basais suavemente convexas, ângulos acuminado-arredondados, 1 espinho longo, robusto, horizontalmente disposto, margem apical amplamente convexa, 3 espinhos longos, robustos, divergentes, sendo 2 laterais e 1 mediano; vista vertical 3-angular, margens retas a levemente convexas, ângulos acuminado-arredondados, 1 espinho longo, robusto, 2 outros equivalentes em cada margem, sendo 1 próximo de cada ângulo; parede celular espinhosa, 5 espinhos longos, robustos, formando 1 anel mediano na semicélula, 3 outros formando 1 anel superior, paralelo ao primeiro. Zigósporo não observado.

Distribuição geográfica no Estado de São Paulo

Em literatura: Pirassununga (Borge 1918).

Material examinado: nenhum.

Comentários

Nada se conhece sobre esta espécie além de sua descrição original baseada em material coletado na cidade de Pirassununga. Além da descrição, Borge (1918) apresentou a ilustração de uma semicélula em vistas frontal, apical e lateral, que mostram bem evidentes todas as características diagnósticas da espécie.

Não foi encontrado um indivíduo sequer desta espécie em todas as amostras presentemente estudadas.

STAURASTRUM TETRACERUM (Kützing) Ralfs *ex* Ralfs var. *tetracerum* f. *tetracerum* (Fig. 299-300)

Brit. Desmidieae. 137, pl. 23, fig. 7a-c. 1848.

Basiônimo: *Micrasterias tetracera* Kützing, Linnaea 1833: 602, fig. 83-84. 1833.

Células 1,0-1,4 vez mais longas que largas, constrição mediana suave, seno mediano aberto, acutangular ou em forma de "U", compr. (inclusive processos) 12,0-26,0 µm, compr. (sem processos) 6,4-10,0 µm, larg. (inclusive processos) 12,5-26,0 µm, larg. (sem processos) 5,0-9,5 µm, istmo 2,9-8,0 µm larg.; semicélulas obtrapeziformes a sub-retangulares, às vezes levemente torcidas até 90° no istmo, margens basais primeiro quase retas, depois formando 1 ângulo reto a obtuso, finalmente retas para os ângulos com 1 processo longo, divergente, margem crenulada ou serrilhada, 1 fileira mediana de grânulos muito pequenos, ápice 2-3-denticulado, margem apical em geral côncava, às vezes convexa; vista vertical 2-angular, margens convexas, ângulos com processo longo, margem crenulada ou serrilhada, ápice 2-3-denticulado; parede celular lisa. Zigósporo não observado.

DISTRIBUIÇÃO GEOGRÁFICA NO ESTADO DE SÃO PAULO

EM LITERATURA: Moji-Guaçu (Marinho & Sophia 1997) e São Paulo (Ferragut *et al.* 2005).

MATERIAL EXAMINADO: **Município de Álvares Florence**, 15.IV.2001, *C.E.M. Bicudo, D.L. Costa & S.M.M. Faustino* (SP370956). **Município de Angatuba**, 17.IV.1989, *A.A.J. Castro, C.E.M. Bicudo & D.C. Bicudo* (SP188215). **Município de Araras**, 16.XI.2000, *C.E.M. Bicudo, S.M.M. Faustino & L.R. Godinho* (SP365714). **Município de Barra Bonita**, 16.III.1988, *F. Aranha* (SP188438). **Município de Batatais**, 16.XI.1991, *A.A.J. Castro* (SP239096). **Município de Campos do Jordão**, 27.VIII.1990, *A.A.J. Castro, C.E.M. Bicudo & D.C. Bicudo* (SP239040). **Município de Casa Branca**, 17.X.1989, *A.A.J. Castro & C.E.M. Bicudo* (SP188321). **Município de Cerqueira César**, 21.IX.2000, *L.L. Morandi & Schetty* (SP336348). **Município de Colômbia**, 19.VI.2001, *C.E.M. Bicudo, D.L. Costa & S.M.M. Faustino* (SP370968). **Município de Divinolândia**, 08.VIII.2000, *C.E.M. Bicudo, L.A. Carneiro & S.M.M. Faustino* (SP365697). **Município de Echaporã**, 28.III.1991, *C.E.M. Bicudo, L.A. Carneiro & S.M.M. Faustino* (SP370953). **Município de Fartura**, 26.VII.2000, *S.M.M. Faustino & S.P. Schetty* (SP365696). **Município de Florínea**, 29.III.1991, *C.E.M. Bicudo, L.A. Carneiro & S.M.M. Faustino* (SP370955). **Município de Ibitinga**, 22.VIII.2000, *C.E.M. Bicudo, S.M.M. Faustino & S.P. Schetty* (SP365704). **Município de Iepê**, 28.III.2001, *C.E.M. Bicudo, L.A. Carneiro & S.M.M. Faustino* (SP370954). **Município de Ipauçu**, 27.III.2001, *C.E.M. Bicudo, L.A. Carneiro & S.M.M. Faustino* (SP370952). **Município de Iporanga**, 13.IX.2000, *C.E.M. Bicudo, L.A. Carneiro & S.M.M. Faustino* (SP365708). **Município de Itaberá**, 26.VII.2000, *S.M.M. Faustino & S.P. Schetty* (SP355392). **Município de Itanhaém**, 12.III.1990, *A.A.J. Castro & C.E.M. Bicudo* (SP188434). **Município de Jacupiranga**, 13.IX.2000, *C.E.M. Bicudo, L.A. Carneiro & S.M.M. Faustino* (SP336346). **Município de Jundiaí**, 05.V.2000, *C.E.M. Bicudo & S.P. Schetty* (SP365686). **Município de Juquiá**, 11.VII.2000, *C.E.M. Bicudo & S.M.M. Faustino* (SP365692). **Município de Lençóis Paulista**, 22.II.1992, *C.E.M. Bicudo & D.C. Bicudo* (SP239236). **Município de Limeira**, 05.V.2000, *C.E.M. Bicudo & S.P. Schetty* (SP365687). **Município de Mairiporã**, 12.IV.1992, *M.C. Bittencourt-Oliveira* (SP239242). **Município de Mariápolis**, 15.V.2001,

C.E.M. Bicudo & D.C. Bicudo (SP370961). **Município de Marília**, 21.VII.1991, M.C. *Bittencourt-Oliveira* (SP239086). **Município de Martinópolis**, 15.V.2001, *C.E.M. Bicudo & D.C. Bicudo* (SP370960). **Município de Miguelópolis**, 30.V.2000, *C.E.M. Bicudo & D.C. Bicudo* (SP365690). **Município de Moji das Cruzes**, 21.II.1989, *A.A.J. Castro & C.E.M. Bicudo* (SP188211). **Município de Morungaba**, 18.IX.2001, *C.E.M. Bicudo & D.L. Costa* (SP370971). **Município de Nhandeara**, 15.VIII.2001, *C.E.M. Bicudo, L.R. Godinho & C.I. Santos* (SP370970). **Município de Nova Granada**, 15.II.2001, *C.E.M. Bicudo, S.M.M. Faustino & L.R. Godinho* (SP370951). **Município de Nova Independência**, 16.V.2001, *C.E.M. Bicudo & D.C. Bicudo* (SP370963). **Município de Novo Horizonte**, 14.II.2001, *C.E.M. Bicudo, S.M.M. Faustino & L.R. Godinho* (SP336349). **Município de Olímpia**, 23.VIII.2000, *C.E.M. Bicudo, S.M.M. Faustino & S.P. Schetty* (SP365707). **Município de Pacaembu**, 15.V.2001, *C.E.M. Bicudo & D.C. Bicudo* (SP370962). **Município de Palmital**, 24.X.2001, *C.E.M. Bicudo, L.A. Carneiro & S.M.M. Faustino* (SP370973). **Município de Panorama**, 17.V.2001, *C.E.M. Bicudo & D.C. Bicudo* (SP370966). **Município de Paraguaçu Paulista**, 20.VII.1991, M.C. *Bittencourt-Oliveira* (SP239085). **Município de Paraíso**, 23.VIII.2000, *C.E.M. Bicudo, S.M.M. Faustino & S.P. Schetty* (SP365706). **Município de Pedro de Toledo**, 11.VII.2000, *C.E.M. Bicudo & S.M.M. Faustino* (SP365691). **Município de Pilar do Sul**, 17.VI.1989, *C.E.M. Bicudo & D.C. Bicudo* (SP188431). **Município de Pindamonhangaba**, 24.IV.1990, *A.A.J. Castro & C.E.M. Bicudo* (SP188520). **Município de Piracaia**, 24.IV.2000, *C.E.M. Bicudo & C.I. Santos* (SP365699). **Município de Pirapozinho**, 15.V.2001, *C.E.M. Bicudo & D.C. Bicudo* (SP370959). **Município de Pirassununga**, 16.XI.2000, *C.E.M. Bicudo, S.M.M. Faustino & L.R. Godinho* (SP370947). **Município de Pitangueiras**, 16.VIII.2000, *C.E.M. Bicudo, L.L. Morandi & S.M.M. Faustino* (SP355382). **Município de Ponta Linda**, 25.IV.2001, *C.E.M. Bicudo, D.L. Costa & S.M.M. Faustino* (SP370957). **Município de Pradópolis**, 15.VIII.2000, *C.E.M. Bicudo, S.M.M. Faustino & L.L. Morandi* (SP365701). **Município de Rancharia**, 14.V.2001, *C.E.M. Bicudo & D.C. Bicudo* (SP370958). **Município de Ribeirão Bonito**, 12.V.2000, *C.E.M. Bicudo & L.L. Morandi* (SP365688). **Município de Rincão**, 15.VIII.2000, *C.E.M. Bicudo, S.M.M. Faustino & L.L. Morandi* (SP365700). **Município de Rio Claro**, 17.VII.1989, *A.A.J. Castro & C.E.M. Bicudo* (SP188219). **Município de Salesópolis**, 21.II.1989, *A.A.J. Castro & C.E.M. Bicudo* (SP239240). **Município de Salmourão**, 17.V.2001, *C.E.M. Bicudo & D.C. Bicudo* (SP370967). **Município de Santa Rita do Oeste**, 25.IV.2001, *C.E.M. Bicudo, D.L. Costa & S.M.M. Faustino* (SP335395). **Município de São José do Barreiro**, 21.XI.1989, *A.A.J. Castro & C.E.M. Bicudo* (SP188322). **Município de São José dos Campos**, 21.II.1989, *A.A.J. Castro & C.E.M. Bicudo* (SP188210). **Município de São José do Rio Pardo**, 08.VIII.2000, *C.E.M. Bicudo, L.A. Carneiro & S.M.M. Faustino* (SP365698). **Município de São Luís do Paraitinga**, 27.XI.1989, *A.A.J. Castro, C.E.M. Bicudo & E.M. De-Lamonica-Freire* (SP188323).

Município de São Miguel Arcanjo, 17.IV.1989, *C.E.M. Bicudo & D.C. Bicudo* (SP188214). **Município de Sarapuí**, 20.IX.2000, *L.L. Morandi & S.P. Schetty* (SP365711). **Município de Sertãozinho**, 16.VIII.2000, *C.E.M. Bicudo, S.M.M. Faustino & L.L. Morandi* (SP365702). **Município de Tambaú**, 17.XI.2000, *C.E.M. Bicudo, S.M.M. Faustino & L.R. Godinho* (SP370948). **Município de Taquaritinga**, 14.II.2001, *C.E.M. Bicudo, S.M.M. Faustino & L.R. Godinho* (SP370949). **Município de Tatuí**, 20.IX.2000, *L.L. Morandi & S.P. Schetty* (SP365710). **Município de Teodoro Sampaio**, 08.XII.1991, *M.C. Bittencourt-Oliveira* (SP239136). **Município de Tremembé**, 24.IV.1990, *A.A.J. Castro & C.E.M. Bicudo* (SP188437). **Município de Terra Roxa**, 16.VIII.2000, *C.E.M. Bicudo, S.M.M. Faustino & L.L. Morandi* (SP365703). **Município de Tupã**, 20.VII.1991, *M.C. Bittencourt-Oliveira* (SP239088). **Município de Turmalina**, 25.V.2001, *C.E.M. Bicudo, D.L. Costa & S.M.M. Faustino* (SP355398). **Município de Ubatuba**, 27.XI.1989, *A.A.J. Castro, C.E.M. Bicudo & E.M. De-Lamonica-Freire* (SP188344). **Município de Valparaíso**, 17.V.2001, *C.E.M. Bicudo & D.C. Bicudo* (SP370965) e **Município de Zacarias**, 14.VIII.2001, *C.E.M. Bicudo, L.R. Godinho & C.I. Santos* (SP370969).

COMENTÁRIOS

Diversos autores referiram a ocorrência de *S. tetracerum* (Kützing) Ralfs *ex* Ralfs var. *tetracerum* f. *tetracerum* no Estado de São Paulo, mas apenas dois trabalhos incluem informação suficiente dos materiais estudados que permitam sua reidentificação, quais sejam: Marinho & Sophia (1997) e Ferragut *et al.* (2005). Ambos descreveram brevemente e ilustraram os materiais identificados, mas não fizeram menção a diferenças morfológicas que possam ter ocorrido em níveis intra e interpopulacional.

A variedade típica desta espécie é, sem sombra de dúvida, a que apresenta a maior distribuição geográfica no Estado de São Paulo, tendo sido encontrada em 76 localidades durante o presente levantamento florístico. Apesar da ubiquidade desta forma taxonômica, grande parte dos seus espécimes representantes não apresentou polimorfismo. Vale a pena destacar, entretanto, algumas populações que apresentaram diferenças. Assim, os espécimes da população de Pitangueiras apresentaram a margem apical variável de côncava a reta. Os da população de Iepê apresentaram processos relativamente mais largos na base, levemente curvos e com a margem serrilhada. Nas amostras de Martinópolis, Morungaba, Palmital, Piracaia, Ribeirão Bonito e Sarapuí, os espécimes apresentaram processos comparativamente mais curtos e grossos do que nas demais localidades. Em Tatuí, ocorreram processos proporcionalmente bem mais longos e em uma grande quantidade de indivíduos as semicélulas foram levemente torcidas no istmo. Destaque-se, nesta última localidade, que a torção foi realmente muito leve e não ocorreu em todos os indivíduos, o que levou a identificar taxonomicamente a população com a variedade típica da espécie.

Brook (1982) tentou esclarecer o que é, de fato, *S. tetracerum* (Kützing) Ralfs *ex* Ralfs focando as distorções e confusões que a acompanharam ao longo do tempo por conta de diversos autores. Ralfs (1848) mencionou a presença de pequenos grânulos formando uma fileira ao longo dos processos angulares. Contudo, esta característica jamais foi mencionada pelos diversos autores que o sucederam. Esta aparente supressão de informação não pode mais ser hoje avaliada, pois não existe o material efetivamente analisado por Ralfs (1848). Este é apenas um dos vários problemas citados em Brook (1982), talvez o mais grave, pois sem tipo nomenclatural a espécie não pode existir segundo o Código Internacional de Nomenclatura para Algas, Fungos e Plantas (Código de Melbourne).

A despeito dessa observação nomenclatural e em conformidade com todos os autores, até hoje identificamos os espécimes das 76 localidades acima como representantes de *S. tetracerum* (Kützing) Ralfs *ex* Ralfs var. *tetracerum* f. *tetracerum*, afirmando que em todas populações analisadas foi possível observar, com maior ou menor intensidade, a presença da fileira de grânulos nos processos.

Staurastrum tetracerum (Kützing) Ralfs *ex* Ralfs var. *tetracerum* f. *tetragona* West & West (Fig. 311-312)

Jour. Roy. Microsc. Soc. 1897: 495. 1897.

Células tão longas quanto largas, constrição mediana suave, seno mediano aberto, em forma de "U", compr. (inclusive processos) 15,0-18,0 µm, compr. (sem processos) 8,0-9,0 µm, larg. (inclusive processos) 20,0-22,0 µm, larg. (sem processos) 8,0-9,0 µm, istmo 6,0-7,0 µm larg., processos 7,0-10,0 µm compr.; semicélulas obtrapeziformes a sub-retangulares, margens basais convexas, ângulos com 1 processo longo, divergente, margem serrilhada, 1 fileira de pequenos grânulos em toda extensão, ápice 2-3-denticulado, margem apical reta a pouco côncava; vista vertical 4-angular, margens côncavas a quase retas, ângulos com processo longo, serrilhado, ápice 2-3-denticulado; parede celular lisa. Zigósporo não observado.

Distribuição geográfica no Estado de São Paulo

Em literatura: nenhuma.

Material examinado: **Município de Panorama**, 17.V.2001, *C.E.M. Bicudo & D.C. Bicudo* (SP370966). **Município de Pitangueiras**, 16.VIII.2000, *C.E.M. Bicudo, L.L. Morandi & S.M.M. Faustino* (SP355382) e **Município de São José do Rio Pardo**, 08.VIII.2000, *C.E.M. Bicudo, L.A. Carneiro & S.M.M. Faustino* (SP365698).

COMENTÁRIOS

Esta variedade difere da típica da espécie unicamente por apresentar a vista vertical quadrangular. Com exceção de Panorama, nas duas outras localidades onde foi encontrada (Pitangueiras e São José do Rio Pardo) ocorreram, lado a lado, espécimes representantes da variedade típica da espécie e da presente f. *tetragona* Lundell.

STAURASTRUM TETRACERUM (KÜTZING) RALFS *EX* RALFS VAR. *TETRACERUM* F. *TRIGONA* LUNDELL (FIG. 301-310)

Nova Acta R. Soc. Sci. Upsal.: sér. 3, 8: 69. 1871.

Células ca. 1,1 vez mais longas que largas, constrição mediana suave, seno mediano aberto, em forma de "U", compr. (inclusive processos) 16,0-18,0 μm, compr. (sem processos) 8,0-10,0 μm, larg. (inclusive processos) 17,0-19,0 μm, larg. (sem processos) 7,0-9,0 μm, istmo 5,0-7,0 μm larg., processos 4,0-6,0 μm compr.; semicélulas obtrapeziformes a quase retangulares, margens basais assimetricamente convexas, divergentes, ângulos com 1 processo longo, divergente, margem crenulada, 1 fileira de grânulos diminutos, ápice 2-3-denticulado, margem apical reta a levemente côncava; vista vertical 3-angular, margens convexas a quase retas, ângulos com processo longo, margem crenulada, ápice 2-3-denticulado; parede celular lisa. Zigósporo não observado.

DISTRIBUIÇÃO GEOGRÁFICA NO ESTADO DE SÃO PAULO

EM LITERATURA: nenhuma.

MATERIAL EXAMINADO: **Município de Martinópolis**, 15.V.2001, *C.E.M. Bicudo & D.C. Bicudo* (SP370960). **Município de Mirante do Paranapanema**, 15.V.2001, *C.E.M. Bicudo & D.C. Bicudo* (SP355396). **Município de Moji das Cruzes**, 21.II.1989, *A.A.J. Castro & C.E.M. Bicudo* (SP188211). **Município de Paraguaçu Paulista**, 20.VII.1991, *M.C. Bittencourt-Oliveira* (SP239085). **Município de Pirapozinho**, 15.V.2001, *C.E.M. Bicudo & D.C. Bicudo* (SP370959). **Município de Pirassununga**, 16.XI.2000, *C.E.M. Bicudo, S.M.M. Faustino & L.R. Godinho* (SP370947). **Município de Pitangueiras**, 16.VIII.2000, *C.E.M. Bicudo, L.L. Morandi & S.M.M. Faustino* (SP355382). **Município de Porto Feliz**, 20.IX.2000, *L.L. Morandi & S.P. Schetty* (SP365709) e **Município de São José do Rio Pardo**, 08.VIII.2000, *C.E.M. Bicudo, L.A. Carneiro & S.M.M. Faustino* (SP365698).

COMENTÁRIOS

Staurastrum tetracerum (Kützing) Ralfs *ex* Ralfs var. *tetracerum* f. *trigona* Lundell é diferente da forma típica da espécie por apresentar a vista apical da semicélula triangular.

A presente forma taxonômica foi identificada de amostras de nove municípios no Estado de São Paulo, e os indivíduos observados não apresentaram variação morfológica ou métrica que demandasse comentário.

Staurastrum tetracerum (Kützing) Ralfs *ex* Ralfs var. *tortum* (Teiling) Borge (Fig. 313-316)

Sjon Takerna Fauna Flora 4: 22, pl. 2, fig. 22. 1921.

Basiônimo: *Staurastrum iotanum* Wolle var. *tortum* Teiling, Svenska Bot. Tidsskr. 10(1): 65. 1916.

Células tão longas quanto largas, constrição mediana suave, seno mediano aberto, acutangular ou em forma de "U", compr. (inclusive processos) 16,0-34,0 µm, compr. (sem processos) 8,0-14,0 µm, larg. (inclusive processos) 16,0-28,0 µm, larg. (sem processos) 8,0-14,0 µm, istmo 3,0-5,0 µm larg.; semicélulas obtrapeziformes a sub-retangulares, torcidas ca. 90° no istmo, margens basais convexas, divergentes, ângulos com 1 processo longo, divergente, margem crenulada, ápice 2-3-denticulado, margem apical côncava a convexa; vista vertical 2-angular alternada, margens convexas, ângulos 1 com processo crenulado, ápice 2-3-denticulado; parede celular lisa. Zigósporo não observado.

Distribuição geográfica no Estado de São Paulo

Em literatura: Ribeirão Preto (Silva 1999).

Material examinado: **Município de Itapura**, 16.V.2001, C.E.M. *Bicudo & D.C. Bicudo* (SP370964). **Município de Paraguaçu Paulista**, 20.VII.1991, M.C. *Bittencourt-Oliveira* (SP239085). **Município de Ribeirão Bonito**, 12.V.2000, C.E.M. *Bicudo & L.L. Morandi* (SP365688) e **Município de São Pedro do Turvo**, 28.III.2001, C.E.M. *Bicudo, L.A. Carneiro & S.M.M. Faustino* (SP355399).

Comentários

Esta variedade é caracterizada pelo fato de seus indivíduos representantes serem pouco maiores do que os da variedade típica da espécie e pela margem dos processos angulares ser proporcionalmente mais crenulada. Todavia, a característica marcante e diagnóstica dos indivíduos de *S. tetracerum* (Kützing) Ralfs *ex* Ralfs var. *tortum* (Teiling) Borge é a torção de aproximadamente 90° das semicélulas na altura do istmo que lhe valeu, inclusive, o epíteto varietal.

O primeiro registro da ocorrência de *S. tetracerum* (Kützing) Ralfs *ex* Ralfs var. *tortum* (Teiling) Borge no Estado de São Paulo está em Silva (1999), que a identificou de material do Município de Ribeirão Preto. Constam nesse trabalho boa ilustração e breve descrição do material identificado, suficientes, entretanto, para sua reidentificação.

Grande quantidade de espécimes desta variedade foi encontrada em Itapura, Paraguaçu Paulista, Ribeirão Bonito e São Pedro do Turvo, localidades onde também ocorreram exemplares da variedade típica da espécie, o que facilitou a identificação taxonômica desses materiais. Todas as populações examinadas foram bastante uniformes no que tange à morfologia e às medidas, fato que confirma a ausência deste tipo de informação na literatura especializada.

STAURASTRUM TOHOPEKALIGENSE WOLLE VAR. *TOHOPEKALIGENSE* F. *MINUS* (TURNER) SCOTT & PRESCOTT (FIG. 175-176)

Hydrobiologia 17(1-2): 114, pl. 48, fig. 4-6. 1961.

Basiônimo: *Staurastrum nonanum* Turner f. *minor* Turner, K. Svenska VetenskAkad. Handl. 25(5): 119, pl. 15, fig. 15. 1892.

Células 1,2-1,5 vez mais longas que largas; constrição mediana suave, seno mediano aberto, acutangular a quase retangular, compr. (inclusive processos) 21,0-23,5 µm, compr. (sem processos) ca. 28,9 µm, larg. (inclusive processos) 18,0-19,5 µm, larg. (sem processos) ca. 18,7 µm, istmo 6,5-13,6 µm larg.; semicélulas transversalmente mais ou menos elípticas a subglobosas, margens basais levemente convexas, ângulos basais com 4 processos curtos, horizontalmente dispostos a levemente divergentes, margem lisa, ápice 2-denticulado, margens laterais fortemente côncavas, ângulos superiores com 6 processos curtos, divergentes, margem lisa, ápice 2-denticulado, margem apical pouco convexa; vista vertical 3 ou 6-angular, margens côncavas, ângulos com 1 processo curto, margem lisa, ápice 2-denticulado, 1 processo intramarginal idêntico de cada lado do processo angular; parede celular lisa. Zigósporo não observado.

DISTRIBUIÇÃO GEOGRÁFICA NO ESTADO DE SÃO PAULO

EM LITERATURA: Moji-Guaçu (Marinho & Sophia 1997) e São Paulo (Bicudo 1969).

MATERIAL EXAMINADO: nenhum.

COMENTÁRIOS

A presente f. *minus* (Turner) Scott & Prescott difere da típica da espécie, fundamentalmente, pelo menor tamanho dos indivíduos.

Dois trabalhos referem a existência de *S. tohopekaligense* Wolle var. *tohopekaligense* f. *minus* (Turner) Scott & Prescott no Estado de São Paulo. Deles, o de Bicudo (1969) é o primeiro registro da ocorrência da referida forma no Brasil e decorreu da análise de material coletado no Município de São Paulo. O segundo trabalho é de Marinho & Sophia (1997), que também referiram a presença da forma taxonômica no Estado de São

Paulo, mas, desta vez, para o Município de Moji-Guaçu. Existe diferença entre os espécimes desses dois trabalhos. Assim, Bicudo (1969) analisou espécimes de maior tamanho, com a vista vertical 3-angular, e Marinho & Sophia (1997), espécimes menores, com a vista vertical 6-angular. Com relação às medidas, Bicudo (1969) só forneceu os valores do corpo da célula, descontados os processos; e Marinho & Sophia (1997), os valores que incluíram os processos e, mesmo assim, tais medidas foram inferiores às mencionadas por Bicudo (1969).

Na impossibilidade de encontrar representantes desta forma taxonômica em todas as amostras atualmente observadas, as medidas da presente descrição incluem as contidas nas duas publicações acima.

STAURASTRUM TRIFIDUM NORDSTEDT VAR. *GLABRUM* LAGERHEIM F. *TORTUM* BÖRGESEN (FIG. 112-120)

Vidensk. Meddr dansk naturh. Fören. 1890: 954, pl. 5, fig. 56. 1890.

Sinônimo: *Staurastrum trifidum* Nordstedt var. *tortum* (Börgesen) Grönblad, Rickia 2: 49, pl. 3, fig. 11. 1965.

Células tão longas quanto largas, constrição mediana profunda, seno mediano aberto, acutangular, compr. (inclusive espinhos) 23,0-30,6 µm, larg. (inclusive espinhos) 30,0-37,0 µm, larg. (sem espinhos) 21,5-24,0 µm, istmo 10,0-15,0 µm larg.; semicélulas assimetricamente elípticas a obtrapeziformes, margens basais assimétricas, pouco convexas, ângulos com 3 espinhos curtos, fortemente curvados para a semicélula oposta, 1 mediano pouco acima dos outros 2, margem apical reta a pouco convexa na parte média; vista vertical 3-angular, margens levemente côncavas a retas, ângulos com 3 espinhos curtos, em geral ligeiramente curvos no sentido horário, raro retos, 1 espinho no plano superior, 2 espinhos no plano inferior; parede celular lisa. Zigósporo não observado.

DISTRIBUIÇÃO GEOGRÁFICA NO ESTADO DE SÃO PAULO

EM LITERATURA: São Paulo [Börgesen (1890) e Bicudo & Bicudo (1965) como *Staurastrum trifidum* var. *tortum*, Bicudo (1969) como *S. trifidum* var. *glabrum* f. *tortum*], Luís Antônio [Taniguchi (1998)].

MATERIAL EXAMINADO: **Município de Sarapuí**, 20.IX.2000, *L.L. Morandi & S.P. Schetty* (SP365711) e **Município de Tatuí**, 12.V.2000, *C.E.M. Bicudo & L.L. Morandi* (SP365710).

COMENTÁRIOS

Os representantes desta forma taxonômica diferem dos da típica da espécie por possuírem os espinhos angulares torcidos no sentido horário quando observados em vista vertical.

Originariamente descrita a partir de material da cidade de São Paulo, *S. trifidum* Nordstedt var. *glabrum* Lagerheim f. *tortum* Börgesen foi reencontrada várias vezes, mas nenhum dos autores que a identificou desses materiais fez referência à variação morfológica intra ou interpopulacional. Taniguchi (1998) referiu-se a Grönblad (1945), que elevou esta forma taxonômica a variedade taxonômica. Entretanto, Grönblad (1945) não forneceu ilustração do material que examinou, mas referiu, de maneira inquestionável, o basiônimo de sua nova combinação.

Foram analisadas atualmente duas populações distintas de *S. trifidum* Nordstedt var. *glabrum* Lagerheim f. *tortum* Börgesen e verificou-se a ocorrência de variação morfológica em alguns poucos indivíduos de ambas as populações, mas não entre as populações de unidades amostrais distintas. Pode-se observar, por exemplo, que nem sempre os espinhos apareceram encurvados em um mesmo sentido na vista vertical e que nem todos os ângulos apresentaram a mesma característica, pois em alguns de uma mesma semicélula tal curvatura inexistiu. A curvatura dos espinhos angulares no sentido da semicélula oposta foi, contudo, uma característica extremamente estável nas populações examinadas, pois esteve presente em todos os exemplares observados.

STAURASTRUM TRIFIDUM **NORDSTEDT VAR.** *INFLEXUM* **WEST & WEST (FIG. 110-111)**

Trans. Linn. Soc. Lond.: sér. 2, 5(5): 258, pl. 16, fig. 22. 1896.

Células 1,2-1,3 vez mais longas que largas, constrição mediana profunda, seno mediano aberto, acutangular, compr. (inclusive espinhos) 23,0-25,0 µm, larg. (inclusive espinhos) 30,0-41,0 µm, larg. (sem espinhos) 18,0-20,0 µm, istmo 9,0-12,0 µm larg.; semicélulas assimetricamente elípticas a subtrapeziformes, margens basais convexas, ângulos com 3 espinhos fortemente encurvados, dirigidos para a semicélula oposta sendo 1 no plano superior, 2 no plano interior, margem apical reta a levemente convexa; vista vertical 3-angular, margens levemente côncavas, ângulos com 3 espinhos, 1 no plano superior, 2 no plano inferior; parede celular lisa. Zigósporo não observado.

DISTRIBUIÇÃO GEOGRÁFICA NO ESTADO DE SÃO PAULO

EM LITERATURA: Moji-Guaçu (Marinho & Sophia 1997).

MATERIAL EXAMINADO: **Município de Ibitinga**, 22.VIII.2000, *C.E.M. Bicudo, S.M.M. Faustino & S.P. Schetty* (SP365704).

Comentários

Staurastrum trifidum Nordstedt var. *inflexum* West & West foi originalmente descrito em 1896 (West & West 1896) e difere da variedade-tipo da espécie pelas células proporcionalmente mais largas, pela margem apical reta e, às vezes, pelos espinhos angulares pouco mais encurvados e sempre mais acentuadamente voltados para a semicélula oposta.

A primeira referência à ocorrência da variedade no Estado de São Paulo está em Marinho & Sophia (1997), que estudaram material coletado do Açude do Jacaré, em Moji-Guaçu. A presente é a segunda referência, baseada em material de um riacho localizado no Município de Ibitinga.

Não foi observada variação morfológica no material de Ibitinga e tampouco foi documentada naquele de Moji-Guaçu. Entretanto, segundo Prescott *et al.* (1982), os espinhos podem, algumas vezes, apresentar-se encurvados.

Staurastrum trihedrale Wolle var. *trihedrale* (Fig. 44)

Bull. Torrey Bot. Club 10(2): 20, pl. 27, fig. 20. 1883.

Células 1,3-1,5 vez mais longas que largas, constrição mediana profunda, seno mediano fechado, linear, ápice arredondado, compr. (inclusive espinhos) 23,0-25,0 µm, larg. (inclusive espinhos) 30,0-41,0 µm, larg. (sem espinhos) 18,0-20,0 µm, istmo 9,0-12,0 µm larg.; semicélulas obtriangulares a priramidal-truncadas, margens basais retas, ângulos basais arredondados, margens laterais pouco côncavas na parte média, convergentes, ângulo superiores obtuso-arredondados, margem apical truncada, pouco convexa; vista vertical 3-angular, margens côncavas, ângulos arredondados; parede celular pontuada. Zigósporo não observado.

Distribuição geográfica no Estado de São Paulo

Em literatura: Pirassununga (Borge 1918).

Material examinado: nenhum.

Comentários

O conhecimento de *S. trihedrale* Wolle var. *trihedrale* no Brasil encontra-se restrito ao trabalho de Borge (1918). A descrição original da espécie apresenta a parede celular coberta por pequenos grânulos, uma característica que não foi representada na ilustração em Borge (1918) nem mencionada na descrição que apresentou.

A despeito de haver examinado grande quantidade de material, nenhum indivíduo representante desta espécie foi presentemente encontrado.

STAURASTRUM TURGESCENS DE NOTARIS VAR. *TURGESCENS* F. *TURGESCENS* (FIG. 81)

Desm. Ital. 51, pl. 4, fig. 43. 1867.

Célula pouco mais longa que larga, constrição mediana profunda, seno mediano aberto, acutangular, compr. ca. 28,9 µm, larg. ca. 23,8 µm, istmo ca. 11,9 µm larg.; semicélulas transversalmente elípticas, margens basais pouco convexas, ângulos arredondados a arredondado-acuminados, margem apical mais ou menos amplamente convexa; vista vertical 3(-4)-angular, margens pouco côncavas, ângulos arredondados a arredondado-acuminados; parede celular granulosa, grânulos irregularmente distribuídos em toda a parede. Zigósporo comprimido, liso, vista frontal circular, 9-12 ondulações marginais, vista lateral oblongo elíptica.

DISTRIBUIÇÃO GEOGRÁFICA NO ESTADO DE SÃO PAULO

EM LITERATURA: Itirapina (Bicudo 1969).

MATERIAL EXAMINADO: nenhum.

COMENTÁRIOS

Bicudo (1969) identificou pioneiramente material desta espécie para o território brasileiro a partir de amostras provenientes de Itirapina. Na descrição desse material, o autor forneceu informação inclusive do zigósporo.

Staurastrum turgescens De Notaris é, segundo Bicudo (1969), muito parecido com *S. alternans* Brébisson e *S. punctulatum* Brébisson, dos quais difere por possuir semicélulas perfeitamente elípticas e zigósporo comprimido. Na ausência, contudo, de zigósporo tem-se certa dificuldade para identificar esta espécie, pois a forma das semicélulas não é uma característica efetivamente diagnóstica graças à existência de acentuado polimorfismo encontrado em cada uma das três espécies.

STAURASTRUM VOLANS WEST & WEST (FIG. 285-286)

Trans. Linn. Soc. Lond.: sér. 2, 5(2): 79, pl. 9, fig. 10-11. 1895.

Células 1,2-1,7 vez mais longas que largas, constrição mediana profunda, seno mediano suave, acutangular, compr. (inclusive processos) 22,0-35,0 µm, compr. (sem processos) 13,0-19,0 µm, larg. (inclusive processos) 24,0-38,5 µm, larg. (sem processos) 10,0-12,0 µm, istmo 3,7-6,5 µm larg.; semicélulas ciatiformes a subglobosas, margem basal convexa, ascendente, ângulos apicais com processo divergente, 4-5-ondulado, extremidades 2-furcadas, margem apical convexa; vista vertical 2-angular, elíptica, ângulos com processos ondulados; parede celular lisa. Zigósporo não observado.

Distribuição geográfica no Estado de São Paulo

Em literatura: São Paulo (Sant'Anna *et al.* 1989).

Material examinado: **Município de Limeira**, 05.V.2000, *C.E.M. Bicudo & S.P. Schetty* (SP365687).

Comentários

Esta espécie foi primeiro documentada para o Estado de São Paulo por Sant'Anna *et al.* (1989), a partir de material coletado no Lago das Garças, situado no Parque Estadual da Fontes do Ipiranga, na cidade de São Paulo. Este é, aliás, o único registro que contém informação referente ao material então estudado. Todas as demais 14 citações da ocorrência de *S. volans* West & West no Estado de São Paulo são de seu nome em listas, sem descrição nem ilustração do material identificado. Sant'Anna *et al.* (1989) forneceram descrição e comentaram que o material identificado diferiu da descrição original por apresentar maiores dimensões da largura do istmo e menores da largura da célula, incluídos os processos angulares.

No presente estudo, encontramos representantes desta espécie apenas nas amostras de Limeira. Nestas amostras, a população foi bastante pródiga em número de indivíduos e, quanto à sua morfologia, incluiu-se na circunscrição documentada em Sant'Anna *et al.* (1989).

Staurastrum warmingii Börgesen (Fig. 152)

Vidensk. Meddr dansk naturh. Foren. 1890: 48, pl. 5, fig. 54. 1890.

Célula ca. 1,2 vez mais longa que larga, incluindo espinhos, constrição mediana profunda, seno mediano aberto, acutangular, compr. (inclusive processos) ca. 65,0 μm, larg. (inclusive processos) ca. 54,0 μm, istmo ca. 21,0 μm larg.; semicélulas transversalmente elípticas, margens basais pouco convexas a retas, ângulos basais com 3 processos curtos, 2-3-denticulados, arranjados lado a lado, margens laterais suavemente côncavas a retas, ângulos laterais com 2 processos curtos, (2-)3-denticulados, arranjados lado a lado, margem apical reta ou pouco convexa; vista vertical 3-angular, margem reta ou muito levemente côncava, ângulos com 3 processos curtos, 2-3-denticulados, sendo 2 laterais e 1 mediano, 2 outros processos curtos, 2-3-denticulados, intramarginais, próximos de cada ângulo; parede celular lisa. Zigósporo não observado.

Distribuição geográfica no Estado de São Paulo

Em literatura: São Paulo (Börgesen 1890).

Material examinado: nenhum.

COMENTÁRIOS

Börgesen (1890) é o único registro da presença da espécie no Estado de São Paulo. O referido autor mencionou, ao propor a espécie, sua semelhança com outras duas, *S. gemeliparum* Nordstedt e *S. furcatum* (Ehrenberg) Brébisson, porém, não detalhou a semelhança nem como separar as três espécies. Entendemos que tal diferenciação possa ser feita pela forma e localização dos processos angulares curtos.

STAURASTRUM ZONATUM BÖRGESEN VAR. *ZONATUM* (FIG. 256)

Vidensk. Meddr dansk naturh. Foren. 1890: 46, pl. 5, fig. 48. 1890.

Célula ca. 1,3 vez mais longa que larga, incluindo espinhos, constrição mediana suave, seno mediano aberto, em forma de "U", compr. (inclusive processos) ca. 32,0 µm, larg. (inclusive processos) ca. 25,0 µm, istmo ca. 9,0 µm larg.; semicélulas obtrapeziformes a subquadradas, margens basais assimetricamente côncavas, divergentes, série de 4-6 grânulos supraistmiais visível frontalmente, ângulos com processos curtos, divergentes, pouco curvos ou retos, margem levemente crenulada, 3-4 anéis de grânulos diminutos, ápice 5-denticulado, margem apical amplamente convexa; vista vertical 5-angular, margens acentuadamente côncavas, ângulos com processos curtos, 3-4 anéis de grânulos diminutos, ápice 5-denticulado, 1 par de grânulos na base de cada processo angular; parede celular lisa. Zigósporo não observado.

DISTRIBUIÇÃO GEOGRÁFICA NO ESTADO DE SÃO PAULO

EM LITERATURA: São Paulo (Börgesen 1890).

MATERIAL EXAMINADO: nenhum.

COMENTÁRIOS

Staurastrum zonatum Börgesen é mais uma espécie proposta por Börgesen (1890) cujo conhecimento atual está limitado à obra 'princeps'. Segundo o dito autor, existe semelhança entre os representantes desta espécie e os de *S. inconspicuum* Nordstedt, e a diferença está em que os da última não possuem o anel de grânulos logo acima do istmo nem os que circundam transversalmente os processos.

Não foi encontrado um representante sequer desta espécie em todas as coletas presentemente realizadas no Estado de São Paulo.

STAURASTRUM ZONATUM Börgesen var. *HORIZONTALE* Borge (Fig. 257)

Ark. Bot. 15(13): 51, pl. 4, fig. 21. 1918.

Células 1,1-1,2 vez mais longas que largas, incluindo espinhos, constrição mediana suave, seno mediano aberto, em forma de "V", compr. (inclusive processos) 38,0-44,0 µm, larg. (inclusive processos) 43,0-52,0 µm, istmo 9,5-11,5 µm larg.; semicélulas obtrapeziformes, margens basais quase retas, divergentes, série de 10-12 de grânulos visíveis acima do istmo, ângulos com processos relativamente longos, horizontalmente dispostos, margem levemente crenulada, 5 anéis de grânulos diminutos, ápice 3-denticulado, margem apical pouco convexa; vista vertical 6-angular, margens bastante côncavas, círculo intramarginal de 12 grânulos, ângulos com processos relativamente longos, 5 anéis de grânulos diminutos, ápice 3-denticulado; parede celular lisa. Zigósporo não observado.

Distribuição geográfica no Estado de São Paulo

Em literatura: São Paulo (Borge 1918).

Material examinado: nenhum.

Comentários

Esta variedade difere da típica da espécie por apresentar os processos horizontalmente dispostos em vez de divergentes e um anel intramarginal de grânulos observável só na vista vertical.

Também não foram encontrados representantes desta variedade durante o presente inventário florístico, continuando Borge (1918) como o único registro de sua identificação em nível mundial.

3.5 *STAURODESMUS* Teiling 1948

Indivíduos unicelulares, isolados, de vida livre. Célula de modo geral mais ou menos tão longa quanto larga, mas pode ser até quatro vezes mais longa do que larga. A constrição mediana varia desde pouco até bem acentuada, podendo aparecer como uma simples indentação, uma depressão relativamente ampla a até um ângulo obtuso bem evidente. As semicélulas têm forma bastante variada (subesférica, elíptica, fusiforme, obtriangular, transversalmente retangular, trapeziforme-invertida, lunada ou ciatiforme) e sua vista apical é, em geral, 2-3-angular, raro até 6-angular (*S. calyxoides*), com os ângulos ornados com um espinho simples, de tamanho variável desde um simples mucro até espinhos relativamente longos, que aparecem em vista frontal inseridos só em um nível em cada semicélula. A parede celular é sempre lisa, podendo, entretanto, apresentar poros. O cloroplastídio é axial, único por semicélula e dotado de um par de projeções lamelares dirigidas para cada ângulo da célula. Existe um pirenoide localizado na região central de cada plastídio.

O gênero foi proposto por Teiling (1948) para juntar dois grupos de espécies, um de *Arthrodesmus* e outro de *Staurastrum*. O próprio nome *Staurodesmus* dado ao gênero pretendeu mostrar sua origem sem, contudo, implicar a possibilidade de hibridização. Mais tarde, o mesmo autor ampliou o número de espécies de *Arthrodesmus* e *Staurastrum* que deveriam ser transferidas para o recém-criado gênero *Staurodesmus* e adicionou algumas de *Cosmarium*. *Staurodesmus* é um gênero morfologicamente bastante bem circunscrito se forem consideradas as seguintes características diagnósticas: (*1*) espinhos simples, únicos por ângulo e arranjados em um só nível em cada semicélula e (*2*) parede celular inteiramente lisa (Teiling 1967).

Staurodesmus inclui ao redor de 100 espécies, cujos representantes podem ser encontrados em todo o mundo.

Chave para reconhecimento das espécies, variedades e formas taxonômicas identificadas:

1. Seno mediano retangular ou semicircular.
   2. Seno mediano semicircular .... *S. extensus* var. *extensus*
   2. Seno mediano retangular.
      3. Vista apical da célula 3-angular .... *S. triangularis*
      3. Vista da célula apical elíptico-fusiforme.
         4. Margem apical truncada .... *S. cuspidatus* var. *cuspidatus*
         4. Margem apical quase reta ou convexa.
            5. Espinhos convergentes .... *S. mamillatus* var. *mamillatus*
            5. Espinhos divergentes .... *S. dejectus*
1. Seno mediano acutangular ou obtusangular.
   6. Seno mediano acutangular.
      7. Semicélulas subelípticas, elípticas a elíptico-fusiformes,
         obovado-comprimidas ou romboidais.
         8. Semicélulas triangulares, amplamente elípticas ou elípticas constritas
            no centro (em forma de 8).
            9. Vista apical da célula 3-angular.
               10. Ângulos lisos, sem ornamentação .. *S. pachyrhynchus* var. *convergens*
               10. Ângulos ornados com espinhos ou papilas.
                  11. Ângulos ornados com espinhos.
                     12. Espinhos horizontalmente dispostos.
                        13. Espinhos com extremidade acuminada .... *S. atenuatus*

13. Espinhos com extremidade arredondada.
    14. Célula 24,2-31,0 x
        21,3-30,0 µm .... *S. brevispina* f. *brevispina*
    14. Célula 20,0-21,1 x 14,2-14,8 µm .... *S. brevispina* f.
12. Espinhos divergentes ou convergentes.
    15. Espinhos divergentes .... *S. patens*
    15. Espinhos convergentes .... *S. dickiei* var. *dickiei*
11. Ângulos ornados com papilas.
    16. Inserção da papila no terço inferior
    da semicélula ....*S. dickiei* var. *denticulatus*
    16. Inserção da papila no terço mediano da semicélula.
        17. Vértice do seno mediano
        acuminado ....*S. mucronatus* var. *paralellus*
        17. Vértice do seno mediano
        arredondado .... *Staurodesmus* sp. 1
9. Vista apical da célula elíptica ou elíptica constrita no centro
(em forma de 8).
  18. Vista apical da célula elíptica.
    19. Ângulos ornados com espinhos curtos ou papilas.
      20. Célula ca. 37,0 x 27,0 µm ....*S. lobatus* var. *ellipticus*
      20. Célula 13,0-16,0 x 7,5-14,0 µm ...... *S. lobatus* var. *ellipticus* f.
    19. Ângulos ornados com espinhos longos.
      21. Margem apical uniformemente convexa.
        22. Margem apical mais convexa que a margem basal.
        23. Espinho dando continuidade à curvatura da
        margem apical .... *S. convergens* var. *convergens*
        23. Espinho não dando continuidade à curvatura
        da margem apical.
          24. Espinhos inseridos no terço mediano da
          semicélula .... *S. convergens* var. *laportei*
          24. Espinhos inseridos no terço inferior
          da semicélula.
          25. Célula 29,8-37 x
          25,2-31,2 µm .... *S. convergens* var. *pumilus*
          25. Célula 12,1-12,6 x
          10,9-11,1 µm ..... *S. convergens* var. *pumilus* f.
        22. Margem apical e conjunto das margens basais
        igualmente convexos ou margem apical menos
        convexa que o conjunto das margens basais.

26. Margens apical e basal da célula igualmente
convexas ou margem apical pouco menos
convexa .... *S. subulatus* var. *subaequalis*
26. Margens apical da célula nitidamente menos
convexa que a inferior .... *S. validus* var. *validus*
21. Margem apical não uniformemente convexa.
27. Margem apical da célula com 1 depressão
no terço mediano .... *S. curvatus* var. *curvatus*
27. Margem apical da célula com 1 depressão nos
dois terços distais .... *S. validus* var. *sinuosus*
18. Vista apical da célula elíptica com constrição mediana (em forma de 8).
28. Espinho inserido na porção inferior, margem apical
uniformemente convexa ....*S. croasdaleae* f.
28. Espinho inserido na porção superior, margem apical com leve
depressão no terço mediano ....*Staurodesmus* sp. 2
8. Semicélulas obovadas-comprimidas ou romboidais.
29. Semicélulas obovado-comprimidas.
30. Vista apical da célula elíptica ....*S. subulatus* var. *subulatus*
30. Vista apical da célula 3-angular .... *S. subulatus* var. *nordstedtii*
29. Semicélulas romboidais.
31. Célula ca. 53,5 x 53,5-55,1 μm................ *S. dickiei* var. *rhomboideus*
31. Célula ca. 18,7 x 25,5 μm .... *S. dickiei* var. *rhomboideus* f.
7. Semicélulas subcuneadas, cuneadas, obtrapeziformes,
poculiformes ou sub-retangulares.
32. Vista apical da célula elíptica ....*S. smolandicus* var. *angulosus*
32. Vista apical da célula 3 ou 4-angular.
33. Vista apical da célula
4-angular .... *S. pachyrhynchus* var. *pseudopachyrhynchus*
33. Vista apical da célula 3-angular.
34. Ângulos destituídos de
ornamentação .... *S. pachyrhynchus* var. *pachyrhynchus*
34. Ângulos ornados com espinhos.
35. Espinhos divergentes ....*S. selenaeus*
35. Espinhos convergentes.
36. Vista apical da célula com os espinhos flexionados
no mesmo sentido ....*S. glaber* var. *flexispinus*
36. Vista apical da célula com os espinhos não flexionados.

37. Vértice do seno mediano agudo
a reto .... *S. glaber* var. *glaber*
37. Vértice do seno mediano
retuso .... *S. glaber* var. *hirundinella*
6. Seno mediano obtusangular.
38. Vista apical da célula elíptica, fusiforme, 1 leve intumescência mediana.
39. Vista apical da célula elíptica.
40. Espinho longo, convergente .... *S. incus* var. *ralfsii*
40. Espinho curto, horizontal ou divergente.
41. Espinho reto; margem lateral sem depressão
no terço mediano .... *S. controversus* var. *brasiliensis*
41. Espinhos divergentes; margem lateral com suave depressão no terço
mediano .... *S. psilosporus* var. *psilosporus*
39. Vista apical da célula fusiforme, 1 leve intumescência mediana.
42. Vista apical da célula elíptica, 1 intumescência
na porção mediana .... *S. phimus* var. *hebridarus*
42. Vista apical da célula fusiforme.
43. Espinhos convergentes .... *S. triangularis*
43. Espinhos divergentes.
44. Espinhos curtos.
45. Semicélulas torcidas em vista apical .... *S. tortus*
45. Semicélulas não torcidas em vista apical.
46. Espinhos flexuosos .... *S. o'mearii* var. *infractus*
46. Espinhos retilíneos.
47. Inserção do espinho na margem lateral;
espinho contínuo à margem apical da
semicélula .... *S. psilosporus* var. *retusus*
47. Inserção do espinho no vértice do ângulo
formado pela margem apical com a margem
lateral; espinho descontínuo às margens
da semicélula .... *S. phimus* var. *phimus*
44. Espinhos longos.
48. Seno mediano com vértice
arredondado .... *S. quiriferus* var. *quiriferus*
48. Seno mediano com vértice acuminado.
49. Parede celular lisa .... *S. phimus* var. *semilunaris*
49. Parede celular pontuada .... *S. crassus* var. *productus*

38. Vista da célula apical 3 ou 5-angular.
    50. Vista apical da célula 5-angular .... *S. wandae* var. *longissimus*
    50. Vista apical da célula 3-angular.
        51. Margem apical das semicélulas côncava ou reta.
            52. Seno mediano com vértice arredondado .... *S. pterosporus*
            52. Seno mediano com vértice acuminado.
                53. Margens sem ondulações ...... *S. leptodermus* var. *leptodermus*
                53. Margens com ondulações.
                    54. Margem superior ondulada e
                        lateral lisa ....*S. crassus* var. *crassus*
                    54. Margens superior e lateral
                        onduladas ....*S. leptodermus* var. *subcorniculatus*
        51. Margem apical das semicélulas convexa.
            55. Espinho inserido no terço mediano da semicélula ..... *S. dejectus*
            55. Espinho inserido no terço superior da semicélula.
                56. Espinho inserido na margem superior da semicélula,
                contínuo à margem basal ...... *S. mucronatus* var. *groenbladii*
                56. Espinho inserido no vértice do ângulo formado pelas margens
                apical e basal, descontínuo às margens .... *S. connatus*

STAURODESMUS ATTENUATUS (BORGE) TEILING (FIG. 355)

Ark. Bot.: sér. 2, 6(11): 578, pl. 21, fig. 7. 1967.

Basiônimo: *Staurastrum tumidum* Brébisson var. *attenuatum* Borge, Ark. Bot. 15(13): 55, pl. 4, fig. 27. 1918.

Células 1,0-1,1 vez mais longas que largas, profundamente constritas na parte média, seno mediano aberto, acutangular, ápice acuminado, 223,0-227,0 µm compr., 202,0-221,0 µm larg., istmo 57,0-60,0 µm larg.; semicélulas transversalmente elíptico-fusiformes, margem apical amplamente convexa, pouco truncada na parte média, margens basais pouco convexas, ângulos acuminados, ornados com 1 espinho extremamente curto, mamiliforme, horizontal, inserido no terço mediano das semicélulas; cloroplastídio axial, lamelado, lamelas divididas em outras lamelas, cada qual contendo vários pirenoides, pirenoides parietais; vista vertical 3-angular, margens levemente convexas, 1 espinho em cada ângulo.

Distribuição geográfica no Estado de São Paulo

Em literatura: Município de Pirassununga (Borge 1918, como *Staurastrum tumidum* var. *attenuatum*).

Material examinado: nenhum.

Comentários

Staurodesmus attenuatus (Borge) Teiling é uma espécie facilmente reconhecida por conta do tamanho um tanto avantajado de sua célula em comparação com aquele das demais espécies do gênero.

Esta espécie difere de *Staurodesmus tumidus* (Brébisson) Teiling pela posse de ângulos atenuados, espinhos relativamente pequenos e seno mediano de vértice acuminado. É uma espécie constituída por espécimes de porte relativamente grande quando comparado com aqueles dos representantes das demais espécies. A célula é facilmente confundida, em vista frontal, com a de *Staurodesmus fastigatus* (Scott & Grönblad) Teiling, mas difere pela vista apical triangular e pelo cloroplastídio axial lamelado, as lamelas divididas em outras lamelas, cada qual contendo vários pirenoides parietais.

Staurodesmus brevispina (Brébisson) Croasdale (Fig. 356)

Trans. Amer. Microsc. Soc. 76(2): 122, pl. 3, fig. 47-48. 1957.

Basiônimo: *Staurastrum brevispina* Brébisson *in* Ralfs, Brit. Desmidieae. 124, pl. 34, fig. 7. 1848.

Células 0,9-1,2 vez mais longas que largas, profundamente constritas na parte média, seno mediano acutangular, 24,2-31,0 µm compr., 21,3-30,0 µm larg., istmo 7,4-10,1 µm larg.; semicélulas transversalmente elípticas, margem apical e conjunto das margens basais igualmente convexos, ângulos acuminado-arredondados, 1 espinho extremamente curto, convergente, inserido no terço mediano da semicélula; parede celular lisa, hialina; cloroplastídio não observado; vista vertical 3-angular, lados pouco retusos, ângulos acuminado-arredondados, 1 espinho extremamente curto.

Distribuição geográfica no Estado de São Paulo

Em literatura: Município de Luiz Antônio (Taniguchi *et al.* 2000a, como *Staurodesmus brevispina*), Município de Angatuba, Município de Engenheiro Coelho e Município de Lorena (Godinho 2005).

MATERIAL EXAMINADO: **Município de Angatuba**, 17.IV.1989, *A.A.J. Castro, C.E.M. Bicudo & D.C. Bicudo* (SP188215). **Município de Engenheiro Coelho**, 16.XI.2000, *C.E.M. Bicudo, L.R. Godinho & S.M.M. Faustino* (SP355403). **Município de Lorena**, 17.XI.1988, *A.A.J. Castro & C.E.M. Bicudo* (SP176242).

COMENTÁRIOS

Staurodesmus brevispina (Brébisson) Croasdale lembra muito, em alguns casos, *S. mucronatus* (Ralfs) Croasdale e o presente *Staurodesmus* sp. 1, dos quais difere apenas no comprimento dos espinhos angulares. Em *S. brevispina* (Brébisson) Croasdale o espinho é reduzido praticamente a uma papila, enquanto em *S. mucronatus* (Ralfs) Croasdale é mucroniforme e em *Staurodesmus* sp. 1 ainda ocorre leve diferença no que tange à curvatura da margem superior das semicélulas, que em *S. mucronatus* (Ralfs) Croasdale é pouco mais convexa do que em *S. brevispina* (Brébisson) Croasdale. Enquanto a primeira diferença é mais persistente e, por isso, mais útil, a última desaparece após analisar qualquer população de uma ou da outra espécie.

Staurodesmus brevispina (Brébisson) Croasdale é uma espécie bastante característica e dotada de morfologia bastante estável. Conforme a literatura, existem pequenas variações no que diz respeito à curvatura das margens, principalmente da margem superior, que ora é mais ora menos arqueada.

Os espécimes coletados no Estado de São Paulo provieram de duas localidades, a saber, dos municípios de Lorena e Angatuba. Essas duas populações foram constituídas por pequenos números de indivíduos, mas que apresentaram variação morfológica quanto à curvatura da margem superior da semicélula que, por vezes, se apresentou mais arqueada e muito parecida com a de *S. mucronatus* (Ralfs) Croasdale.

STAURODESMUS BREVISPINA (BRÉBISSON) CROASDALE F. (FIG. 357)

Células ca. 1,4 vez mais longas que largas, profundamente constritas na parte média, seno mediano acutangular, 20,0-21,1 μm compr., 14,2-14,8 μm larg., istmo 8,3-8,5 μm larg.; semicélulas transversalmente elípticas, margem apical e conjunto das margens basais igualmente convexos, ângulos acuminado-arredondados, 1 espinho extremamente curto, convergente, inserido no terço mediano da semicélula; parede celular lisa, hialina; cloroplastídio não observado; vista vertical 3-angular, lados pouco retusos, ângulos acuminado-arredondados, 1 espinho extremamente curto.

Distribuição geográfica no Estado de São Paulo

Em literatura: Município de Assis (Godinho 2005).

Material examinado: **Município de Angatuba**, 17.IV.1989, *A.A.J. Castro, C.E.M. Bicudo & D.C. Bicudo* (SP188215). **Município de Assis**, 21.VII.1991, *M.C. Bittencourt-Oliveira* (SP239089). **Município de Engenheiro Coelho**, 16.XI.2000, *C.E.M. Bicudo, L.R. Godinho & S.M.M. Faustino* (SP355403). **Município de Lorena**, 17.XI.1988, *C.E.M. Bicudo & A.A.J. Castro* (SP176242).

Comentários

A amostra proveniente do Município de Assis foi pobre em indivíduos deste tipo. Apenas dois espécimes foram encontrados, porém, com uma diferença marcante de todos os demais coletados nos municípios de Angatuba, Engenheiro Coelho e Lorena, qual seja: o tamanho dos espécimes.

Os dois espécimes ora examinados apresentaram significativa diferença métrica, medindo mais ou menos a metade dos exemplares dos municípios de Angatuba, Engenheiro Coelho e Lorena. Apresentaram também pequena diferença na relação entre o comprimento e a largura máximos das células. Todas as demais características diagnósticas foram, entretanto, as mesmas de *Staurodesmus brevispina* (Brébisson) Croasdale.

Teiling (1967) registrou a existência de uma forma "*minor*', mas não a referiu como uma categoria taxonômica. As medidas que o referido autor citou concordam muito com aquelas dos atuais exemplares. Parece-nos interessante propor formalmente essa forma taxonômica, porém, não antes de examinar mais exemplares e confirmar os limites métricos em nível de uma população de maior porte.

Staurodesmus connatus (Lundell) Thomasson (Fig. 358)

Nova Acta Reg. Soc. Scient. Upsal.: sér. 4, 17: 34, pl. 11, fig. 16. 1960.

Basiônimo: *Staurastrum dejectum* Brébisson var. *connatum* Lundell, Nova Acta Reg. Soc. Scient. Upsal.: sér. 3, 8: 60, pl. 3, fig. 28. 1871.

Célula tão longa quanto larga, seno mediano levemente aberto, obtusangular, profundamente constrita na parte média, ca. 19,6 µm compr., ca. 18,4 µm larg., istmo ca. 6,4 µm larg.; semicélulas mais ou menos ciatiformes, margem apical reta ou quase, às vezes levemente convexa, margens basais em geral assimetricamente convexas, raro simétricas, ângulos levemente acuminados, 1 espinho pontiagudo, curto, amplamente divergente inserido no terço superior da semicélula; parede celular lisa, hialina; cloroplastídio não observado; vista vertical 3-angular, 1 espinho em cada polo.

DISTRIBUIÇÃO GEOGRÁFICA NO ESTADO DE SÃO PAULO

EM LITERATURA: Município de Angatuba (Godinho 2005) e Município de Luiz Antônio (Taniguchi *et al.* 2000a).

MATERIAL EXAMINADO: **Município de Angatuba,** 17.IV.1989, *A.A.J. Castro, C.E.M. Bicudo & D.C. Bicudo* (SP188215).

COMENTÁRIOS

Staurodesmus connatus (Lundell) Thomasson difere de *Staurodesmus dejectus* (Brébisson) Teiling nos espinhos, pois os da última espécie são relativamente mais longos do que os da primeira e, também, porque em S. *dejectus* (Brébisson) Teiling o istmo é um tanto alongado. Opostamente, o seno em S. *connatus* (Lundell) Thomasson é acutangular, mais ou menos aberto. Entretanto, em algumas ilustrações de representantes desta espécie o istmo aparece um pouco arredondado.

O material estudado proveio apenas de uma localidade, do Município de Angatuba. Embora tivéssemos buscado com insistência, só um exemplar deste tipo foi encontrado em todas as preparações analisadas, mas que foi facilmente identificado por apresentar nítidas todas as características diagnósticas da espécie, a saber: (*1*) semicélula mais ou menos ciatiforme, (*2*) margem apical reta ou quase, raro levemente convexa, e (*3*) ângulos levemente acuminados, munidos de um espinho pontiagudo, curto e amplamente divergente.

STAURODESMUS CONTROVERSUS (WEST & WEST) TEILING VAR. *BRASILIENSIS* (BORGE) TEILING (FIG. 359)

Ark. Bot.: sér. 2, 6(11): 505, pl. 4, fig. 11. 1967.

Basiônimo: *Arthrodesmus controversus* West & West var. *brasiliensis* Borge, Ark. Bot. 15(13): 40, pl. 3, fig. 21. 1918.

Células ca. 1,2 vez mais longas que largas, pouco constritas na parte média, seno mediano amplo, obtusangular, 11,0-14,5 compr., 10,0-11,5 larg., istmo 6,0-8,0 μm larg.; semicélulas obtrapeziformes a cuneadas, margens apical e basais suavemente convexas e até retilíneas, margem lateral sem depressão na porção mediana, ângulos ornados com 1 espinho sólido, curto, horizontalmente disposto ou quase, inserido no terço superior da semicélula; parede celular lisa, hialina; cloroplastídio e pirenoide não observados; vista vertical amplamente elíptica, 1 espinho curto em cada polo.

Distribuição geográfica no Estado de São Paulo

Em literatura: Município de Pirassununga (Borge 1918, como *Arthrodesmus controversus* var. *brasiliensis*) e Parque Nacional do Itatiaia (Bicudo & Azevedo 1977, como *Arthrodesmus controversus* var. *brasiliensis*).

Material examinado: nenhum.

Comentários

Segundo Bicudo & Azevedo (1977), as feições morfológicas que levaram Borge (1918) a propor *Arthrodesmus controversus* West & West var. *brasiliensis* foram as seguintes, conforme a descrição original da variedade: (1) tamanho pouco maior dos indivíduos; (2) ápice do seno mediano arredondado; (3) margem apical das semicélulas retilínea; e (4) margens basais retas ou quase. Na realidade, o estudo detalhado desta variedade, comparando-a com a típica da espécie, permitiu concluir que (1) não há diferença a considerar quanto ao tamanho dos espécimes representantes das duas variedades e (2) não há diferença substancial quanto ao grau de curvatura da margem superior e das basais dos indivíduos de uma e outra variedade. Mas, quanto ao ápice do seno mediano há diferença, pois em *A. controversus* West & West var. *brasiliensis* Borge tal ápice é nitidamente arredondado. Ainda mais, é de igual importância na caracterização de presente var. *brasiliensis* Borge a orientação quase paralela dos espinhos angulares quando se examina a célula de frente, isto é, em vista taxonômica. A var. *brasiliensis* Borge assemelha-se a *Staurodesmus psilosporus* (Nordstedt & Löfgren). Teiling var. *psilosporus*, do qual difere basicamente pelo tamanho dos indivíduos.

Staurodesmus controversus (West & West) Teiling var. *brasiliensis* (Borge) Teiling não foi reencontrado nas coletas efetuadas na região de Pirassununga, embora grande esforço amostral tenha sido realizado. Muito provavelmente, porque todos os ambientes existentes na região e recentemente visitados encontram-se bastante perturbados. Embora não se tenha recoletado a espécie, a descrição e a ilustração em Borge (1918) foram suficientes para o reestudo da variedade e a confirmação de sua ocorrência no Estado de São Paulo.

STAURODESMUS CONVERGENS (EHRENBERG *EX* RALFS) TEILING VAR. *CONVERGENS* (FIG. 360)

Bot. Notiser 1948(1): 57. 1948.

Basiônimo: *Arthrodesmus convergens* Ehrenberg *ex* Ralfs, Brit. Desmidieae. 118, pl. 20, fig. 3d. 1848.

Células 1,2-1,3 vez mais largas que longas, profundamente constritas na parte média, seno mediano acutangular, abrindo bastante a partir da extremidade estreita, sublinear próximo do istmo, 25,0-28,6 compr., 28,3-30,0 larg., istmo 10,0-12,0 μm larg.; semicélulas elípticas, margens apical e basais convexas, margem apical pouco mais arqueada que o conjunto das margens basais, ângulos com 1 espinho inserido no terço mediano da semicélula, relativamente curto, convergente, de modo que o contorno da margem superior forma um arco contínuo de círculo com os espinhos; parede celular lisa ou delicadamente pontuada, hialina; cloroplastídio axial, parietal, monocêntrico; vista vertical nitidamente elíptica, 1 espinho curto em cada polo.

DISTRIBUIÇÃO GEOGRÁFICA NO ESTADO DE SÃO PAULO

EM LITERATURA: Município de Aparecida do Norte (Bicudo & Azevedo 1977, como *Arthrodesmus convergens* var. *convergens*).

MATERIAL EXAMINADO: nenhum.

COMENTÁRIOS

O material que serviu de base para descrever e propor *Arthrodesmus convergens* Ehrenberg foi coletado pelo próprio Christian Gottfried Ehrenberg em três ocasiões distintas. Os locais de coleta, embora não definidos por Ehrenberg, estão situados nos arredores de Berlim.

A descrição original de A. *convergens* em Ehrenberg (1838) é bastante sucinta, mas a ilustração que apresentou é bastante elucidativa. A descrição original da espécie em alemão pode ser traduzida para o português da seguinte forma: células verdes, ovaladas, levemente comprimidas, em grupos de duas ou quatro, cada qual com dois espinhos convergentes (Ehrenberg 1838). Aparentemente, Ehrenberg (1838) descreveu uma planta de *Scenedesmus* por haver referido que as células se reunem em grupos de duas ou quatro.

Ralfs (1848) descreveu A. *convergens* Ehrenberg como segue: "Frond single, compressed, constricted at the middle; segments entire, with a single spine on each side". Novamente, uma descrição extremamente vaga, e as ilustrações em Ralfs (1848) são três figuras bastante diferentes entre si. Teiling (1967) propôs o nome *Staurodesmus convergens* (Ehrenberg *ex* Ralfs) Teiling var. *ralfsii* Teiling para designar as formas semelhantes às ilustradas em Ralfs (1848).

Durante os quase 180 anos que decorreram desde a proposição da espécie *A. convergens* Ehrenberg até hoje, os desmidiólogos publicaram uma grande quantidade de ilustrações de indivíduos identificados com *A. convergens* Ehrenberg *ex* Ralfs, as quais demonstraram quão problemático é o conceito dessa espécie. A variação morfológica dentro da espécie foi enorme, tornando difícil, por exemplo, delimitar os diferentes graus de curvatura da margem superior das semicélulas e distinguir os vários táxons infraespecíficos. Essa variação foi notável na forma da semicélula, na forma do seno mediano e na localização dos espinhos angulares. Os espinhos mostraram, por sua vez, variação no que tange ao diâmetro de sua base, ao comprimento dos espinhos e ao seu grau de curvatura. Esta última observação foi talvez mais evidente em *S. convergens* (Ehrenberg *ex* Ralfs) Teiling do que em qualquer outra espécie do gênero. Apareceram também todas combinações possíveis das variáveis antes mencionadas, quer fossem considerados ambos os lados de uma semicélula ou as duas semicélulas de um mesmo indivíduo. No último caso, formaram-se indivíduos dicotípicos. Além do problema da variação morfológica intraespecífica na espécie, existiu o da convergência de forma com outras espécies.

Bicudo & Senna (1975) mostraram que as formas morfologicamente mais simplificadas de *A. mucronulatus* Nordstedt [= *Octacanthium mucronulatum* (Nordstedt) Compère] em nada diferem de certas expressões morfológicas de *S. convergens* (Ehrenberg *ex* Ralfs) Teiling.

Concluindo, é importante dizer que a identificação de *Staurodesmus convergens* (Ehrenberg *ex* Ralfs) Teiling, ou seja, da espécie-tipo do gênero *Arthrodesmus*, é extremamente problemática, bem como é de se duvidar, por conseguinte, da informação relativa à distribuição geográfica da espécie.

Informação para se pensar é a de Bicudo & Azevedo (1977), que documentaram a ocorrência de *S. convergens* (Ehrenberg *ex* Ralfs) Teiling no Estado de São Paulo sob seu basiônimo, *Arthrodesmus convergens* Ehrenberg *ex* Ralfs var. *convergens*. Neste caso, foi observada uma população constituída por bom número de indivíduos e todos morfologicamente inseridos na circunscrição de *S. convergens* (Ehrenberg *ex* Ralfs) Teiling.

STAURODESMUS CONVERGENS (EHRENBERG *EX* RALFS) TEILING VAR. *LAPORTEI* TEILING (FIG. 361-362)

Ark. Bot.: sér. 2, 6(11): 588, pl. 25, fig. 4-7, 10, pl. 26, fig. 2. 1967.

Células tão longas quanto largas, profundamente constritas na parte média, seno mediano acutangular, estreitado na região próxima do istmo, 23,1-26,0 µm compr., 21,8-25,5 µm larg., istmo 6,1-8,8 µm larg.; semicélulas amplamente elípticas, margem apical e conjunto das margens basais uniforme e igualmente curvos, raro a margem apical mais arqueada, ângulos arredondados, 1 espinho curto, suavemente encurvado, convergente, inserido no terço mediano da semicélula; parede celular hialina, lisa ou muito suavemente pontuada, cloroplastídio não observado; vista vertical elíptica, 1 espinho curto em cada polo.

DISTRIBUIÇÃO GEOGRÁFICA NO ESTADO DE SÃO PAULO

EM LITERATURA: Município de Jaraçatiá, Município de Registro e Município de São Carlos (Bicudo & Azevedo 1977, como *Arthrodesmus convergens* var. *laportei*), Município de Ribeirão Branco e Município de Álvares Florence (Godinho 2005).

MATERIAL EXAMINADO: **Município de Álvares Florence**, 25.IV.2001, *C.E.M. Bicudo, D.L. Costa & S.M.M. Faustino* (SP355381). **Município de Ribeirão Branco**, 28.IV.1992, *A.A.J. Castro & C.E.M. Bicudo* (SP239244).

COMENTÁRIOS

Esta variedade difere da típica da espécie em suas semicélulas amplamente elípticas, com os espinhos inseridos no terço mediano da semicélula e o seno mediano acutangular e estreitado próximo do istmo.

Foram analisadas populações constituídas por numerosos indivíduos provenientes dos municípios de Ribeirão Branco e Álvares Florence. Os exemplares em tais populações foram bastante uniformes; a única variação morfológica observada foi pequena e referiu-se à margem superior da semicélula, que ora foi mais ora menos arqueada. Variação, embora de pequena monta, foi vista no ápice do istmo, que ora se apresentou mais acutangular ora mais obtusangular. Finalmente, foi notada pequena variação métrica entre os exemplares constituintes de cada população.

STAURODESMUS CONVERGENS (Ehrenberg *ex* Ralfs) Teiling var. *pumilus* (Nordstedt) Teiling (Fig. 363-364)

Ark. Bot.: sér. 2, 6(11): 589, pl. 25, fig. 12-13. 1967.

Basiônimo: *Arthrodesmus convergens* Ehrenberg var. *pumilus* Nordstedt, Vidensk. Meddr Natur. Foren. 1869(14-15): 232. 1869.

Células 1,0-1,4 vez mais longas que largas, moderadamente constritas na parte média, seno mediano levemente fechado, acutangular, 22,0-41,0 µm compr., 19,5-34,0 µm larg., istmo 6,0-12,0 µm larg.; semicélulas elípticas, margem apical amplamente convexa, mais arqueada que o conjunto das margens basais, ângulos arredondados, 1 espinho pontiagudo, curto, disposto quase na horizontal, inserido no terço mediano da semicélula; parede celular lisa, hialina; cloroplastídio não observado; vista vertical elíptica, 1 espinho curto em cada polo.

Distribuição geográfica no Estado de São Paulo

Em literatura: Município de Jaracatiá, Município de Registro e Município de São Carlos (Bicudo & Azevedo 1977, como *Arthrodesmus convergens* var. *pumilus*) e Município de São Paulo (Bicudo 1969, Godinho 2005).

Material examinado: **Município de São Paulo**, PEFI, hidrofitotério, 15.III.2001, C.E.M. *Bicudo & L.R. Godinho* (SP364864, SP364865); Lago das Ninfeias, 15.III.2001, C.E.M. *Bicudo & L.R. Godinho* (SP364872); hidrofitotério, 02.X.2001, C.E.M. *Bicudo & L.R. Godinho* (SP364868, SP364869).

Comentários

Staurodesmus convergens (Ehrenberg *ex* Ralfs) Teiling var. *pumilus* (Nordstedt) Teiling difere da variedade-tipo da espécie porque suas semicélulas apresentam contorno elíptico, são leve mas nitidamente atenuadas para os ângulos espiníferos, possuem as margens apical e basais igualmente convexas e os espinhos orientados quase perfeitamente na horizontal.

Esta variedade é facilmente reconhecida pelo contorno das semicélulas variável desde assimetricamente elíptico até próximo do reniforme e pela margem superior bastante convexa e, proporcionalmente, mais arqueada que o conjunto das margens basais. Nas semicélulas, os ângulos espiníferos aparecem localizados no terço inferior, isto é, mais próximo do seno mediano, que é profundo, linear em sua maior extensão e levemente dilatado no ápice (Bicudo & Azevedo 1977).

É interessante notar a pequena variabilidade métrica encontrada nas populações atualmente provientes de dois locais no PEFI (hidrofitotério e Lago das Ninfeias). Além disso, ocorreu variação no grau de curvatura das margens superior e basais das semicélulas, que ora se apresentaram mais ora menos convexas.

Bicudo (1969) documentou a ocorrência de *Arthrodesmus convergens* Ehrenberg *ex* Ralfs no hidrofitotério do Jardim Botânico de São Paulo, em empoçados situados nas margens do rio Pinheiros e no Município de Rio Claro. O exame das ilustrações desses materiais na literatura permitiram confirmar a ocorrência da variedade no Estado de São Paulo.

STAURODESMUS CONVERGENS (EHRENBERG *EX* RALFS) TEILING VAR. *PUMILUS* (NORDSTEDT) TEILING F. (FIG. 365)

Células 1,0-1,4 vez mais largas que longas, moderadamente constritas na parte média, seno mediano profundo, linear, levemente dilatado no ápice, 12,1-12,6 µm compr., 10,9-11,1 µm larg., istmo ca. 5,5 mm larg.; semicélulas elípticas, assimétricas a quase reniformes, margem apical amplamente convexa, mais arqueada que o conjunto das margens basais, ângulos arredondados, 1 espinho reto ou levemente curvado para a semicélula oposta, pontiagudo, curto, convergente, inserido no terço inferior da semicélula; parede celular hialina, lisa; cloroplastídio não observado; vista vertical elíptica, levemente acuminada nos polos, 1 espinho curto em cada polo.

DISTRIBUIÇÃO GEOGRÁFICA NO ESTADO DE SÃO PAULO

EM LITERATURA: Município de São Paulo (Godinho 2005).

MATERIAL EXAMINADO: **Município de São Paulo**, PEFI, hidrofitotério, 02.X.2001, *C.E.M. Bicudo & L.R. Godinho* (SP364868).

COMENTÁRIOS

Os dois únicos indivíduos deste tipo coletados no hidrofitotério do Jardim Botânico de São Paulo, Município de São Paulo, mostraram-se em tudo coincidentes com os de *S. convergens* (Ehrenberg) Teiling var. *pumilus* (Nordstedt) Teiling, exceto pelas medidas, que foram significativamente diferentes (12,1-12,6 µm compr., 10,9-11,1 µm larg.), isto é, quase a metade daquelas divulgadas para a variedade em questão (29,8-37,0 µm compr., 25,2-31,2 µm larg.).

Desde que só dois exemplares foram atualmente encontrados, decidimos, por enquanto, só documentar o fato. Contudo, se mais espécimes deste tipo forem encontrados e for mantida a diferença de tamanho, poderemos estar diante de uma forma taxonômica a ser descrita e proposta com base na consistência do menor tamanho de seus espécimes em relação aos de *S. convergens* (Ehrenberg *ex* Ralfs) Teiling var. *pumilus* (Nordstedt) Teiling.

STAURODESMUS CRASSUS (WEST & WEST) FLORIN VAR. *CRASSUS*

Acta Phytogeogr. Suecica 37: 138, pl. 30, fig. 1. 1957.

Basiônimo: *Arthrodesmus crassus* West & West, Journ. Linn. Soc.: sér. bot. 35: 541, pl. 14, fig. 8-9. 1903.

Células ca. 1,1 vez mais longas que largas, levemente constritas na parte média, seno mediano raso, acutangular, 11,0-15,6 µm compr., 12,3-16,1 µm larg., istmo 6,3-7,4 µm larg.; semicélulas obtrapeziformes, margem apical ampla, nitidamente convexa, margens basais igualmente convexas, ângulos com 1 espinho extremamente curto, reto, pouco divergente, inserido no terço superior da semicélula; parede celular lisa, hialina; cloroplastídio não observado; vista vertical elíptico-fusiforme, lados convexos, ângulos acuminados, 1 espinho extremamente curto.

DISTRIBUIÇÃO GEOGRÁFICA NO ESTADO DE SÃO PAULO

EM LITERATURA: Município de Irapuã, Município de São Paulo e Município de Urânia (Godinho 2005).

MATERIAL EXAMINADO: **Município de Irapuã**, 15.I.1992, *L.H.Z. Branco* (SP239235). **Município de São Paulo**, sem data, *A.A.J. Castro & C.E.M. Bicudo* (SP239097). **Município de Urânia**, 05.XII.1991, *L.H.Z. Branco* (SP239237).

COMENTÁRIOS

Os representantes de *Staurodesmus crassus* (West & West) Florin var. *crassus* lembram muito os de *Staurodesmus leptodermus* Lundell var. *subcorniculatus* (Rich) Teiling, dos quais diferem pelos ângulos espiníferos não mamilados e espinhos angulares comparativamente pouco mais longos.

Staurodesmus crassus (West & West) Florin var. *crassus* apresentou grande variação no que diz respeito ao tamanho da célula, à granulação maior ou menor das margens e aos espinhos angulares rombudos, não pontiagudos. Essa variação foi observada nas populações coletadas nos três municípios ora amostrados: Irapuã, São Paulo e Urânia.

STAURODESMUS CRASSUS (WEST & WEST) FLORIN VAR. *PRODUCTUS* (SKUJA) TEILING (FIG. 366)

Ark. Bot.: sér. 2, 6(11): 504, pl. 4, fig. 9. 1967.

Basiônimo: *Arthrodesmus crassus* West & West var. *productus* Skuja *ex* C. Bicudo & Azevedo, Bibltheca Phycol. 36: 20. 1977.

Célula aproximadamente tão longa quanto larga, moderadamente constrita na parte média, seno mediano aberto, obtusangular, acuminado no vértice, ca. 21,0 µm compr., ca. 21,0 µm larg., istmo ca. 8,0 µm larg.; semicélulas poculiformes a subcuneadas, margem apical suavemente convexa, margens basais assimetricamente convexas, ângulos projetados, mais ou menos mamiliformes, espinhos retos, sólidos, relativamente longos, divergentes, inseridos no terço superior da semicélula; parede celular hialina, finamente pontuada; cloroplastídio e pirenoide jamais observados; vista vertical elíptico-fusiforme, ângulos acuminados, 1 espinho sólido, retilíneo em cada polo.

Distribuição geográfica no Estado de São Paulo

Em literatura: Município de Mococa (Bicudo & Azevedo 1977, como *Arthrodesmus crassus* var. *productus*; Godinho 2005).

Material examinado: nenhum.

Comentários

Staurodesmus crassus (West & West) Florin var. *productus* (Skuja) Teiling é distinta da variedade típica da espécie, como o próprio nos diz, por conta dos ângulos espiníferos comparativamente mais proeminentes e até mesmo um pouco mamilados. De resto, não há diferença apreciável entre as duas variedades.

Não se detectou um espécime sequer deste tipo em todas as preparações feitas, porém, a descrição e a ilustração em Bicudo & Azevedo (1977) foram suficientes para confirmar a identificação do material que os referidos autores estudaram.

STAURODESMUS CROASDALEAE Teiling f. (Fig. 367)

Células ca. 1,3 vez mais longas que largas, profundamente constritas na parte média, seno mediano fechado, linear em sua máxima extensão, acutangular na porção distal, dilatado na porção proximal, 30,0-33,0 µm compr., 29,0-30,9 µm larg., istmo 21,0-22,8 µm µm larg.; semicélulas hemisféricas, margem apical amplamente convexa, ângulos arredondados, 1 espinho muito curto, praticamente reto, pontiagudo, inserido no terço inferior da semicélula; parede celular lisa, hialina; cloroplastídio não observado; vista vertical amplamente elíptica, 1 espinho curto em cada polo.

Distribuição geográfica no Estado de São Paulo

Em literatura: Município de São José do Barreiro (Godinho 2005).

Material examinado: **Município de São José do Barreiro, 21.XI.1989, A.A.J. Castro & C.E.M. Bicudo (SP188322).**

COMENTÁRIOS

Staurodesmus croasdaleae Teiling é uma espécie bastante característica pelo seu aspecto geral cosmarioide, ou seja, que lembra um *Cosmarium*, e pela presença de um espinho pequeno e pontiagudo inserido no terço inferior de cada semicélula. Esta morfologia é, conforme refere a literatura, bastante estável.

A espécie foi coletada no Estado de São Paulo, unicamente no Município de São José do Barreiro, tendo sido encontrados só dois exemplares deste tipo em todas as preparações examinadas. Não foi notada qualquer variação na forma destes dois indivíduos e no tamanho e orientação de seus espinhos angulares. Excetuadas as medidas, os dois espécimes identificaram-se plenamente com os de *Staurodesmus croasdaleae* Teiling var. *croasdaleae*. As medidas desses dois exemplares (30,0-33,0 µm compr., 29,0-30,9 µm larg., istmo 21,0-22,8 µm µm larg.) foram, entretanto, sensivelmente menores do que as da forma *minor* (63,0-70,0 µm compr., 46,0-58,0 µm larg., istmo 10,0-28,0 µm µm larg.) não oficial da referida espécie. Caso mais exemplares deste tipo sejam encontrados e se mantenha o espectro de sua variação métrica, poder-se-á estar diante de uma forma taxonômica a ser proposta.

STAURODESMUS CURVATUS (TURNER) THOMASSON VAR. *CURVATUS* (FIG. 368-371)

Nova Acta Reg. Soc. Scient. Upsal.: sér. 4, 19(1): 22. 1965 [non *Staurodesmus curvatus* (W. West) Thunm (= *Staurastrum curvatum* W. West)].

Basiônimo: *Arthrodesmus curvatus* Turner var. *curvatus*, K. svenska VetenskAkad. Handl. 25(5): 135, pl. 11, fig. 31-33, pl. 12, fig. 2, 7, 11, 13, 15. 1892.

Células ca. 1,2 vez mais longas que largas, profundamente constritas na parte média, seno mediano aberto, acutangular, 26,0-32,0 µm compr., 25,0-29,0 µm larg., istmo 5,0-11,0 µm larg.; semicélulas subelípticas a semicirculares, margens apical e basais convexas, apical menos acentuadamente convexa, margens basais podem apresentar 1 angulosidade logo abaixo dos espinhos, ângulos ornados com 1 espinho sólido, relativamente longo, inserido horizontalmente, pouco curvado no sentido da semicélula oposta, inserido no terço superior da semicélula; parede celular lisa, hialina; cloroplastídio furcoide, monocêntrico; vista vertical elíptica, 1 espinho em cada polo, orientados em sentidos opostos.

DISTRIBUIÇÃO GEOGRÁFICA NO ESTADO DE SÃO PAULO

EM LITERATURA: Município de Jaracatiá, Município de Mococa, Município de Moji-Guaçu, Município de São Carlos (Bicudo & Azevedo 1977, como *Arthrodesmus curvatus* var. *curvatus*).

MATERIAL EXAMINADO: nenhum.

COMENTÁRIOS

Turner (1892) propôs 11 espécies de *Arthrodesmus*, entre as quais *A. curvatus*. Das sete figuras originais que ilustram esta espécie, apenas duas são de exemplares perfeitamente maduros e informam sobre a variabilidade morfológica verificada na espécie. Em um desses exemplares, uma semicélula é mais elíptica e a outra mais subtriangular-invertida. Em outro exemplar, a margem apical das semicélulas é uniformemente convexa e a outra quase reta ou com uma depressão mediana muito suave. Todavia, duas características mantiveram-se constantes na população estudada por Turner (1892), quais sejam: (*1*) os espinhos angulares relativamente longos, primeiro retos, depois mais ou menos encurvados no sentido da outra semicélula e, afinal, paralelos de novo por uma curta distância, e (*2*) a margem apical das semicélulas saliente, com uma angulosidade de cada lado na base dos espinhos.

As amostras atualmente examinadas mostraram populações morfologicamente bastante uniformes, inclusive no que tange às medidas do comprimento e da largura celulares. Expressões morfológicas semelhantes às de *Staurodesmus curvatus* (Turner) Thomasson var. *curvatus* apareceram, embora esporadicamente, em populações de *Staurodesmus subulatus* (Kütz.) Thomasson var. *subulatus*.

STAURODESMUS CUSPIDATUS (BRÉBISSON *EX* RALFS) TEILING VAR. *CUSPIDATUS* (FIG. 372-374)

Bot. Notiser 1948(1): 60. 1948.

Basiônimo: *Staurastrum cuspidatum* Brébisson *ex* Ralfs, Brit. Desmidieae. 122, pl. 33, fig. 10. 1848.

Células 1,0-1,4 vez mais longas que largas, moderadamente constritas na parte média, seno mediano raso, em forma de "V", obtusangular, 19,6-26,5 µm compr., 16,5-18,7 µm larg., istmo 4,5-6,4 µm larg.; semicélulas cuneadas, margem apical amplamente truncada, retusa na parte média, margens basais levemente convexas, ângulos acuminados, 1 espinho pontiagudo, longo, horizontalmente disposto ou pouco convergente, istmo alongado, subcilíndrico, margens retas, paralelas; parede celular lisa, hialina, cloroplastídio não observado; vista vertical 3-angular, lados côncavos, ângulos arredondados, 1 espinho em cada polo.

DISTRIBUIÇÃO GEOGRÁFICA NO ESTADO DE SÃO PAULO

EM LITERATURA: Município de Assis, Município de Irapuã e Município de São Paulo (Godinho 2005), Município de São Paulo (Bicudo & Bicudo 1962, como *Staurastrum cuspidatum*; Sant'Anna *et al.* 1989, como *Staurodesmus cuspidatus*).

Material examinado: **Município de Assis**, 21.VII.1991, *M.C. Bittencourt-Oliveira* (SP239089). **Município de Irapuã**, 15.I.1992, *L.H.Z. Branco* (SP239235). **Município de São Paulo**, 02.X.2001, *C.E.M. Bicudo & L.R. Godinho* (SP364869).

Comentários

Staurodesmus cuspidatus (Brébisson) Teiling var *cuspidatus* pode ser facilmente confundido com *Staurodesmus mamillatus* (Nordstedt) Teiling, do qual difere pela margem apical das semicélulas amplamente truncada e levemente retusa na parte média.

Uma característica muito marcante de *S. cuspidatus* (Brébisson) Teiling var *cuspidatus* é o istmo alongado, subcilíndrico, que ocorre em poucas espécies do gênero, como, por exemplo, em *S. mamillatus* (Nordstedt) Teiling e *S. triangularis* (Lagerheim) Teiling.

Silva (1999) referiu a ocorrência de *S. cuspidatus* (Brébisson) Teiling var. *curvatus* (W. West) Teiling no Município de Ribeirão Preto. Entretanto, o material que estudou deve ser identificado com *S. cuspidatus* (Brébisson) Teiling var. *cuspidatus*.

Bicudo (1969) documentou a ocorrência de *S. cuspidatus* (Brébisson) Teiling var. *tricuspidatus* (Brébisson) Teiling no hidrofitotério do Jardim Botânico de São Paulo e em empoçados nas margens do Rio Pinheiros, ambas as localidades situadas no Município de São Paulo, além do Município de Rio Claro. O reexame desse material permitiu identificá-lo com as formas de vista apical trirradiada de *S. cuspidatus* (Brébisson) Teiling var. *cuspidatus* referidas em Teiling (1967).

Staurodesmus cuspidatus (Brébisson) Teiling var *cuspidatus* foi coletado em três municípios do Estado de São Paulo: Assis, Irapuã e São Paulo. Embora fossem examinados diversos indivíduos, não foi notada qualquer variação morfológica significativa, a não ser uma pequena variação métrica que, no entanto, não influiu na identificação taxonômica dos atuais materiais, pois coincidiu com os limites da variação métrica da variedade-tipo da espécie.

Staurodesmus dejectus (Brébisson) Teiling (Fig. 375-377)

Rapp. VIIIe Congr. Int. Bot., Seç. 17: 128. 1954.

Basiônimo: *Staurastrum dejectum* (Brébisson) Ralfs, Brit. Desmidieae. 121, pl. 20, fig. 5a-c. 1848.

Células tão longas quanto largas, profundamente constritas na parte média, seno mediano aberto, retangular a obtusangular, ápice arredondado, 16,5-20,6 µm compr., 15,8-19,3 µm larg., istmo 4,5-6,2 µm larg.; semicélulas cuneadas, margens apical e basal levemente convexas, quase retas, ângulos arredondados, 1 espinho pontiagudo, curto, amplamente divergente, inserido no terço superior da semicélula; parece celular lisa, hialina; cloroplastídio não observado; vista vertical 3-angular, lados retusos no meio, 1 espinho em cada polo.

Distribuição geográfica no Estado de São Paulo

Em literatura: Município de São Paulo (Bicudo 1969, como *Staurodesmus dejectus*), Município de Ribeirão Preto (Silva 1999, como *Staurodesmus dejectus*), Município de Engenheiro Coelho, Município de Itaju, Município de Lorena e Município de Ribeirão Branco (Godinho 2005).

Material examinado: **Município de Engenheiro Coelho**, 16.XI.2000, *C.E.M. Bicudo, L.R. Godinho & S.M.M. Faustino* (SP355403). **Município de Itaju**, 22.II.1992, *C.E.M. Bicudo & D.C. Bicudo* (SP239143). **Município de Lorena**, 17.XI.1988, *C.E.M. Bicudo & A.A.J. Castro* (SP176242). **Município de Ribeirão Branco**, 28-IV-1992, *A.A.J. Castro & C.E.M. Bicudo* (SP239244).

Comentários

Conforme Bicudo (1969), os exemplares coletados no hidrofitotério do Jardim Botânico de São Paulo possuem o ápice do seno mediano muito mais acuminado do que redondo, uma característica típica da espécie. Teiling (1954) sugeriu a proposição de uma forma taxonômica, f. *angustus*, para incluir as plantas que possuem seno mediano com o ápice acuminado. De acordo com esse mesmo autor, entretanto, tal nome seria somente temporário, isto é, deveria permanecer até que a variabilidade dessa característica e, consequentemente, seu peso taxonômico fossem bem definidos (Teiling 1954).

Embora os limites taxonômicos de *Staurodesmus dejectus* (Brébisson) Teiling var. *dejectus* estejam bem definidos, seus representantes vêm sendo referidos na literatura sob diferentes nomes. É extensa a lista de sinônimos homotípicos e heterotípicos desta espécie. As seguintes características circunscrevem a espécie: (1) istmo alongado, (2) relação 1:1 entre o comprimento total da célula e sua largura máxima sem incluir os espinhos, (3) largura do istmo e (4) espinhos angulares amplamente divergentes e inseridos no terço superior das semicélulas.

Staurodesmus dejectus Brébisson é uma espécie razoavelmente bem representada no Estado de São Paulo, tendo sido coletada nos municípios de Engenheiro Coelho, Itaju, Lorena e Ribeirão Branco. A espécie apresentou variação no grau de curvatura da margem superior das semicélulas, que se apresentou levemente côncava, levemente convexa ou plana; no tamanho e na orientação dos espinhos, que se apresentaram desde acentuadamente divergentes até verticais; e pequena variação nas dimensões da célula.

STAURODESMUS DICKIEI (RALFS) LILLIEROTH VAR. *DICKIEI* (FIG. 378)

Acta Limnol. 3: 264. 1950.

Basiônimo: *Staurastrum dickiei* Ralfs, Brit. Desmidieae. 123, pl. 31, fig. 3. 1848.

Célula ca. 1,1 vez mais larga que longa, suavemente constrita na parte média, seno mediano aberto, acutangular; ca. 28,9 µm compr., ca. 34 µm larg., istmo ca. 8,5 µm larg.; semicélulas transversalmente elípticas, margem apical e conjunto das margens basais igualmente convexos ou margem apical pouco mais convexa do que o conjunto das basais, ângulos acuminado-arredondados, 1 espinho pequeno, levemente curvado, convergente, inserido no terço mediano da semicélula; parede celular hialina, suavemente pontuada; vista vertical 3-angular, margem lateral retusa na parte média, ângulos acuminado-arredondados, 1 espinho pequeno em cada polo.

DISTRIBUIÇÃO GEOGRÁFICA NO ESTADO DE SÃO PAULO

EM LITERATURA: Município de Valinhos (Díaz 1972, como *Staurastrum dickiei*), Município de Moji ? (Börgesen 1890, como *Staurastrum dickiei*), Município de São Paulo, hidrofitotério e empoçados do rio Pinheiros, Município de Rio Claro (Bicudo 1969, como *Staurodesmus dickiei*), Município de Luiz Antônio (Taniguchi *et al.* 2000a, como *Staurodesmus dickiei* var. *dickiei*).

MATERIAL EXAMINADO: nenhum.

COMENTÁRIOS

Staurodesmus dickiei (Ralfs) Lillieroth compreende exemplares cuja forma das semicélulas é extremamente variável em populações locais e, principalmente, entre populações de localidades distintas. Inclui indivíduos cuja semicélula é, geralmente, 3-angular em vista vertical, mas que também pode ser, embora raro, 4-angular. Além disso, ocorre grande variação no nível da inserção dos espinhos angulares na semicélula. A inserção dos espinhos nas semicélulas é, em geral, mediana, mas também pode ocorrer no seu terço inferior. Ocorre um tipo de "deslizamento" do nível de inserção dos espinhos na semicélula do terço mediano para o inferior. Tal deslizamento leva, consequentemente, a formas diferentes da semicélula, inclusive de seu seno mediano, e tais modificações foram usadas para definir variedades na espécie.

Díaz (1972) documentou a ocorrência de *Staurastrum dickiei* Ralfs var. *circulare* Turner no Município de Valinhos. A nosso ver, o material em Díaz (1972) deve ser identificado com *Staurodesmus dickiei* (Ralfs) Lillieroth var. *dickiei*.

STAURODESMUS DICKIEI (RALFS) LILLIEROTH VAR. *DENTICULATUS* (NORDSTEDT) TEILING

Ark. Bot.: sér. 2, 6(11): 602, pl. 29, fig. 10, pl. 30, fig. 10. 1967.

Basiônimo: *Staurastrum orbiculare* (Ehrenberg) Ralfs var. *denticulatum* Nordstedt, Vidensk. Meddr Naturh. Foren. 1869(14-15): 224, pl. 4, fig. 42. 1869.

Célula ca. 1,1 vez mais longa que larga, suavemente constrita na parte média, seno mediano fechado, acutangular; ca. 48 μm compr., ca. 43 μm larg., istmo ca. 25 μm larg.; semicélulas praticamente semicirculares, margem apical amplamente convexa, margens basais retas ou quase, ângulos sub-retangulares, 1 papila grosseira, quase mamiloide, convergente, inserida no terço inferior da semicélula; parede celular lisa, hialina; cloroplastídio não observado; vista vertical 3-angular, 1 par de espinhos pequenos, praticamente mamiliformes em cada polo.

DISTRIBUIÇÃO GEOGRÁFICA NO ESTADO DE SÃO PAULO

EM LITERATURA: nada consta.

MATERIAL EXAMINADO: **Município de Assis**, 21.VII.1991, M.C. *Bittencourt-Oliveira* (SP239089).

COMENTÁRIOS

Staurodesmus dickiei (Ralfs) Lillieroth var. *denticulatus* (Nordstedt) Teiling difere da var. *circularis* (Turner) Croasdale da mesma espécie por possuir um par de espinhos reduzidos, bastante grosseiros, quase mamiliformes ornamentando cada ângulo das semicélulas.

O único espécime deste tipo presentemente examinado proveio do Município de Assis e permitiu sua identificação taxonômica inequívoca por conta das seguintes características diagnósticas: (*1*) forma semicircular das semicélulas, (*2*) vista vertical triangular das semicélulas e (*3*) existência de um par de espinhos reduzidos, grosseiros, quase mamiliformes, ornamentando cada ângulo das semicélulas.

STAURODESMUS DICKIEI (RALFS) LILLIEROTH VAR. *RHOMBOIDEUS* (WEST & WEST) LILLIEROTH F. *RHOMBOIDEUS* (FIG. 379)

Acta Limnol. 3: 264. 1950.

Basiônimo: *Staurastrum dickiei* Ralfs var. *rhomboideum* West & West, Jour. Linn. Soc., sér. bot. 35: 545, pl. 16, fig. 9. 1903.

Célula tão larga quanto longa, profundamente constrita na parte média, seno mediano fechado, linear; ca. 53,5 µm compr., 53,5-55,1 µm larg., istmo ca. 27,5 µm larg.; semicélulas romboidais, margem apical acentuadamente convexa, margens basais suavemente convexas a quase retas, ângulos acuminado-arredondados, 1 espinho de porte médio, pouco curvado, situado próximo do ápice, convergente, inserido no terço mediano da semicélula; parede celular lisa, hialina; cloroplastídio não observado; vista vertical 3-angular, 1 espinho de porte médio em cada polo.

Distribuição geográfica no Estado de São Paulo

Em literatura: Município de Luiz Antônio (Taniguchi *et al.* 2000a, como *Staurodesmus dickiei* var. *rhomboideus*).

Material examinado: nenhum.

Comentários

Esta variedade difere da típica da espécie por conta da forma romboidal e não transversalmente elíptica de suas semicélulas.

Staurodesmus dickiei (Ralfs) Lillieroth var. *rhomboideus* (West & West) Lillieroth f. *minor* Poucques (Fig. 380)

Rev. gen. Bot. 59: 99, fig. 24. 1952.

Célula ca. 1,3 vez mais larga que longa, profundamente constrita na parte média, seno mediano fechado, acutangular, ca. 18,7 µm compr., ca. 25,5 µm larg., istmo ca. 6,8 µm larg.; semicélulas romboidais, margem apical acentuadamente convexa, margens basais suavemente convexas a quase retas, ângulos acuminado-arredondados, 1 espinho de porte médio, pouco curvado, convergente, próximo do ápice, inserido no terço mediano da semicélula; parede celular lisa, hialina; cloroplastídio não observado; vista vertical 3-angular, 1 espinho de porte médio em cada polo.

Distribuição geográfica no Estado de São Paulo

Em literatura: Município de São Paulo e Município de Rio Claro (Bicudo 1969, como *Staurodesmus dickiei* var. *rhomboideum* f. *minor*).

Material examinado: nenhum.

COMENTÁRIOS

Grönblad (1945) descreveu a forma taxonômica *S. dickiei* Ralfs var. *rhomboideum* West & West f. *minor* Grönblad, que seria diferente da f. *rhomboideum*, típica da variedade, só pelo tamanho sensivelmente menor de seus espécimes. Todas as demais características morfológicas e merísticas dos representantes das duas formas taxonômicas seriam absolutamente idênticas.

Bicudo & Bicudo (1969) examinaram apenas um indivíduo, que em tudo se encaixou na circunscrição de *S. dickiei* Ralfs var. *rhomboideum* West & West, exceto pelo tamanho, que foi menor do que a metade das dimensões desta última variedade. Este espécime encaixou-se, entretanto, na circunscrição de *S. dickiei* Ralfs var. *rhomboideum* West & West f. *minor* Grönblad, que Teiling (1967) considerou idêntica a *Staurodesmus dickiei* (Ralfs) Lillieroth var. *rhomboideus* (West & West) Lillieroth. Preferimos, contudo e por enquanto, considerar este indivíduo fora da circunscrição da var. *rhomboideus* (West & West) Lillieroth até que mais exemplares deste tipo sejam encontrados e garantam uma decisão mais confiável.

STAURODESMUS EXTENSUS (BORGE) TEILING VAR. *EXTENSUS* (FIG. 381)

Bot. Notiser 1948(1): 67, fig. 11. 1948.

Basiônimo: *Arthrodesmus incus* (Brébisson) Hassall var. *extensus* Andersson, K. Svenska VetenskAkad. Handl. 16(5): 13, pl. 1, fig. 7. 1890.

Células 1-1,1 vez mais longas que largas, profundamente constritas na parte média, seno mediano semicircular, amplo, 8,0-15,0 µm compr., 9,0-13,0 µm larg., istmo 5,0-6,5 µm larg.; semicélulas transversalmente retangulares a levemente obtrapeziformes, margem apical nitidamente retusa na parte média, margens basais primeiro convergentes, levemente retusas, 1 angulosidade bastante evidente, quase retangular, em seguida decididamente convergentes para o istmo, ângulos superiores com 1 espinho sólido, retilíneo, geralmente longo, divergente, inserido no terço superior da semicélula; parede celular lisa, hialina; cloroplastídio e pirenoide jamais observados; vista vertical elíptica, 1 espinho em cada polo.

DISTRIBUIÇÃO GEOGRÁFICA NO ESTADO DE SÃO PAULO

EM LITERATURA: Município de Itirapina (Bicudo & Azevedo 1977, como *Arthrodesmus extensus* var. *extensus*).

MATERIAL EXAMINADO: nenhum.

Comentários

Börgesen (1890) propôs *A. incus* (Brébisson) Hassall var. *extensus* usando seu patrônimo Andersson. O referido autor afirmou, nesse trabalho, que as plantas estudadas poderiam até representar uma espécie nova, tal a diferença entre elas e as já descritas de *Arthrodesmus*. A descrição original da variedade é breve e traduzida do latim para o português diz o seguinte: variedade de istmo mais longo, ângulos das semicélulas com a porção interna quase reta e espinhos longos e divergentes.

Conforme Teiling (1967), a forma da angulosidade da margem basal das semicélulas de *Staurodesmus extensus* (Borge) Teiling é uma feição variável, mostrando tendência à redução até que a semicélula apareça triangular-invertida ou quase, como as de *Staurodesmus cuspidatus* (Brébisson) Teiling.

Poucos exemplares desta variedade foram encontrados por Bicudo & Azevedo (1977), que não mostraram variação morfológica significativa entre eles. Contudo, foram suficientemente característicos de *Staurodesmus extensus* (Borge) Teiling var. *extensus* como *Arthrodesmus extensus* (Brébisson) Hassall var. *extensus*.

STAURODESMUS GLABER (EHRENBERG) TEILING VAR. *GLABER* (FIG. 382-386)

Bot. Notiser 1948(1): 69. 1948.

Basiônimo: *Staurastrum glabrum* (Ehrenberg) Ralfs, Brit. Desmidieae. 217. 1848.

Células 0,9-1,3 vez mais largas que longas, profundamente constritas na parte média, seno mediano aberto, acutangular, ápice arredondado, 17,5-23,0 µm compr., 13,0-24,2 µm larg., istmo 5,7-8,6 mm larg.; semicélulas obtrapeziformes, margem apical amplamente truncada, às vezes levemente retusa, margens basais retilíneas ou quase, ângulos acuminados, 1 espinho reto, longo, convergente, inserido no terço superior da semicélula; parede celular lisa, hialina; cloroplastídio axial, monocêntrico; vista vertical 3-angular, lados com 1 intumescência mediana, ângulos arredondados, um tanto inflados, 1 espinho longo em cada polo.

Distribuição geográfica no Estado de São Paulo

EM LITERATURA: Município de São Bernardo do Campo (Bicudo & Azevedo 1977, como *Arthrodesmus ralfsii* var. *brebissonii*), Município de Assis, Município de Engenheiro Coelho, Município de Porangaba e Município de São Paulo (Godinho 2005).

MATERIAL EXAMINADO: **Município de Assis**, 21.VII.1991, M.C. *Bittencourt-Oliveira* (SP239089). **Município de Engenheiro Coelho**, 16.XI.2000, C.E.M. *Bicudo, L.R. Godinho & S.M.M. Faustino* (SP355403). **Município de Porangaba**, 17.XI.1988, A.A.J.

Castro & C.E.M. Bicudo (SP188207). **Município de São Paulo,** PEFI, Lago das Ninfeias, 15.III.2001, *C.E.M. Bicudo & L.R. Godinho* (SP364870, SP364871); hidrofitotério, 02.X.2001, *C.E.M. Bicudo & L.R. Godinho* (SP364867, SP364869).

Comentários

Staurodesmus glaber (Ehrenberg) Teiling é uma espécie bastante polimórfica. Há exemplares de vista vertical 2-4-angular. O ápice do istmo também varia bastante, podendo ser acuminado ou arredondado na var. *glaber*, típica, e na var. *flexispinus* (Förster & Eckert) Teiling e apenas arredondado na var. *hirundinella* (Messikommer) Teiling. A margem apical é, na maioria das vezes, retilínea, mas existem formas com uma convexidade mediana pronunciada (Teiling 1967). Outro detalhe bastante variável é o tamanho e a orientação dos espinhos angulares. Espinhos convergentes é a feição dominante em *Staurodesmus glaber* (Ehrenberg) Teiling var. *glaber*, e espinhos paralelos entre si são raros. O comprimento dos espinhos é mais variável entre as formas 2-angulares, enquanto entre as 3-angulares ocorrem espinhos mais longos.

Confirmando Teiling (1967) foi observada grande variação morfológica nas amostras presentemente estudadas. Ocorreram espécimes com o ápice do seno mediano reto, mas também outros com o ápice arredondado e acutangular. As populações de Assis, Engenheiro Coelho, Porangaba e São Paulo atualmente examinadas também mostraram variação morfológica, principalmente no que tange ao ápice do istmo, que se apresentou acuminado ou arredondado, à curvatura das margens apicais e basais das semicélulas, que se apresentaram desde amplamente truncadas até mais ou menos convexas, e ao comprimento dos espinhos, que ora foi mais curto ora mais longo.

A combinação em Teiling (1948) consta como *Staurodesmus glabrus* (Ehrenberg) Teiling. O uso do epíteto específico *glaber* em vez de *glabrum* é simplesmente uma correção ortográfica, desde que o epíteto específico deve, segundo o Art. 23.5 do Código Internacional de Nomenclatura para Algas, Fungos e Plantas, concordar gramaticalmente com o nome genérico (McNeil *et al.* 2013).

Staurodesmus glaber (Ehrenberg) Teiling var. *flexispinus* (Förster & Eckert) Teiling (Fig. 387)

Ark. Bot.: sér. 2, 6(11): 559, pl. 13, fig. 17. 1967.

Basiônimo: *Staurastrum glabrum* (Ehrenberg) Ralfs var. *flexispinum* Förster & Eckert, Rev. Algol.: nov. sér., 7(1): 84, pl. 6, fig. 16. 1963.

Células 1,0-1,1 vez mais longas que largas, profundamente constritas na parte média, seno mediano aberto, acutangular, 20,0-23,0 µm compr., 19,0-20,0 µm larg., istmo

4,0-5,0 µm larg.; semicélulas obtrapeziformes, margem apical amplamente truncada, levemente retusa, margens basais pouco convexas, às vezes quase retilíneas, ângulos acuminados, 1 espinho reto, não muito longo, pouco convergente, inserido no terço superior da semicélula; parede celular lisa, hialina; cloroplastídio não observado; vista vertical 3-angular, lados assimétricos, 1 intumescência mediana próximo de um dos polos, ângulos acuminado-arredondados, 1 espinho longo em cada polo voltado para um dos lados, no sentido anti-horário.

Distribuição geográfica no Estado de São Paulo

Em literatura: Município de Valinhos (Díaz 1972, como *Staurastrum glabrum* var. *flexispinum*).

Material examinado: nenhum.

Comentários

Staurodesmus glaber (Ehrenberg) Teiling var. *flexispinus* (Förster & Eckert) Teiling é uma variedade extremamente típica, que difere prontamente da típica da espécie por possuir a vista apical 3-angular, na qual os espinhos aparecem voltados para um dos lados, todos no sentido anti-horário.

A despeito de não termos visto, presentemente, um espécime sequer desta variedade, a informação em Díaz (1972) permitiu confirmar sua identificação taxonômica e a notícia da ocorrência de *S. glaber* (Ehrenberg) Teiling var. *flexispinus* (Förster & Eckert) Teiling no Estado de São Paulo.

Staurodesmus glaber (Ehrenberg) Teiling var. *hirundinella* (Messikommer) Teiling (Fig. 388)

Ark. Bot.: sér. 2, 6(11): 559, pl. 14, fig. 4, 6. 1967.

Basiônimo: *Arthrodesmus glabrum* (Ehrenberg) Ralfs var. *hirundinella* Messikommer, 4° Jahr. Naturh. Ges. Zürich 94: 103, pl. 1, fig. 14. 1949.

Célula tão longa quanto larga, profundamente constrita na parte média, seno mediano fechado, acutangular, ápice arredondado, ca. 17,8 µm compr., ca. 19,4 µm larg., istmo ca. 6,0 mm larg.; semicélulas obtrapeziformes, margem apical em geral amplamente truncada, às vezes levemente retusa na parte média, margens basais praticamente retilíneas, ângulos acuminados, 1 espinho reto, longo, convergente, inserido no terço superior da semicélula; parede celular hialina, lisa; cloroplastídio não observado; vista vertical 3-angular, lados com 1 intumescência mediana, ângulos arredondados, um tanto inflados, 1 espinho longo em cada polo.

Distribuição geográfica no Estado de São Paulo.

Em literatura: Município de São Paulo (Godinho 2005).

Material examinado: **Município de São Paulo**, 15.III.2001, *C.E.M. Bicudo & L.R. Godinho*, (SP364871).

Comentários

Staurodesmus glaber (Ehrenberg) Teiling var. *hirundinella* (Messikommer) Teiling difere da variedade-tipo da espécie por possuir o ápice do seno aconcavado e os espinhos angulares proporcionalmente mais longos e convergentes.

Staurodesmus incus (Brébisson) Teiling var. *ralfsii* (W. West) Teiling (Fig. 389-393)

Ark. Bot.: sér. 2, 6(11): 512, pl. 5, fig. 10-11. 1967.

Basiônimo: *Arthrodesmus ralfsii* W. West, Jour. Linn. Soc.: sér. bot. 29(199-200): 168. 1892.

Células 1,2-1,5 vez mais longas que largas, moderadamente constritas na parte média, seno mediano aberto, obtusangular, vértice arredondado ou acuminado, 12,0-17,0 µm compr., 10,0-12,0 µm larg., istmo 5,0-6,0 µm larg.; semicélulas transversalmente retangulares, margem apical retilínea, raro convexa ou retusa na parte média, margens basais primeiro retas, levemente convergentes, 1 angulosidade mediana, por fim ainda retas, mas decididamente convergentes, ângulos adornados com 1 espinho reto, relativamente longo, mais ou menos convergente, inserido no terço superior da semicélula; parede celular lisa, hialina; cloroplastídio axial, monocêntrico; vista vertical elíptica, 1 espinho pontiagudo em cada polo.

Distribuição geográfica no Estado de São Paulo

Em literatura: Município de São Paulo (Bicudo & Azevedo 1977, como *Arthrodesmus ralfsii* var. *ralfsii*).

Material examinado: nenhum.

Comentários

Segundo Bicudo & Azevedo (1977), os indivíduos examinados identificaram-se com as ilustrações *Arthrodesmus ralfsii* W. West em Ralfs (1848: pl. 20, fig. 4e-h). As principais diferenças residiram no comprimento do istmo e no ápice do seno mediano, pois o material estudado por Ralfs (1848) tem o istmo relativamente mais longo e o seno mediano com o ápice arredondado. O material do Estado de São Paulo examinado por Bicudo & Azevedo (1977) apresentou o istmo de comprimento extremamente reduzido e o ápice do seno mediano acuminado. Por outro lado, esses mesmos espécimes confundem-se com os ilustrados em West & West (1912) e Smith (1924). Considere-se, entretanto, que as figuras em Smith (1924) foram feitas a partir do material coletado por John Ralfs e que serviu de base para a ilustração em Ralfs (1848).

Bicudo & Azevedo (1977) examinaram uma população de *Arthrodesmus ralfsii* W. West com ca. 200 indivíduos e viram que a principal diferença foi a forma da semicélula em virtude da variação das margens basais que ora foram retilíneas ora nitidamente angulares na parte próxima do istmo. No primeiro caso, as semicélulas ficaram mais triangulares e, no último, mais trapeziformes. Os últimos indivíduos foram perfeitamente identificados com *A. ralfsii* W. West var. *ralfsii*, e os primeiros com *A. ralfsii* W. West var. *brebissonii* (Raciborski) G.M. Smith. Notável é a ocorrência de todos os graus intermediários da variação entre os dois extremos típicos antes examinados. Esta observação pôs em dúvida a separação das duas variedades e a colocação de *A. ralfsii* W. West var. *brebissonii* (Raciborski) G.M. Smith na sinonímia de *Staurodesmus glaber* (Ehrenberg) Teiling. Deve ser, portanto, considerada sinônimo da variedade-tipo da espécie e, consequentemente, de *Staurodesmus incus* (Brébisson) Teiling var. *ralfsii* (W. West) Teiling.

A literatura refere que o seno mediano desta variedade é aberto, em forma de ângulo acuminado, no entanto, ao analisar a ilustração original da variedade, notou-se que o mesmo é verdadeiramente aberto, mas o ângulo não é acuminado e sim obtuso.

STAURODESMUS LEPTODERMUS (LUNDELL) THOMASSON VAR. *LEPTODERMUS* (FIG. 394-395)

Nova Acta R. Soc. Scient. Upsal.: sér. 4, 17: 35. 1960.

Basiônimo: *Staurastrum leptodermum* Lundell, Nova Acta R. Soc. Scient. Upsal.: sér. 3, 8: 58, pl. 3, fig. 26. 1871.

Células 1,0-1,2 vez mais largas que longas, seno mediano amplo, aberto, obtusangular, quase retangular, ápice acuminado, 20,0-25,0 µm compr., 21,4-29,3 µm larg., istmo 9,8-12,4 mm larg.; semicélulas obtrapeziformes, margem apical retusa, margens basais suave e uniformemente convexas, retusas na parte média, ângulos um tanto arredondados, 1 espinho reto, curto, divergente, inserido no terço superior da semicélula; parede celular lisa, finamente porosa; cloroplastídio não observado; vista vertical 3-angular, ângulos acuminados, 1 espinho em cada polo.

DISTRIBUIÇÃO GEOGRÁFICA NO ESTADO DE SÃO PAULO

EM LITERATURA: Município de Engenheiro Coelho, Município de Lorena, Município de Porangaba e Município de Ribeirão Branco (Godinho 2005).

MATERIAL EXAMINADO: **Município de Engenheiro Coelho**, 16.XI.2000, *C.E.M. Bicudo, L.R. Godinho & S.M.M. Faustino* (SP355403). **Município de Lorena**, 17.XI.1988, *A.A.J. Castro & C.E.M. Bicudo* (SP176242). **Município de Porangaba**, 17.XI.1988, *A.A.J. Castro & C.E.M. Bicudo* (SP188207). **Município de Ribeirão Branco**, 28.IV.1992, *A.A.J. Castro & C.E.M. Bicudo* (SP239244).

COMENTÁRIOS

Trata-se de uma espécie facilmente identificável por possuir as semicélulas trapeziforme-invertidas, o seno mediano aberto, obtusangular, quase retangular, e as margens apicais e basais suavemente côncavas ou retusas na parte média.

A espécie ocorreu em quatro municípios do Estado de São Paulo, e as populações examinadas não mostraram qualquer variação morfológica significativa.

STAURODESMUS LEPTODERMUS (LUNDELL) THOMASSON VAR. *IKAPOAE* (SCHMIDLE) THOMASSON (FIG. 396-398)

Ark. Bot.: sér. 2, 6(11): 548, pl. 12, fig. 13. 1967.

Basiônimo: *Staurastrum leptodermum* Lundell var. *subcorniculatum* Rich, Trans. Royal Soc. S. Afr. 20: 175, fig. 12A-C. 1932.

Células 0,8-1,1 vez mais longas que largas, suavemente constritas na parte média, seno mediano aberto, obtusangular, 13,4-15,6 µm compr., 15,1-16,1 µm larg., istmo 6,4-7,3 µm larg.; semicélulas obtrapeziformes, margem apical moderadamente convexa na parte média, margens basais levemente côncavas na parte média; ângulos proeminentes, arredondado-acuminados, 1 espinho curto, divergente, inserido no terço superior da semicélula; parede celular finamente porosa, hialina; cloroplastídio não observado; vista vertical 3-angular, lados convexos na parte média, ângulos proeminentes, arredondado-acuminados, 1 espinho em cada polo.

DISTRIBUIÇÃO GEOGRÁFICA NO ESTADO DE SÃO PAULO

EM LITERATURA: Município de São Paulo (Godinho 2005).

MATERIAL EXAMINADO: **Município de São Paulo**, sem data, *A.A.J. Castro & C.E.M. Bicudo* (SP239097).

Comentários

A presente var. *subcorniculatus* (Rich) Teiling é facilmente reconhecida por conta de seus ângulos proeminentes, arredondado-acuminados, mais ou menos mamiliformes e da parede celular finamente porosa.

Representantes desta variedade apareceram em uma única amostra coletada no Município de São Paulo. Um único indivíduo foi atualmente ilustrado, porém, uma grande população foi analisada e fotografada, mostrando que a variedade não apresentou variação morfológica significativa.

STAURODESMUS LOBATUS (Börgesen) Bourrelly var. *ellipticus* (Fritsch & Rich) Teiling (Fig. 399-400)

Ark. Bot.: sér. 2, 6(11): 586, pl. 24, fig. 6. 1967.

Basiônimo: *Cosmarium lobatum* Börgesen var. *ellipticum* Fritsch & Rich, Trans. Royal Soc. S. Afr. 25(2): 188, fig. 14L-N. 1937.

Célula ca. 1,3 vez mais longa que larga, seno mediano aberto, acutangular, ápice acuminado, ca. 37,0 µm compr., ca. 27,0 µm larg., istmo ca. 13,5 µm larg.; semicélulas transversalmente oblongas, margem apical amplamente convexa, às vezes truncada na parte média, conjunto das margens basais tão convexo quanto a margem apical; ângulos amplamente arredondados, 1 espinho reto, bastante curto, mais ou menos horizontalmente disposto, inserido no terço mediano da semicélula; parede celular finamente pontuada, hialina; cloroplastídio não observado; vista vertical amplamente oblonga, 1 espinho em cada polo.

Distribuição geográfica no Estado de São Paulo

Em literatura: Município de Álvares Florence (Godinho 2005).

Material examinado: **Município de Álvares Florence**, 25.IV.2001, *C.E.M. Bicudo, D.L. Costa & S.M.M. Faustino* (SP355381).

Comentários

Staurodesmus lobatus (Börgesen) Bourrelly var. *ellipticus* (Fritsch & Rich) Teiling é facilmente identificado pela forma transversalmente oblonga de suas semicélulas. A presente variedade foi encontrada no Estado de São Paulo apenas no Município de Álvares Florence e, embora houvéssemos examinado inúmeras preparações da unidade amostral coletada, só foi possível encontrar um espécime representante desta variedade. Afortunadamente, esse espécime coincidiu plenamente com a gama de variação morfológica da referida variedade.

Prescott *et al.* (1981) identificaram como sendo escrobiculada a parede dos representantes da var. *ellipticus* (Fritsch & Rich) Teiling, porém, a ilustração que forneceram mostra a parede celular fina e densamente pontuada. Note-se, especialmente, o bordo das semicélulas, no qual a ornamentação perfura a parede como um poro típico. O único exemplar atualmente observado apresentou a parede celular finamente pontuada.

STAURODESMUS LOBATUS (Börgesen) Bourrelly var. *ELLIPTICUS* (Fritsch & Rich) Teiling f. '*MINOR*' Teiling (Fig. 401)

Células 1,1-1,5 vez mais longas que largas, constrição mediana moderada, seno mediano aberto, acutangular, ápice agudo, 13,0-16,0 μm compr., 7,5-14,0 μm larg., istmo 5,0-6,0 μm larg.; semicélulas transversalmente oblongas, margem apical amplamente convexa, às vezes truncada na parte média, ângulos amplamente arredodados, 1 espinho bastante curto, quase mamiliforme, convergente, inserido no terço mediano da semicélula; parede celular lisa, hialina; cloroplastídio não observado; vista vertical amplamente oblonga, 1 espinho diminuto em cada polo.

Distribuição geográfica no Estado de São Paulo

Em literatura: Município de Ribeirão Preto (Silva 1999, como *Staurodesmus lobatus* var. *ellipticus* f. *minor*).

Material examinado: nenhum.

Comentários

A diferença entre a variedade-tipo e a presente reside na proporção entre o comprimento total e a largura máxima da célula, que na primeira é ao redor de 1,5 e na segunda, entre 1,2 e 1,3. De resto, são absolutamente concordantes.

A morfologia dos exemplares examinados por Silva (1999) coincide, perfeitamente, com a dos representantes de *Staurodesmus lobatus* (Börgesen) Bourrelly var. *ellipticus* (Fritsch & Rich) Teiling, exceto pelas suas dimensões bastante menores. Teiling (1967) separou duas expressões morfológicas da presente variedade: a forma *major* (115,0-152,0 x 80,0-84,0 μm) e a forma *minor* (21,0-38,0 x 20,0-36,0 μm), porém, não lhes conferiu valor taxonômico. Os exemplares em Silva (1999) são ainda bem menores do que os limites mínimos da forma *minor* acima.

STAURODESMUS MAMILLATUS (NORDSTEDT) TEILING VAR. *MAMILLATUS* (FIG. 402-405)

Ark. Bot.: sér. 2, 6(11): 536, pl. 9, fig. 18, pl. 10, fig. 5, 8-13. 1967.

Basiônimo: *Staurastrum mamillatum* Nordstedt, Vidensk. Meddr dansk naturh. Foren. 1869(14-15): 225. 1869; 1887: pl. 4, fig. 55. 1887.

Células 1,0-1,4 vez mais longas que largas, profundamente constritas na parte média, seno mediano raso, em forma de "V", obtusangular; 19,6-27,0 µm compr., 15,3-20,9 µm larg., istmo 4,4-6,5 mm larg.; semicélulas cuneadas, margem apical suave e amplamente convexa, margens basais levemente convexas, ângulos arredondados, 1 espinho pontiagudo, longo, reto ou pouco curvado, horizontalmente disposto ou levemente convergente ou divergente, inserido no terço superior da semicélula, istmo alongado, subcilíndrico, margens retas; parede celular lisa, hialina; cloroplastídio não observado; vista vertical 3-angular, lados retos ou pouco côncavos na parte média, ângulos arredondados, 1 espinho longo em cada polo.

DISTRIBUIÇÃO GEOGRÁFICA NO ESTADO DE SÃO PAULO

EM LITERATURA: Município de Moji-Guaçu (Marinho 1994, Marinho & Sophia 1997; como *Staurodesmus mamillatus*), Município de Luiz Antônio (Taniguchi *et al.* 2000a, como *Staurodesmus mamillatus* var. *mamillatus*), Município de Assis, Município de Irapuã, Município de São Paulo e Município de Urânia (Godinho 2005).

MATERIAL EXAMINADO: **Município de Assis,** 21.VII.1991, M.C. *Bittencourt-Oliveira* (SP239089). **Município de Irapuã,** 15.I.1992, *L.H.Z. Branco* (SP239235). **Município de São Paulo,** PEFI, hidrofitotério, 15.III.2001, C.E.M. *Bicudo & L.R. Godinho* (SP364864); 02.X.2001, C.E.M. *Bicudo & L.R. Godinho* (SP364867, SP364868); Lago das Ninfeias, 15.III.2001, C.E.M. *Bicudo & L.R. Godinho* (SP364870). **Município de Urânia,** 05.XII.1991, *L.H.Z. Branco* (SP239237).

COMENTÁRIOS

Staurodesmus mamillatus (Nordstedt) Teiling pode ser até facilmente confundido com S. *cuspidatus* (Brébisson) Teiling, do qual difere apenas na forma da margem apical das semicélulas, que na primeira é suave, mas amplamente convexa. A presente espécie mostra também certa semelhança com S. *unicornis* (Turner) Thomasson e, em especial, com sua var. *subscolopacinus* (West & West) Teiling e com S. *subtriangularis* (Borge) Teiling. Conforme Teiling (1967), a orientação dos espinhos angulares permite separar as três espécies como segue: S. *subtriangularis* (Borge) Teiling possui os espinhos paralelos ou quase entre si, S. *unicornis* (Turner) Thomasson var. *subscolopacinus* (West & West)

Teiling possui espinhos divergentes e *S. mamillatus* (Nordstedt) Teiling possui espinhos convergentes. Todavia, tal diferenciação pode, na maior parte das vezes, ser até muito difícil. A orientação dos espinhos angulares variou bastante nas amostras populacionais, lançando por terra, por conseguinte, as diferenças acima apontadas por Teiling (1967). De fato, separar morfologicamente *S. subtriangularis* (Borge) Teiling, *S. unicornis* (Turner) Thomasson var. *subscolopacinus* (West & West) Teiling e *S. mamillatus* (Nordstedt) Teiling é tarefa extremamente difícil. Há necessidade premente de uma revisão taxonômica dos três materiais em pauta, que vise a definir qual deve permanecer e qual deve ser sinonimizado.

As populações de Assis, Irapuã, São Paulo e Urânia mostraram que *S. mamillatus* (Nordstedt) Teiling é uma espécie bem representada no Estado de São Paulo, além de ser bastante polimórfica. Tivemos oportunidade de analisar variação na curvatura da margem superior das semicélulas, que ora se apresentou uniformemente côncava, ora com uma suave retusidade em sua parte média. A orientação dos espinhos angulares também variou bastante, a ponto de encontrarmos exemplares com os espinhos paralelos entre si, outros com os espinhos convergentes e ainda outros com os espinhos divergentes; finalmente, o comprimento dos espinhos também variou bastante.

Teiling (1967) ilustrou exemplares de *S. mamillatus* (Nordstedt) Teiling com espinhos nitidamente convergentes. Tivemos oportunidade de observar um único indivíduo na população do Município de Irapuã que apresentou esta característica e ser, portanto, muito parecido com os representantes de *Staurastrum mamillatus* Nordstedt var. *delpontei* Irénée-Marie, que apresenta espinhos relativamente longos, pontiagudos e acentuadamente convergentes. Esta última variedade consta em Teiling (1967) entre as formas de *S. mamillatus* (Nordstedt) Teiling com espinhos convergentes.

STAURODESMUS MUCRONATUS (RALFS) CROASDALE VAR. *GROENBLADII* TEILING (FIG. 406)

Ark. Bot.: sér. 2, 6(11): 571, pl. 18, fig. 12. 1967.

Células 1,0-1,1 vez mais longas que largas, pouco constritas na parte média, seno mediano aberto, obtusangular, 22,5-26,0 µm compr., 22,0-23,0 µm larg., istmo 6,0-7,0 µm larg.; semicélulas subquadradas a aproximadamente trapezoidais, margem apical moderadamente convexa, margens basais pouco convexas a quase retas, ângulos acuminados, 1 espinho extremamente curto, horizontalmente disposto, inserido no terço superior da semicélula; parede celular lisa, hialina; cloroplastídio 1 em cada semicélula, 1 pirenoide central; vista vertical 3-angular, lados retusos na parte média, ângulos acuminado-arredondados, 1 espinho curto em cada polo.

DISTRIBUIÇÃO GEOGRÁFICA NO ESTADO DE SÃO PAULO

EM LITERATURA: Município de São Paulo (Bicudo & Bicudo 1962, como *Staurastrum erlangense*).

MATERIAL EXAMINADO: nenhum.

COMENTÁRIOS

O material identificado como *Staurastrum erlangense* Reinsch por Bicudo & Bicudo (1962) é idêntico ao identificado por Grönblad (1945) a partir de material do Estado do Pará. O último material foi, posteriormente, usado por Teiling (1967) para propor *Staurodesmus mucronatus* (Ralfs) Croasdale var. *groenbladii*. Esta variedade difere do tipo da espécie por apresentar a margem apical mais acentuadamente convexa e o seno mediano obtusangular, amplamente aberto.

STAURODESMUS MUCRONATUS (RALFS) CROASDALE VAR. *PARALLELUS* (NORDSTEDT) TEILING (FIG. 407)

Ark. Bot.: sér. 2, 6(11): 570, pl. 18, fig. 11. 1967.

Basiônimo: *Staurastrum dickiei* Ralfs var. *parallelum* Nordstedt, K. Svenska VetenskAkad. Handl. 22(8): 39, pl. 4, fig. 15. 1888.

Célula ca. 0,9 vez mais longa que larga, profundamente constrita na parte média, seno mediano acutangular, apertado, ca. 29,2 µm compr., ca. 30,0 µm larg., istmo ca. 8,7 µm larg.; semicélulas transversalmente elípticas, margem apical e conjunto das margens basais igualmente convexos, ângulos arredondados, 1 espinho bastante curto, quase 1 papila, horizontalmente disposto, inserido no terço mediano da semicélula; parede celular hialina, lisa;cloroplastídio não observado; vista vertical 3-angular, ângulos amplamente arredondados, 1 espinho bastante curto em cada polo.

DISTRIBUIÇÃO GEOGRÁFICA NO ESTADO DE SÃO PAULO

EM LITERATURA: Município de Lorena (Godinho 2005).

MATERIAL EXAMINADO: **Município de Lorena**, 17.XI.1988, *A.A.J. Castro & C.E.M. Bicudo* (SP176242).

COMENTÁRIOS

Staurodesmus mucronatus (Ralfs) Croasdale apresenta considerável proximidade morfológica com *Staurodesmus brevispina* (Brébisson) Croasdale e *Staurodesmus dickiei* (Ralfs) Lillieroth, inclusive por causa da existência de inúmeras formas de transição que dificultam a delimitação das três espécies. Difere, entretanto, das duas espécies acima pela curvatura aproximadamente igual da margem apical e do conjunto das margens basais da semicélula, fato que confere à semicélula de *S. mucronatus* (Ralfs) Croasdale o formato aproximadamente oblongo. Além disso, o espinho angular na última espécie é extremamente curto, quase uma papila.

A var. *parallelus* (Nordstedt) Teiling foi originalmente subordinada a *S. dickiei* (Ralfs) Lillieroth. Contudo, no ato da proposição dessa variedade, Nordstedt (1888) levantou a hipótese de o material que estudou ser considerado uma forma de *S. mucronatus* (Ralfs) Croasdale se a largura de suas semicélulas for maior do que o dobro de seu respectivo comprimento. Os inúmeros exemplares deste tipo posteriormente encontrados provaram a inconsistência do argumento mencionado e levou à transferência da variedade para *S. mucronatus* (Ralfs) Croasdale. Por outro lado, o espinho angular pontiagudo, bastante curto e horizontalmente disposto, não permitiu a identificação dos atuais indivíduos com os de *S. dickiei* (Ralfs) Lillieroth (Teiling 1967).

O único indivíduo deste tipo encontrado em todas as preparações examinadas foi coletado no Município de Lorena, o que nos levou a considerar a espécie e a atual variedade raras no Estado de São Paulo.

Embora Teiling (1967) afirmasse que esta espécie possui um pequeno espinho grosseiro inserido no terço mediano de cada semicélula, a análise de suas ilustrações admitiu concluir que não se trata de um espinho e sim de uma papila.

STAURODESMUS O'MEARII (NORDSTEDT) TEILING VAR. *INFRACTUS* FÖRSTER (FIG. 408)

Amazoniana 11(1-2): 71, pl. 30, fig. 8. 1969.

Células tão longas quanto largas ou ligeiramente mais longas (sem espinhos), profundamente constritas na parte média, seno mediano aberto, obtusangular, ápice acuminado, 15,0-19,0 µm compr., 15,5-18,0 µm larg., istmo 5,5-6,0 µm larg.; semicélulas ciatiformes, margem apical côncava, margem basal reta a levemente convexa, ângulos ornados com 1 espinho longo, espinhos flexuosos, divergentes, inseridos no terço superior da semicélula; parede celular e cloroplastídios não observados; vista vertical 3-angular, 1 espinho em cada polo.

DISTRIBUIÇÃO GEOGRÁFICA NO ESTADO DE SÃO PAULO

EM LITERATURA: Município de Moji Guaçu (Marinho 1994, Marinho & Sophia 1997).

MATERIAL EXAMINADO: nenhum.

Comentários

Teiling (1967) mencionou que *S. o'mearii* (Archer) Teiling pertence a um grupo de espécies morfologicamente semelhantes que engloba *S. patens* (Nordstedt) Croasdale, *S. connatus* (Lundell) Thomasson, *S. spencerianus* (Maskell) Teiling, *S. pterosporus* (Lundell) Bourrelly e *S. wandae* (Raciborski) Bourrelly. Dessas espécies, segundo ainda Teiling (1967), *S. o'mearii* (Archer) Teiling só pode ser diferenciado de *S. pterosporus* (Lundell) Bourrelly, a espécie mais próxima do referido grupo, pelo tipo de zigósporo, que em *S. pterosporus* (Lundell) Bourrelly é prismático, frontalmente comprimido e tem os ângulos lobados.

Segundo Förster (1969), a atual variedade apresenta as células 3-radiadas em vista apical e as margens laterais pouco convexas e terminadas em espinhos longos em vista frontal (taxonômica). A var. *infractus* Förster & Eckert é distinta da variedade-tipo da espécie por apresentar os espinhos relativamente mais robustos e a vista apical levemente torcida no sentido horário.

Marinho & Sophia (1997) descreveram a forma da semicélula como sendo triangular truncada; no entanto, a ilustração que apresentaram mostra ser ciatiforme. Os referidos autores ilustraram ainda a variedade em vista apical, confirmando a torção antes mencionada dos espinhos. Confirmamos presentemente, portanto, a identificação em Marinho & Sophia (1997).

STAURODESMUS PACHYRHYNCHUS (NORDSTEDT) TEILING VAR. *PACHYRHYNCHUS* (FIG. 409-411)

Ark. Bot.: sér. 2, 6(11): 499, pl. 3, fig. 9-13. 1967.

Basiônimo: *Staurastrum pachyrhynchum* Nordstedt, Öfvers. K. Vetensk. Förh. 1875(6): 32, pl. 8, fig. 34. 1875.

Células 0,9-1,1 vez mais largas que longas, profundamente constritas na parte média, seno mediano aberto, acutangular, ápice arredondado, 21,7-32,6 µm compr., 21,2-32,0 µm larg., istmo 8,2-12,7 µm larg.; semicélulas cuneadas, margem apical leve a acentuadamente convexa, margem basal reta ou quase, ângulos arredondados, destituído de espinhos, 1 espessamento bastante conspícuo; parede celular lisa, hialina, cloroplastídio não observado; vista vertical 3-angular, ângulos acuminado-arredondados, destituídos de espinho, porém, nitidamente espessados.

Distribuição geográfica no Estado de São Paulo

EM LITERATURA: Município de Emas (Kleerekoper 1942, 1944; como *Staurastrum pachyrhynchum*, a ausência de descrição e ilustração tornou impossível a reidentificação do material estudado), Município de Itaju, Município de Lorena e Município de Rio Claro (Godinho 2005).

MATERIAL EXAMINADO: **Município de Itaju**, 22.II.1992, *C.E.M. Bicudo & D.C. Bicudo* (SP239143). **Município de Lorena**, 17.XI.1988, *A.A.J. Castro & C.E.M. Bicudo* (SP176242). **Município de Rio Claro**, 17.VII.1989, *A.A.J. Castro & C.E.M. Bicudo* (SP188219).

COMENTÁRIOS

Tanto *Staurodesmus pachyrhynchus* (Nordstedt) Teiling quanto *Staurodesmus insignis* (Lundell) Teiling possuem situação exclusiva entre os *Staurodesmus* e as desmídias de modo geral por conta da vista apical das células com ângulos bem arredondados. Comum a essas duas espécies é a variação no número de raios das semicélulas quando em vista apical, que podem variar entre três, quatro, cinco e até seis. Conforme Teiling (1967), a variação no número de raios é mais comum em biótopos de regiões frias do que em outras regiões.

A população de Lorena que tivemos a oportunidade de analisar apresentou variação métrica apenas discreta, enquanto as populações de Itaju e Rio Claro mostraram essa variação bem mais ampla quando comparada com a de Lorena. Em todos os casos, todavia, as semicélulas apresentaram-se 3-angulares em vista apical. Finalmente, os espécimes coletados em Lorena apresentaram uma protuberância lateral como se fosse uma continuação da própria semicélula, com ângulos bem arredondados.

STAURODESMUS PACHYRHYNCHUS (NORDSTEDT) TEILING VAR. *CONVERGENS* (RACIBORSKI) TEILING (FIG. 412)

Ark. Bot.: sér. 2, 6(11): 500, pl. 3, fig. 16. 1967.

Basiônimo: *Staurastrum pachyrhynchum* Nordstedt var. *convergens* Raciborski, Pamięt. Wydz. Akad. Umiejet. 17: 98 (sep. p. 26), pl. 7, fig. 14. 1889.

Células 0,9-1,1 vez mais longas que largas, profundamente constritas na parte média, seno mediano aberto, acutangular, ápice acuminado, 21,2-25,1 μm compr., 19,6-23,6 μm larg., istmo 5,5-8,4 μm larg.; semicélulas transversalmente elípticas, assimétricas, margem apical amplamente convexa, acentuadamente mais convexa que o conjunto das margens basais, margem basais assimetricamente côncavas, ângulos amplamente arredondados, destituídos de espinhos, 1 espessamento bastante conspícuo; parede celular hialina, lisa; cloroplastídio não observado; vista vertical 3-angular, lados levemente côncavos na parte média, ângulos mais ou menos amplamente arredondados.

DISTRIBUIÇÃO GEOGRÁFICA NO ESTADO DE SÃO PAULO

EM LITERATURA: Município de Álvares Florence, Município de Engenheiro Coelho e Município de Urânia (Godinho 2005).

MATERIAL EXAMINADO: **Município de Álvares Florence**, 25.IV.2001, *C.E.M. Bicudo, D.L. Costa & S.M.M. Faustino* (SP355381). **Município de Engenheiro Coelho**, 16.XI.2000, *C.E.M. Bicudo, L.R. Godinho & S.M.M. Faustino* (SP355403). **Município de Urânia**, 05.XII.1991, *L.H.Z. Branco* (SP239237).

COMENTÁRIOS

Esta variedade difere da típica da espécie pelo maior grau de convexidade da margem apical das semicélulas e, como consequência, pelo formato elíptico assimétrico das semicélulas.

Morfologicamente, lembra *Staurodesmus grandis* (Bulnheim) Teiling, da qual difere por apresentar as semicélulas assimetricamente elípticas, não subtrapeziformes.

Staurodesmus pachyrhynchus (Nordstedt) Teiling var. *convergens* (Raciborski) Teiling encontra-se geograficamente bem representada no Estado de São Paulo, pois ocorreu em três municípios bem distintos: Álvares Florence, Engenheiro Coelho e Urânia.

A espécie não apresentou variação morfológica significativa, a não ser por uma pequena variação métrica e a margem superior da semicélula, que chegou a ser proporcionalmente mais convexa.

STAURODESMUS PACHYRHYNCHUS (NORDSTEDT) TEILING VAR. *PSEUDOPACHYRHYNCHUS* (WOLLE) TEILING (FIG. 413)

Ark. Bot.: sér. 2, 6(11): 501, pl. 3, fig. 17. 1967.

Basiônimo: *Staurastrum pachyrhynchum* Nordstedt var. *pseudopachyrhynchus* Wolle, Desm. United States. 125, pl. 51, fig. 32-35. 1884.

Células tão longas quanto largas, profundamente constritas na parte média, seno mediano amplo, semicircular, ápice amplamente arredondado, 22,4-24,8 µm compr., 21,2-23,8 µm larg., istmo 5,0-7,1 µm larg.; semicélulas cuneadas, margem apical levemente convexa na parte média, raro quase reta, margem basal reta, às vezes assimetricamente convexa, ângulos arredondados, destituídos de espinhos e espessamento angular; parede celular hialina, lisa; cloroplastídio não observado; vista vertical 4-angular, lados retusos na parte média, ângulos arredondado-acuminados.

DISTRIBUIÇÃO GEOGRÁFICA NO ESTADO DE SÃO PAULO

EM LITERATURA: Município de Rio Claro (Godinho 2005).

MATERIAL EXAMINADO: **Município de Rio Claro**, 17.VII.1989, *A.A.J. de Castro &*
C.E.M. Bicudo (SP188219).

COMENTÁRIOS

Staurodesmus pachyrhynchus (Nordstedt) Teiling var. *pseudopachyrhynchus* (Wolle)
Teiling difere da variedade-tipo da espécie por conta do istmo alongado e da ausência
de espessamento na parede celular dos ângulos das semicélulas.

Os representantes desta variedade podem ser, quanto à sua aparência, comparados
com as formas morfologicamente simplificadas ('*reductae*') de *Staurodesmus clepsydra*
(Nordstedt) Teiling, das quais diferem pelo istmo alongado e pela vista apical
quadrangular das células, características estas diagnósticas de grande importância na
definição da atual variedade. A literatura menciona, entretanto, a existência de
espécimes desta variedade triangulares em vista apical. Neste caso, apenas o istmo
alongado permite separar uns e outros.

Staurodesmus pachyrhynchus (Nordstedt) Teiling var. *pseudopachyrhynchus* (Wolle)
Teiling foi coletado uma única vez, no Município de Rio Claro, e apenas dois indivíduos
seus representantes foram analisados; porém, ambos inseriram-se, plenamente, na
circunscrição da variedade em pauta. A espécie é, portanto, considerada de ocorrência
rara no Estado de São Paulo.

STAURODESMUS PATENS (NORDSTEDT) CROASDALE (FIG. 414-415)

Trans. Amer. Microsc. Soc. 76(2): 134, pl. 2, fig. 32-34. 1957.

Basiônimo: *Staurastrum dejectum* Brébisson var. *patens* Nordstedt, K. Svenska
VetenskAkad. Handl. 22(8): 39, pl. 4, fig. 16. 1888.

Células ca. 1,1 vez mais longas que largas, profundamente constritas na parte
média, seno mediano aberto, acutangular, ápice acuminado a arredondado, 18,0-18,4
μm compr., 14,4-15,8 μm larg., istmo 4,6-6,2 μm larg.; semicélulas transversalmente
elípticas, assimétricas, margem apical convexa, ângulos acuminado-arredondados, 1
espinho pontiagudo, curto, divergente, inserido no terço superior da semicélula; parede
celular hialina, lisa; cloroplastídio não observado; vista vertical 3-angular, lados retusos
na parte média, 1 espinho em cada polo.

Distribuição geográfica no Estado de São Paulo

Em literatura: Município de Luís Antônio (Taniguchi *et al.* 2000a, como *Staurodesmus patens*), Município de Moji-Guaçu (Marinho 1994, Marinho & Sophia 1997; como *Staurodesmus patens*), Município de Itaju e Município de Lorena (Godinho 2005).

Material examinado: **Município de Itaju**, 22.II.1992, *C.E.M. Bicudo & D.C. Bicudo* (SP239143). **Município de Lorena**, 17.XI.1988, *C.E.M. Bicudo & A.A.J. Castro* (SP176242).

Comentários

Staurodesmus patens (Nordstedt) Croasdale difere de *S. dejectus* (Brébisson) Teiling por possuir o seno mediano acutangular e espinhos angulares divergentes; e de *S. connatus* (Lundell) Thomasson e de *S. spencerianus* (Maskell) Teiling, pela margem apical amplamente convexa e os espinhos angulares bastante curtos.

O espécime que serviu de base para Turner (1892) propor *Staurastrum patens* é totalmente diferente daquele que Nordstedt (1888) descreveu como *Staurastrum dejectum* Brébisson var. *patens* Nordstedt, ou seja, o basiônimo de *S. patens* (Nordstedt) Croasdale.

Staurodesmus patens (Nordstedt) Croasdale foi coletada apenas em dois municípios do Estado de São Paulo (Itaju e Lorena), e em ambas as coletas não foi observada variação morfológica significativa, sendo, por isso, de fácil identificação taxonômica.

Staurodesmus phimus (Turner) Thomasson var. *phimus* (Fig. 416)

Acta Phytog. Suecica 42: 75. 1959.

Basiônimo: *Arthrodesmus phimus* Turner, K. Svenska VetenskAkad. Handl. 25(5): 136, pl. 12, fig. 9. 1892.

Células aproximadamente tão longas quanto largas até um pouco mais largas que longas, incluindo os espinhos, suavemente constritas na parte média, seno mediano aberto, obtusangular; 24,0-28,5 μm compr., 22,0-28,5 μm larg., istmo 6,5-8,5 μm larg.; semicélulas poculiformes, margem apical côncava na parte média, margens basais assimetricamente pouco convexas, ângulos acuminados, 1 espinho pontiagudo, médio, divergente, inserido no terço superior das semicélulas; parede celular hialina, lisa; vista vertical fusiforme, 1 espinho em cada polo.

Distribuição geográfica no Estado de São Paulo

Em literatura: Município de Ribeirão Preto (Silva 1999, como *Staurodesmus phimus*).

Material examinado: nenhum.

COMENTÁRIOS

Staurodesmus phimus (Turner) Thomasson pertence a um pequeno grupo de espécies que possui semicélulas que variam de obtrapeziforme a mais ou menos lunada (lua em fase de quarto crescente). Pertencem a este grupo *Staurodesmus selenaeus* (Grönblad) Teiling e *Staurodesmus hirundinella* (Krieger) Teiling. *Staurodesmus phimus* (Turner) Thomasson é diferente das duas últimas espécies pela forma mais obtrapeziforme das semicélulas, cujos ângulos espiníferos não são tão projetados lateralmente. *Staurodesmus phimus* (Turner) Thomasson var. *semilunaris* (Schmidle) Teiling é, dentro dos S. *phimus* (Turner) Thomasson, o que possui os ângulos espiníferos mais projetados, porém, os espinhos são relativamente longos e bem individualizados, enquanto nas duas espécies antes referidas os espinhos são simples continuidade das próprias margens apical e basais.

A literatura mostra redução do tamanho dos espinhos na variedade-tipo da espécie a ponto de as formas com espinhos reduzidos lembrarem bastante algumas expressões morfológicas de *Staurodesmus sibiricus* (Borge) Croasdale.

Certas expressões morfológicas de *Staurodesmus phimus* (Turner) Thomasson, como, por exemplo, as de S. *phimus* (Turner) Thomasson var. *occidentalis* G.S. West (West & West 1902) e S. *phimus* (Turner) Thomasson var. *robustus* Thomasson (Thomasson 1959), cujo seno mediano é arredondado, podem ser confundidas com formas de *Staurodesmus quiriferus* (West & West) Teiling, das quais diferem pelos espinhos angulares relativamente curtos.

STAURODESMUS PHIMUS (TURNER) THOMASSON VAR. *BRASILIENSIS* (FÖRSTER & ECKERT) C. BICUDO & AZEVEDO (FIG. 417-419)

Ark. Bot.: sér. 2, 6(11): 508, pl. 5, fig. 4. 1967.

Basiônimo: *Arthrodesmus phimus* Turner var. *hebridarus* West & West f. *brasiliensis* Förster & Eckert, Hydrobiologia 23(3-4): 409, pl. 25, fig. 9, pl. 48, fig. 4. 1964.

Células 1,0-1,1 vez mais largas que longas, profundamente constritas na parte média, seno mediano amplo, retangular, 37,0-38,0 µm compr., 37,0-43,0 µm larg., istmo 8,0-10,0 µm larg.; semicélulas cuneadas, margem apical convexa na parte média, 2 depressões, 1 próximo de cada ângulo espinífero, margens basais com apenas 1 depressão localizada também próximo dos ângulos espiníferos, ângulos ornados com 1 espinho retilíneo, relativamente longo, divergente, inserido no terço superior da semicélula; parede celular hialina, lisa; cloroplastídio jamais observado; vista vertical elíptica, 1 leve intumescência de cada lado, 1 espinho em cada polo.

DISTRIBUIÇÃO GEOGRÁFICA NO ESTADO DE SÃO PAULO

EM LITERATURA: Município de Conchal (Bicudo & Azevedo 1977, como *Arthrodesmus hebridarus* var. *brasiliensis*).

MATERIAL EXAMINADO: nenhum.

COMENTÁRIOS

Staurodesmus hebridarus (Turner) Thomasson var. *brasiliensis* (Förster) C. Bicudo & Azevedo difere da variedade típica da espécie pelo seguinte: (*1*) menor tamanho dos espécimes, (*2*) margem apical das semicélulas convexa na parte média e com duas depressões, sendo uma próximo de cada ângulo espinífero, e (*3*) margens basais das semicélulas com uma depressão também localizada próximo dos ângulos espiníferos.

A informação sobre o material do Município de Conchal em Bicudo & Azevedo (1977) confirma a identificação taxonômica do mesmo e sua ocorrência no Estado de São Paulo.

A literatura mencionou o seno mediano desta espécie como sendo amplo e retangular. No entanto, a análise da ilustração original identificou-o obtusangular. O material do Município de Conchal apresentou o seno mediano retangular.

STAURODESMUS PHIMUS (TURNER) THOMASSON VAR. SEMILUNARIS (SCHMIDLE) TEILING (FIG. 420)

Ark. Bot.: sér. 2, 6(11): 507, pl. 5, fig. 1. 1967.

Basiônimo: *Arthrodesmus incus* (Brébisson) Hassall f. *semilunaris* Schmidle, Öst. Bot. Zeitschr. 46(1): 20, pl. 16, fig. 9. 1896.

Célula ca. 1,2 vez mais longa que larga, constrição mediana profunda, seno mediano aberto, acutangular, ca. 21,0 µm compr., ca.17,0 µm larg., istmo ca. 6,0 µm larg.; semicélulas ciatiformes, margem apical ampla, uniformemente côncava, margens basais levemente convexas, ângulos acuminados, 1 espinho retilíneo, longo, divergente, inserido no terço superior da semicélula; parede celular hialina, lisa; cloroplastídio jamais visto; vista vertical fusiforme, 1 espinho longo em cada polo.

DISTRIBUIÇÃO GEOGRÁFICA NO ESTADO DE SÃO PAULO

EM LITERATURA: Município de Moji-Guaçu (Marinho 1994, Marinho & Sophia 1997).

MATERIAL EXAMINADO: nenhum.

COMENTÁRIOS

Esta variedade difere da típica da espécie por apresentar semicélulas com forma de taça (ciatiformes) e espinhos comparativamente mais longos.

O material de Moji-Guaçu descrito e ilustrado em duas ocasiões (Marinho 1994, Marinho & Sophia 1997) é, conforme o nosso entender, bom representante de *S.phimus* (Turner) Thomasson var. *semilunaris* (Schmidle) Teiling

STAURODESMUS PSILOSPORUS (NORDSTEDT & LÖFGREN) TEILING VAR. *PSILOSPORUS* (FIG. 421)

Ark. Bot.: sér. 2, 6(11): 506, pl. 4, fig. 15-16. 1967.

Basiônimo: *Arthrodesmus psilosporus* Nordstedt & Löfgren *in* Wittrock & Nordstedt, Algae Acquae Dulcis Exsic. 12: exsicata n° 558. 1883.

Células ca. 0,5 vez mais longas que largas, pouco constritas na parte média, seno mediano amplo, obtusangular, 25,0-28,0 µm compr., 18,0-21,0 µm larg. (inclusive espinhos) istmo 9,0-10,0 µm larg.; semicélulas subcuneadas a obtrapeziformes, margem apical uniformemente convexa ou levemente retusa na parte média, margens basais pouco convexas, assimétricas, margem lateral com leve depressão mediana, ângulos mais ou menos acuminados, 1 espinho diminuto, mucroniforme, divergente, em geral dando continuidade à margem basal, inserido no terço superior da semicélula; parede celular hialina, lisa; cloroplastídio e pirenoide jamais observados; vista vertical elíptica, 1 espinho pequeno em cada polo.

DISTRIBUIÇÃO GEOGRÁFICA NO ESTADO DE SÃO PAULO

EM LITERATURA: Município de Pirassununga (Borge 1918, como *Arthrodesmus psilosporus*), Município de São Paulo (Wittrock & Nordstedt 1880, como *Arthrodesmus psilosporus*; Bicudo & Azevedo 1977, como *Arthrodesmus psilosporus* var. *psilosporus*).

MATERIAL EXAMINADO: nenhum.

COMENTÁRIOS

Arthrodesmus psilosporus foi descrito originalmente e proposto por Nordstedt & Löfgren (1883) a partir de material coletado por Löfgren na chácara do Dr. Martin Francisco (hoje Parque da Aeronáutica), na cidade de São Paulo, no dia 16 de julho de 1882. A espécie foi comunicada e distribuída na coleção de exsicatas de Wittrock e Nordstedt, sob n° 558, como *Staurastrum* (*Arthrodesmus*) *psilosporus*. O espécime figurado no texto que acompanhou a exsicata tem semicélulas cuneadas, margem apical uniformemente convexa ou um pouco retusa na parte média e margens basais pouco convexas, assimétricas. Os ângulos são acuminados e terminam em um espinho bastante pequeno, divergente, quase um mucro, inserido no terço superior da semicélula, mais ou menos em continuação à margem basal. O istmo é levemente constrito, e o seno mediano amplo e obtusângulo.

Não foi encontrado um exemplar sequer desta espécie em todas as preparações examinadas. Mas só existe outra espécie do gênero que possui semicélulas cuneadas, *Staurodesmus controversus* (West & West) Teiling, da qual a presente difere, principalmente, pela relação entre o comprimento total e a largura máxima da célula. *Staurodesmus psilosporus* (Nordstedt & Löfgren) Teiling tem células ao redor de 0,5 vez mais longas que largas.

STAURODESMUS PSILOSPORUS (NORDSTEDT & LÖFGREN) TEILING VAR. *RETUSUS* (GRÖNBLAD) TEILING (FIG. 422)

Ark. Bot.: sér. 2, 6(11): 506, pl. 4, fig. 17. 1967.

Basiônimo: *Arthrodesmus psilosporus* Wittrock & Nordstedt var. *retusus* Grönblad, Acta Soc. Scient. Fenn.: sér. B, 2(6): 23, fig. 180-182. 1945.

Células 1,0-1,1 vez mais longas que largas, moderadamente constritas na parte média, seno mediano aberto, obtusangular, 12,1-13,2 µm compr., 11,0-13,0 µm larg., istmo 5,4-5,9 µm larg.; semicélulas aproximadamente ciatiformes, margem apical nitidamente côncava, margem basal reta a levemente convexa, ângulos acuminados, prolongados insensivelmente em 1 espinho pontiagudo, divergente, situado no terço superior da semicélula; parede celular lisa, hialina; cloroplastídio não observado; vista vertical elíptica, 1 espinho em cada polo.

DISTRIBUIÇÃO GEOGRÁFICA NO ESTADO DE SÃO PAULO

EM LITERATURA: Município de Pindamonhangaba (Godinho 2005).

MATERIAL EXAMINADO: **Município de Pindamonhangaba**, 24.IV.1990, *A.A.J. Castro & C.E.M. Bicudo* (SP188520).

COMENTÁRIOS

Esta variedade difere da típica da espécie na margem apical amplamente retusa (aconcavada) e nos ângulos acuminados das semicélulas, nas quais o espinho é uma continuação indelével do próprio ângulo. O conhecimento atual da variedade ainda é muito escasso, provavelmente, por não ter sido coletada durante os 81 anos que se passaram desde sua proposição. Busca efetuada na literatura revelou ter sido coletada no Brasil (Estado do Pará, coleta original) e no Sudão (África).

Grönblad (1945: fig. 181-182) ilustrou dois espécimes, um dos quais (Fig. 181) com dois pirenoides por plastídio e o outro (Fig. 182) com apenas um. Tal variação só foi vista por Grönblad (1945), contudo, sem qualquer conexão com a forma ou o tamanho da célula. Grönblad *et al.* (1958: fig. 271) ilustraram a vista vertical de um espécime, provavelmente, do representado em sua fig. 270, em que se observa um pirenoide central no plastídio. Os dois indivíduos encontrados na amostra do Município de Pinda-monhangaba não apresentaram cloroplastídios, o que tornou impossível a observação do(s) pirenoide(s).

Espécie considerada de ocorrência rara no Estado de São Paulo.

STAURODESMUS PTEROSPORUS (LUNDELL) BOURRELLY (FIG. 423)

Les algues d'eau douce, 1: 51: pl. 101, fig. 7-8. 1966.

Basiônimo: *Staurastrum pterosporum* Lundell, Nova Acta Reg. Soc. Scient. Upsal.: sér. 3, 8: 60, pl. 3, fig. 29. 1871.

Células 1,0-1,1 vez mais largas que longas, suavemente constritas na parte média, seno mediano aberto, obtusangular, ápice acutangular, às vezes semicircular, 11,6-14,4 μm compr., 13,5-16,7 μm larg., istmo 6,2-8,6 μm larg.; semicélulas obtrapeziformes, margem apical suavemente retusa, margem basal quase reta a pouco convexa, ângulos arredondados, 1 espinho curto, pontiagudo, divergente, situado no terço superior da semicélula; parede celular hialina, lisa; cloroplastídio não observado; vista vertical 3-angular, margens pouco retusas na parte média, 1 espinho em cada polo.

DISTRIBUIÇÃO GEOGRÁFICA NO ESTADO DE SÃO PAULO.

EM LITERATURA: Município de Brodowski e Município de Irapuã (Godinho 2005).

MATERIAL EXAMINADO: **Município de Brodowski**, 16.XI.1991, *A.A.J. Castro & C.E.M. Bicudo* (SP239098). **Município de Irapuã**, 15.I.1992, *L.H.Z. Branco* (SP239235).

COMENTÁRIOS

Staurodesmus pterosporus (Lundell) Bourrelly lembra bastante, quanto à sua morfologia, *S. crassus* (West & West) Florin, do qual difere por possuir a margem apical retusa na parte média e a vista vertical sempre triangular.

A combinação *Staurodesmus pterosporus* (Lundell) Bourrelly jamais foi providenciada oficialmente. Bourrelly (1966) apresentou, de fato, a referida combinação na legenda de uma de suas pranchas, sob o nome *Staurodesmus pterospermum* (Lundell) Bourrelly (note a grafia diferente), em total desacordo com o Código Internacional de Nomenclatura para Algas, Fungos e Plantas.

Esta espécie foi encontrada em dois municípios do Estado de São Paulo (Brodowski e Irapuã) e apresentou variação morfológica, principalmente, quanto ao tipo de extremidade do istmo, que ora se apresentou acutangular ora semicircular.

STAURODESMUS QUIRIFERUS (WEST & WEST) TEILING VAR. *QUIRIFERUS* (FIG. 424)

Ark. Bot.: sér. 2, 6(11): 521, pl. 7, fig. 5, 7. 1967.

Basiônimo: *Arthrodesmus quiriferus* West & West, Jour. Linn. Soc. 35: 542, pl. 17, fig. 9-10. 1903.

Células ca. 1,1 vez mais largas que longas, constrição mediana rasa, seno mediano aberto, obtusangular, ápice do seno amplamente acuminado, 11,3-11,4 µm compr., 12,9-13,0 µm larg., istmo 6,9-7,0 µm larg.; semicélulas obtrapeziformes, margem apical claramente retusa, margem basal suavemente convexa, ângulos acuminado-arredondados, 1 espinho pontiagudo, mais ou menos longo, divergente, situado no terço superior da semicélula; parede celular hialina, lisa; cloroplastídio não observado; vista vertical elíptico-fusiforme, 1 espinho longo em cada polo.

DISTRIBUIÇÃO GEOGRÁFICA NO ESTADO DE SÃO PAULO

EM LITERATURA: Município de Itirapina (Bicudo & Azevedo 1977, como *Arthrodesmus quiriferus* var. *quiriferus*), Município de Monte Alto (Godinho 2005).

MATERIAL EXAMINADO: **Município de Monte Alto**, 20.II.1992, *L.H.Z. Branco* (SP239233).

COMENTÁRIOS

Staurodesmus quiriferus (West & West) Teiling é, morfologicamente, muito próximo de *Staurodesmus triangularis* (Lagerheim) Teiling, do qual poderia ser até considerado uma variedade taxonômica. Entretanto, o seno mediano alongado e os espinhos angulares divergentes e longos caracterizam a última espécie.

Entre as características diagnósticas de *S. quiriferus* (West & West) Teiling var. *quiriferus* constam: (*1*) o seno mediano aberto, obtusangular, de ápice amplamente arredondado; (2) o contorno trapeziforme invertido das semicélulas, em que a margem apical é claramente retusa na parte média, a margem basal é suavemente convexa e os ângulos são acuminados; e (3) os espinhos angulares pontiagudos, mais ou menos longos, divergentes e situados no terço superior da semicélula.

Segundo Bicudo & Azevedo (1977), outra característica de *S. quiriferus* (West & West) Teiling var. *quiriferus* (como *Arthrodesmus quiriferus* West & West) é a torção da ordem de 60-70° das semicélulas, a qual pode ser facilmente detectada quando o indivíduo está em vista apical, mas podem ocorrer indivíduos nos quais essa torção inexiste.

Embora fossem observados muitos espécimes, não foi observada variação morfológica ou métrica significativa na população analisada proveniente do Município de Monte Alto.

STAURODESMUS SELENAEUS (GRÖNBLAD) TEILING (FIG. 425)

Ark. Bot.: sér. 2, 6(11): 508, pl. 5, fig. 3. 1967.

Basiônimo: *Staurastrum selenaeum* Grönblad, Acta Soc. Scient. Fenn.: sér. B, 2(6): 30, fig. 263-264. 1945.

Célula tão longa quanto larga, profundamente constrita na parte média, seno mediano amplo, aberto, acutangular, ca. 17,9 μm compr., ca. 17,1 μm larg., istmo ca. 6,9 μm larg.; semicélulas lunadas, margem apical amplamente côncava, margens basais bastante convexas, ângulos acuminados, gradualmente atenuados para o ápice, 1 espinho, curto, divergente; parede celular lisa, hialina, cloroplastídio não observado; vista vertical 3-angular, lados retusos na parte média, ângulos gradualmente atenuados, acuminados, 1 espinho curto em cada polo.

DISTRIBUIÇÃO GEOGRÁFICA NO ESTADO DE SÃO PAULO

EM LITERATURA: Município de São Paulo (Godinho 2005).

MATERIAL EXAMINADO: **Município de São Paulo**, PEFI, hidrofitotério, 15.III.2001, *C.E.M. Bicudo & L.R. Godinho* (SP364864).

COMENTÁRIOS

Staurodesmus selenaeus (Grönblad) Teiling é uma espécie extremamente característica e apresentou morfologia bastante estável durante esta pesquisa. É de fácil identificação graças à forma lunada das semicélulas.

A espécie pode ser considerada de ocorrência rara no Estado de São Paulo, pois foi encontrada em uma única coleta realizada no hidrofitotério do Jardim Botânico de São Paulo, no Município de São Paulo. Além disso, apesar de haver examinado uma quantidade considerável de preparações dessa unidade amostral, um único indivíduo foi encontrado, o qual, repetimos, foi de fácil identificação graças à forma lunada de suas semicélulas.

STAURODESMUS SMOLANDICUS (LUNDELL) TEILING VAR. *ANGULOSUS* (KIRCHNER) TEILING (FIG. 427)

Ark. Bot.: sér. 2, 6(11): 608, pl. 31, fig. 1, 4. 1967.

Basiônimo: *Cosmarium smolandicum* Lundell var. *angulosum* Kirchner, Kryptogamen-fl. Schlesien 2(1): 150. 1871.

Célula tão longa quanto larga, profundamente constrita na parte média, seno mediano fechado, linear, ca. 14,0 µm compr., ca. 12,8 µm larg., istmo ca. 5,7 µm larg.; semicélulas transversalmente retangulares, margem superior amplamente truncada, espessada na parte média, margens laterais retas ou quase, paralelas entre si, ângulos retangulares, superiores amplamente arredondados, inferiores menos, 1 espinho extremamente curto, quase papila, convergente, situado no terço inferior da semicélula; parede celular hialina, lisa; cloroplastídio não observado; vista vertical oblonga.

DISTRIBUIÇÃO GEOGRÁFICA NO ESTADO DE SÃO PAULO

EM LITERATURA: Município de São Carlos (Godinho 2005).

MATERIAL EXAMINADO: **Município de São Carlos**, 20.III.1989, *A.A.J. Castro & C.E.M. Bicudo* (SP188212).

COMENTÁRIOS

A presente variedade difere da típica da espécie na forma transversalmente retangular das semicélulas, em que a margem apical é amplamente truncada e as laterais retas ou quase e paralelas entre si. Parece-se muito com a var. *crassipelis* (Boldt) Teiling da mesma espécie, da qual é distinta por conta das margens laterais retas ou quase e paralelas entre si, jamais convexas, e da vista vertical mais romboédrica.

Conforme Teiling (1967), *S. smolandicus* (Lundell) Teiling pertence a um grupo de espécies que chamou de 'extremas' porque, apesar de sua vista vertical, ninguém jamais imaginou serem representantes de *Staurodesmus*. Mas podem ser consideradas análogas, por exemplo, às formas trirradiadas de *S. dickiei* (Ralfs) Lillieroth var. *circularis* (Turner)

Croasdale. Na última variedade, os espinhos são muito pequenos, e o exaustivo exame de espécimes de *S. dickiei* (Ralfs) Lillieroth efetuado por Teiling (1967) deixou evidente que os espinhos decrescem de tamanho com seu deslizamento do terço superior para o inferior das semicélulas, até sua localização nos ângulos inferiores.

Staurodesmus smolandicus (Lundell) Teiling var. *angulosus* (Kirchner) Teiling pode, quanto a sua morfologia, ser comparado com *Staurodesmus sibiricus* (Borge) Croasdale var. *crassangulatus* (Börgesen) Teiling, *Staurodesmus smolandicus* (Lundell) Teiling var. *crassipellis* (Boldt) Teiling, algumas expressões morfológicas de *Staurodesmus obsoletus* (Hantzsch) Teiling, *Cosmarium taxichondriforme* Eichler & Gutwinski e *Cosmarium taxichondrum* Lundell. Mas difere de todas pelo formato transversalmente retangular das semicélulas, com os ângulos superiores mais acentuadamente arredondados que os inferiores.

STAURODESMUS SMOLANDICUS (LUNDELL) TEILING VAR. *SMOLANDICUS* (FIG. 426)

Ark. Bot.: sér. 2, 6(11): 608, pl. 31, fig. 1, 4. 1967.

Basiônimo: *Cosmarium smolandicum* Lundell, Acta R. Soc. Scient. Upsal.: sér. 3, 8(2): 39, pl. 2, fig. 17. 1871.

Células ca. 1,1 vez tão longas quanto largas, suavemente constritas na parte média, seno mediano fechado, acutangular, ápice arredondado, 48,0-48,8 µm compr., 43,0-43,6 µm larg. (sem espinhos), 48,5-49,3 µm larg. (com espinhos), istmo ca. 25,0 µm larg.; semicélulas hemisféricas, margem apical amplamente convexa, margens basais levemente convexas ou quase retas, ângulos sub-retangulares, 1 papila grosseira, quase mamiloide, convergente, inserida no terço inferior da semicélula; parede celular hialina, lisa; cloroplastídio não observado; vista vertical 3-angular, ângulos arredondados, 1 par de papilas pequenas, praticamente mamiloides em cada polo.

DISTRIBUIÇÃO GEOGRÁFICA NO ESTADO DE SÃO PAULO

EM LITERATURA: nada consta.

MATERIAL EXAMINADO: **Município de Assis**, 210.VII.1991, M.C. *Bittencourt-Oliveira* (SP239089).

COMENTÁRIOS

Staurodesmus smolandicus (Lundell) Teiling var. *smolandicus* é facilmente confundido com *Staurodesmus dikiei* (Ralfs) Lillieroth var. *denticulatus* (Nordstedt) Teilling por possuir um par de papilas diminutas, relativamente grosseiras, quase mamiloides, sobrepostas, ornamentando cada ângulo das semicélulas.

Teiling (1967) mencionou existirem pequenos espinhos ou verrugas em vez de papilas diminutas. Todos os espécimes ora examinados apresentaram, entretanto, papilas diminutas, nunca espinhos pequenos ou verrugas.

Prescott *et al.* (1981) mencionaram semicélula subsemicircular com o ápice do seno reto e ângulos basais arredondados, munidos de um pequeno espinho ou papila e vista vertical elíptica. Os referidos autores confirmaram a variação mofológica citada em Teiling (1967), de que a espécie pode apresentar um pequeno espinho e não somente uma papila. Além disso, as ilustrações em Prescott *et al.* (1981) apresentam espinhos situados muito próximos uns dos outros, porém, não sobrepostos como nas ilustrações desse trabalho.

A variedade-tipo da espécie foi encontrada em uma única localidade, no Município de Assis, e permitiu sua identificação taxonômica inequívoca por conta das seguintes características diagnósticas: (1) forma semicircular da semicélula, (2) vista vertical triangular das semicélulas, (3) existência de uma papila reduzida, grosseira, quase mamiloide, ornamentando cada ângulo das semicélulas. Nos exemplares atualmente examinados notou-se a presença de somente um par de papilas, dando impressão de não existir o outro par. É importante notar esta característica, pois dela depende a identificação correta da espécie, que pode ser facilmente confundida com outras espécies, como, por exemplo, *S. dickiei* (Ralfs) Lillieroth var *denticulatus* (Nordstedt) Teiling e *C. obsoletum* (Hantzsch) Teiling, caso não sejam cuidadosamente observadas a ocorrência de papilas e a vista vertical triangular da semicélula.

Staurodesmus smolandicus (Lundell) Teiling var. *smolandicus* teve sua ocorrência ora documentada pela primeira vez para o Estado de São Paulo.

Staurodesmus subulatus (Kützing) Thomasson var. *subulatus* (Fig. 428-431)

Nova Acta Reg. Soc. Scient. Upsal.: sér. 4, 17(12): 35, pl. 8, fig. 25. 1960.

Basiônimo: *Arthrodesmus subulatus* Kützing, Species algarum. 176. 1849

Células 0,6-1,1 vez mais longas que largas, profundamente constritas na parte média, seno mediano aberto, acutangular, 17,8-30,4 µm compr., 23,6-30,9 µm larg., istmo 6,6-10,0 µm larg.; semicélulas transversalmente elípticas, margem apical desde leve até amplamente convexa, margens basais assimetricamente convexas, ângulos acuminados, 1 espinho pontiagudo, até bastante longo, horizontalmente disposto a divergente, situado no terço superior da semicélula; parede celular hialina, lisa; cloroplastídio não observado; vista vertical elíptica, ângulos acuminados, 1 espinho longo em cada polo.

Distribuição geográfica no Estado de São Paulo

Em literatura: Município de Aparecida do Norte, Município de Ibirá, Município de Jaracatiá, Município de Jaú-Bariri, Município de Mococa, Município de Moji-Guaçu, Município de Pindamonhangaba, Município de Rancharia, Município de Registro e Município de São Carlos (Bicudo & Azevedo 1977, como *Arthrodesmus subulatus* var. *subulatus*), Município de Angatuba, Município de General Salgado, Município de Irapuã, Município de Lorena, Município de Monte Alto e Município de São Carlos (Godinho 2005).

Material examinado: **Município de Angatuba**, 17.IV.1989, *A.A.J. Castro, C.E.M. Bicudo & D.C. Bicudo* (SP188215). **Município de General Salgado**, 05.XII.1991, *L.H.Z. Branco* (SP239241). **Município de Irapuã**, 15.I.1992, *L.H.Z. Branco* (SP239235). **Município de Lorena**, 17.XI.1988, *A.A.J. Castro & C.E.M. Bicudo* (SP176242). **Município de Monte Alto**, 20.II.1992, *L.H.Z. Branco* (SP239233). **Município de São Carlos**, 20.III.1989, *A.A.J. Castro & C.E.M. Bicudo* (SP188212).

Comentários

Conforme Bicudo & Azevedo (1977), *Arthrodesmus subulatus* foi descrito por Kützing, em 1849, com base em material coletado de um pântano próximo de Nordhausen, na Alemanha. A descrição original da espécie é bastante sumária e, consequentemente, pouco precisa. É a seguinte: "*A. mediocris, lobis transverse ovatis ventricosis, spinis rectis, gracilibus, subulatis; superfície laevi*" (Kützing 1849) que traduzida para o português diz: *Arthrodesmus* pequeno, lobos transversalmente elípticos, intumescidos, espinhos retos, delicados, pontiagudos; superfície lisa. Ao fim da descrição, Kützing (1849) fez referência a uma ilustração apresentada por Bailey (1841), a qual, embora rotulada *Euastrum*, seria de um espécime de *A. subulatus*.

Desde então, foram publicadas inúmeras ilustrações de *A. subulatus* Kützing, em que é possível observar grande variação na inserção dos espinhos. Pode-se distinguir, por exemplo, entre tantas ilustrações, algumas de exemplares com semicélulas transversalmente elípticas, em que os espinhos angulares estão inseridos ao longo do eixo mediano da semicélula. É também possível distinguir outro grupo de ilustrações constituído por exemplares com semicélulas poculiformes, em que os espinhos estão inseridos no terço superior das semicélulas, ao longo de uma linha quase contínua com a margem superior das semicélulas.

Bicudo & Azevedo (1977) observaram a seguinte variação morfológica em uma amostra populacional de cerca de 500 indivíduos examinados: (*1*) surgimento de duas angulosidades proeminentes na margem superior das semicélulas; (*2*) deslizamento dos espinhos laterais do terço mediano para o superior das semicélulas; e (*3*) modificação na orientação dos espinhos angulares. Tais observações emanaram do estudo de populações provenientes dos municípios de Jaraçatiá, Pindamonhangaba e Registro.

Segundo ainda Bicudo & Azevedo (1977), *A. subulatus* Kützing é uma espécie facilmente reconhecida pelo contorno transversalmente subelíptico das semicélulas, no qual a margem superior e o conjunto das basais possuem, em geral, diferentes graus de convexidade, e pela existência de espinhos no terço superior da semicélula. *Staurodesmus subulatus* (Kützing) Thomasson pode ser, quanto à sua morfologia, confundido com *Staurodesmus maximus* (Borge) Teiling e *S. curvatus* (Turner) Thomasson. Mas difere de ambas por possuir as semicélulas transversalmente elípticas, entretanto, não tão assimétricas.

Börgesen (1890) documentou a ocorrência de *A. subulatus* Kützing f. *major* Nordstedt em um charco próximo de Moji, sem, contudo, identificar qual dos Moji, uma vez que no Estado de São Paulo há três localidades que contêm essa palavra em sua constituição: Moji das Cruzes, Moji-Guaçu e Moji-Mirim. Este material deve ser identificado com *S. subulatus* (Kützing) Thomasson var. *subulatus*, desde que se encaixa perfeitamente na circunscrição da variedade-tipo da espécie.

O exemplar em Lemmermann (1914) representa uma variação morfológica de *A. subulatus* Kützing, à qual não foi atribuído nome. O material que serviu de base para esse estudo foi coletado de um ambiente sem indicação precisa de sua localização em Itapura (= Itapira). Este exemplar também deve ser identificado como de *S. subulatus* (Kützing) Thomasson var. *subulatus*.

Staurodesmus subulatus (Kützing) Thomasson var. *subulatus* é uma espécie bastante bem representada geograficamente no Estado de São Paulo. Foi identificado a partir de populações dos municípios de Angatuba, Aparecida do Norte, General Salgado, Ibirá, Irapuã, Jaracatiá, Jaú-Bariri, Lorena, Mococa, Moji-Guaçu, Monte Alto, Pindamonhangaba, Rancharia, Registro e São Carlos.

A variação morfológica nesta espécie é muito grande, principalmente no que diz respeito à margem superior da semicélula, ao tamanho da célula e à orientação dos espinhos angulares, que ora aparecem convergentes, ora divergentes e até mesmo paralelos.

STAURODESMUS SUBULATUS (KÜTZING) THOMASSON VAR. *NORDSTEDTII* (G.M. SMITH) THOMASSON (FIG. 432)

Nova Acta Reg. Soc. Scient. Upsal.: sér. 4, 17(3): 17, fig. 6, 25. 1957.

Basiônimo: *Arthrodesmus subulatus* Kützing var. *nordstedtii* G.M. Smith, Bull. Wis. Geol. Nat. Hist. Survey 57(2): 127, pl. 85, fig. 1-3. 1924.

Células 1,1-1,2 vez mais longas que largas, profundamente constritas na parte média, seno mediano aberto, acutangular, 30,4-32,9 µm compr., 25,0-28,9 µm larg., istmo 12,2-15,3 µm larg.; semicélulas aproximadamente ciatiformes, margem apical convexa, quase reta, margens basais assimetricamente convexas, ângulos acuminados, 1 espinho pontiagudo, longo, disposto horizontalmente ou convergente, situado no terço superior da semicélula; parede celular hialina, lisa; cloroplastídio não observado; vista vertical 3-angular, lados levemente retusos, ângulos acuminados, 1 espinho em cada polo.

Distribuição geográfica no Estado de São Paulo

Em literatura: Município de Assis (Godinho 2005).

Material examinado: **Município de Assis**, 21.VII.1991, M.C. *Bittencourt-Oliveira* (SP239089).

Comentários

Esta variedade pode ser facilmente confundida com *Staurodesmus maximus* (Borge) Teiling e *Staurodesmus curvatus* (Turner) Thomasson, dos quais difere por apresentar a margem apical mais acentuadamente convexa e a semicélula aproximadamente ciatiforme.

A espécie pode ser considerada rara no Estado de São Paulo, pois ocorreu em uma única amostra proveniente do Município de Assis. A população ora analisada foi constituída por poucos indivíduos que não apresentaram variação morfológica significativa, a não ser no grau de convexidade da margem apical das semicélulas.

Não há na literatura uma forma taxonômica desta espécie que se denomine *nordstedtii*. O nome *Staurodesmus subulatus* (Kützing) Thomasson f. *nordstedtii* aparece em Teiling (1967), porém, deste trabalho não consta a proposta formal da mudança de nível taxonômico, de variedade para forma taxonômica. A literatura menciona a existência de *Arthrodesmus subulatus* Kütz. f. *triquetra* Rich, cuja característica diagnóstica é a célula triangular em vista vertical. Teiling (1967) fez referência a essa forma, porém, trata-a só como "facies 3", que seria característica por possuir a margem apical plana e espinhos angulares curtos. O referido autor não lhe conferiu posição taxonômica. Todos os espécimes deste tipo que encontramos apresentaram vista vertical triangular, margem apical pouco convexa, quase reta, e espinhos relativamente longos. Tanto a forma da margem apical quanto a vista vertical triangular lembram *Arthrodesmus subulatus* Kützing f. *triquetra* Rich, mas os espinhos são relativamente longos e não curtos.

STAURODESMUS SUBULATUS (Kützing) Thomasson var. *SUBAEQUALIS* (West & West) Thomasson (Fig. 433-436)

Nova Acta Reg. Soc. Scient. Upsal.: sér. 4, 17(12): 35, pl. 10, fig. 22. 1960.

Basiônimo: *Arthrodesmus subulatus* Kützing var. *subaequalis* West & West, Brit. Desmidiaceae 4: 110, pl. 117, fig. 2-3. 1912.

Células 1,0-1,1 vez mais largas que longas, profundamente constritas na parte média, seno mediano aberto, acutangular, 22,0-30,0 µm compr., 25,0-32,2 µm larg., istmo 7,0-11,0 µm larg.; semicélulas transversalmente elípticas a elíptico-fusiformes, margem apical e conjunto das margens basais igualmente arqueados ou margem apical pouco menos arqueada, ângulos mais ou menos arredondados, 1 espinho médio, reto, em geral horizontalmente disposto, às vezes pouco convergente ou divergente, inserido no terço mediano da semicélula; parede celular hialina, lisa; cloroplastídio jamais observado; vista vertical elíptica, 1 espinho retilíneo em cada polo.

Distribuição geográfica no Estado de São Paulo

Em literatura: Município de Aparecida do Norte (Bicudo & Azevedo 1977, como *Arthrodesmus subulatus* var. *subaequalis*).

Material examinado: nenhum.

Comentários

Arthrodesmus subulatus (Kützing) Thomasson var. *subaequalis* West & West foi proposta por West & West (1912) após estudar material do lago Gartan, Condado de Donegal, na Irlanda, e material do lago Nan Eun, situado nas Ilhas Hébridas de Fora, Escócia. Tais materiais haviam sido antes identificados com A. *subulatus* Kützing var. *subulatus* em West & West (1902, 1903a). Conforme a descrição original da var. *subaequalis* West & West, ela seria distinta da típica da espécie porque as células são proporcionalmente mais largas e as semicélulas mais nitidamente elípticas por conta de uma diferença menos evidente no grau de convexidade entre a margem apical e o conjunto das basais. Finalmente, os espinhos são mais curtos e delgados.

Segundo nosso julgamento presente, corroborando Teiling (1967), a grande diferença entre a var. *subulatus*, típica e a var. *subaequalis* (West & West) Thomasson da referida espécie reside na forma regularmente elíptica das semicélulas da última, em que os espinhos se situam aproximadamente ao longo do eixo mediano transversal de cada semicélula quando se observa a célula de frente.

Staurodesmus subulatus (Kützing) Thomasson var. *subaequalis* (West & West) Thomasson pode ser confundido com *Staurodesmus convergens* (Ehrenberg) Teiling var. *wollei* (Irénée-Marie) Teiling, mas é distinta pelos ângulos espiníferos mais arredondados e pelo seno mediano mais fechado.

Bicudo & Azevedo (1977) verificaram, na população proveniente do Município de Aparecida do Norte, variação apenas na orientação dos espinhos angulares, que foi paralela na maioria dos espécimes, divergente em alguns poucos e convergente em outros.

STAURODESMUS TORTUS (GRÖNBLAD) TEILING (FIG. 437-438)

Ark. Bot.: sér. 2, 6(11): 546, pl. 12, fig. 6-7. 1967.

Basiônimo: *Arthrodesmus tortus* Grönblad, Mem. Soc. Fauna Flora Fenn. 28: 51, fig. 5-11. 1952.

Células 1,4-1,5 vez mais largas que longas, pouco constritas na parte média, torcida de modo que as semicélulas em vista vertical são deslocadas ± 90° uma da outra, seno mediano amplo, aberto, obtusangular, 11,0-12,5 µm compr., 16,9-18,0 µm larg., istmo 8,1-10,7 µm larg.; semicélulas mais ou menos obtrapeziformes, margem apical retusa na parte média, margens basais muito suavemente convexas, ângulos acuminados, 1 espinho pontiagudo, curto, divergente, situado no terço superior da semicélula; parede celular hialina, lisa; cloroplastídio não observado; vista vertical elíptico-fusiforme, ângulos acuminados, 1 espinho curto em cada polo.

DISTRIBUIÇÃO GEOGRÁFICA NO ESTADO DE SÃO PAULO

EM LITERATURA: Município de São Paulo e Município de Tremembé (Godinho 2005).

MATERIAL EXAMINADO: **Município de São Paulo**, PEFI, hidrofitotério, 15.III.2001, *C.E.M. Bicudo & L.R. Godinho* (SP364864). **Município de Tremembé**, 24.IV.1990, *A.A.J. Castro & C.E.M. Bicudo* (SP188437).

COMENTÁRIOS

Staurodesmus tortus (Grönblad) Teiling mostra grande semelhança com certas formas de *Tetraëdron regulare* Kützing, uma Chlorophyceae, e é provável que, por isso, a desmídia esteja sendo mal interpretada e sua taxonomia negligenciada. A identidade desta espécie como desmídia foi feita pelo próprio Grönblad ao reexaminar a amostra que serviu de base para a proposição da espécie, proveniente da Paróquia de Laukaa, na Finlândia, e encontrar duas células em processo de divisão.

Esta espécie é relativamente rara no Estado de São Paulo. Foi coletada apenas nos municípios de São Paulo e Tremembé, e em ambos os locais por meio de poucos exemplares. Todavia, a torção da ordem de 90° das semicélulas em vista vertical é característica diagnóstica que possibilita identificar inequivocamente *S. tortus* (Grönblad) Teiling.

Staurodesmus triangularis (Lagerheim) Teiling (Fig. 439)

Bot. Notiser 1948(1): 62, fig. 63-64. 1948.

Basiônimo: *Arthrodesmus triangularis* Lagerheim, Öfvers. K. Vetensk. Förh. 42(7): 244, pl. 27, fig. 22. 1886.

Célula ca. 1,2 vez mais longa que larga, profundamente constrita na parte média, seno mediano amplo, aberto, retangular a obtusangular, ca. 17,9 µm compr., ca. 14,8 µm larg., istmo ca. 5,5 µm larg.; semicélulas mais ou menos cuneadas, margem apical em geral reta, raro suavemente convexa ou retusa, margens basais retas a muito suavemente convexas, ângulos arredondados, 1 espinho pontiagudo, longo, convergente, situado no terço superior da semicélula; parede celular hialina, lisa; cloroplastídio não observado; vista vertical elíptico-fusiforme, ângulos acuminado-arredondados, 1 espinho longo em cada polo.

Distribuição geográfica no Estado de São Paulo

Em literatura: Município de Moji (qual?) (Börgesen 1890, como *Arthrodesmus triangularis*), Município de São Paulo (Godinho 2005).

Material examinado: **Município de São Paulo**, PEFI, Lago das Ninfeias, 15.III.2001, *C.E.M. Bicudo & L.R. Godinho* (SP364870).

Comentários

Segundo Bicudo & Azevedo (1977), o exame detalhado da ilustração original de *Arthrodesmus triangularis* Lagerheim em Lagerheim (1886) mostrou que os caracteres morfológicos diagnósticos da espécie são os que seguem: (*1*) tipo de margem superior das semicélulas elevada na região dos ângulos espiníferos e retusa no meio; (*2*) seno mediano semicircular, amplo; e (*3*) istmo alongado e subcilíndrico. Contudo, essas características mostram grande variação na prática, o que torna até bastante difícil delimitar esta espécie e separá-la de *Staurodesmus subtriangularis* (Borge) Teiling, da qual difere, basicamente, pela forma da margem apical das semicélulas, que na primeira espécie é amplamente truncada, porém, retusa na parte média.

Foi encontrado apenas um indivíduo de *Staurodesmus triangularis* (Lagerheim) Teiling em uma única amostra coletada no Lago das Ninfeias, Parque Estadual das Fontes do Ipiranga, região sul do Município de São Paulo. Apesar disso, tratou-se de um indivíduo extremamente característico, perfeitamente de acordo com a circunscrição da espécie, o que possibilitou sua identificação inequívoca com *S. triangularis* (Lagerheim) Teiling. A espécie deve ser considerada de ocorrência rara no Estado.

STAURODESMUS VALIDUS (WEST & WEST) THOMASSON VAR. *VALIDUS* (FIG. 440)

Nova Acta Reg. Soc. Scient. Upsal.: sér. 4, 17(12): 35, pl. 10, fig. 10. 1960.

Basiônimo: *Arthrodesmus incus* (Brébisson) Hassall var. *validus* West & West, Jour. Linn. Soc.: sér. bot., 33(231): 320, pl. 17, fig. 16. 1898.

Células ca. 1,1 vez mais longas que largas, profundamente constritas na parte média, seno mediano amplo, acutangular, 24,0-32,0 µm compr., 19,0-32,0 µm larg., istmo 6,5-10,0 µm larg.; semicélulas aproximadamente ciatiformes, margem apical retilínea ou convexa, margens basais convexas, ângulos sub-retangulares, 1 espinho grosseiro, normalmente longo, divergente, inserido no terço superior da semicélula; parede celular hialina, lisa; cloroplastídio furcóide, monocêntrico ou dicêntrico; vista vertical elíptica, 1 espinho longo em cada polo.

DISTRIBUIÇÃO GEOGRÁFICA NO ESTADO DE SÃO PAULO

EM LITERATURA: Município de Conchal (Bicudo & Azevedo 1977, como *Arthrodesmus validus* var. *validus*). Município de São Carlos (Hino & Tundisi 1977, como *Staurodesmus validus*).

MATERIAL EXAMINADO: nenhum.

COMENTÁRIOS

O material que serviu de base para a proposta de *Arthrodesmus validus* (West & West) Scott & Grönblad foi coletado no Estado da Flórida, EUA. Todavia, foi descrito inicialmente por West & West (1898) sob o nome *Arthrodesmus incus* (Brébisson) Hassall var. *validus* West & West por causa das seguintes características morfológicas: (1) contorno semicircular das semicélulas em vista frontal (taxonômica); (2) margem apical das semicélulas reta ou quase; e (3) espinhos angulares longos e nitidamente divergentes entre si. West & West (1898) comentaram imediatamente após a descrição da variedade que se tratava dos maiores espécimes jamais observados dentro da espécie. Comentaram, ainda, que a forma desses espécimes concordava com a aquela de uma das ilustrações apresentadas por Wolle (1884: fig. 3; 1892: fig. 3) para uma variedade de espinhos longos de *Arthrodesmus incus*.

Chama atenção na ilustração de West & West (1898: pl. 17, fig. 16) a assimetria no grau de convexidade das margens basais das semicélulas. Existe bem evidente uma proeminência maior logo abaixo da base de inserção dos espinhos em cada semicélula.

Staurodesmus validus (West & West) Thomasson pode ser morfologicamente comparado com certas formas de *Staurodesmus bulnheimii* (Raciborski) Brook var. *subincus* (West & West) Thomasson, das quais é suficientemente distinto, principalmente, pelo tipo acutângulo de seno mediano e jamais estreitado na extremidade próxima do istmo. Além dessa, ocorrem outras diferenças menos evidentes no tamanho dos indivíduos e no grau de arqueamento das margens basais.

O material documentado como *Arthrodesmus incus* (Brébisson) Hassall var. *validus* West & West por Borge (1918) para o Município de Pirassununga deve ser identificado como *Staurodesmus validus* (West & West) Scott & Grönblad var. *validus*.

STAURODESMUS VALIDUS (WEST & WEST) THOMASSON VAR. *SINUOSUS* (BÖRGESEN) TEILING (FIG. 441)

Ark. Bot.: sér. 2, 6(11): 567, pl. 18, fig. 1. 1967.

Basiônimo: *Arthrodesmus incus* (Brébisson) Hassall var. *sinuosa* Börgesen, Vidensk. Meddr naturh. Foren. 1890: 948, pl. 4, fig. 40. 1890.

Célula ca. 1,1 vez mais longa que larga, profundamente constrita na parte média, seno mediano amplo, acutângular, ca. 45,0 μm compr., ca. 40,0 μm larg., istmo ca. 14,0 μm larg.; semicélulas aproximadamente subelípticas a poculiformes, margem apical ascendente nos terços distais, retilínea ou pouco retusa no terço mediano, margens basais assimetricamente convexas, ângulos com 1 espinho retilíneo, normalmente longo, divergente, inserido no terço superior da semicélula; parede celular hialina, lisa; cloroplastídio não observado; vista vertical elíptica, polos acuminados, 1 espinho em cada polo.

DISTRIBUIÇÃO GEOGRÁFICA NO ESTADO DE SÃO PAULO

EM LITERATURA: Município de Moji das Cruzes (Bicudo & Azevedo 1977, como *Arthrodesmus validus* var. *sinuosus*).

MATERIAL EXAMINADO: nenhum.

COMENTÁRIOS

Conforme Bicudo (1972), *A. incus* (Brébisson) Hassall var. *sinuosa* Börgesen lembra muito mais *A. validus* (West & West) Scott & Grönblad do que *A. incus* (Brébisson) Hassall *ex* Ralfs, principalmente pelo (1) contorno geral das semicélulas, (2) tipo de seno mediano e (3) localização e orientação dos espinhos angulares. Segundo o referido autor, difere de A. *validus* (West & West) Scott & Grönblad, típico, pela margem superior elevada, em que a porção mediana é retusa, e considerou, por isso, A. *incus* (Brébisson) Hassall var. *sinuosa* Börgesen uma variedade de A. *validus* (West & West) Scott & Grönblad e propôs-lhe a combinação A. *validus* (West & West) Scott & Grönblad var. *sinuosus* (Börgesen) C. Bicudo & Azevedo.

É interessante notar que todo o conhecimento até então da variedade no Estado de São Paulo é inteiramente em virtude da coleta original efetuada em um alagado próximo de Moji das Cruzes. Pior, porque se restringiu ao exame de um único indivíduo. Todavia, Bicudo (1972) teve oportunidade de examinar vários indivíduos provenientes do Estado de Mato Grosso que confirmaram, plenamente, a manutenção da referida variedade, contudo, dentro de A. *validus* (West & West) Scott & Grönblad, confirmando posição anterior de Teiling (1967).

Börgesen (1890) documentou a ocorrência de *Arthrodesmus incus* (Brébisson) Hassall var. *sinuosa* Börgesen no Município de Moji. A identificação do local de coleta é pouco precisa, desde que existem três cidades no Estado de São Paulo que possuem a palavra Moji em sua constituição: Moji das Cruzes, Moji-Guaçu e Moji-Mirim. Todavia, o material estudado por Börgesen (1890) deve ser identificado com *Staurodesmus validus* (West & West) Thomasson var. *sinuosus* (Börgesen) Teiling.

STAURODESMUS WANDAE (RACIBORSKI) BOURRELLY VAR. *LONGISSIMUS* (BORGE) TEILING (FIG. 442)

Ark. Bot.: sér. 2, 6(11): 491, pl. 1, fig. 10-12. 1967.

Basiônimo: *Staurastrum longissimum* Borge, Ark. Bot. 18(13): 47, pl. 8, fig. 5. 1918.

Células 4,0-4,3 vezes mais longas que largas, pouco constritas na parte média, seno mediano aberto, obtusangular, 78,0-85,0 µm compr., 18,0-20,0 µm larg., istmo 15,0-17,0 µm larg.; semicélulas cuneadas, alongadas, margem apical levemente convexa, margens basais côncavas próximo dos ângulos espiníferos, pouco convexas acima do istmo, ângulos com 1 espinho retilíneo, porte médio, divergente, inserido no terço superior da semicélula; parede celular hialina, lisa; cloroplastídio não observado; vista vertical 5-angular, lados suavemente côncavos, 1 espinho em cada polo.

DISTRIBUIÇÃO GEOGRÁFICA NO ESTADO DE SÃO PAULO

EM LITERATURA: Município de Pirassununga (Borge 1918, como *Staurastrum longissimum*).

MATERIAL EXAMINADO: nenhum.

Comentários

A presente var. *longissimus* (Borge) Teiling é distinta da típica da espécie por apresentar a célula mais do que três vezes mais longa do que larga. Aliás, esta característica faz com que a referidade variedade seja única e sua identificação extremamente facilitada.

Staurodesmus sp. 1 (Fig. 443)

Células 1,1-1,2 vez mais longas que largas, profundamente constritas na parte média, seno mediano fechado, acutangular, ápice do seno arredondado, 24,2-31,0 μm compr., 21,3-25,5 μm larg., istmo 7,4-9,5 μm larg.; semicélulas transversalmente elípticas, margem apical e conjunto das basais convexos, margem apical mais acentuadamente arqueada, ângulos arredondados, 1 papila convergente situada no terço inferior da semicélula; parede celular hialina, lisa; cloroplastídio não observado; vista vertical 3-angular, lados retusos, ângulos arredondados, 1 papila em cada polo.

Distribuição geográfica no Estado de São Paulo

Em literatura: Município de Engenheiro Coelho (Godinho 2005).

Material examinado: **Município de Engenheiro Coelho**, 16-XI-2000, *C.E.M. Bicudo, L.R. Godinho & S.M.M. Faustino* (SP355403).

Comentários

Poucos exemplares deste tipo foram encontrados nas inúmeras preparações feitas a partir de material do Município de Engenheiro Coelho. O conjunto de suas características morfológicas e métricas é bem diferente de todas as outras espécies conhecidas.

Staurodesmus sp. 1 lembra, até certo ponto, *Staurodesmus mucronatus* (Ralfs) Croasdale e *S. brevispina* (Brébisson) Croasdale, porém, difere de ambos pela maior curvatura da margem apical responsável pela forma elíptica assimétrica de suas semicélulas.

O conjunto das seguintes características difere a presente população de todas as já descritas: (*1*) semicélulas transversalmente elípticas, (*2*) margem apical amplamente convexa, (*3*) ângulos ornados com uma papila, (*4*) vértice do seno arredondado e (*5*) vista vertical triangular da célula.

O estudo de uma população mais numerosa de indivíduos deste tipo pode levar à conclusão de se estar diante de uma espécie nova do gênero.

STAURODESMUS SP. 2 (FIG. 444)

Célula ca. 1,4 vez mais longa que larga, levemente constrita na parte mediana, seno mediano aberto, obtusangular, ápice do seno acuminado; ca. 20 μm compr., ca. 13,8 μm larg., istmo ca. 9,5 μm larg.; semicélulas obtrapeziformes, margem apical saliente, 2-ondulada, praticamente retilínea, às vezes levemente retusa na parte média, margem basal assimetricamente convexa, ângulos sub-retangulares, 1 espinho reto, pequeno, divergente, situado no terço superior da semicélula; parede celular hialina, lisa; cloroplastídio não observado; vista vertical não observada.

DISTRIBUIÇÃO GEOGRÁFICA NO ESTADO DE SÃO PAULO.

EM LITERATURA: Município de Álvares Florence.

MATERIAL EXAMINADO: **Município de Álvares Florence**, 25.IV.2001, *C.E.M. Bicudo, D.L. Costa & S.M.M. Faustino* (SP355381).

COMENTÁRIOS

Foi encontrado apenas um indivíduo deste tipo em todas as preparações analisadas. Ocorreu em uma amostra coletada no Município de Álvares Florence. Este indivíduo não se encaixa na circunscrição de qualquer espécie do gênero.

Espinho inserido no terço superior das semicélulas, margem apical com leve depressão no terço mediano e, proporcionalmente, menos convexa que o conjunto das basais constituem as feições que caracterizam a presente população e a diferem de todas as espécies já descritas.

Caso esse conjunto de características morfológicas observadas no material de Álvares Florence seja estável e sejam mantidas as diferenças ora observadas que individualizaram esta das demais espécies de *Staurodesmus*, a decisão será de propor uma espécie nova do gênero com base neste material.

3.6 *XANTHIDIUM* EHRENBERG 1832 EMEND. RALFS 1848

Células solitárias de tamanho bastante variado, usualmente pouco mais longas do que largas. A constrição mediana é mais ou menos profunda. As semicélulas possuem contorno variável entre elíptico, elíptico-hexagonal, trapeziforme e poligonal, com a margem apical geralmente plana ou suavemente convexa, dois níveis de espinhos em cada semicélula, espinhos simples ou, mais raro, bifurcados, área central da semicélula com raras exceções intumescida e decorada com um espinho ou ornamento mais elaborado. Esse ornamento facial mediano é usualmente constituído por uma projeção rodeada por grânulos ou tubérculos que são mais evidentes nas vistas lateral e vertical da célula. A vista vertical da célula é mais ou menos elíptica e geralmente possui uma intumescência decorada no meio de cada lado. A parede celular é hialina e, em geral, finamente, raro grosseiramente pontuada. Os cloroplastídios podem ser parietais, mas, muitas vezes, são formados por uma porção axial da qual emanam projeções parietais dotadas de um ou mais pirenoides. Cloroplastídios parietais existem em muitas espécies de pequeno porte, com um pirenoide central em cada semicélula.

Chave artificial para identificação das espécies, variedades e formas taxonômicas estudadas:

1. Processos ou espinhos bastante robustos, furcados ou simples e curtos .... (Seç. *Schizacanthum*)
   2. Semicélulas nitidamente 3-lobadas .... *X. trilobum*
   2. Semicélulas hexagonais a elíptico-hexagonais, jamais 3-lobadas.
      3. Célula 8-angular em vista vertical.
         4. Semicélulas elíptico-hexagonais; margens apical e laterais retas ou muito suavemente convexas; parede celular grosseiramente pontuada .... *X. regulare* var *foersteri*
         4. Semicélulas hexagonais; margens apical e laterais em geral suavemente côncavas, raro quase retas; parede celular finamente pontuada .... *X. regulare* var. *regulare*
      3. Semicélula 6-angular em vista vertical.
         5. Ângulos das semicélulas com 1 espinho forte, 2-3-denticulado na extremidade .... *X. regulare* var. *pseudoregulare*
         5. Ângulos das semicélulas com 1 espinho forte, geralmente curvo, jamais denticulado na extremidade .... *X. regulare* var. *asteptum*
1. Espinhos robustos, simples e longos .... (Seç. *Holacanthum*)
   6. Semicélulas com 3 espinhos simples em cada lado .... *X. antilopaeum* f. Nordstedt
   6. Semicélulas com 2 pares de espinhos em cada lado.
      7. Base dos espinhos mamiliforme.
         8. Face da semicélula com 1 espinho *X. antilopaeum* var. *canadense*
         8. Face da semicélula lisa, sem espinhos .... *X. antilopaeum* var. *mamillosum* f. *mediolaeve*
      7. Base dos espinhos não mamiliforme.
         9. Espinhos dos ângulos inferiores relativamente curtos, retos .... *X. antilopaeum* var.
         9. Espinhos dos ângulos inferiores longos, curvos no sentido do ápice da semicélula .... *X. antilopaeum* f. *javanicum*

6. Semicélulas com 2 pares além de 1 espinho isolado de cada lado.

   10. Face da semicélula com 1 grânulo circundado por 1 anel
de grânulos ....*X. cristatum*

   10. Face das semicélulas com 1 espinho não circundado por
1 anel de grânulos . ...*X. paulense*

1. Espinhos delicados, simples e curtos.. (Seç. *Micracanthum*)

   11. Ângulos ornamentados com espinhos curtos,
delicados..*X. concinum* var. *concinum*

   11. Ângulos ornamentados com espinhos longos,
bem desenvolvidos..*Arthrodesmus westii* var. *protuberans*

XANTHIDIUM ANTILOPAEUM (BRÉBISSON) KÜTZING VAR. *ANTILOPAEUM* F. *JAVANICUM* NORDSTEDT (FIG. 474-479)

Acta Univ. Lund. 16: 12, pl. 1, fig. 21. 1880.

Células 1,2-1,4 vez mais longas que largas, 77,0-80,0 µm compr. (inclusive espinhos), 41,0-49,0 µm compr. (sem espinhos), 62,0-73,0 µm larg. (inclusive espinhos), 30,0-38,0 µm larg. (sem espinhos), 9,0-11,0 µm larg. istmo, 10,0-22,0 µm compr. espinhos; semicélulas sub-hexagonais, constrição mediana profunda, seno mediano aberto, em geral acutangular, raro quase linear, arredondado na extremidade próxima do istmo, margens superior e laterais geralmente retas, às vezes mais ou menos côncavas, 3 espinhos de cada lado, 1 espinho em cada ângulo superior, 1 par de espinhos nos ângulos inferiores (basais), dispostos um ao lado do outro no plano mediano transversal da célula, espinhos dos ângulos superiores simples, longos, em geral retos, raro levemente curvos, espinhos dos ângulos basais igualmente simples, longos, levemente curvos no sentido do ápice da semicélula, região central das semicélulas suavemente pontuada ou com leve espessamento; parede celular com pontuações raramente visíveis; vista vertical da célula elíptica, 1 par de espinhos polares divergentes, 1 espinho isolado, interno, logo abaixo em cada polo; cloroplastídio e pirenoide não observados.

DISTRIBUIÇÃO GEOGRÁFICA NO ESTADO DE SÃO PAULO

EM LITERATURA: Município de Conchal (Faustino 2001).

MATERIAL EXAMINADO: **Município de Conchal**, 17.X.1973, *D.M. Vital* (SP114542).

COMENTÁRIOS

Os representantes de *Xanthidium antilopaeum* (Brébisson) Kützing var. *antilopaeum* f. *javanicum* Nordstedt diferem daqueles da forma-tipo da espécie por apresentarem: (*1*) semicélulas sub-hexagonais não elíptico-hexagonais, (*2*) espinho dos ângulos superiores das semicélulas isolado e reto ou curvado, (3) espinhos dos ângulos basais ora retos ora curvados no sentido do ápice da própria semicélula e (4) constrição mediana relativamente mais profunda.

O material ora estudado derivou apenas de uma localidade no Município de Conchal e apresentou grande diversidade morfológica no que tange ao tamanho e ao arranjo dos espinhos angulares. Alguns espécimes apresentaram diferenças quanto à posição dos espinhos, principalmente dos basais. Os espinhos dos ângulos superiores apresentaram pouca variação, estando, geralmente, dispostos lado a lado, fato que às vezes não permite, em vista frontal, a visualização perfeita no plano de foco do microscópio do espinho situado atrás do primeiro.

Ocorreram ainda certos raros casos (Fig. 477) em que o arranjo padrão dos espinhos de uma das semicélulas foi bastante irregular. O padrão de curvatura dos espinhos também variou bastante, isto é, alguns se apresentaram bem curvos e outros quase retos.

Casos de supressão de espinhos (Fig. 478) ou de presença de espinhos supernumerários (Fig. 474-479) ocorreram raramente nos ângulos superiores das semicélulas.

XANTHIDIUM ANTILOPAEUM (BRÉBISSON) KÜTZING F. NORDSTEDT (FIG. 455)

Öfvers. K. VetenskAkad. Förh. 3: 27, fig. 6. 1877.

Células 1,2-1,3 vez mais longas que largas, 54,0-55,0 µm compr. (sem espinhos), ca. 43,0 µm larg. (sem espinhos), ca. 13,0 µm larg. istmo, ca. 33,0 µm compr. espinhos; semicélulas subelípticas, constrição mediana profunda, seno mediano aberto, arredondado na extremidade próxima do istmo, margem superior suavemente convexa, margens basais assimetricamente convexas, 3 espinhos de cada lado, 1 espinho em cada ângulo superior, 1 par de espinhos nos ângulos inferiores (basais), dispostos um ao lado do outro logo abaixo do plano mediano transversal da semicélula, espinhos robustos, longos, retos ou quase, espinhos dos ângulos superiores fortemente divergentes, espinhos dos ângulos basais de uma semicélula convergentes com os equivalentes da outra semicélula; parede celular pontuada, região central da semicélula destituída de decoração; vista vertical da célula não observada; cloroplastídio e pirenoide não observados.

DISTRIBUIÇÃO GEOGRÁFICA NO ESTADO DE SÃO PAULO

EM LITERATURA: Município de São Carlos (Borge 1918, Faustino 2001).

MATERIAL EXAMINADO: nenhum.

COMENTÁRIOS

Os espécimes em Borge (1918) provieram apenas de uma localidade no Estado de São Paulo: do Município de São Carlos. Nada consta nesse trabalho além da informação de que os espécimes então estudados eram idênticos àquele ilustrado em Nordstedt (1877).

Os espécimes em Nordstedt (1877) foram coletados nos municípios de Capivari e Caldas, ambas localidades no Estado de Minas Gerais, e diferem dos representantes da forma típica da espécie por apresentarem apenas um par de espinhos nos ângulos superiores das semicélulas. Esta diferença, se consistente, deve garantir a proposta formal de uma variedade ou forma taxonômica de *Xanthidium antilopaeum* (Brébisson) Kützing. Contudo, a ausência de material para estudo além daquele referido na literatura foi a razão que pautou a presente decisão de só documentar a presença do morfotipo no Estado de São Paulo, protelando qualquer decisão sobre a proposta de uma novidade taxonômica para nomeá-lo.

XANTHIDIUM ANTILOPAEUM (BRÉBISSON) KÜTZING VAR. (FIG. 470-473)

Células 1,0-1,2 vez mais longas que largas, 70,0-75,0 µm compr. (inclusive espinhos), 40,0-47,0 µm compr. (sem espinhos), 58,0-65,0 µm larg. (inclusive espinhos), 35,0-43,0 µm larg. (sem espinhos), 11,0-17,0 µm larg. istmo, 7,0-20,0 µm compr. espinhos; semicélulas elíptico-hexagonais, constrição mediana profunda, seno mediano aberto, linear em sua maior extensão, arredondado na extremidade próximo do istmo, margens superior e laterais retas a suavemente convexas, margens basais fortemente convexas, em geral 1 angulosidade na altura da abertura do istmo, 4 espinhos em cada lado, sendo 1 par em cada ângulo superior e inferior, espinhos em cada par simples, robustos, retos ou levemente curvos, dispostos um exatamente ao lado do outro, região facial das semicélulas lisa, destituída de ornamentação; parede celular fracamente pontuada; vista vertical da semicélula subelíptica, lados acentuadamente convexos, polos truncados, 2 pares de espinhos de cada lado, sendo 1 marginal e o outro interno, logo abaixo da margem; cloroplastídio e pirenoide não observados.

DISTRIBUIÇÃO GEOGRÁFICA NO ESTADO DE SÃO PAULO

EM LITERATURA: Município de Conchal (Faustino 2001).

MATERIAL EXAMINADO: **Município de Conchal**, 17.X.1973, *D.M. Vital* (SP114542).

COMENTÁRIOS

Os presentes espécimes diferem daqueles de todas as variedades e formas taxonô-micas de *X. antilopaeum* (Brébisson) Kützing por apresentarem semicélulas de contorno elíptico-hexagonal, quase trapeziforme, e espinhos proporcionalmente mais curtos. Contudo, a despeito de todo o esforço dispendido, só quatro exemplares deste tipo foram encontrados nas inúmeras preparações analisadas.

O exame desses quatro exemplares (Fig. 470-473) permitiu concluir que a forma das semicélulas foi bastante estável e que toda a variabilidade detectada referiu-se ao número de espinhos por ângulo. Viu-se que podem faltar, principalmente, um espinho em cada par situado nos ângulos superiores das semicélulas, mas também outro no par dos ângulos inferiores.

Nossa posição momentânea é considerar a atual população representante de uma variedade nova de X. *antilopaeum* (Brébisson) Kützing. Entretanto, esta é uma espécie que se encontra hoje, literalmente, "entulhada" de variedades e formas taxonômicas. Só na desmidioflórula da América do Norte, Prescott *et al.* (1982) relacionaram 24 variedades e 14 formas taxonômicas da espécie ocorrentes nos Estados Unidos e no Canadá. Isto nos intimida sobremaneira quanto a propor mais uma variedade. Por outro lado, a forma quase trapeziforme das semicélulas dos atuais exemplares de Conchal pode caracterizar a proposta de uma espécie nova. Diante dessa incerteza, optamos por coletar mais material no mesmo local, um estancado de água situado no Município de Conchal, examinar uma população mais numerosa dessas algas e, só então, concluir a respeito da posição taxonômica desses espécimes.

XANTHIDIUM ANTILOPAEUM (BRÉBISSON) KÜTZING VAR. *CANADENSE* JOSHUA (FIG. 456-457)

Jour. Bot. 23: 34, pl. 254, fig. 5. 1885.

Células 1,6-1,8 vez mais longas que largas, 120,0-122,0 µm compr. (inclusive espinhos), 70,0-72,0 µm compr. (sem espinhos), 120,0-130,0 µm larg. (inclusive espinhos), 62,0-69,0 µm larg. (sem espinhos), ca. 30,0 µm larg. istmo, 24,0-30,0 µm compr. espinhos; semicélulas hexagonais, constrição mediana profunda, seno mediano variável, em geral aberto, acutangular, raro um tanto linear, arredondado na extremidade próximo do istmo, margem superior reta ou quase, margens laterais suavemente convexas, margens basais em geral convexas, às vezes 1 angulosidade mediana, 4 espinhos de cada lado, dispostos 1 par em cada ângulo, espinhos dos ângulos superiores pouco divergentes, espinhos dos ângulos inferiores horizontais ou quase, região facial da semicélula com 1 espinho curto, reto; vista vertical da célula elíptico-hexagonal, 1 espinho na região mediana das margens laterais, 2 pares de espinhos longos, divergentes em cada polo, sendo 1 par mais externo e o outro mais interno, quase intramarginal; cloroplastídio e pirenoide não observados.

Distribuição geográfica no Estado de São Paulo

Em literatura: Município de Pitangueiras (Faustino 2001).

Material examinado: **Município de Pitangueiras**, 18.VI.2001, *C.E.M. Bicudo, D.L. Costa & S.M.M. Faustino* (SP336344, SP336345).

Comentários

Xanthidium antilopaeum (Brébisson) Kützing var. *canadense* Joshua difere da variedade-tipo da espécie por possuir a base dos espinhos levemente mamilada e um espinho mediano na face de cada semicélula. Se, por um lado, estas características separam os representantes da var. *canadense* Joshua daqueles da variedade-tipo da espécie, por outro, não os difere claramente de outra variedade da mesma espécie, a var. *mamillosum* Grönblad. A distinção entre estas duas últimas variedades é problemática e mais uma questão de detalhe, pois X. *antilopaeum* (Brébisson) Kützing var. *canadense* Joshua possui a base dos espinhos levemente mamiliforme, enquanto X. *antilopaeum* (Brébisson) Kützing var. *mamillosum* f. *mamillosum* possui tal base muito evidentemente mamiliforme. Há outras diferenças entre os espécimes dessas duas variedades que, na prática, nem sempre funcionam. Assim, as semicélulas de X. *antilopaeum* (Brébisson) Kützing var. *canadense* Joshua são comparativamente menos infladas do que as de X. *antilopaeum* (Brébisson) Kützing var. *mamillosum* f. *mamillosum*. Há diferença também na inserção dos espinhos angulares, que em X. *antilopaeum* (Brébisson) Kützing var. *mamillosum* f. *mamillosum* é logo abaixo (subapical) dos ângulos superiores e inferiores e em X. *antilopaeum* (Brébisson) Kützing var. *canadense* Joshua na extremidade dos respectivos ângulos.

Como foi visto, a separação dessas duas variedades baseia-se em questão de nuance e torna-se, por isso, bastante problemática. É muito difícil encontrar exemplares que coincidam exatamente com a circunscrição de uma ou outra variedade acima. Os recobrimentos parciais de ambas as circunscrições são extremamente corriqueiros. Consequentemente, mais estudo considerando amostras populacionais formadas por um número representativo de espécimes pode demonstrar que as duas variedades sejam uma só e, do ponto de vista nomenclatural, sinônimos heterotípicos.

Autores como Wolle (1892), West & West (1896) e Borge (1925) comentaram a grande variabilidade do número de espinhos por semicélula dos indivíduos representantes de X. *antilopaeum* (Brébisson) Kützing var. *canadense* Joshua. Na única população que tivemos oportunidade de examinar, proveniente de Pitangueiras, também foi observada variação no número desses espinhos. Viu-se que alguns exemplares apresentaram só um espinho em ambos os ângulos superiores da mesma semicélula e, embora mais raro, outros exemplares em um dos ângulos de uma das semicélulas.

Xanthidium antilopaeum (Brébisson) Kützing var. *mamillosum* Grönblad f. *mediolaeve* Grönblad (Fig. 458-469)

Acta Soc. Scient. Fenn.: sér. nov. B, 2(6): 22, fig. 149. 1945.

Células 1,0-1,1 vez mais longas que largas, 62,0-170,0 µm compr. (inclusive espinhos), 49,0-100,0 µm compr. (sem espinhos), 117,0-167,0 µm larg. (inclusive espinhos), 62,0-100,0 µm larg. (sem espinhos), 34,0-59,0 µm larg. istmo, 21,0-41,0 µm compr. espinhos; semicélulas subelípticas-hexagonais, constrição mediana profunda, seno mediano variável, em geral acutangular, às vezes linear, arredondado na extremidade próximo do istmo, margem superior reta ou muito suavemente convexa, margens laterais retas ou aconcavadas, 1 par de espinhos em cada ângulo superior, espinhos dispostos um em frente ao outro, bem divergentes entre si, 1 par de espinhos em cada ângulo inferior, dispostos pouco acima um do outro, espinhos superiores dos ângulos inferiores divergentes, espinhos inferiores dos ângulos inferiores horizontais ou levemente convergentes, espinhos simples, longos, retos, base acentuadamente mamiliforme, região facial das semicélulas raro intumescida, destituída de espinhos; parede celular finamente pontuada; vista vertical da semicélula elíptica, 2 pares de espinhos em cada polo, sendo 1 marginal e o outro interno, logo abaixo da margem; cloroplastídio e pirenoide não observados.

Distribuição geográfica no Estado de São Paulo

Em literatura: Município de Jacupiranga, Município de Pindamonhangaba (Faustino 2001), Município de Pirassununga (Borge 1918, como *Xanthidium antilopaeum* f. Borge), Município de Pitangueiras (Faustino 2001), Município de São Paulo (Kleerekoper 1937, como *Xanthidium armatum*).

Material examinado: **Município de Jacupiranga**, 13.IX.2000, *C.E.M. Bicudo, L.A. Carneiro & S.M.M. Faustino* (SP336346). **Município de Pindamonhangaba**, 21.V.1966, *C.E.M. Bicudo* (SP96950). **Município de Pitangueiras**, 16.VIII.2000, *C.E.M. Bicudo, S.M.M. Faustino & L.L. Morandi* (SP336343); 18.VI.2001, *C.E.M. Bicudo, D.L. Costa & S.M.M. Faustino* (SP336344, SP336345).

Comentários

Esta forma taxonômica difere de *X. antilopaeum* (Brébisson) Kützing f. *antilopaeum* por apresentar a base dos espinhos mamiliforme; e de *X. antilopaeum* (Brébisson) Kützing var. *mamillosum* f. *mamillosum* por apresentar a região facial mediana das semicélulas lisa, ou seja, destituída de espinho ou qualquer outro tipo de decoração.

O exame de espécimes do Estado de São Paulo evidenciou a ampla variação métrica desta forma taxonômica. Em uma mesma unidade amostral sempre aconteceram indivíduos pequenos (60,0-63,0 x 58,0-66,0 μm) misturados com outros bem maiores (86,0-100,0 x 80,0-119,0 μm). Embora em número sempre menor, ocorreram indivíduos de tamanhos intermediários entre os pequenos e os grandes.

O arranjo dos espinhos também variou bastante, principalmente na população proveniente de Pindamonhangaba. Nesta população (Fig. 466-469) ocorreu, com bastante frequência, o desaparecimento de um dos espinhos dos ângulos superiores. Além disso, os espinhos apresentaram-se relativamente mais longos se comparados com aqueles dos espécimes das outras localidades. A população de Pitangueiras apresentou espinhos extranumerários em um dos ângulos superiores das semicélulas (Fig. 463-464), característica esta também observada por Borge (1903) em material proveniente de Areguá, no Paraguai. Segundo Borge (1918), o exemplar de São Paulo identificado com aquele em Borge (1903) coincidiu com a breve descrição e ilustração do material de Areguá.

Nos atuais materiais de Pindamonhangaba e Pitangueiras nem todos os espinhos possuíam base mamiliforme, porém, todos tinham pelo menos um espinho por semicélula que mostrava, de modo evidente, a característica diagnóstica da referida var. *mamillosum*, qual seja, a base dos espinhos distintamente mamiliforme.

Na população de Pitangueiras pode-se claramente observar a presença de pontuação na parede celular, o que não foi visto nas demais populações.

Todos os exemplares atualmente analisados possuíam, independente da época do ano, copioso envoltório de mucilagem, inclusive, com estriação radial devida aos cordões mais densos de mucilagem extrovertidos através dos poros da parede celular da alga. Apesar de mucilagem ser uma feição razoavelmente comum em desmídias, tal característica só foi observada nesta forma taxonômica ao longo de todo o presente estudo.

A população de Jacupiranga foi a que melhor coincidiu com a circunscrição da presente forma taxonômica, desde que apresentou a maior regularidade no arranjo dos espinhos na semicélula e a base dos espinhos sempre mamiliforme (Fig. 465).

Xanthidium antilopaeum (Brébisson) Kützing 'forma' em Borge (1903: 104, pl. 4, fig. 4) deve ser considerada idêntica e, por conseguinte, sinônimo heterotípico de *X. antilopaeum* (Brébisson) Kützingvar. *mamillosum* f. *mamillosum*. As medidas dos espécimes em Borge (1903) correspondem, quase perfeitamente, àquelas do atual material, divergindo pouco só as referentes à largura máxima da célula e à largura do istmo, que são maiores nos exemplares desta pesquisa.

Com base apenas na ilustração em Kleerekoper (1937) pode-se entender que o exemplar identificado com *X. armatum* (Brébisson) Rabenhorst é, de fato, de *X. antilopaeum* (Brébisson) Kützing var. *mamillosum* f. *mediloaeve* Grönblad.

Xanthidium concinnum Archer var. *concinnum* (Fig. 445-451)

Ann. Mag. Nat. Hist.: sér. 5, 64: 285. 1883.

Células 1,0-1,2 vez mais longas que largas, raro 0,8-0,9 vez mais largas que longas, 15,0-29,0 µm compr. (inclusive espinhos), 15,0-24,5 µm compr. (sem espinhos), 15,0-30,9 µm larg. (inclusive espinhos), 13,3-22,7 µm larg. (sem espinhos), 6,6-13,6 µm larg. istmo; semicélulas sub-hexagonais, constrição mediana profunda, seno mediano acutangular, margem superior reta ou quase, margens laterais retas a levemente convexas, margens basais mais ou menos acentuadamente convexas, em geral 1 angulosidade na altura da abertura do istmo, ângulos superiores com 1 par de espinhos dispostos um ao lado do outro, ângulos inferiores com 1 espinho único, espinhos simples, delicados, geralmente curtos, pontiagudos, região facial das semicélulas em geral com 1 espinho simples, delicado, curto, raro lisa, destituída de espinho ou qualquer ornamentação; parede celular hialina, lisa, sem pontuação visível; vista vertical da semicélula aproximadamente losangular, 1 espinho mediano, polos com 1 espinho no ápice e 1 par intramarginal, logo abaixo do polo; cloroplastídio e pirenoide não observados.

Distribuição geográfica no Estado de São Paulo

Em literatura: Município de Araçatuba, Município de Bananal, Município de Irapuã e Município de Porangaba (Faustino 2001).

Material examinado: **Município de Araçatuba**, 15.I.1992, *L.H.Z. Branco* (SP239239). **Município de Bananal**, 26. XI.1978, *L.N.C. Rodrigues* (SP152784). **Município de Irapuã**, 28.II.1992, *L.H.Z. Branco* (SP239235). **Município de Porangaba**, 17.XI.1988, *A.A.J. Castro & C.E.M. Bicudo* (SP188207).

Comentários

Xanthidium concinnum Archer é a espécie cujo tamanho de seus representantes é o menor dentro do gênero.

As quatro populações ora estudadas apresentaram ampla variação morfológica, mormente no que diz respeito ao número de espinhos em cada semicélula, bem como à presença de um espinho facial mediano. Ao lado de *X. antilipaeum* (Brébisson) Kützing, esta foi a espécie que apresentou a maior incidência de polimorfismo durante o atual inventário.

Das quatro populações, a coletada no Município de Bananal foi a que apresentou os espinhos mais curtos e robustos por conta de sua base mais ampla (Fig. 451). Em todas as demais, os espinhos foram comparativamente mais longos e delicados (Fig. 445-450).

Xanthidium concinnum Archer possui, conforme sua descrição original, um par de espinhos em cada ângulo superior das semicélulas. Mas foi observada, com certa frequência, a falta de um desses espinhos (Fig. 445-448, 451) em um ou ambos os ângulos da semicélula. Muitos espécimes foram também encontrados portando espinhos somente em uma ou nas duas semicélulas (Fig. 449). O espécime representado na fig. 449 deste texto pode ser perfeitamente identificado, se tomado isolado, como um representante de *Cosmarium*. Tais ausências de espinhos em um ou em todos os ângulos de uma semicélula são bastante citadas na literatura e são, em geral, resultado da aceleração da taxa de divisões celulares por conta do aumento da temperatura em ambientes rasos. Os indivíduos recém-divididos entrariam em novo processo de divisão celular antes do desenvolvimento integral da semicélula neoformada. É bom lembrar que, durante o processo de divisão celular e reprodução vegetativa destas algas, os processos extrovertidos e especialmente os espinhos são as últimas estruturas a se formar.

Quanto ao espinho que constitui a decoração facial mediana nesta espécie, também aconteceu variação, pois não chegaram a se formar ora em uma (Fig. 447) ora nas duas semicélulas (Fig. 448-449) de inúmeros exemplares.

XANTHIDIUM CRISTATUM BRÉBISSON (FIG. 453)

In Ralfs, Brit. Desmidieae. 115, pl. 19, fig. 3a-c. 1848.

Células 1,1-1,3 vez mais longas que largas, 60,0-79,0 µm compr. (inclusive espinhos), 44,0-60,0 µm compr. (sem espinhos), 42,0-70,5 µm larg. (inclusive espinhos), 34,5-56,5 µm larg. (sem espinhos), 10,0-17,0 µm larg. istmo; semicélulas mais ou menos hexagonais, constrição mediana profunda, seno mediano variável, aberto, acutangular ou mais fechado, quase linear, margem superior reta, margens laterais superiores e inferiores geralmente pouco côncavas, raro retas, margens basais suavemente convexas, 5 espinhos em cada lado, 1 par de espinhos em cada ângulo superior e inferior dispostos um em frente ao outro, 1 espinho isolado na porção média da margem basal, espinhos simples, robustos, retos ou levemente curvos, região facial das semicélulas com 1 grânulo central, rodeado por 1 anel de 6-8 grânulos, grânulos pequenos; parede celular delicadamente pontuada; vista vertical da semicélula não observada; cloroplastídio e pirenoide não observados. Zigósporo globoso, numerosos espinhos alongados, fortes, delgados na base, 2-furcados no ápice, ca. 72,0 µm diâm. (inclusive espinhos), 42,0-51,0 µm diâm. (sem espinhos).

DISTRIBUIÇÃO GEOGRÁFICA NO ESTADO DE SÃO PAULO

EM LITERATURA: Município de São Paulo (Borge 1918, Faustino 2001).

MATERIAL EXAMINADO: nenhum.

COMENTÁRIOS

Pouco se conhece sobre esta espécie além de sua citação em Borge (1918) para a cidade de São Paulo, a qual foi acompanhada por breve descrição e uma ilustração.

A espécie é bem definida por apresentar (*1*) semicélulas aproximadamente hexagonais, (*2*) decoração facial mediana constituída por um anel formado por seis a oito grânulos pequenos que circundam um grânulo solitário igualmente pequeno e (*3*) um espinho localizado quase horizontalmente na parte média das margens basais, delimitando o seno celular mediano.

XANTHIDIUM PAULENSE BORGE (FIG. 454)

Ark. Bot. 15(13): 42, pl. 3, fig. 28a-c. 1918.

Células 1,0-1,1 vez mais longas que largas, 78,0-79,0 µm compr. (inclusive espinhos), ca. 57,0 µm compr. (sem espinhos), 78,0-86,0 µm larg. (inclusive espinhos), 54,0-55,0 µm larg. (sem espinhos), 34,0-35,0 µm larg. istmo; semicélulas sub-hexagonais, constrição mediana moderadamente profunda, seno mediano amplo, aberto, acutangular; margem superior ampla, suavemente convexa, margens laterais retas ou pouco aconcavadas, margens basais mais ou menos acentuadamente convexas, 5 espinhos de cada lado, 1 espinho isolado em cada ângulo superior, 1 par de espinhos intramarginais situados um em frente ao outro, próximos do espinho angular superior, 1 par de espinhos situados em cada ângulo inferior, dispostos um em frente ao outro, espinhos simples, robustos, longos, retos, região central das semicélulas com 1 espinho semelhante aos demais, localizado pouco abaixo da linha transversal mediana da semicélula, mais próximo do istmo; parede celular sem pontuação aparente; vista vertical da semicélula hexagonal, lados retos ou levemente convexos, cada ângulo superior com 1 espinho que alterna com os espinhos dos ângulos inferiores; cloroplastídio e pirenoides não observados.

DISTRIBUIÇÃO GEOGRÁFICA NO ESTADO DE SÃO PAULO

EM LITERATURA: Município de Pirassununga (Borge 1918).

MATERIAL EXAMINADO: nenhum.

COMENTÁRIOS

Xanthidium paulense Borge é conhecido unicamente por sua coleta original e descrição em Borge (1918). Jamais foi reencontrado.

O número de espinhos angulares aliado ao seu arranjo nas semicélulas constituem as características diagnósticas da espécie, tornando-a facilmente identificável e prontamente distinta de todas as demais do gênero.

Xanthidium regulare **Nordstedt var.** *regulare* (**Fig. 499**)

Vidensk. Meddr dansk naturh. Foren. 1869(14-15): 231, fig. texto a-b. 1870.

Células 1,1-1,3 vez mais longas que largas, 93,0-96,0 µm compr. (inclusive espinhos), 59,0-81,0 µm compr. (sem espinhos), 66,0-81,0 µm larg. (inclusive espinhos), 48,0-49,0 µm larg. (sem espinhos), 30,0-40,0 µm larg. istmo; semicélulas hexagonais, constrição mediana moderada a mais notadamente profunda, seno mediano aberto, acutangular; margens apical e laterais em geral suavemente côncavas, raro quase retas, margens basais mais ou menos convexas, 4 ângulos superiores, 8 ângulos inferiores, cada ângulo com 1 espinho simples, robusto, longo, reto ou levemente curvo, base dos espinhos proeminente, 6-8 grânulos dispostos em anel; parede celular finamente pontuada; vista vertical da semicélula 8-angular, cada ângulo com 1 espinho simples, robusto, longo, base proeminente, 6-8 grânulos dispostos em anel; cloroplastídio e pirenoides não observados. Zigósporo não conhecido.

Distribuição geográfica no Estado de São Paulo

Em literatura: Município de Pirassununga (Borge 1918, como *Xanthidium regulare* f. *12-aculeata*).

Material examinado: nenhum.

Comentários

A variedade típica da espécie difere de X. *regulare* Nordstedt var. *asteptum* Nordstedt emend. C. Bicudo & L.M. Carvalho e de X. *regulare* Nordstedt var. *pseudoregulare* (Borge) C. Bicudo & L.M. Carvalho por apresentar a vista apical 8-angular; e de X. *regulare* Nordstedt var. *foersteri* C. Bicudo por seus indivídos representativos serem mais robustos, com o seno mediano relativamente mais excavado e a parede celular grosseiramente pontuada.

Borge (1918) é a única referência à ocorrência da variedade-tipo da espécie no Estado de São Paulo. De fato, a referência é feita a X. *regulare* Nordstedt f. *12-aculeata* pelo fato de os espécimes identificados possuírem oito espinhos simples no nível inferior e quatro no superior. O referido autor encontrou, misturadas com as primeiras, outras formas com dez espinhos por semicélula distribuídos seis no nível inferior e quatro no superior. O número de espinhos no nível inferior define, na realidade, a forma da semicélula em vista vertical. Assim, os indivíduos 12-espinados possuem a vista vertical octogonal, enquanto os 10-espinados possuem-na sexangular (ou hexagonal). Os primeiros indivíduos acima são os verdadeiros representantes da variedade típica da espécie, e os últimos seriam, mais tarde, considerados representantes de uma variedade independente da mesma espécie, a var. *asteptum* Borge. Borge (1918) considerou o material proveniente de Pirassununga e coletado em 1879 idêntico ao documentado por Nordstedt (1869) e coletado no Município de Lagoa Santa, Estado de Minas Gerais. Nordstedt (1869) incluiu descrição e ilustração do material que estudou, que possibilitaram seu re-estudo atual.

XANTHIDIUM REGULARE NORDSTEDT VAR. *ASTEPTUM* NORDSTEDT EMEND. C. BICUDO & L.M. CARVALHO (FIG. 480-493)

Jour. Phycol. 5(4): 373, fig. 1-10. 1969.

Sinônimos: *Xanthidium fragile* Borge f. Borge, Ark. Bot. 15(13): 41, pl. 3, fig. 23-24. 1918. *Xanthidium fragile* Borge var *depauperatum* Borge, Ark. Bot. 15(13): 41, pl. 3, fig. 25. 1918. *Xanthidium regulare* Borge f. 10-*aculeata* Nordstedt; Borge, Ark. Bot. 15(13): 43. 1918. *Xanthidium regulare* Borge var. *asteptum* Nordtedt; Borge, Ark. Bot. 15(13): 43, pl. 3, fig. 29, 31. 1918.

Células pouco mais longas que largas, incluindo os espinhos, 95,0-135,0 µm compr. (inclusive espinhos), 60,0-106,0 µm compr. (sem espinhos), 76,0-117,0 µm larg. (inclusive espinhos), 50,0-92,4 µm larg. (sem espinhos), 19,0-42,0 µm larg. istmo, espinhos 13,0-30,0 µm compr.; semicélulas hexagonais, constrição mediana profunda, seno mediano aberto, acutangular; margens basais convexas, 1 espinho simples, curto na posição inferior de cada ângulo, margens apical e laterais côncavas, nível inferior 6-angular, nível superior 4-angular, todos os ângulos levemente protuberantes, 1-6 espinhos simples, fortes, longos, usualmente encurvados (muito raro retos), tamanho e forma variados; vista lateral da semicélula muito similar à vista frontal, relativamente mais estreita, vista vertical da semicélula 6-angular, lados levemente côncavos, ângulos superiores alternados com os inferiores; cloroplastídios parietais, 4 em cada semicélula, cada um com 1-2 pirenoides. Zigósporo não conhecido.

DISTRIBUIÇÃO GEOGRÁFICA NO ESTADO DE SÃO PAULO

EM LITERATURA: Município de Assis, Município de Cerqueira César, Município de Pindamonhangaba (Faustino 2001), Município de Pirassununga (Borge 1918, como X. *fragile* f. Borge, X. *regulare* f. 10-*aculeata* e X. *regulare* var. *asteptum*) e Município de São Carlos (Hino & Tundisi 1977, como X. *regulare* e *Xanthidium* Ehrenberg).

MATERIAL EXAMINADO: **Município de Assis**, 21.VII.1991, M.C. *Bittencourt-Oliveira* (SP239089). **Município de Cerqueira César**, 21.IX.2000, *L.L. Morandi & S.P. Schetty* (SP336348). **Município de Pindamonhangaba**, 21.V.1966, *C.E.M. Bicudo* (SP96950).

COMENTÁRIOS

Esta variedade difere da típica da espécie e de X. *regulare* Nordstedt var. *foersteri* C. Bicudo por apresentar a vista apical das semicélulas 6-angular; e de X. *regulare* Nordstedt var. *pseudoregulare* (Borge) C. Bicudo & L.M. Carvalho por não apresentar espinhos com as extremidades 2-3-furcadas.

Ao estudar as algas de águas continentais coletadas por Löfgren no Estado de São Paulo, Borge (1918) identificou a presença de X. *fragile* Borge f. Borge, X. *fragile* Borge var. *depauperatum* Borge, X. *regulare* Nordstedt f. 10-*aculeata* Nordstedt e X. *regulare* Borge var. *asteptum* Nordstedt, tratando cada um como um táxon distinto. Bicudo & Carvalho (1969) propuseram que todos esses táxons, inclusive X. *regulare* Nordstedt var. *sexangulare* Grönblad, devessem ser considerados sinônimos no nível variedade de X. *regulare* Nordstedt, isto é, as variedades que haviam sido tratadas de forma separada em Borge (1918) seriam, na realidade, variações morfológicas de uma única variedade taxonômica: X. *regulare* Nordstedt var. *asteptum* (Borge) C. Bicudo & L.M. Carvalho.

Xanthidium regulare Nordstedt var. *asteptum* (Borge) C. Bicudo & L.M. Carvalho aparece no atlas das algas da Represa do Broa (Hino & Tundisi 1977) representado por duas fotomicrografias identificadas uma com X. *regulare* Nordstedt (Hino & Tundisi 1977: 81) e outra com *Xanthidium* Ehrenberg (Hino & Tundisi 1977: 99).

Foi bastante frequente encontrar espinhos extranumerários em representantes desta variedade, o que torna o número de espinhos uma característica pouco útil na separação de categorias infraespecíficas nesta espécie.

As populações ora estudadas apresentaram, basicamente, o mesmo padrão de polimorfismo em cada unidade amostral, independente da localidade de sua proveniência. Vale a pena ressaltar que, embora mais raramente encontrados, ocorreram indivíduos parcial (Fig. 491) ou totalmente (Fig. 492) destituídos de espinhos nos ângulos superiores em amostras de todas as localidades acima referidas. Ausência total de espinhos (Fig. 493) foi observada apenas no material proveniente de Assis.

Quanto à variação métrica, os menores indivíduos foram encontrados no material proveniente de Pindamonhangaba (63,0-80,0 x 50,0-54,0 μm).

XANTHIDIUM REGULARE **NORDSTEDT VAR.** *FOERSTERI* **C. BICUDO (FIG. 500)**

Nova Hedwigia 17(1-4): 521, fig. 215. 1969.

Sinônimo: *Xanthidium regulare* Nordstedt forma 1 Förster, Hydrobiologia 23(3-4): 412, pl. 27, fig. 2, pl. 47, fig. 23. 1964.

Células 1,1-1,3 vez mais longas que largas, 82,0-96,0 μm compr. (inclusive espinhos), 59,5-70,0 μm compr. (sem espinhos), 73,1-85,0 μm larg. (inclusive espinhos), 42,5-61,0 μm larg. (sem espinhos), 30,6-34,0 μm larg. istmo, espinhos 10,0-15,0 μm compr.; semicélulas elíptico-hexagonais, constrição mediana moderada, seno mediano aberto, acutangular a quase retangular; margens apical e laterais retas ou muito suavemente convexas, margens basais pouco mais arqueadas, convexas, 4 ângulos superiores, 8 ângulos inferiores, cada ângulo com 1 espinho simples, robusto, longo, reto ou muito pouco curvo, base dos espinhos proeminente, 6-8 grânulos dispostos em anel; parede celular grosseiramente pontuada; vista lateral da semicélula 8-angular, cada ângulo com 1 espinho simples, robusto, longo, base proeminente, 6-8 grânulos dispostos em anel; cloroplastídio e pirenoide não observados. Zigósporo não conhecido.

DISTRIBUIÇÃO GEOGRÁFICA NO ESTADO DE SÃO PAULO

EM LITERATURA: Município de Itirapina (Bicudo 1969).

MATERIAL EXAMINADO: nenhum.

COMENTÁRIOS

A var. *foersteri* C. Bicudo difere da típica da espécie por apresentar as semicélulas mais elíptico-hexagonais, proporcionalmente mais robustas em virtude do istmo mais largo e seno mediano consequentemente mais raso e da parede celular grosseira e uniformemente pontuada. Difere das demais variedades e formas taxonômicas da espécie na vista apical 8-angular das semicélulas, com 12 espinhos distribuídos oito na série inferior e quatro na superior.

A população examinada proveio de uma só localidade, do Município de Itirapina, e não apresentou variação morfológica ou métrica significativa.

XANTHIDIUM REGULARE NORDSTEDT VAR. *PSEUDOREGULARE* (BORGE) C. BICUDO & L.M. CARVALHO (FIG. 494-498)

Jour. Phycol. 5(4): 374, fig. 10-12. 1969.

Basiônimo: *Xanthidium pseudoregulare* Borge, Ark. Bot. 1: 103, pl. 4, fig. 1. 1903.

Células 1,3-1,5 vez mais longas que largas, 113,0-147,0 μm compr. (inclusive espinhos), 79,0-121,0 μm compr. (sem espinhos), 97,0-103,0 μm larg. (inclusive espinhos), 57,0-80,0 μm larg. (sem espinhos), 21,0-33,0 μm larg. istmo, espinhos 8,0-32,0 μm compr.; semicélulas aproximadamente hexagonais, constrição mediana profunda, seno mediano aberto, acutangular; margem apical reta ou pouco convexa, margens laterais pronunciadamente côncavas, margens basais mais ou menos acentuadamente convexas, 4 ângulos superiores, 6 ângulos inferiores, cada ângulo com 1 processo de ápice 2-3-denticulado, processos grosseiros, retos, ápice 2-3-denticulado, região central da semicélula com 1 processo semelhante aos angulares; parede celular finamente pontuada; vista vertical da semicélula 6-angular, cada ângulo com 1 processo grosseiro, reto, ápice 2-3-denticulado; cloroplastídio e pirenoide não observados. Zigósporo não conhecido.

DISTRIBUIÇÃO GEOGRÁFICA NO ESTADO DE SÃO PAULO

EM LITERATURA: Município de Conchal (Faustino 2001).

MATERIAL EXAMINADO: **Município de Conchal**, 17.X.1973, *D.M. Vital* (SP114542).

COMENTÁRIOS

Uma variedade que difere do tipo da espécie por apresentar a vista apical das semicélulas 6-angular e processos angulares em substituição aos espinhos, com o ápice 2-3-denticulado. Esta última característica separa os representantes desta variedade daqueles da var. *asteptum* Nordstedt emend. C. Bicudo & L.M. Carvalho.

A única referência à ocorrência X. *regulare* Nordstedt var. *pseudoregulare* (Borge) C. Bicudo & L.M. Carvalho no Estado de São Paulo, mais especificamente no Município de Pirassununga, consta em Borge (1918), que a documentou como X. *pseudoregulare* Borge. Nesse trabalho não existe, entretanto, descrição nem ilustração do material identificado. Constam apenas medidas, o que não permite sua reidentificação. Assim sendo, a referência em Borge (1918) constará dos materiais presentemente excluídos por falta de elementos que autorizem sua reidentificação.

O material atualmente estudado proveio unicamente de um local no Município de Conchal e apresentou variação no que tange ao número de espinhos apicais dos processos angulares, que variou entre dois e três.

XANTHIDIUM TRILOBUM NORDSTEDT (FIG. 501-504)

Vidensk. Meddr dansk naturh. Foren. 1869(14-15): 230. 1870; 1887: pl. 3, fig. 35a-c. 1887.

Sinônimo: *Xanthidium trilobum* Nordstedt var. *laeve* Lemmermann, Abh. naturw. Ver. Bremen 23(1): 267, fig. 18. 1914.

Células 1,1-1,3 vez mais longas que largas, raro ca. 1,1 vez mais largas que longas, 100,0-104,0 µm compr. (inclusive espinhos), 77,0-94,0 µm compr. (sem espinhos), 78,0-90,0 µm larg. (inclusive espinhos), 68,0-70,0 µm larg. (sem espinhos), 17,0-22,0 µm larg. istmo; semicélulas 3-lobadas, constrição mediana profunda, seno mediano linear, aberto em toda extensão, levemente dilatado próximo do istmo, lobo polar em geral transversalmente retangular, às vezes quase trapeziforme, ápice reto, levemente retuso ou um pouco convexo na porção mediana, margens laterais suavemente côncavas, ângulos com 1 processo curto, ápice 2-denticulado, conjunto dos lobos basais transversalmente retangular, ângulos superiores com 1 processo morfologicamente idêntico aos processos do lobo polar, curto, ápice 2-denticulado, ângulos inferiores com 1 processo curto, ápice 2-mucronado, margem entre os ângulos superior e inferior mais ou menos côncava, margem basal irregularmente convexa, região central da semicélula com 1 proeminência ornada situada logo acima do istmo, ornamentação constituída por 1 poro central de mucilagem rodeado por 1 anel de 7-9 grânulos ou pequenas verrugas; parede celular pontuada; vista vertical da semicélula subhexagonal, polos com 1-2(-3) pares de espinhos divergentes, em geral 2-furcados, raro simples; cloroplastídio e pirenoide não observados. Zigósporo não conhecido.

Distribuição geográfica no Estado de São Paulo

Em literatura: Município de Itapura (Lemmermann 1914, como *X. trilobum* var. *laeve*), Município de Pirassununga (Borge 1918), Município de Pitangueiras (Faustino 2001).

Material examinado: **Município de Pitangueiras**, 16.VIII.2000, C.E.M. *Bicudo, S.M.M. Faustino & L.L. Morandi* (SP336343); 18.VI.2001, C.E.M. *Bicudo, D.L. Costa & S.M.M. Faustino* (SP336344, SP336345).

Comentários

Trata-se de uma espécie extremamente peculiar de *Xanthidium* em virtude da forma trilobada das semicélulas.

O material ora analisado foi coletado em duas ocasiões, mas apenas na amostra do Município de Pitangueiras apresentou ampla variação morfológica. Apesar de sempre possuir o formato trilobado-trapeziforme, as semicélulas apresentaram-se ora mais intumescidas ora mais delgadas graças à maior ou menor diferenciação do lobo polar. As formas em que esse lobo foi mais diferenciado do conjunto dos basais apresentaram-se mais adelgaçadas, enquanto aquelas em que o lobo polar apareceu menos diferenciado apresentaram aspecto mais intumescido. Os processos angulares dos lobos polar e basais raramente apresentaram extremidades não furcadas e, neste caso, com a aparência de espinhos simples (Fig. 500).

Análise da breve descrição original e da ilustração de *X. trilobum* Nordstedt var. *laeve* Lemmermann (Lemmermann 1914) permitiram concluir que tal variedade é uma simples expressão morfológica de *X. trilobum* Nordstedt, pois a diferença entre ambas, como o próprio epíteto varietal mostra, é a parede celular lisa, ou seja, destituída de poros. Deve-se considerar, entretanto, que a pontuação da parede celular é um caráter extremamente fácil de ser observado quando a parede celular apresenta impregnação por sais, como, por exemplo, sais de ferro, que a tornam no mínimo amarelada. Em ambientes onde esses sais são escassos, as paredes celulares apresentam-se incolores e, nesta condição, a visualização dos poros naturais em todas as desmídias verdadeiras é bastante dificultada e até mesmo impossível.

Em Dias-Júnior (1990), a espécie foi citada na lista das algas que ocorreram no sistema estudado, a Lagoa do Infernão. Não constam, contudo, descrição nem ilustração do material examinado. Nestas condições, essa citação não foi presentemente considerada, mas constará da lista do material ora excluído.

XANTHIDIUM WESTII (WEST & WEST) C. BICUDO VAR. *PROTUBERANS* (FÖRSTER) C. BICUDO & S.M.M. FAUSTINO, COMB. NOV. (FIG. 452)

Basiônimo: *Arthrodesmus westii* (West & West) Förster var. *protuberans* Förster, Rev. Algol.: nov. sér. 7(1): 79, pl. 5, fig. 33. 1963.

Células isodiamétricas ou pouco mais largas que longas sem considerar os espinhos, profundamente constritas na parte média, 20,0-27,0 µm compr. (inclusive espinhos), 14,0-16,0 µm compr. (sem espinhos), 23,0-26,0 µm larg. (inclusive espinhos), 15,0-17,0 µm larg. (sem espinhos), 7,0-10,0 µm larg. istmo; semicélulas sub-hexagonais, margem superior reta ou pouco convexa, laterais raro retas, em geral suavemente côncavas, margens basais de convexidade variável, em geral não acentuada, ângulos proeminentes, adornados com 1 espinho simples, sólido, em geral longo, reto ou muito pouco curvado, seno mediano aberto, acutangular; parede celular hialina, lisa, 1 grânulo facial mediano logo acima do istmo; vista vertical da célula acentuadamente elíptica, 1 espinho relativamente longo em cada polo, 1 espinho submarginal na mesma linha dos angulares, 1 grânulo mediano em cada lado da semicélula; cloroplastídio e pirenoide não observados.

DISTRIBUIÇÃO GEOGRÁFICA NO ESTADO DE SÃO PAULO

EM LITERATURA: Município de Itirapina (Faustino 2001, como *Arthrodesmus westii* var. *protuberans*).

MATERIAL EXAMINADO: **Município de Itirapina**, 18.IX.1979, O. *Aulino* (SP163994).

COMENTÁRIOS

A presente variedade foi originalmente proposta como *Arthrodesmus westii* (West & West) Förster var. *protuberans* Förster com base nas duas características seguintes: (1)

existência de um grânulo bastante visível na porção mediana da face de ambas as semicélula logo acima do istmo; (2) menor tamanho da célula, cujas dimensões equivalem a mais ou menos a metade do tamanho médio dos representantes da variedade-tipo da espécie; e (3) vista vertical elíptica de ápices acuminados com um grânulo extremamente conspícuo na porção mediana de ambos os lados. Quanto às demais feições morfológicas, não há diferença considerável entre os indivíduos desta e os da variedade típica da espécie.

Faustino (2001) levantou a possibilidade de *Arthrodesmus westii* (West & West) Förster var. *protuberans* Förster ser transferida para o gênero *Xanthidium* por conta da decoração facial mediana e dos espinhos distribuídos em dois níveis superpostos em cada semicélula, o que foi realizado nesta publicação.

4
LITERATURA CITADA

BAILEY, J.W. 1841. American Bacillaria, 1: Desmidiaceae. Amer. Journ. Sci. 4(2): 282-305.

BARCELOS, E.M. 2003. Avaliação do perifíton como sensor da oligotrofização experimental em reservatório eutrófico (Lago das Gaças, São Paulo. Dissertação de Mestrado. Universidade Estadual Paulista, Rio Claro. 118 p.

BEYRUTH, Z. 1996. Comunidade fitoplanctônica da Represa de Guarapiranga, 1991-92: aspectos ecológicos, sanitários e subsídios para reabilitação da qualidade ambiental. Tese de Doutorado. Universidade de São Paulo, São Paulo. 191 p.

BICUDO, C.E.M. 1967a. Two new varieties of *Staurastrum* (Desmidiaceae) from São Paulo, Brazil. Jour. Phycol. 3(1): 55-56.

BICUDO, C.E.M. 1967b. *Cosmarium brancoi* e *Staurastrum prescottii*, two new desmids from São Paulo, Brazil. Trans. Amer. Microsc. Soc. 86(2): 217-219.

BICUDO, C.E.M. 1969. Contribution to the knowledge of the desmids of the state of São Paulo, Brazil (including a few from the state of Minas Gerais). Nova Hedwigia 17(1-4): 433-549.

BICUDO, C.E.M. 1972. Revisão do gênero *Arthrodesmus*, das desmidiáceas (Chlorophyceae). Tese de Doutorado. Universidade de São Paulo, São Paulo. 686 p.

BICUDO, C.E.M. 1975. Polymorphism in the desmid *Arthrodesmus mucronulatus* and its taxonomic implications. Phycologia 14(3): 145-148.

BICUDO, C.E.M. & AZEVEDO, M.T.P. 1977. Desmidioflórula paulista, 1: gênero *Arthrodesmus* Ehrenberg *ex* Ralfs emend. Arch. Bibltheca Phycol, 36:1-105.

BICUDO, C.E.M. & BICUDO, R.M.T. 1962. Contribuição ao conhecimento das Desmidiaceae do Parque do Estado, S. Paulo. Rickia 1: 207-225.

BICUDO, C.E.M. & BICUDO, R.M.T. 1965. Contribuição ao conhecimento das Desmidiaceae do Parque do Estado, São Paulo, 2. Rickia 2: 39-54.

BICUDO, C.E.M. & BICUDO, R.M.T. 1969. Algas da Lagoa das Prateleiras, Parque Nacional do Itatiaia, Brasil. Rickia 4: 1-40 (1970).

BICUDO, C.E.M. & CARVALHO, L.M. 1969. Polymorphism in the desmid *Xanthidium regulare* and its taxonomic implications. Jour. Phycol. 5(4): 369-375.

BICUDO, C.E.M. & COMPÈRE, P. 1978. A taxonomic study of the desmid genus *Bourrellyodesmus* (Zygnemaphyceae). Bull. Jard. Bot. Nat. Belg. 48: 409-426.

BICUDO, C.E.M. & MERCANTE, C.T.J. 1993. *Croasdalea*, a new genus of asymmetrical desmid (Zygnemaphyceae). Cryptog. Bot. 3(1-2): 270-272.

BICUDO, C.E.M., SANT'ANNA, C.L., BICUDO, D.C., PUPO, D., PINTO, L.S.C., AZEVEDO, M.T.P., XAVIER, M.B., FUJII, M.T., YOKOYA, N.S. & GUIMARÃES, S.M.P.B. 1998. O estudo de algas no Estado de São Paulo. *In*: JOLY, C.A.. & BICUDO, C.E.M. (orgs), Biodiversidade do Estado de São Paulo: síntese do conhecimento ao final do século XX, 2: fungos macroscópicos e plantas. Fundação de Amparo à Pesquisa do Estado de São Paulo, São Paulo. p. 1-7.

BICUDO, C.E.M. & SENNA, P.A.C. 1975. Use of measurements for differentiation of infraspecific taxa in *Micrasterias laticeps*. Brit. Phycol. Journ. 10(1): 43-47.

BIESEMEYER, K.F. 2005. Variação nictemeral da estrutura da comunidade fitoplanctônica em função da temperatura da água nas épocas de seca e chuva em reservatório urbano raso mesotrófico (Lago das Ninfeias), Parque Estadual das Fontes do Ipiranga, São Paulo. Dissertação de Mestrado. Instituto de Botânica, São Paulo. 153 p.

BÖRGESEN, F. 1890. Desmidiaceae. *In*: WARMING, E. (ed.), Symbolae ad floram Brasiliae centralis cognoscendam. Vidensk. Meddr dansk naturh. Foren. 46: 930-958.

BOLD, H.C. & WYNNE, M.J. 1985. Introduction to the AlgaePrentice-Hall, Inc., Englewood Cliffs. 720 p. (2ª edição).

BORGE, O. 1903. Die Algen der ersten Regellschen Expedition, 2: Desmidiaceae. Ark. Bot. 1: 71-138.

BORGE, O. 1918. Die von Dr. A. Löfgren in São Paulo gessammelten Süsswasseralgen. Ark. Bot. 15(13): 1-108.

BORGE, O. 1925. Die von F. C. Hoehne Wahrend der Expedition Roosevelt-Rondon gessammelten Süsswasseralgen. Ark. Bot. 19(17): 1-56.

BOURRELLY, P.C. 1966. Les algues d'eau douce: initiation à la systématique: les algues vertes. Éditions N. Boubée & Cie., Paris. Vol. 1.

BRÉBISSON, A. 1856. Liste des Desmidiées, observées en Basse-Normandie. Mém. Soc. Nat. Sci. Nat. Cherbourg 4: 113-162, 301-304.

BROOK, A.J. 1958. Desmids from the plankton of some Irish loughs. Proc. R. Irish Acad. 59B(6): 71-91.

BROOK, A.J. 1959a. *Staurastrum pendulum* var. *pingueforme* Croasdale, *S. minor* West f. *major* f. nov., fac. *quadrata* and *S. micron* var. *perpendiculatum* (Grönblad) nov. comb., desmids new to the British freshwater plankton. Nova Hedwigia 1(2): 157-162.

BROOK, A.J. 1959b. De Brébisson's determination of *Staurastrum paradoxum* Meyen and *S. gracile* Ralfs. Nova Hedwigia 1(2): 163-165.

BROOK, A.J. 1959c. *Staurastrum paradoxum* Meyen and *S. gracile* Ralfs in the British freshwater plankton, and a revision of the *S. anatinum* group of radiate desmids. Trans. R. Soc. Edinb. 63: 589-628.

BROOK, A.J. 1981. The biology of desmids. Blackwell Scientific Publications, Oxford, London, Edinburgh, Boston, Melbourne. 276 p. (Botanical Monographs 16).

BROOK, A.J. 1982. Desmids of the *Staurastrum tetracerum*-group from a eutrophic lake in mid-Wales. Brit. Phycol. Soc. Jour. 17: 259-274.

CALIJURI, M.C. 1999. A comunidade fitoplanctônica em um reservatório tropical (Barra Bonita, SP). Tese de Docência-Livre. Universidade de São Paulo, São Carlos. 211 p.

COESEL, P.F.M. 1992. The *Staurastrum manfeldtii* complex (Chlorophyta, Desmidiaceae): morphological variability and taxonomic implications. Algol. Stud. 67: 69-83.

COESEL, P.F.M. 1996. The Dutch representatives of *Staurastrum manfelditii* complex (Desmidiaceae, Chlorophyta):a taxonomic revision. Nordic Journal of Botany 16(1): 99-106.

COESEL, P.F.M. 1997. De desmidiaceeën van Nederland, 6: fam. Desmidiaceae (4). Stichting Uitgeverij van de Koninklijke Nederlandse Natuurhistorische Vereniging 220: 1-95.

COESEL, P.F.M. M. & JOOSTEN, A.M.T. 1996.Three new planktic *Staurastrum* taxa (Chlorophyta, Desmidiaceae) from eutrophic water bodies and the significance of microspecies in desmid taxonomy. Algol. Stud. 80: 9-20.

COMPÈRE, P. 1976. *Bourrellyodesmus*, nouveau genre de Desmidiacées. Ver. Algol., nov. sér., 11: 339-342.

COMPÈRE, P. 1996. *Octacanthiumm* (Hansgirg) Compère, a new generic name in the Desmidiaceae. Nova Hedwigia, Supl. 112: 501-507.

CROSSETTI, L.O. 2002. Efeitos do empobrecimento experimental de nutrientes sobre a comunidade fitoplanctônica em reservatório eutrófico raso, Lago das Garças, São Paulo. Dissertação de Mestrado. Universidade de São Paulo, Ribeirão Preto. 119 p.

CROSSETTI, L.O. 2006. Estrutura e dinâmica da comunidade fitoplanctônica no período de oito anos em ambiente eutrófico raso (Lago das Garças), Parque Estadual das Fontes do Ipiranga, São Paulo. Tese de Doutorado. Universidade de São Paulo, Ribeirão Preto. 189 p.

CROSSETTI, L.O. & BICUDO, C.E.M. 2005a. Structural and functional phytoplankton responses to nutrient impoverishment in mesocosms placed in a shallow eutrophic reservoir (Garças Pond), São Paulo, Brazil. Hydrobiologia 541(1): 71-85.

CROSSETTI, L.O. & BICUDO, C.E.M. 2005b. Effects of nutrient impoverishment on phytoplankton biomass: a mesocosms experimental approach in a shallow eutrophic reservoir (Garças Pond), São Paulo, southeast Brazil. Revta Bras. Bot. 28(1): 95-108.

DIAS-JÚNIOR, C. 1990. Ciclo anual do fitoplâncton e algumas variáveis ambientais na Lagoa do Infernão (SP). Dissertação de Mestrado. Universidade Federal de São Carlos, São Carlos. 108 p.

DÍAZ, E.N.L. 1972. Nota sobre la Desmidiaceae de la región de Valinhos (São Paulo, Brasil). Boln Soc. argent. Bot. 14(3): 203-223.

EDWALL, G. 1896. Índice das plantas do herbário da Comissão Geographica e Geológica de S. Paulo. Bolm Comm. geogr. S. Paulo, Serv. Met. 11: 51-215 (Algae p. 185-190).

EHRENBERG, C.G. 1836. Zusätze zur Erkenntniss grosser organischer Ausbildung in den kleinsten thierischen Organismen. Abh. K. Akad. Wiss. Berlin 1835: 150-181. (1836).

EHRENBERG, C.G. 1838. Die Infusionsthierchen als vollkommene Organismen: ein Blick in das tiefere organische Leben der Natur. Verlag von Leopold Voss, Leipzig. 548 p.

EHRENBERG, C.G. 1843. Verbreitung und Einfluss des mikroskopischen Lebens in Süd und Nord-Amerika. Abh. preuss. Akad. Wiss. 1841: 291-446.

FAUSTINO, S.M.M. 2001. Os gêneros *Bourrellyodesmus*, *Octacanthium* e *Xanthidium* (Zygnemaphyceae) no Estado de São Paulo: levantamento florístico. Dissertação de Mestrado. Universidade de São Paulo, Ribeirão Preto. 89 p.

FAUSTINO, S.M.M. & BICUDO, C.E.M. 2004. Genus *Bourrellyodesmus* (Desmidiaceae, Zygnemaphyceae) in the state of São Paulo, Brazil. Braz. Jour. Bot. 27: 667-670.

FERMINO, F.S. 2006. Avaliação sazonal dos efeitos do enriquecimento por N e P sobre o perifíton em represa tropical rasa mesotrófica (Lago das Ninfeias, São Paulo). Tese de Doutorado. Universidade Estadual Paulista, Rio Claro. 121 p.

FERRAGUT, C. 2004. Respostas das algas perifíticas e planctônicas à manipulação de nutrientes (N e P) em reservatório urbano (Lago do IAG, São Paulo). Tese de Doutorado. Universidade Estadual Paulista, Rio Claro. 184 p.

FERRAGUT, C., LOPES, M.R.M., BICUDO, D.C., BICUDO, C.E.M. & VERCELLINO, I.S. 2005. Ficoflórula perifítica e planctônica (exceto Bacillariophyceae) de um reservatório oligotrófico raso (Lago do IAG, São Paulo). Hoehnea 32(2): 137-184.

FERREIRA, R.A.R. 2005. Estrutura da comunidade de algas perifíticas aderidas à macrófita aquática *Eichhornia azurea* Kunth em duas lagoas situadas na zona de desembocadura do rio Paranapanema na Represa de Jurumirim, SP. Tese de Doutorado. Universidade de São Paulo, São Carlos. 228 p.

FÖRSTER, K. 1963. Desmidiaceen aus Brasilien, 1: Nord-Brasilien. Ver. Algol.: nov. sér., 7(1): 38-92.

FÖRSTER, K. 1964. Desmidiaceen aus Brasilien, 2: Bahia, Goyaz, Piauhy und Nord-Brasilien. Hydrobiologia 23(3-4): 321-505.

FÖRSTER, K. 1969. Amazonische Desmidien, 1: Areal Santarém. Amazoniana 2(1-2): 5-116.

FONSECA, B.M. 2005. Diversidade fitoplanctônica como discriminador ambiental em dois reservatórios rasos com diferentes Estados tróficos no Parque Estadual das Fontes do Ipiranga, São Paulo, SP. Tese de Doutorado. Universidade de São Paulo, São Paulo. 208 p.

GENTIL, R.C. 2007. Estrutura e dinâmica da comunidade fitoplanctônica de pesqueiros da Região Metropolitana de São Paulo, SP, em dois períodos do ciclo sazonal: seca e chuva. Tese de Doutorado. Instituto de Botânica, São Paulo. 128 p.

GODINHO, L.R. 2005. O gênero Staurodesmus (Zygnemaphyceae) no Estado de São Paulo: levantamento florístico. Dissertação de Mestrado. Instituto de Botânica, São Paulo. 133 p.

GONTCHAROV, A.A. 2008. Phylogeny and classification of Zygnematophyceae (Streptophyta): current state of affairs. Fottea 8(2): 87-104.

GONTCHAROV, A.A., MARIN, B. & MELKONIAN, M. 2003. Molecular phylogeny of conjugating green algae (Zygnematophyceae, Streptophyta) inferred from SSU rDNA sequence comparisons. Jour. Mol. Evol. 56: 89-104.

GONTCHAROV, A.A. & MELKONIAN, M. 2004. Unusual position of the genus *Spirotaenia* (Zygnematophyceae) among streptophytes revealed by SSU rDNA and *rbc*L sequence comparisons. Phycologia 43: 105-113.

GONTCHAROV, A.A. & MELKONIAN, M. 2005. Molecular phylogeny of *Staurastrum* Meyen *ex* Ralfs and related genera (Zygnematophyceae, Streptophyta) based on coding and noncoding rDNA sequence comparisons. Jour. Phycol. 41: 887-889.

GONTCHAROV, A.A. & MELKONIAN, M. 2008. In search of monophyletic taxa in the family Desmidiaceae (Zygnematophyceae, Viridiplantae): the genus *Cosmarium*. Amer. Jour. Bot. 95: 1079-1095.

GONTCHAROV, A.A. & MELKONIAN, M. 2010. Molecular phylogeny and revision of the genus *Netrium* (Zygnematophyceae, Streptophyta): *Nucleotaenium* gen. nov. Jour. Phycol. 46: 346-362.

GONTCHAROV, A.A. & MELKONIAN, M. 2011. A study of conflict between molecular phylogeny and taxonomy in the Desmidiaceae (Streptophyta, Viridiplantae): analyses of 291 *rbc*L sequences. Protist 162: 253-267.

GRÖNBLAD, R. 1920. Finlandische Desmidiaceen aus Keuru. Acta Soc. Fauna Flora Fenn. 47(4): 1-98.

GRÖNBLAD, R. 1945. De algis brasiliensibus, praecipue Desmidiaceis, in regione inferiore fluminis Amazonas a professore August Ginzberger (Wein). Acta Soc. Sci. Fenn.: nov. sér. B, 2(6): 1-42.

GRÖNBLAD, R., PROWSE, G.A. & SCOTT, A.M. 1958. Sudanese desmids. Acta Bot. Fenn. 93: 1-40.

GUIRY, M.D. 2013. Taxonomy and nomenclature of the Conjugatophyceae (= Zygnematophyceae). Algae 28(1): 1-29.

HALL, J.D., KAROL, K.G., MCCOURT, R.M. & DELWICHE, C.F. 2008. Phylogeny of the conjugating green algae based on chloroplast and mitochondrial nucleotide sequence data. Jour. Phycol. 44: 467-477.

HINO, K. & TUNDISI, J.G. 1977. Atlas de algas da Represa do Broa. São Carlos: Universidade Federal de São Carlos. p. iii + 1-125, fig. 1-160 (Série Atlas, 2).

HIRANO, M. 1957. Flora Desmidiarum Japonicarum. Contr. Biol. Lab. Kyoto Univ. 5: 166-225.

IRÉNÉE-MARIE, FR. 1952. Contribution à la connaissance des Desmidiées de la région du Lac St. Jean. Hydrobiologia 4(1-2): 1-208.

KLEEREKOPER, H. 1937. Biologia da represa velha de Santo Amaro (Represa do Guarapiranga). Bolm Rep. Águas Esg. 1(2): 151-161.

KLEEREKOPER, H. 1944. Introdução ao estudo da Limnologia, 1. Imprensa Nacional, Rio de Janeiro. 329 p.

KOUWETS, F.A.C. 1988. Remarkable forms in the desmid flora of small mountain bog in the French Jura. Cryptogamie, Algologie 9(4): 289-309.

KOUWETS, F.A.C. 1991. Notes on the morphology and taxonomy of some rare or remarkable desmids (Chlorophyta, Zygnemaphyceae) from South-West France. Nova Hedwigia 53: 383-408.

KRIENITZ, L. & BOCK, C. 2012. Present state of the systematics of planktonic coccoid green algae of inland waters. Hydrobiologia 696: 295-326.

KÜTZING, F.T. 1849. Species algarum. F.A. Brockhaus, Lipsiae. 922 p.

LAGERHEIM, G. 1886. Bidrag till Amerikas Desmidie-flora. Öfvers. K. VetenskAkad, Förh. 42(7): 225-255.

LEE, R.E. 1999. Phycology. Cambridge University Press, Cambridge. 614 p. (3ª edição).

LEMMERMANN, E. 1914. Algologische Beitrage, 13: über das Vorkommen von Algen in den Schläuchen von *Utricularia*. Abh. naturw. Ver. Bremen 23(1): 261-267.

LEWIS, L.A. & MCCOURT, R.M. 2004. Green algae and the origin of land plants. Amer. Jour. Bot. 91(10): 1535-1556.

LOPES, M.R.M. 1999. Eventos perturbatórios que afetam a biomassa, a composição e a diversidade de espécies do fitoplâncton em um lago tropical oligotrófico raso (Lago do Instituto Astronômico e Geofísico, São Paulo, SP). Tese de Doutorado. Universidade de São Paulo, São Paulo. 213 p.

LOPES, M.R.M., BICUDO, C.E.M. & FERRAGUT, C. 2005. Short term spatial and temporal variation of phytoplankton in a shallow tropical oligotrophic reservoir, southeast Brazil. Hidrobiologia 542: 235-247.

MCCOURT, R.M., KAROL, K.G., BELL, J., HELM-BYCHOWSKI, K.M., GRAJEWSKA, A., WOJCIECHOWSKI, M.F. & HOSHAW, R.W. 2000. Phylogeny of the conjugating green algae (Zygnematophyceae) based on rbcL sequences. Jour. Phycol. 36: 747-758.

MCNEIL, J., BARRIE, F.R., BUCK, W.R., DEMOULIN, V., GREUTER, W., HAWKSWORTH, D.L., HERENDEEN, P.S., KNAPP, S., MARHOLD, K., PRADO, J., PRUD'HOMME VAN REINE, W.F., SMITH, G.F., WIERSEMA, J.H. & TURLAND, N.J. 2013. Código Internacional de Nomenclatura para Algas, Fungos e Plantas (Código de Melbourne). RiMa Editora, São Carlos. 208 p. (tradução para o português de C.E.M. BICUDO & J. PRADO).

MARINHO, M.M. 1994. Dinâmica da comunidade fitoplanctônica de um pequeno reservatório raso densamente colonizado por macrófitas aquáticas submersas (Açude do Jacaré, Mogi-Guaçu, SP, Brasil). Dissertação de Mestrado. Universidade de São Paulo, São Paulo. 150 p.

MARINHO, M.M. & SOPHIA, M.G. 1997. Desmidioflórula do Açude do Jacaré, Município de Moji-Guaçu, SP, Brasil. Hoehnea 24(1): 37-53.

MARTINS, D.V. & BICUDO, C.E.M. 1987. Desmídias da Ilha de Tinharé, estado da Bahia, Brasil. Revta Bras. Biol. 47(1-2): 1-16.

MERCANTE, C.T.J. 1993. *Croasdalea marthae* (Zygnemaphyceae): estudo da distribuição espaço-temporal e avaliação das características taxonômicas em função de variáveis ambientais no Açude do Jacaré, Moji Guaçu, Estado de São Pasulo. Dissertação de Mestrado. Universidade Estadual Paulista, Rio Claro. 212 p.

MIX, M. 1972. Die Feinstruktur der Zellwände bei Mesotaeniaceae und Gonatozygaceae mit einer vergleichenden Betrachtung der verschiedenen Wandtypen der Conjugatophyceae und über derem systematischen Wert. Arch. Mikrobiol. 81: 197-220.

MOURA, A.N. 1997. Estrutura e produção primária da comunidade perifítica durante o processo de colonização em substrato artificial no Lago das Ninfeias, São Paulo, SP: análise comparativa entre períodos chuvoso e seco. Tese de Doutorado. Universidade Estadual Paulista, Rio Claro. 256 p.

NASCIMENTO-MOURA, A.T. 1996. Estrutura e dinâmica da comunidade fitoplanctônica numa lagoa eutrófica, São Paulo, SP, Brasil, a curtos intervalos de tempo: comparação entre épocas de chuva e seca. Dissertação de Mestrado. Universidade Estadual Paulista, Rio Claro. 172 p.

NEUSTUPA, J. & ŠKALOUD, P. 2007. Geometric morphometrics and qualitative patterns in the morphological variation of five species of *Micrasterias* (Zygnematophyceae, Viridiplantae). Preslia 79: 401-417.

NEUSTUPA, J., ŠKALOUD, P. & ŠŤASTNÝ, J. 2010. The molecular phylogenetic and geometric morphometric evaluation of *Micrasterias crux-melitensis*/M. *radians* species complex. Jour. Phycol. 46: 703-714.

NOGUEIRA, M.G. 1996. Composição, abundância e distribuição espaço-temporal das populações planctônicas e das variáveis físico-químicas na represa de Jurumirim, Rio Paranapanema, SP. Tese de Doutorado. Universidade de São Paulo, São Carlos. 439 p.

NORDSTEDT, C.F.O. 1870. Desmidiaceae. *In*: WARMING, E. (ed.), Symbolae ad floram Brasiliae centralis cognoscendam, 5: Fam. 18. Vidensk. Meddr dansk naturh. Foren. 1869(14-15): 195-234.

NORDSTEDT, C.F.O. 1877. Nonnulae algae aquae dulcis brasiliensis. Öfvers. K. VetenskAkad. Förh. 34(3): 15-28.

NORDSTEDT, C.F.O. 1887. Desmidiaceae. *In:* WARMING, E. (ed.), Symbolae ad floram Brasiliae centralis cognoscendam, 5: Fam. 18. Vidensk. Meddr dansk naturh. Foren. 1887: pl. 2-4.

NORDSTEDT, C.F.O. 1888. Fresh-water algae collected by Dr. S. Berggren in New Zealand and Australia. K. Svenska VetenskAkad. Handl. 22(8): 1-98.

NORDSTEDT, C.F.O. & LÖFGREN, A. 1883. Algae aquae dulcis exsiccatae praecipue scandinavicae quas adjectis algis marinis chlorophyllaceis et phycochromaceis. O.L. Svanbäcks Boktryckeri Aktiebolac, Lundae. Fasc. 12: exsic. n° 551-600

NYGAARD, G. 1976. Desmids from an Arctic salt lake. Bot. Tidsskr. 71(1-2): 84-86.

OKADA, Y. 1953. A new classification of Conjugatae, with special reference to desmids. Mem. Fac. Fish. Kagosh. Univ. 3(1): 165-192.

PERES, A.C. & SENNA, P.A.C. 2000a. Chlorophyta da Lagoa do Diogo. *In:* Santos, J.E. & Pires, J.S.R. (eds.). Estação Ecológica de Jataí: estudos integrados em ecossistemas. Editora RiMa, São Carlos. Vol. 2, p. 469-481.

PERES, A.C. & SENNA, P.A.C. 2000b. Estudo quantitativo e estatístico do fitoplâncton da Lagoa do Diogo em um ciclo hidrológico (1995-1996). *In:* Santos, J.E. & Pires, J.S.R. (eds.). Estação Ecológica de Jataí: estudos integrados em ecossistemas. Editora RiMa, São Carlos. Vol. 2, p. 483-495.

PRESCOTT, G.W. 1968. The Algae: a review. Houghton Mifflin Co., Boston. 436 p.

PRESCOTT, G.W., BICUDO, C.E.M. & VINYARD, W.C. 1982. A synopsis of North American Desmids, 2: Desmidiaceae, Placodermae, 4. University of Nebraska Press, Lincoln. 700 p.

PRESCOTT, G.W., CROASDALE, H.T., VINYARD, W.C. & BICUDO, C.E.M. 1981. A synopsis of North American Desmids, 2: Desmidiaceae, Placodermae, 3. University of Nebraska Press, Lincoln. 720 p.

RALFS, J. 1848. The British Desmidieae. Reeve, London. 226 p.

RAMÍREZ R., J.J. 1996. Variações espacial vertical e nictemeral da estrutura da comunidade fitoplanctônica e variáveis ambientais em quatro dias de amostragem de diferentes épocas do ano no Lago das Garças, São Paulo. Tese de Doutorado. Universidade de São Paulo, São Paulo. 285 p.

REVIERS, B. 2006. Biologia e filogenia das algas. ARTMED, Porto Alegre. 280 p.

REVIERS, B. 2010. Natureza e posição das "algas" na árvore filogenética do mundo vivo. *In:* FRANCESCHINI, I.M., BURLIGA, A.L., REVIERS, B., PRADO, J.F. & RÉZIG, S.H. Algas: uma abordagem filogenética, taxonômica e ecológica. ARTMED, Porto Alegre. p. 19-57.

RŮŽIČKA, J. 1977. Die Desmidiaceen Mitteleuropas. Schweizerbartsche Verlagsbuchhandlung, Stuttgart. Vol. 1(1), 291 p.

SANT'ANNA, C.L., AZEVEDO, M.T.P. & SORMUS, L. 1989. Fitoplâncton do Lago das Garças, Parque Estadual das Fontes do Ipiranga, São Paulo, SP, Brasil: estudo taxonômico e aspectos ecológicos. Hoehnea 16: 89-131.

SCOTT, A.M. & GRÖNBLAD, R. 1957. New and interesting desmids from the Southeastern United States. Acta Soc. Sci. Fenn., sér. B, 2: 1-62.

SILVA, L.H.S. 1999. Fitoplâncton de um reservatório eutrófico (lago Monte Alegre), Ribeirão Preto, São Paulo, Brasil. Braz. Jour. Biol. 59(2): 281-303.

ŠKALOUD, P., NEMJOVÁ, K., VESELÁ, J., ČERNÁ, K. & NEUSTUPA, J. 2011. A multilocus phylogeny of the desmid genus *Micrasterias* (Streptophyta): evidence for the accelerated rate of morphological evolution in protists. Mol. Phylog. Evol. 61: 933-943.

ŠKALOUD, P., Š'ŤASTNÝ, J., NEMJOVÁ, K., MAZALOVÁ, P., POULIČKOVÁ, A. & NEUSTUPA, J. 2012. Molecular phylogeny of baculiform desmid taxa (Zygnematophyceae). Plant Syst. Evol. 298: 1281-1292.

SMITH, G.M. 1924. Phytoplankton of the inland lakes of Wisconsin, 2: Desmidiaceae. Bull. Wisc. Geol. Nat. Hist. Surv. 57(2): 1-227.

SMITH, G.M. 1950. The freshwater algae of the United States. McGraw-Hill Book Company, Inc., New York. 719 p. (2ª edição).

Š'ŤASTNÝ, J. & KOUWETS, F.A.C. 2012. New and remarkable desmids (Zygnematophyceae, Streptophyta) from Europe: taxonomical notes based on LM and SEM observations. Fottea 12(2): 293-313.

TANIGUCHI, G.M. 1998. Variação espacial e temporal de características limnológicas abióticas e de comunidades de algas planctônicas e perifíticas no gradiente litorâneo-limnético de uma lagoa marginal do rio Moji Guaçu. Dissertação de Mestrado. Universidade Federal de São Carlos, São Carlos. 155 p.

TANIGUCHI, G.M., BICUDO, D.C. & SENNA, P.A.C. 2000a. Intercâmbio interpopulacional de desmídias planctônicas e perifíticas na Lagoa do Diogo, planície de inundação. *In*: SANTOS, J.E. & PIRES, J.S.R. (eds). Estação Ecológica de Jataí: estudos integrados em ecossistemas. Editora RiMa, São Carlos. Vol. 2, p. 431-444.

TANIGUCHI, G.M., SENNA, P.A.C. & COMPÈRE, P. 2000b. Desmídias (Conjugatophyceae) ocorrentes em um banco de macrófitas aquáticas da Lagoa do Diogo, 2: família Desmidiaceae (tribos Euastreae, Xanthideae, Staurastreae e Hyalotheceae). *In*: SANTOS, J.E. & PIRES, J.S.R. (eds). Estação Ecológica de Jataí: estudos integrados em ecossistemas. Editora RiMa, São Carlos. Vol. 2, p. 347-867.

TEILING, E. 1948. *Staurodesmus*: genus novum. Bot. Notiser 1948(1): 49-83.

TEILING, E. 1954. L'authentique *Staurodesmus dejectus* (Bréb.) Compte-Rendue VIII Congr. Int. Bot., seç. 17: 128.

TEILING, E. 1967. The desmid genus *Staurodesmus*: a taxonomic study. Ark. Bot., sér. 2, 6(11): 467-629.

THOMASSON, K. 1959. Nahuel Huapi: plankton of some lakes in an Argentine National Park, with notes on terrestrial vegetation. Acta Phytogeogr. Suecica 42: 1-83.

THOMASSON, K. 1971. Amazonian algae. Mém. Inst. r. Sci. nat. Belg.: sér. 2, 86: 1-57, pl. 1-24.

TURNER, W.B. 1892. Algae aquae dulcis Indiae orientalis [The freshwater algae (mainly Desmidieae) of East India]. K. Svenska VetenksAkad. Handl. 25(5): 1-187.

VAN-DEN-HOEK, C., MANN, D.G. & JAHNS, H.M. 1997. Algae: an introduction to phycology. University of Cambridge Press, Cambridge. 627 p. (reimpressão).

VERCELLINO, I.S. 2001. Sucessão da comunidade de algas perifíticas em dois reservatórios do Parque Estadual das Fontes do Ipiranga, São Paulo: Influência do Estado trófico e período climatológico. Dissertação de Mestrado. Universidade Estadual Paulista, Rio Claro. 176 p.

WEST, W. & WEST, G.S. 1896. On some North American Desmidieae. Trans. Linn. Soc. London: sér. Bot. 5(5): 229-274.

WEST, W. & WEST, G.S. 1898. On some desmids of United States. J. Linn. Soc.: sér. Bot. 33: 279-322.

WEST, W. & WEST, G.S. 1902. A contribution to the freshwater algae of the north of Ireland. Trans. R. Irish Acad., sér. B, 32910; 1-100.

WEST, W. & WEST, G.S. 1903. Scottish freshwater plankton, 1. Jour. Linn. Soc., sér. Bot. 35: 279-322.

WEST, W. & WEST, G.S. 1912. A Monograph of the British Desmidiaceae. The Ray Society, London. Vol. 4, 191 p.

WEST, W., WEST, G.S. & CARTER, N. 1923. A monograph of the British Desmidiaceae. The Ray Society, London. Vol. 5, 300 p.

WITTROCK, V.B. 1872. Om Gotlands och Ölands sötwattensalger. Bih. K. VetenskAkad. Handl. 1(1): 1-72.

WITTROCK, V.B. & NORDSTEDT, C.F.O. 1880. Algae aquae dulcis exsiccatae praecipue scandinavicae quas adjectis algis marinis chlorophyllaceis et phycochromaceis. O.L. Svanbäcks Boktryckeri Aktiebolac, Lundae. Fasc. 8: exsic. n° 351-400.

WITTROCK, V.B. & NORDSTEDT, C.F.O. 1883. Algae aquae dulcis exsiccatae praecipue scandinavicae quas adjectis algis marinis chlorophyllaceis et phycochromaceis. O.L. Svanbäcks Boktryckeri Aktiebolac, Holmiae. Fasc. 15: exsic. n° 701-750.

WITTROCK, V.B. & NORDSTEDT, C.F.O. 1886a. Algae aquae dulcis exsiccatae praecipue scandinavicae quas adjectis algis marinis chlorophyllaceis et phycochromaceis. O.L. Svanbäcks Boktryckeri Aktiebolac, Holmiae. Fasc. 12: exsic. n° 551-600.

WITTROCK, V.B. & NORDSTEDT, C.F.O. 1886b. Algae aquae dulcis exsiccatae praecipue scandinavicae quas adjectis algis marinis chlorophyllaceis et phycochromaceis. O.L. Svanbäcks Boktryckeri Aktiebolac, Holmiae. Fasc. 15: exsic. n° 701-850.

WODNIOK, S., BRINKMANN, H., GLÖCKNER, G., HEIDEL, A.J., PHILIPPE, H., MELKONIAN, M. & BECKER, B. 2011. Origin of land plants: do conjugating green algae hold the key? BMC Evol, Biol. 11: 104.

WOLLE, F. 1876. Freshwater algae (collected during the past 3 years mostly within a circuit of about twenty miles around Bethlehem, PA). Bulletin of the Torrey Botanical Club 6: 121-123.

WOLLE, F. 1884. Desmids of the United States and list of American pediastrums, with eleven hundred illustrations on fifty-three colored plates. Moravian Publication Office, Bethlehen. 168p.

WOLLE, F. 1892. Desmids of the United States and list of American Pediastrums. Bethlehem, PA: Moravian Publication Office. 182 p.

ILUSTRAÇÕES

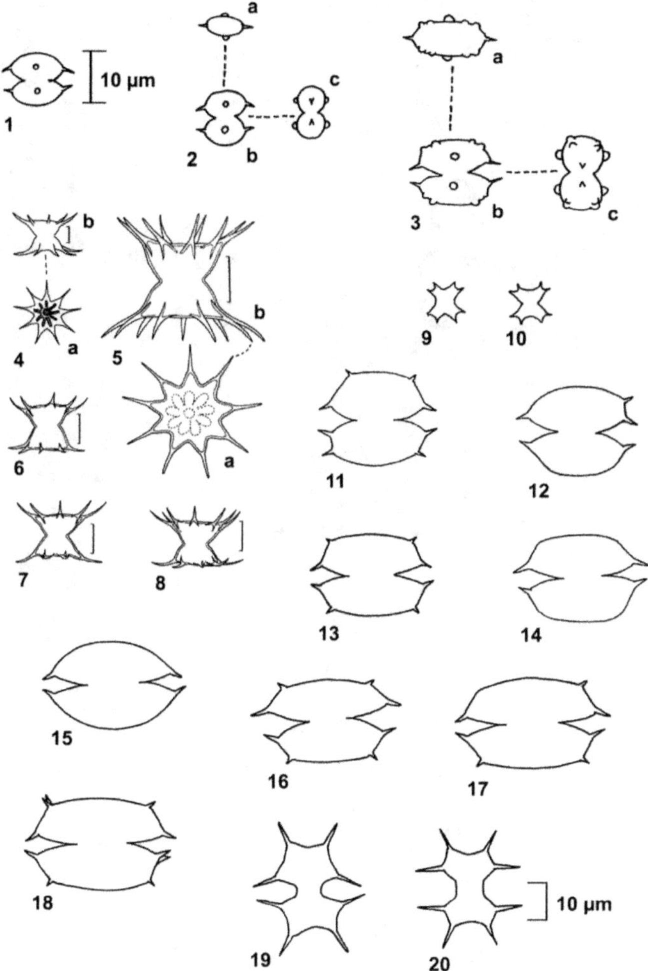

Fig. 1-2. *Bourrellyodesmus guarrerae* Faustino &C. Bicudo; a. vista vertical, b. vista frontal, c. vista lateral. **Fig. 3.** *Bourrellyodesmusjolyanus* (C. Bicudo & Azevedo) C. Bicudo & Compère; a. vista vertical, b. vista frontal, c. vista lateral (Bicudo & Azevedo 1977). **Fig. 4-8.** *Croasdaleamarthae* (Grönblad) C. Bicudo & Mercante; a. vistas verticais (Bicudo & Mercante 1993). **Fig. 9-10.** *Octacanthium bifidum* (Ralfs) Compère var. *bifidum* (Bicudo & Azevedo 1977). **Fig. 11-18.** *Octacanthium mucronulatum* (Nordstedt) Compère var. *mucronulatum*. **Fig. 19-20.** *Octacanthiumoctocorne* (Ralfs) Compère var. *octocorne*. **NOTA:** escala10 µm.

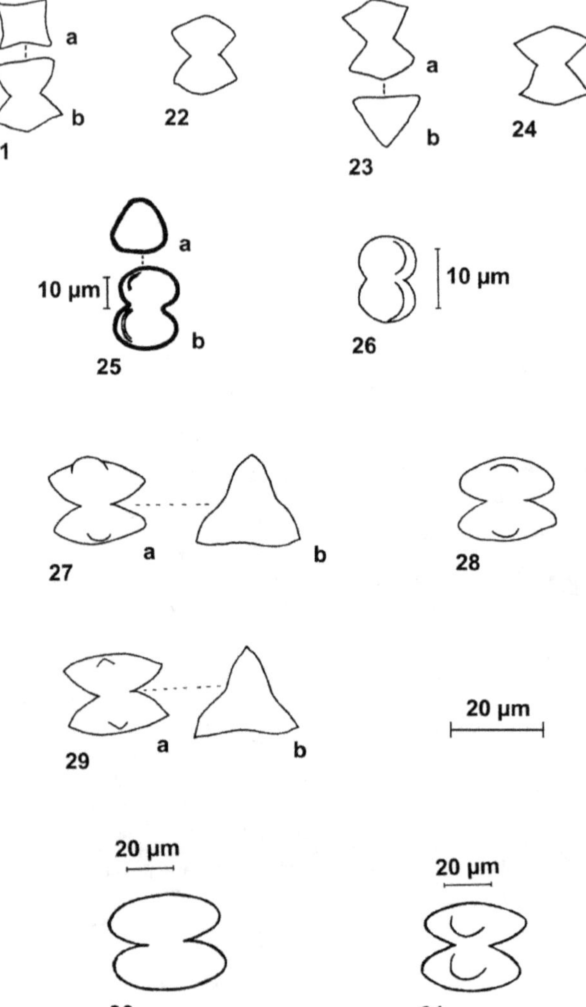

Fig. 21-24. *Staurastrum boldtianum* Grönblad; a. vista vertical, b. vista frontal. **Fig. 25.** *Staurastrum ellipticum* W. West f. "*minutum*" Sormus (Sant'Anna *etal.* 1989). **Fig. 26.** *Staurastrum ellipticum* W. West f. *minus* C. Bicudo (Bicudo 1969). **Fig. 27-29.** *Staurastrum bieneanum* Rabenhorst var. *brasiliense* Grönblad; a. vista frontal, b. vista vertical. **Fig. 30-31.** *Staurastrum muticum* (Brébisson) Ralfs var. *depressum* Nordstedt (Borge 1918). **NOTA:** escala 20 µm.

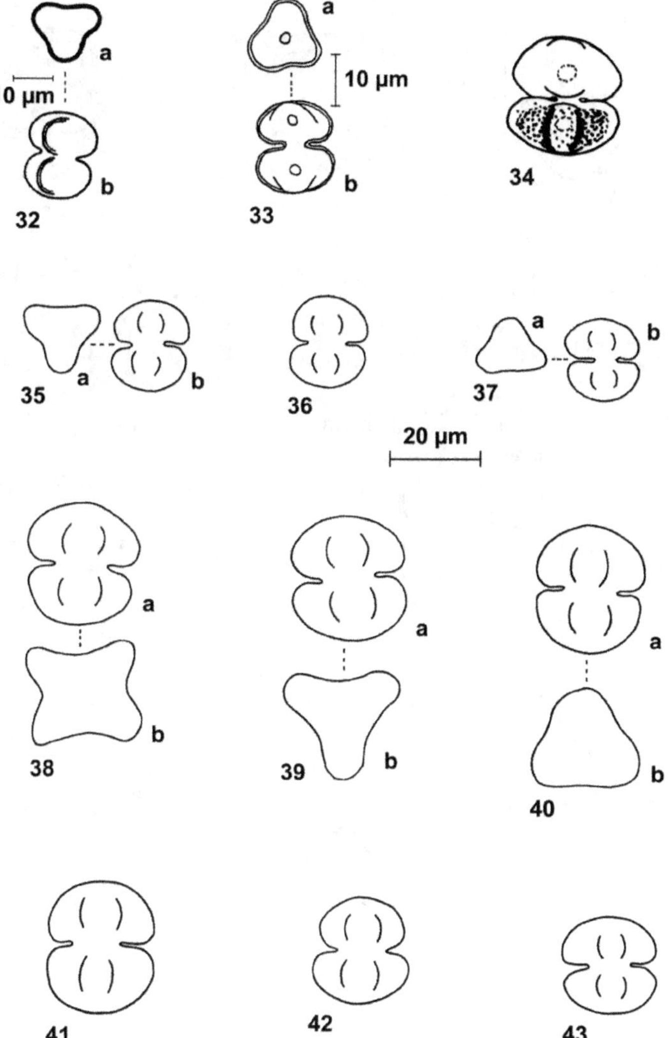

Fig. 32-43. *Staurastrum muticum* Brébisson *ex* Ralfs var. *muticum* f. *muticum*; a. vista vertical, b. vista frontal (Sant'Anna *et al.* 1989). **Fig. 33.** a. vista vertical, b. vista frontal (Silva 1999). **Fig. 34** (Taniguchi *etal.* 2000b), **Fig. 35-37.** a. vista vertical, b. vista frontal. **Fig. 38-43** (originais de S.M.M. Faustino). **NOTA:** escala 20 μm, exceto quando indicado.

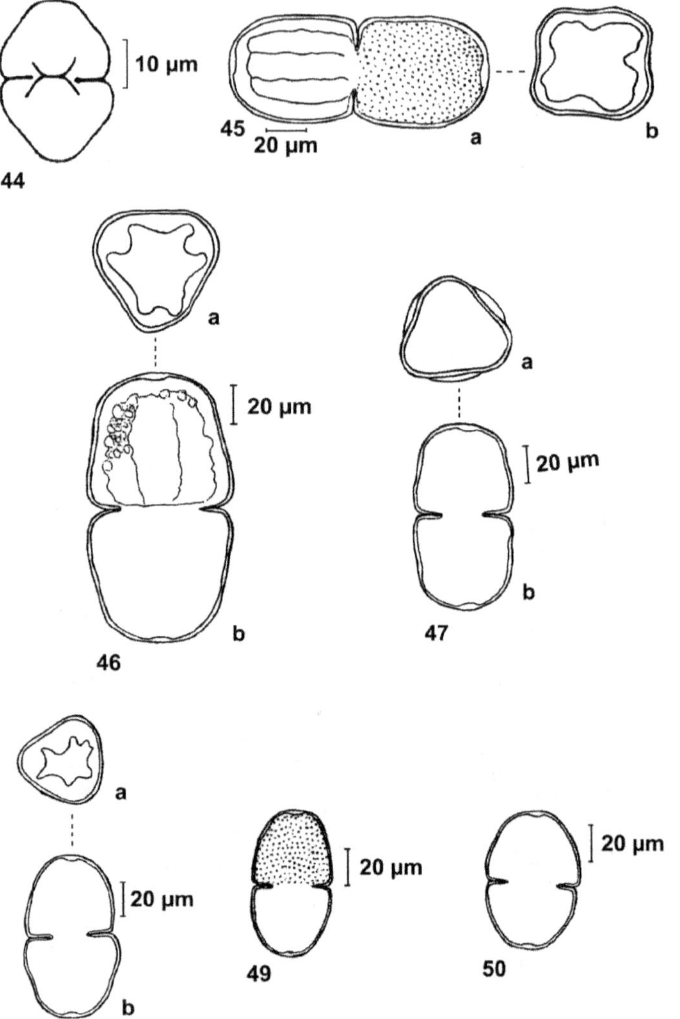

Fig. 44. *Staurastrum trihedrale* Wolle var. *trihedrale* (Borge 1918). Fig. 45-50. *Staurastrum cosmarioides* Nordstedt var. *cosmarioides* f. *cosmarioides*. Fig. 45. a. vista frontal, b. vista vertical. Fig. 46-50. a. vista vertical, b. Vista frontal (Börgesen 1890). NOTA: escala 20 μm, exceto quando indicado.

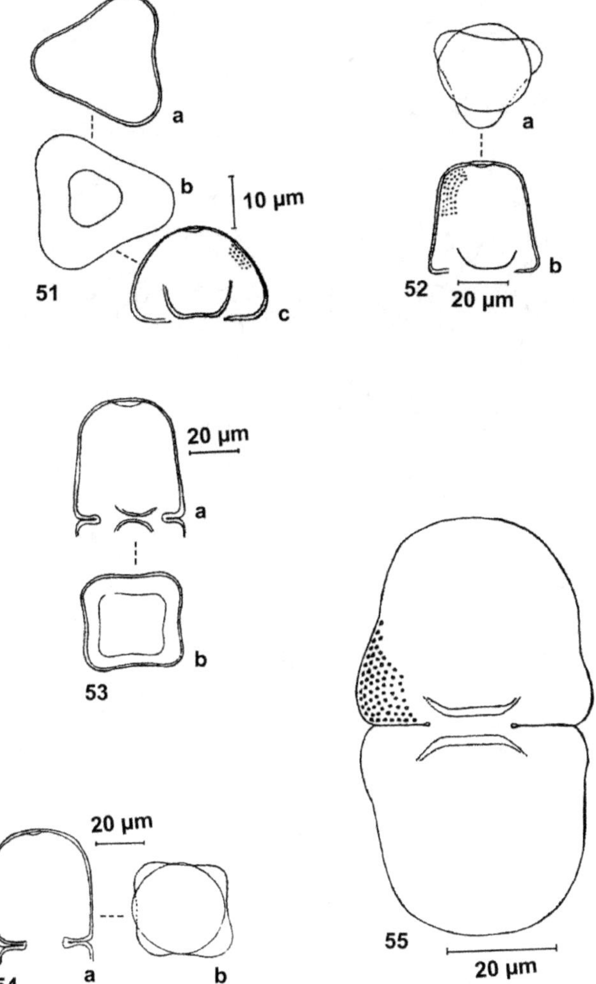

Fig. 51. *Staurastrum cosmarioides* Nordstedt var. *cosmarioides* f. *cosmarioides*; a. vista vertical, b. vista basal, c. vista frontal (Borge 1918). **Fig. 52-55.** *Staurastrum cosmarioides* Nordstedt var. *tropicum* (Lagerheim) Borge; a. vista vertical, b. vista frontal (Borge 1918). **Fig. 53-54.** a. vista frontal, b. vista vertical (Borge 1918). **Fig. 55** de Bicudo (1969). **NOTA:** escala 20 µm, exceto quando indicado.

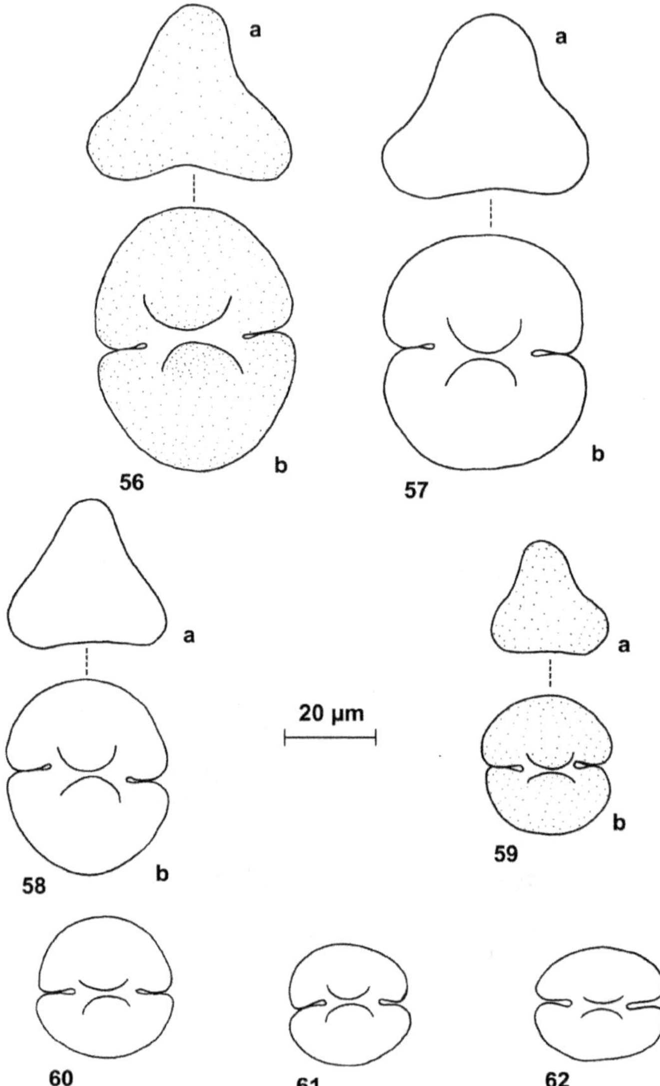

Fig. 56-58. *Staurastrum orbiculare* (Ehrenberg) Ralfs var. *orbiculare* f. *orbiculare*; a. vista vertical; b. vista frontal. **Fig. 59-62.** *Staurastrum orbiculare* (Ehrenberg) Ralfs var. *depressum* Roy & Bisset. **NOTA:** escala 20 μm, exceto quando indicado.

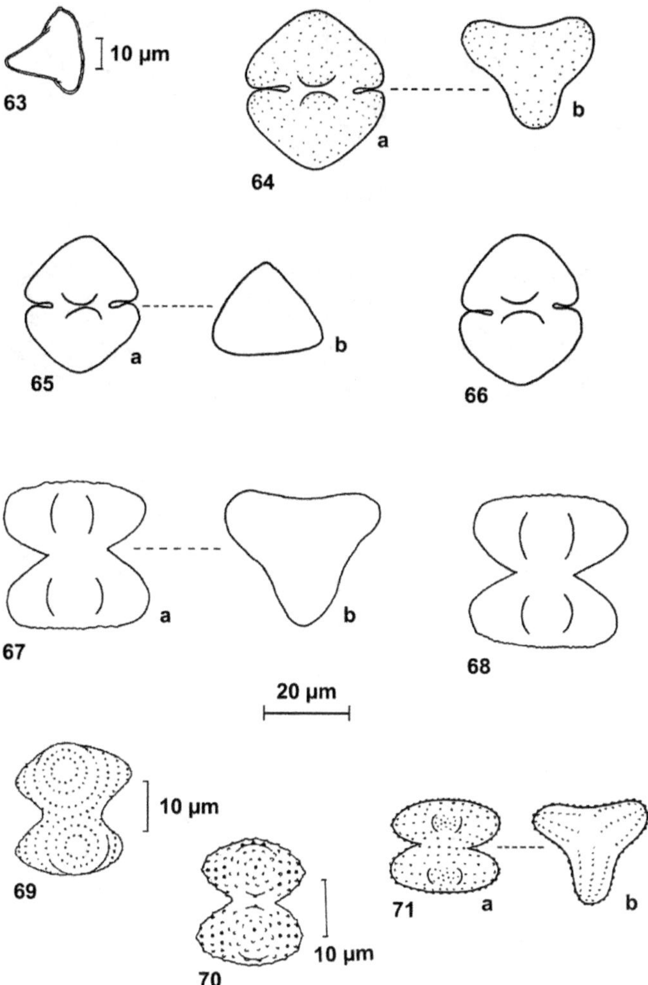

Fig. 63. *Staurastrum orbiculare* (Ehrenberg) Ralfs var. *depressum* Roy & Bisset (Borge 1918). **Fig. 64-66.** *Staurastrum orbiculare* (Ehrenberg) Ralfs var. *ralfsii* West & West f. *ralfsii*; a. vista frontal, b. vista vertical. **Fig. 67-68.** *Staurastrum coarctatum* Brébisson var. *coarctatum* f. *coarctatum*; a. vista frontal, b. vista vertical. **Fig. 69-70.** *Staurastrum punctulatum* (Brébisson) Ralfs var. *punctulatum* f. *punctulatum* (Bicudo & Bicudo 1965). **Fig. 70** (Bicudo 1969). **Fig. 71.** *Staurastrum punctulatum* (Brébisson) Ralfs var. *punctulatum* f. "*minor*" (West & West) Hirano; a. vista frontal, b. vista vertical. **NOTA:** escala 20 µm, exceto quando indicado.

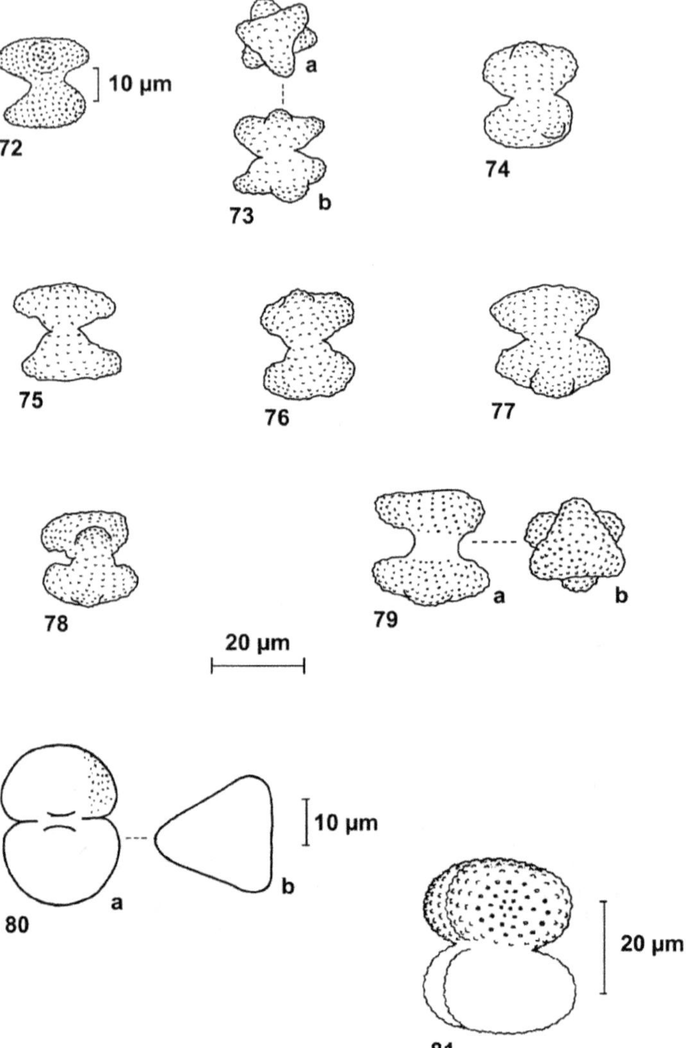

Fig. 72-78. *Staurastrum alternans* (Brébisson) Ralfs var. *alternans*; a. vista vertical, b. vista frontal (Bicudo 1969). **Fig. 79.** *Staurastrum alternans* (Brébisson) Ralfs var. *basichondrum* Schmidle; a. vista frontal, b. vista vertical. **Fig. 80.** *Staurastrum donardense* West & West var. *major* Borge; a. vista frontal, b. vista vertical (Borge 1918). **Fig. 81.** *Staurastrum turgescens* De Notaris var. *turgescens* f. *turgescens* (Bicudo 1969). **NOTA:** escala 20 µm, exceto quando indicado.

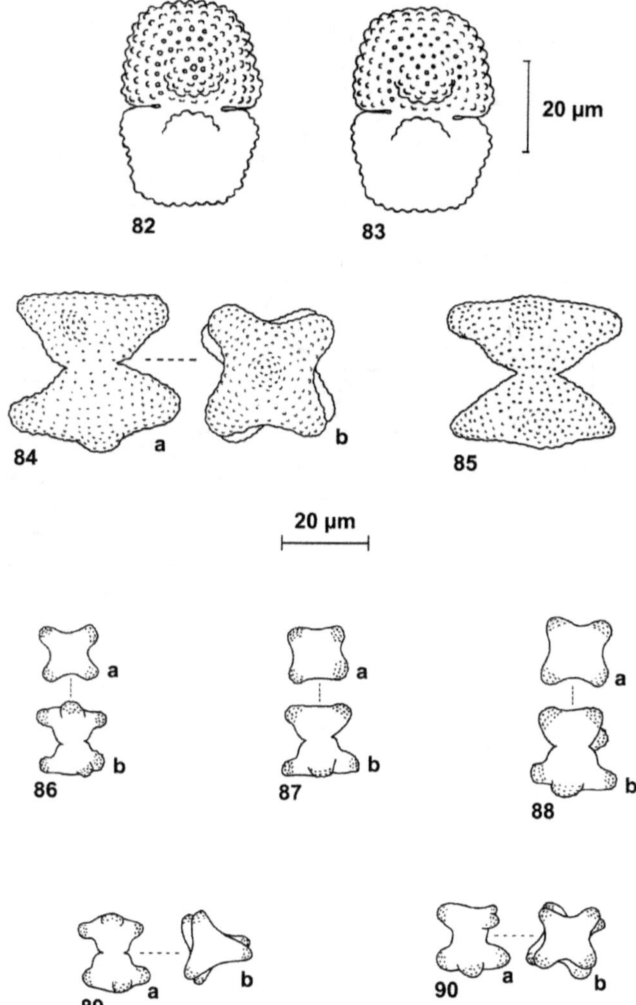

Fig. 82-83. *Staurastrum prescottianum* C. Bicudo (Bicudo 1967). **Fig. 84-85.** *Staurastrum dilatatum* (Ehrenberg) Ralfs var. *hibernicum* West & West; a. vista frontal; b. vista vertical. **Fig. 86-88.** *Staurastrum disputatum* West & West var. var. *sinense* (Lütkemmüller) West & West; a. vistal frontal; b. vista vertical. **Fig. 89.** *Staurastrum striolatum* (Nägeli) Archer var. var. *divergens* West & West f. *major* Irénee-Marie; a. vistal frontal; b. vista vertical. **Fig. 90.** *Staurastrum striolatum* (Nägeli) Archer var. *divergens* West & West f. *brasiliense* Turner; a. vista frontal; b. vista vertical. **NOTA:** escala 20 μm, exceto quando indicado.

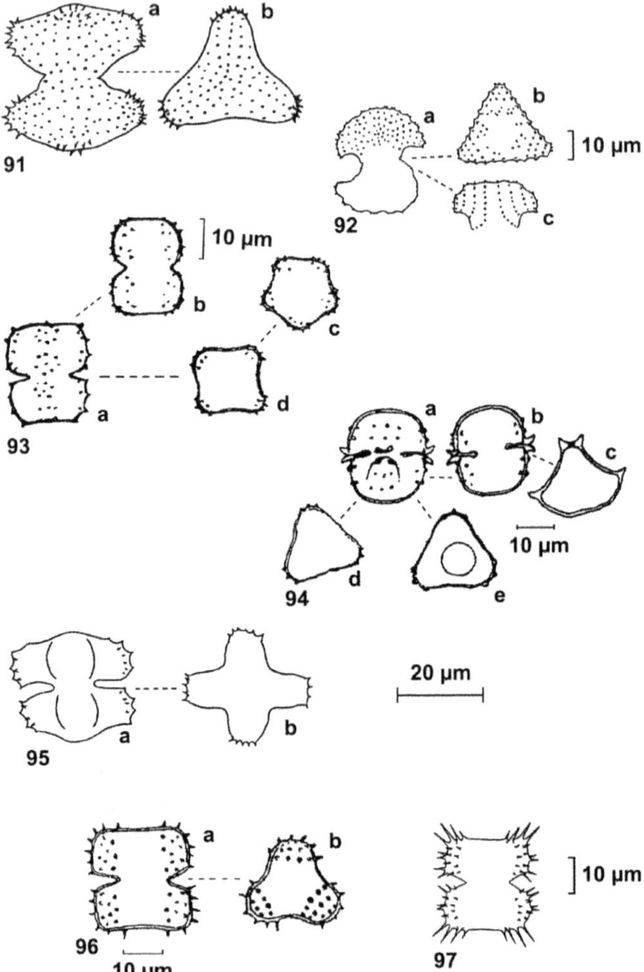

Fig. 91. *Staurastrum erostellum* West & West; a. vista frontal, b. vista vertical. **Fig. 92**. *Staurastrum paulense* Börgesen; a. vista frontal, b. vista vertical, c. vista lateral (Börgesen 1890). **Fig. 93**. *Staurastrum hystrix* Ralfs var. *tessulare* Nordstedt; a. vista frontal, b. vista vertical, c-d, vistas verticais (Borge 1918). **Fig. 94**. *Staurastrum labiatum* Borge; a-b. vistas frontais, c. vista quase vertical, d. vista vertical, e. vista basal (Borge 1918). **Fig. 95**. *Staurastrum cruciatum* Wolle; a. vista frontal, b. vista vertical. **Fig. 96-97**. *Staurastrum hystrix* Ralfs var. *polyspinum* Börgesen; fig. 96, a. vista frontal, b. vista vertical (Börgesen 1890); fig. 97 (Bicudo 1969). **NOTA:** escala 20 μm, exceto quando indicado.

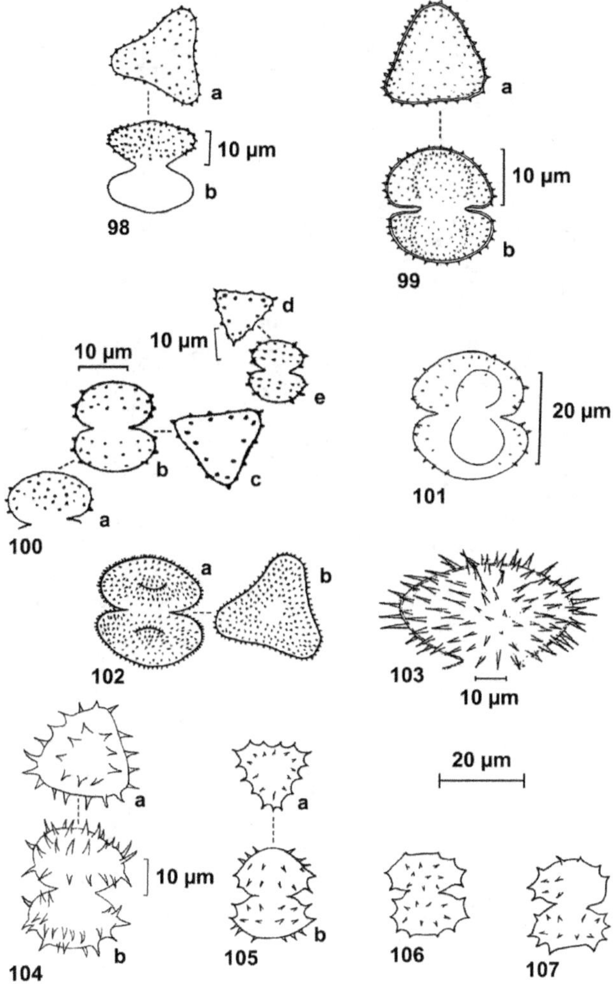

Fig. 98. *Staurastrum hirtum* Borge; a. vista vertical, b. vista frontal (Borge 1918). **Fig. 99.** *Staurastrum muricatum* Brébisson *ex* Ralfs; a. vista vertical, b. vista frontal (Marinho & Sophia 1997). **Fig. 100.** *Staurastrum brachyacanthum* Nordstedt; a-b, e. vistas frontais, c-d. vistas verticais (Borge 1918). **Fig. 101-102.** *Staurastrum hirsutum* (Ehrenberg) Ralfs, fig. 101 (Taniguchi *etal.* 2000b); fig. 102, a. vista frontal, b. vista vertical. **Fig. 103.** *Staurastrum saxonicum* Bulnheim (Borge 1918). **Fig. 104.** *Staurastrum teliferum* Ralfs var. *groenbladii* (Grönblad) Förster; a. vista vertical, b. vista frontal (Marinho & Sophia 1997). **Fig. 105-107.** *Staurastrum teliferum* Ralfs var. *pecten*(Perty) Grönblad; a. vista vertical, b. vista frontal (Bicudo 1969). **NOTA:** escala 20 µm, exceto quando indicado.

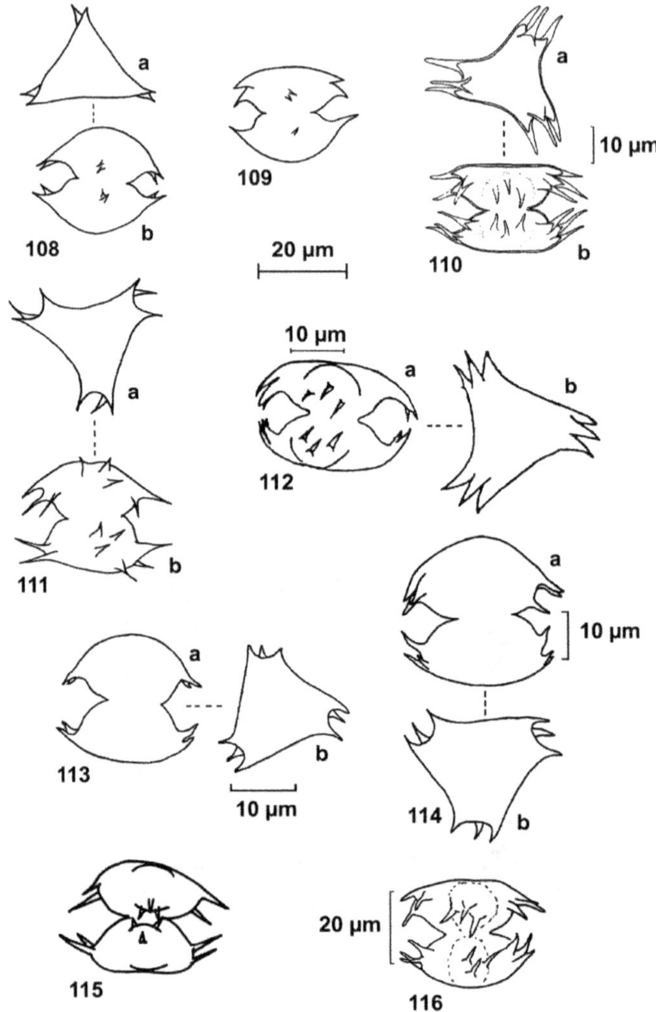

Fig. 108-109. *Staurastrum bifidum* (Ehrenberg) Brébisson; a. vista vertical, b. vista frontal. **Fig. 110-111.** *Staurastrum trifidum* Nordstedt var. *inflexum* West & West;a. vista vertical, b. vista frontal (Marinho & Sophia 1997), fig. 111, a. vista vertical, b. vista frontal. **Fig. 112-116.***Staurastrum trifidum*Nordstedt var. *glabrum* Lagerheim f. *tortum* Börgesen; a. vista frontal, b. vista vertical (Börgesen 1890), fig. 113, a. vista frontal, b. vista vertical(Bicudo & Bicudo 1965), fig. 114,a. vista frontal, b. vista vertical (Bicudo 1969), fig. 115 (Taniguchi *etal.* 2000a), fig. 116 (Taniguchi 1998). **NOTA:** escala 20 µm, exceto quando indicado.

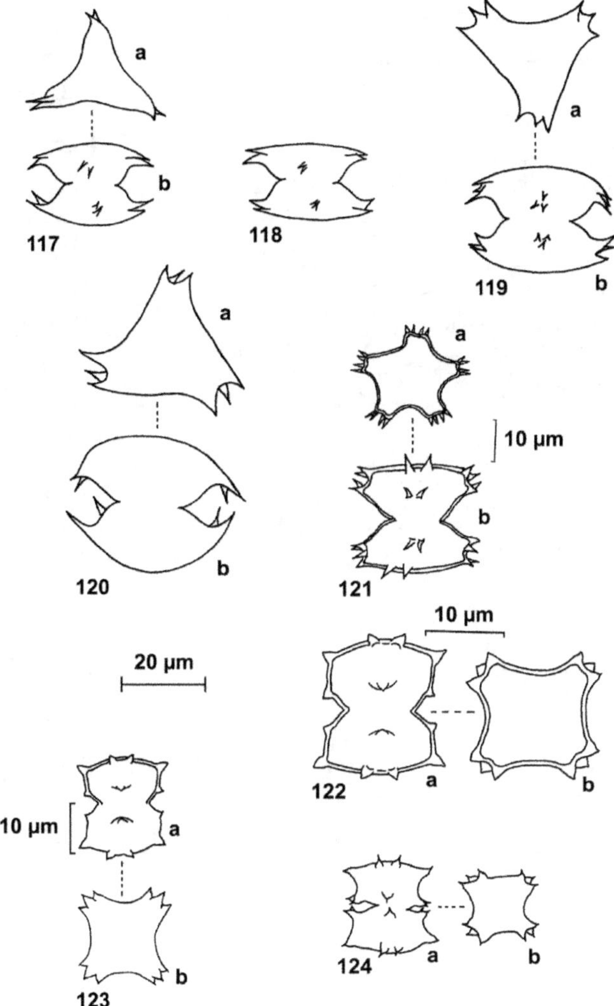

Fig. 117-120. *Staurastrum trifidum* Nordstedt var. *glabrum* Lagerheim f. *tortum* Börgesen;a. vista vertical, b. vista frontal. **Fig. 121**. *Staurastrum quadrangulare* Brébisson var. *contectum* (Turner) Grönblad; a. vista vertical, b. vista frontal (Silva 1999). **Fig. 122-124**. *Staurastrum quadrangulare* Brébisson var. *sanctipaulense* C. Bicudo; a. vista frontal, b. vista vertical (Bicudo 1967b), fig. 123-124, , a. vista frontal, b. vista vertical (Bicudo 1969). **NOTA:** escala 20 µm, exceto quando indicado.

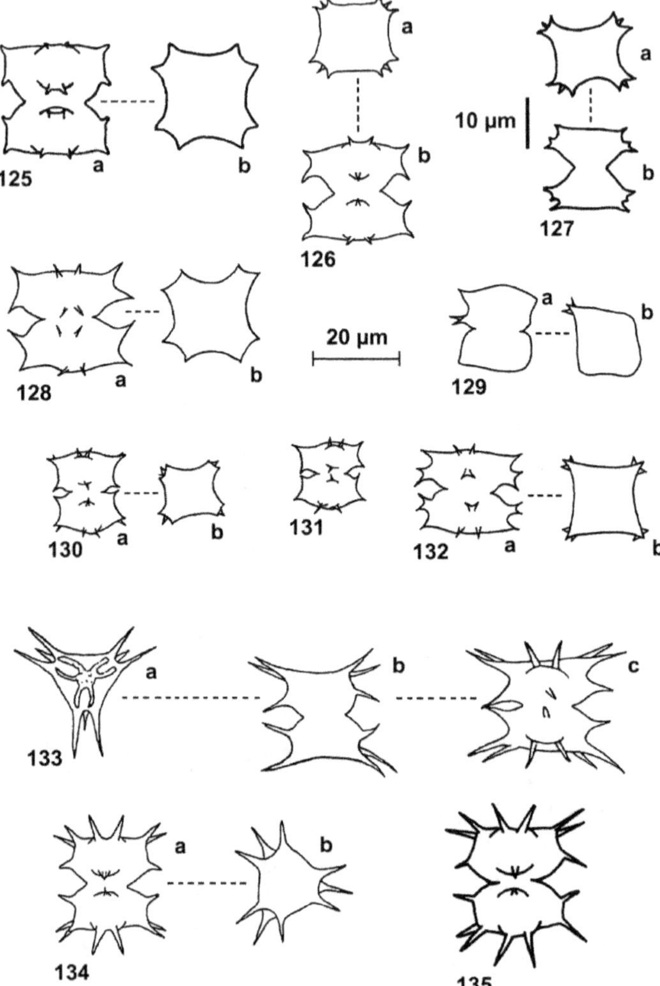

Fig. 125-132. *Staurastrum quadrangulare* Brébisson var. *quadrangulare*; a. vista frontal, b. vista vertical (Bicudo & Bicudo 1965), fig. 126, (Bicudo 1969), fig. 128-132, a. vista vertical, b. vista frontal, fig. 129, forma terotológica (Ferragut *et al.* 2005). **Fig. 133-135.** *Staurastrum quadrangulare* Brébisson var. *longispinum* Börgesen; a. vista vertical, b. vista lateral, c. vista frontal (Börgesen 1890), fig. 134 vista frontal, b. vista vertical, fig. 135, (Taniguchi *etal.* 2000a). **NOTA:** escala 20 μm, exceto quando indicado.

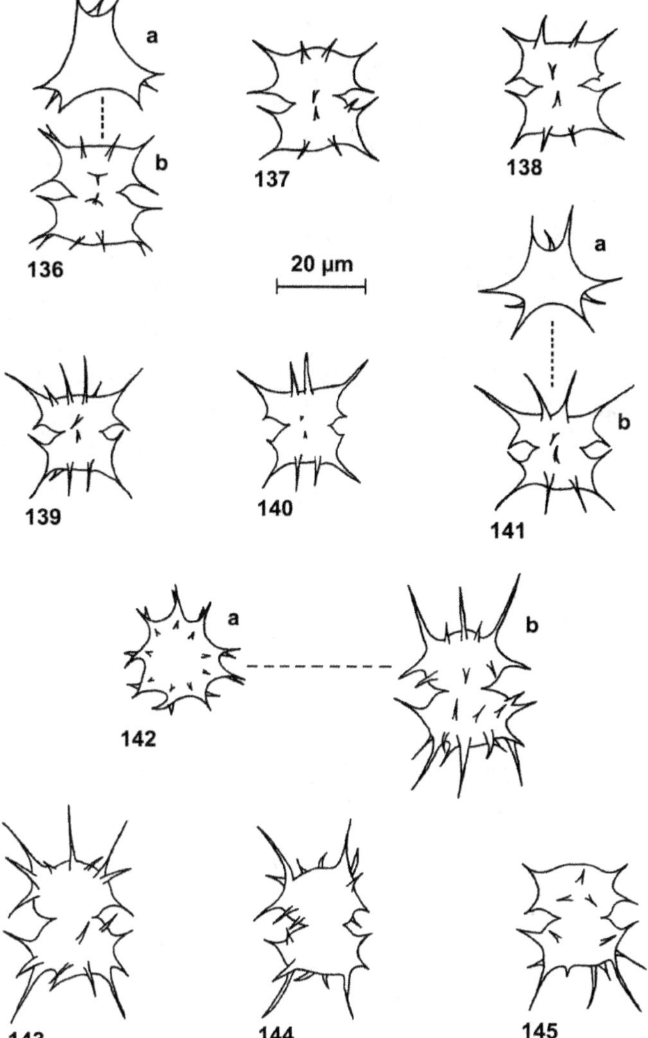

Fig. 136-138. *Staurastrum quadrangulare* Brébisson var.*longispinum* Börgesen; a. vista vertical, b. vista frontal. **Fig. 139-141.** *Staurastrum quadrangulare* Brébisson var. *setigerum*Grönblad; a. vista vertical, b. vista frontal. **Fig. 142-145.** *Staurastrum tentaculiferum* Borge; a. vista vertical, b. vista frontal. **NOTA:** escala 20 µm, exceto quando indicado.

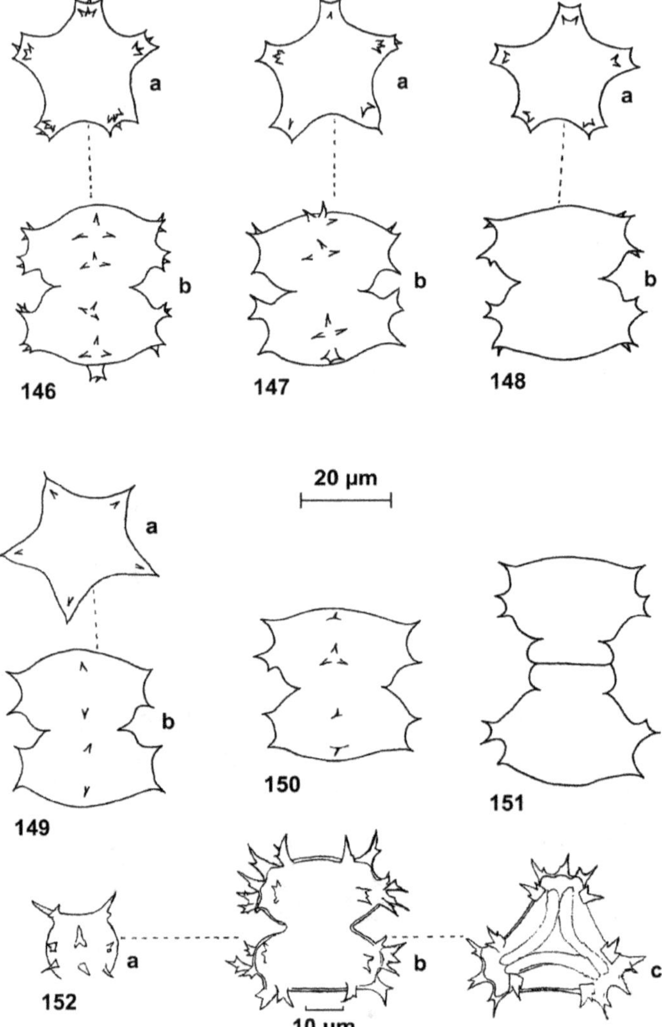

Fig. 146-151. *Staurastrum sinuatum* Borge; 151, espécime em divisão celular; a. vista vertical, b. vista frontal. **Fig. 152.** *Staurastrum warmingii* Börgesen; a. vista lateral, b. vista frontal, c. vista vertical (Börgesen 1890). **NOTA:** escala 20 μm, exceto quando indicado.

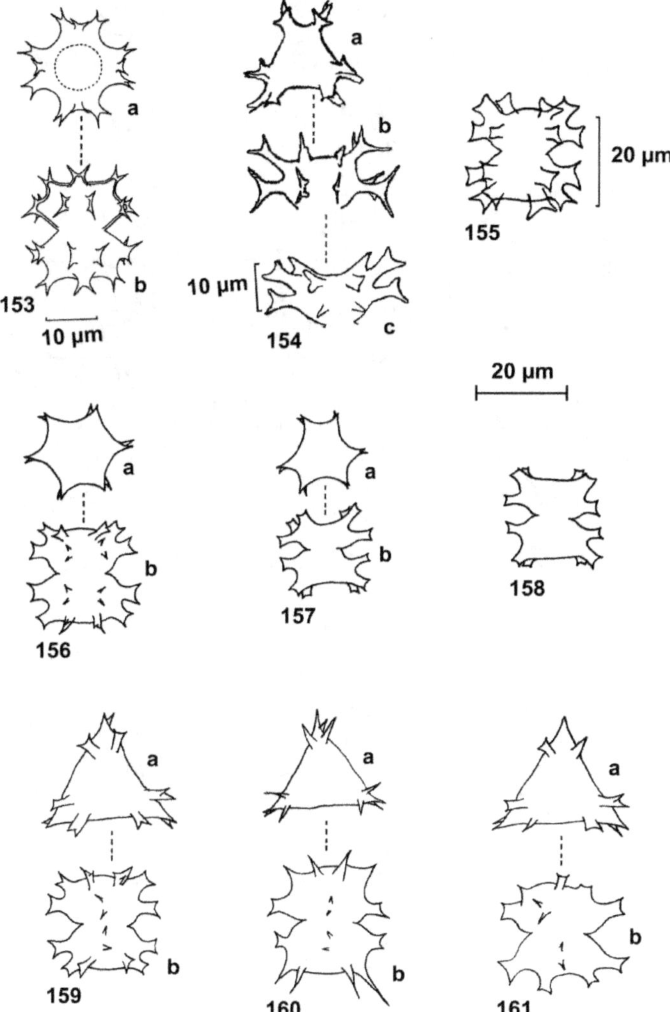

Fig. 153. *Staurastrum octangulare* Grönblad; a. vista vertical, b. vista frontal (Bicudo 1969). Fig. 154-158. *Staurastrum gemelliparum* Nordstedt; fig. 154, a. vista vertical, b. vista frontal, c. vista lateral (Borge 1918); fig. 155 (Taniguchi *etal.* 2000b); 156-158,a. vista vertical, b. vista frontal. Fig. 159-161. *Staurastrum furcatum* (Ehrenberg) Brébisson var. *furcatum*; a. vista vertical, b. vista frontal. NOTA: escala 20 µm, exceto quando indicado.

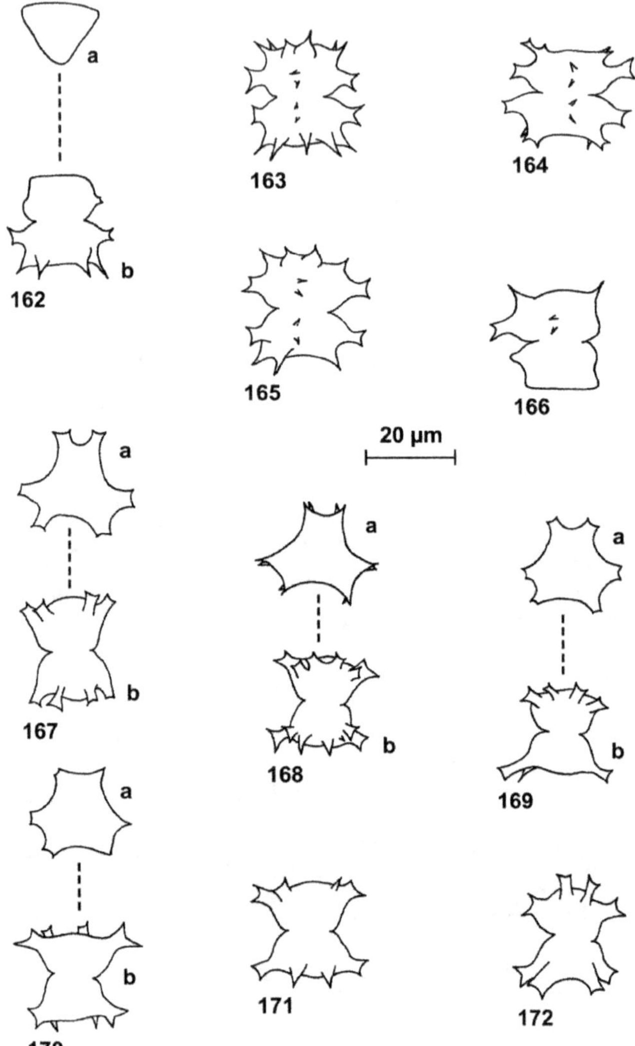

Fig. 162-166. *Staurastrum furcatum* (Ehrenberg) Brébisson var. *furcatum*; fig. 162, semicélula superior imatural, fig. 166, forma teratológica; a. vista vertical, b. vista frontal. **Fig. 167-172.** *Staurastrum laeve* Ralfs var. *laeve*, a. vista vertical, b. vista frontal. **NOTA:** escala 20 μm, exceto quando indicado.

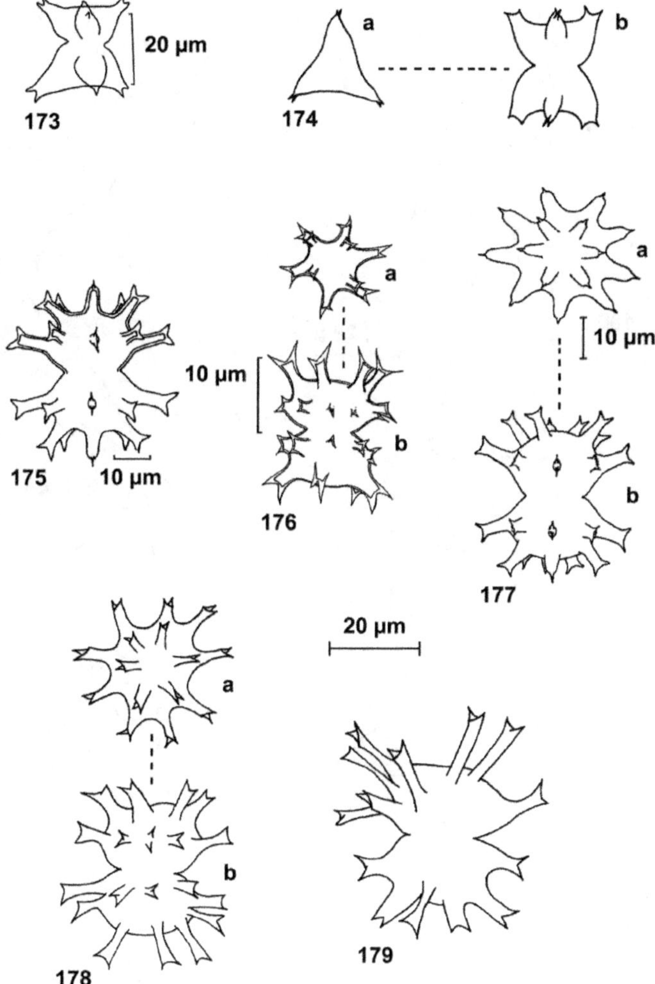

Fig. 173-174. *Staurastrum curvimarginatum* Scott & Grönblad; fig. 173 (Taniguchi *etal.* 2000b); fig. 174, a. vista vertical, b. vista frontal. Fig. 175-176. *Staurastrum tohopekaligense* Wolle var. *tohopekaligense* f. *minus* (Turner) Scott & Prescott (Bicudo 1969), a. vista vertical, b. vista frontal (Marinho & Sophia 1997). Fig. 177-179. *Staurastrum inaequale* Nordstedt; fig. 177, a. vista vertical, b. vista frontal (Bicudo & Bicudo 1965); fig. 178-179, a. vista vertical, b. vista frontal. NOTA: escala 20 µm, exceto quando indicado.

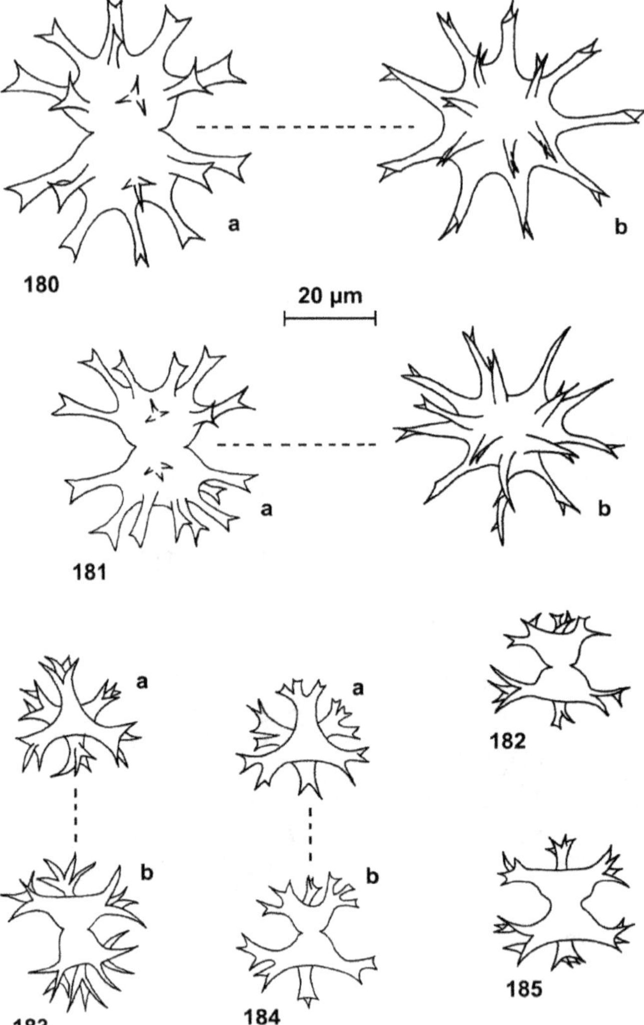

Fig. 180-181. *Staurastrum leptacanthum* Nordstedt var. *borgei*; a. vista frontal, b. vista vertical. **Fig.** 182-185. *Staurastrum palmatum* Irénée-Marie; a. vista vertical, b. vista frontal. **NOTA:** escala 20 μm, exceto quando indicado.

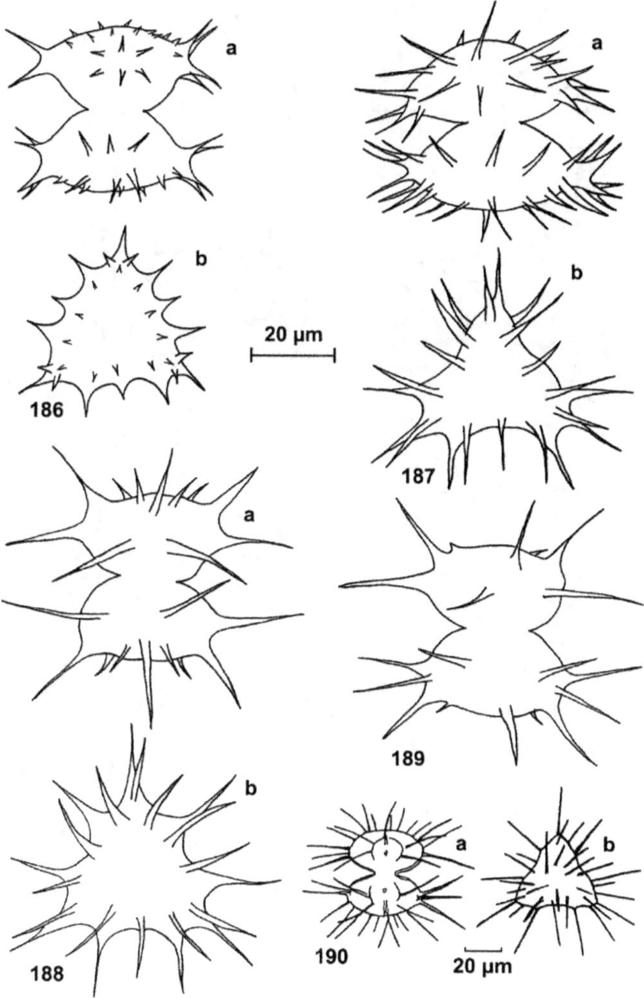

Fig. 186. *Staurastrum setigerum* Cleve var. *occidentale* West & West; a. vista frontal, b. vista vertical. **Fig. 187.** *Staurastrum setigerum* Cleve var. *subvillosum* Grönblad; a. vista frontal, b. vista vertical. **Fig. 188-189.** *Staurastrum setigerum* Cleve var. *longirostre* Grönblad; a. vista frontal, b. vista vertical. **Fig. 190.** *Staurastrum sagitiferum* Börgesen; a. vista frontal, b. vista vertical. **NOTA:** escala 20 µm, exceto quando indicado.

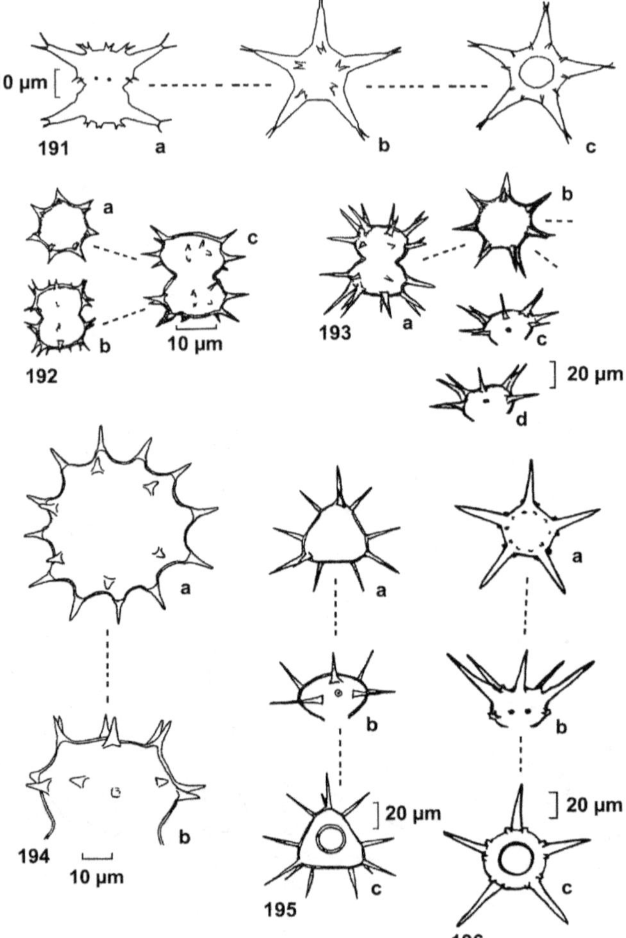

Fig. 191. *Staurastrum stellatum* Börgesen; a. vista frontal, b. vista vertical, c. vista basal (Börgesen 1890). Fig. 192. *Staurastrum binum* Borge var. *minor* Borge; a. vista frontal, b. vista lateral, c. vista frontal (Borge 1918). Fig. 193. *Staurastrum binum* Borge var. *binum*; a. vista frontal, b. vista vertical, c-d. vistas laterais (Borge 1918). Fig. 194. *Staurastrum loefgrenii* Borge; a. vista vertical, b. vista frontal (Borge 1918). Fig. 195. *Staurastrum terribile* Borge; a. vista vertical, b. vista frontal, c. vista basal (Borge 1918). Fig. 196. *Staurastrum spiculiferum* Borge; a. vista vertical, b. vista frontal, c. vista basal (Borge 1918). **NOTA:** escala 20 μm, exceto quando indicado.

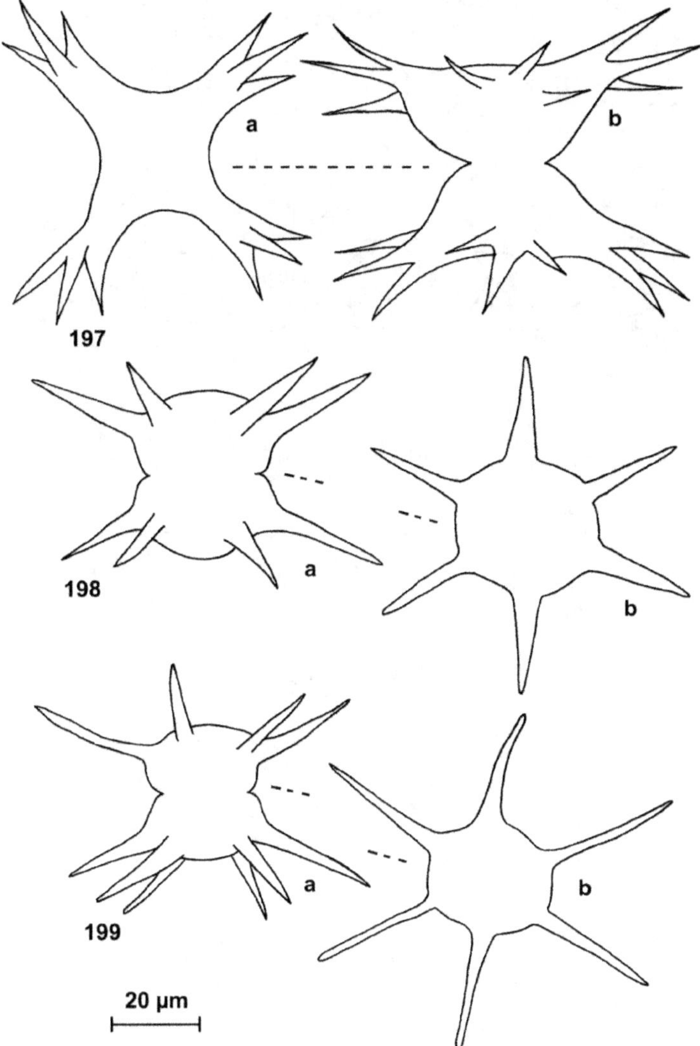

Fig. 197. *Staurastrum brasiliense* Nordstedt var. *brasiliense* f. *brasiliense*; a. vista vertical, b. vista frontal. **Fig. 198-199.** *Staurastrum nudibrachiatum* Borge; a. vista frontal, b. vista vertical. **NOTA:** escala 20 µm, exceto quando indicado.

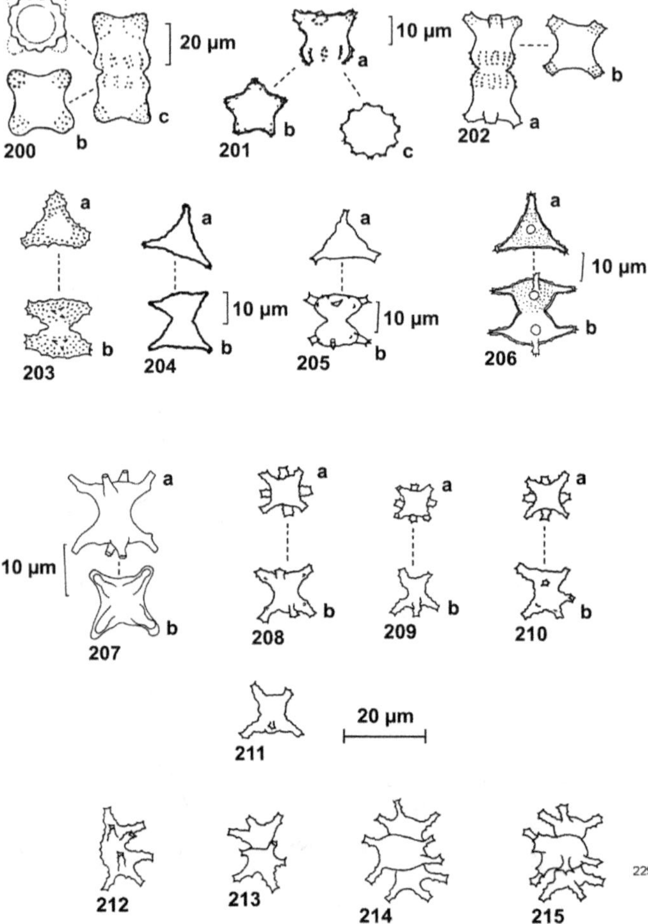

Fig. 200. *Staurastrum amoenum* Hilse var. *brasiliense* Börgesen; a. vista basal, b. vista vertical, c. vista frontal (Börgesen 1890). Fig. 201-202. *Staurastrum capitulum* Brébisson var. *tumidiusculum* (Nordstedt) West & West; a. vista frontal, b. vista vertical, c. vista basal (Borge 1918), fig. 202, a. vista frontal, b. vista vertical. Fig. 203. *Staurastrum gurgeliense* Schmidle; a. vista vertical, b. vista frontal. Fig. 204. *Staurastrum pseudotetracerum* (Nordstedt) West & West; a. vista vertical, b. vista frontal (Sant'Anna *etal.* 1989). Fig. 205. *Staurastrum aciculiferum* (W. West) Anderson; a. vista vertical, b. vista frontal (Silva 1999). Fig. 206. *Staurastrum affine* West & West; a. vista vertical, b. vista frontal (Sant'Anna *etal.* 1989). Fig. 207-215. *Staurastrum inconspicuum* Nordstedt; fig. 207, a. vista frontal, b. vista vertical (Marinho & Sophia 1997); fig. 212-215, formas teratológicas, a. vista vertical, b. vista frontal (Sant'Anna *etal.* 1989). **NOTA:** escala 20 µm, exceto quando indicado.

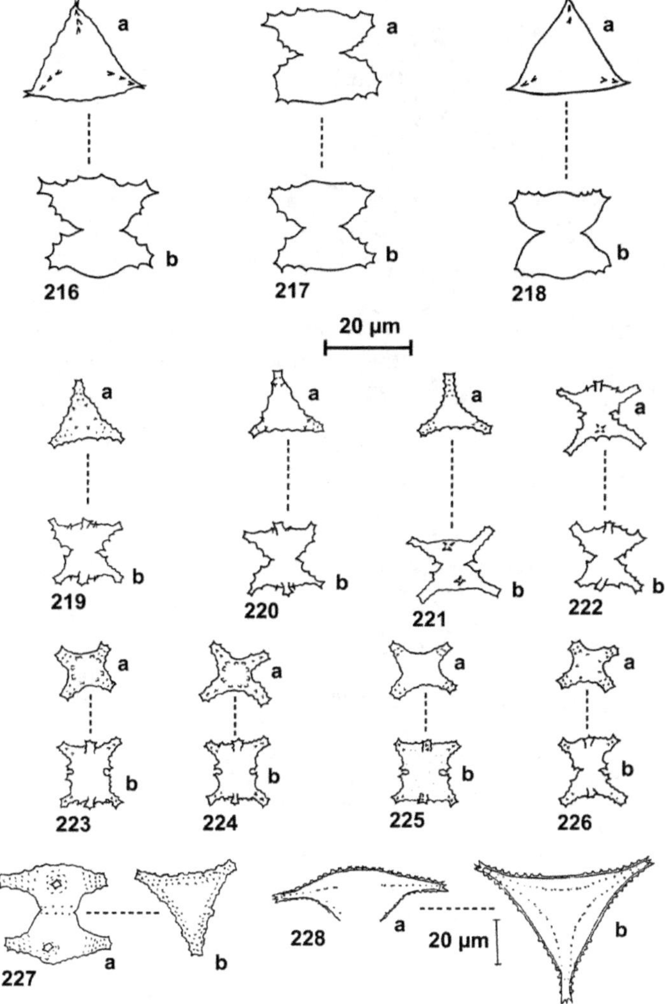

Fig. 216-218. *Staurastrum hagmannii* Grönblad; a. vista vertical, b. vista frontal. Fig. 219-222. *Staurastrum micronoides* Coesel & Joosten; a. vista vertical, b. vista frontal. Fig. 223-226. *Staurastrum chavesii* Bohlin; a. vista vertical, b. vista frontal.*rastrum proboscideum* (Brébisson) Archer var. *proboscideum* f. *minus* (Schmidle) Prescott; a. vista frontal, b. vista vertical. Fig. 227. *Staurastrum proboscideum* (Brébisson) Archer var. *proboscideum* f. *minus* (Schmidle) Prescott; a. vista frontal, b. vista vertical. Fig. 228. *Staurastrum proboscideum* (Brébisson) Archer var. *brasiliense* Börgesen; a. vista frontal, b. vista vertical (Börgesen 1890). NOTA: escala 20 μm, exceto quando indicado.

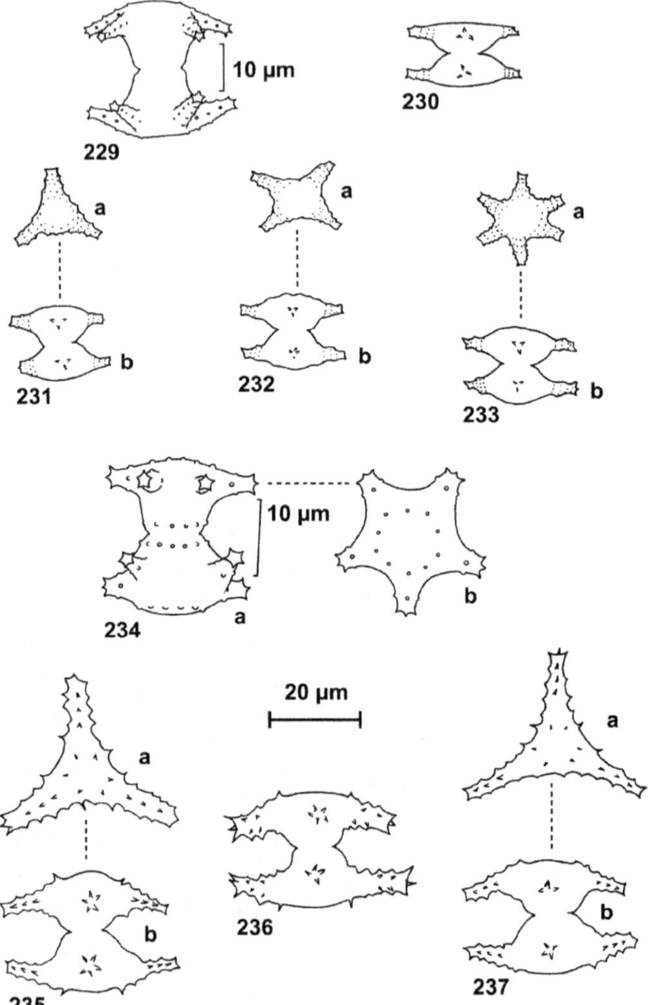

Fig. 229-233. *Staurastrum polymorphum* (Brébisson) Ralfs var. *polymorphum* (Bicudo 1969), fig. 230-233, a. vista vertical, b. vista frontal. Fig. 234. *Staurastrum polymorphum* (Brébisson) Ralfs var. *itirapinense* C. Bicudo; a. vista frontal, b. vista vertical. Fig. 235-237. *Staurastrum heimerlianum* Lütkemmüller; a. vista vertical, b. vista frontal. NOTA: escala 20 μm, exceto quando indicado.

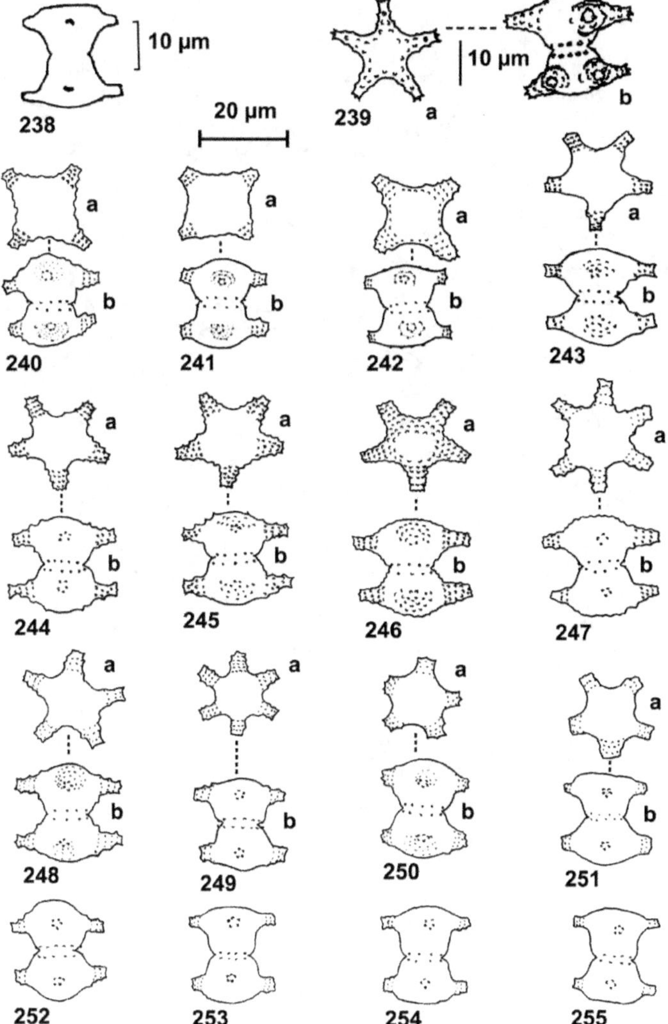

Fig. 238-255. *Staurastrum margaritaceum* (Ehrenberg) *ex* Ralfs var. *margaritaceum* (Borge 1918), fig. 239, a. vista vertical, b. vista frontal (Ferragut *etal.* 2005), fig. 240-255, a. vista vertical, b. vista frontal. **NOTA:** escala 20 µm, exceto quando indicado.

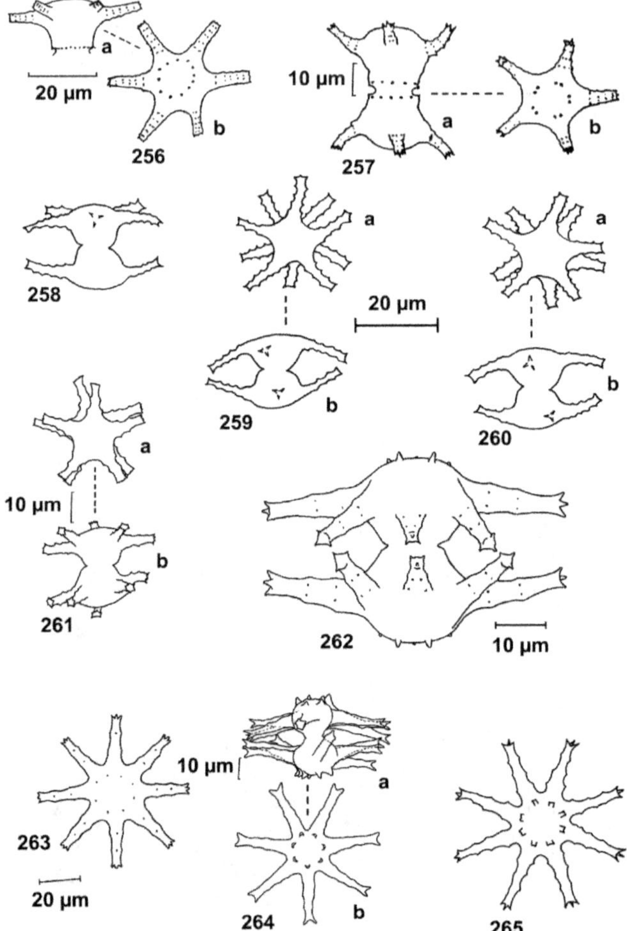

Fig. 256. *Staurastrum zonatum* Börgesen var. *zonatum*; a. vista frontal, b. vista vertical (Börgesen 1890). **Fig 257.** *Staurastrum zonatum* Börgesen var. *horizontale* Borge; a. vista frontal, b. vista vertical (Borge 1918). **Fig. 258-260.** *Staurastrum arachne* Ralfs *ex* Ralfs var. *arachne* f. *arachne*; a. vista vertical, b. vista frontal. **Fig. 261.** *Staurastrum asteroideum* West & West var. *nanum* (Wille) Grönblad; a. vista vertical, b. vista frontal (Marinho & Sophia 1997). **Fig. 262-265.** *Staurastrum rotula* Nordstedt (Bicudo & Bicudo 1965), fig. 263, vista vertical (Bicudo & Bicudo 1965), fig. 264, a. vista frontal, b. vista vertical (Marinho & Sophia 1997), fig. 265, vista vertical (Hino & Tundisi 1977). **NOTA:** escala 20 µm, exceto quando indicado.

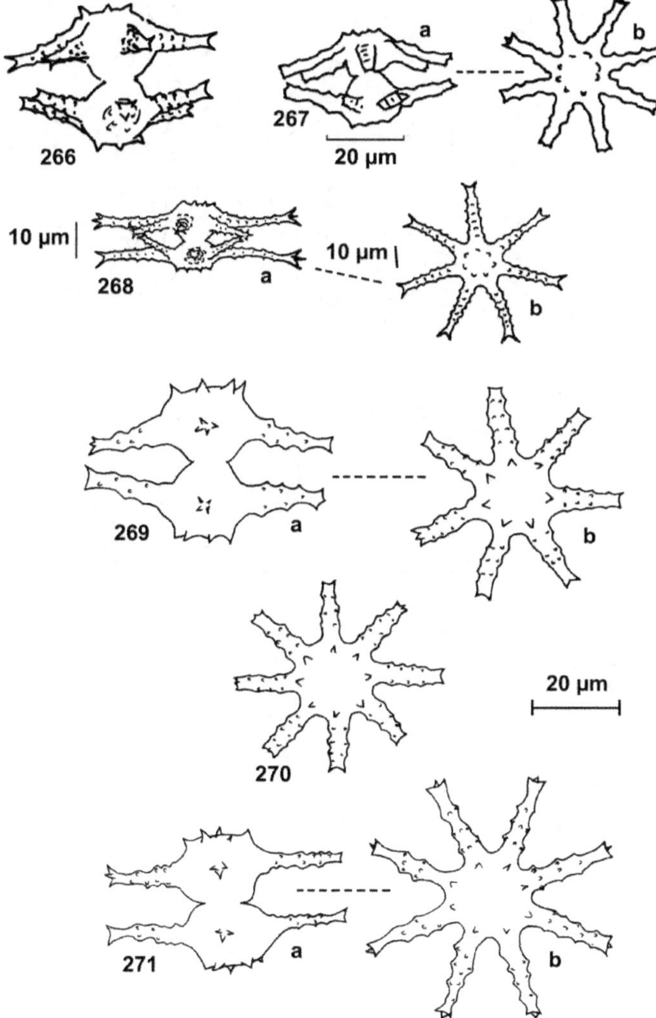

Fig. 266-271. *Staurastrum rotula* Nordstedt (Taniguchi *et al.* 2000a), fig. 267, a. vista frontal, b. vista vertical (Peres & Senna 2000a), fig. 268, a. vista frontal, b. vista vertical (Ferragut *et al.* 2005), fig. 269-271, a. vista frontal, b. vista vertical. **NOTA:** escala 20 µm, exceto quando indicado.

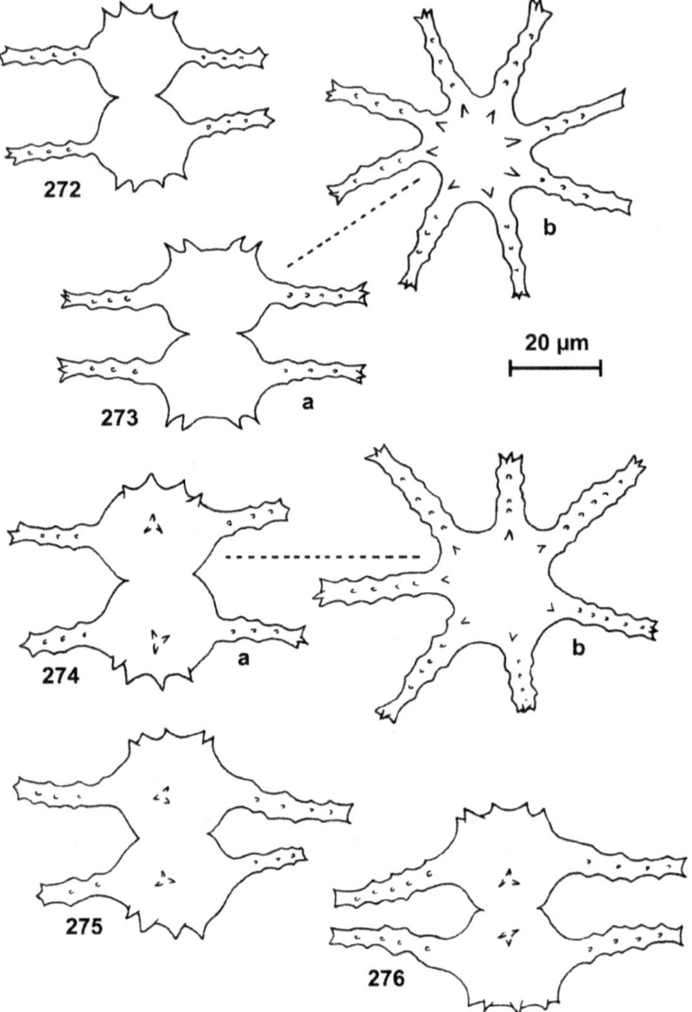

Fig. 272-276. *Staurastrum rotula* Nordstedt; a. vista frontal, b. vista vertical. **NOTA:** escala 20 μm, exceto quando indicado.

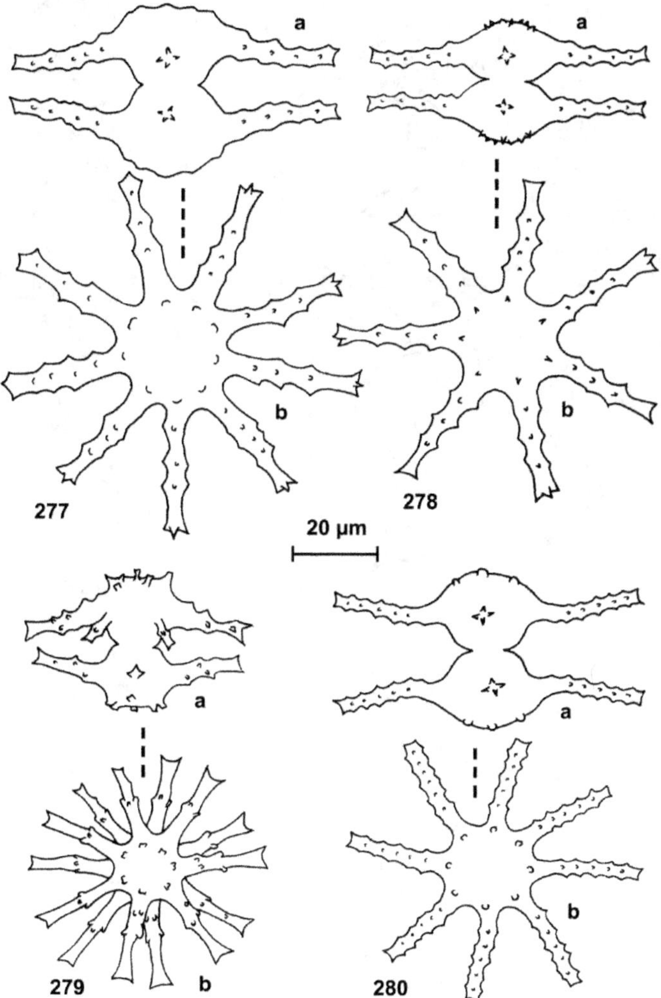

Fig. 277-280. *Staurastrum rotula* Nordstedt; a. vista frontal, b. vista vertical. **NOTA:** escala 20 µm, exceto quando indicado.

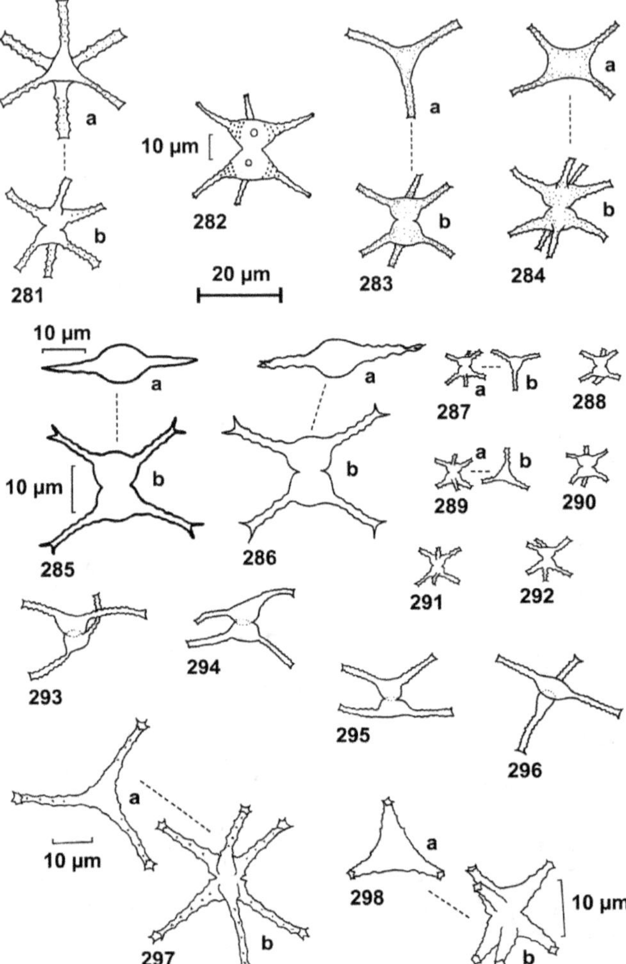

Fig. 281-282. *Staurastrum paradoxum* Meyen *ex* Ralfs; a. vista vertical, b. vista frontal, fig. 282, a. vista vertical, b. vista frontal (Sant'Anna *et al.* 1989). **Fig. 283-284.** *Staurastrum anatinum* Cooke *ex* Wills var. *anatinum* f. *parvum* (W. West) Prescott *etal.*; a. vista vertical, b. vista frontal. **Fig. 285-286.** *Staurastrum volans* West & West; a. vista vertical, b. vista frontal (Sant'Anna *et al.* 1989), fig. 286, a. vista vertical, b. vista frontal. **Fig. 287-292.** *Staurastrum minimum* Coesel; a. vista frontal, b. vista vertical. **Fig. 293-296.** *Staurastrum smithii* (G.M. Smith) Teiling; 296, vista vertical. **Fig. 297.** *Staurastrum iotanum* Wolle var. *perpendiculatum* Grönblad; 297, a. vista vertical, b. vista frontal (Marinho & Sophia 1997). **Fig. 298.** *Staurastrum iotanum* Wolle var. *iotanum*; 296, a. vista vertical, b. vista frontal (Marinho & Sophia 1997). **NOTA:** escala 20 µm, exceto quando indicado.

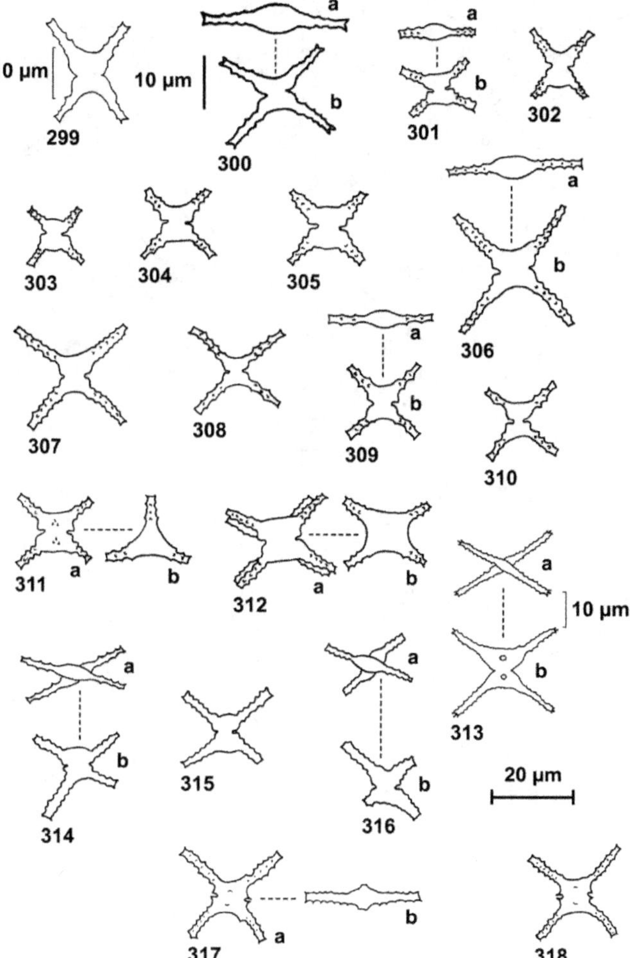

Fig. 299-300. *Staurastrum tetracerum* (Kützing) Ralfs var *tetracerum* f. *tetracerum* (Marinho & Sophia 1997), fig. 300, a. vista vertical, b. vista frontal (Ferragut *etal.* 2005). Fig. 301-310. *Staurastrum tetracerum* (Kützing) Ralfs var *tetracerum* f. *trigona*; a. vista vertical, b. vista frontal. Fig. 311-312. *Staurastrum tetracerum* (Kützing) Ralfs var *tetracerum* f. *tetragona* West & West; a. vista frontal, b. vista vertical, fig. 312, a. vista frontal, b. vista vertical. Fig. 313-316. *Staurastrum tetracerum* (Kützing) Ralfs var *tortum* (Teiling) Borge; a. vista vertical, b. vista frontal (Silva 1999), fig. 314-316, a. vista vertical, b. vista frontal. Fig. 317-318. *Staurastrum irregulare* West & West var. *subosceolense* Grönblad; a. vista vertical, b. vista frontal. **NOTA:** escala 20 µm, exceto quando indicado.

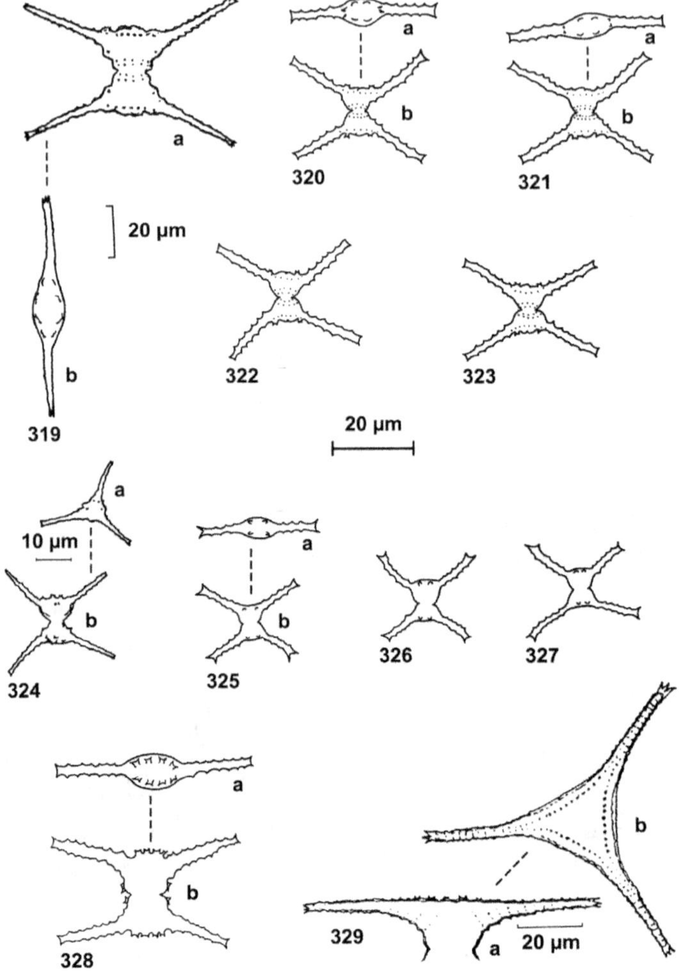

Fig. 319-323. *Staurastrum brachioprominens* Börgesen; fig. 319, a. vista frontal, b. vista vertical (Börgesen 1890); fig. 320-323, a. vista vertical, b. vista frontal (Börgesen 1890). **Fig. 324.** *Staurastrum iversenii* Nygaard var. *americanum* Scott & Grönblad; a. vista vertical, b. vista frontal (Sant'Anna *et al.* 1989). **Fig. 325-327.** *Staurastrum bloklandiae* Coesel & Joosten; a. vista vertical, b. vista frontal. **Fig. 328.** *Staurastrum octoverrucosum* Scott & Grönblad var. *octoverrucosum*; a. vista vertical, b. vista frontal. **Fig. 329.** *Staurastrum gracile* Ralfs var. *subventricosum* Börgesen; a. vista frontal, b. vista vertical. **NOTA:** escala 20 µm, exceto quando indicado.

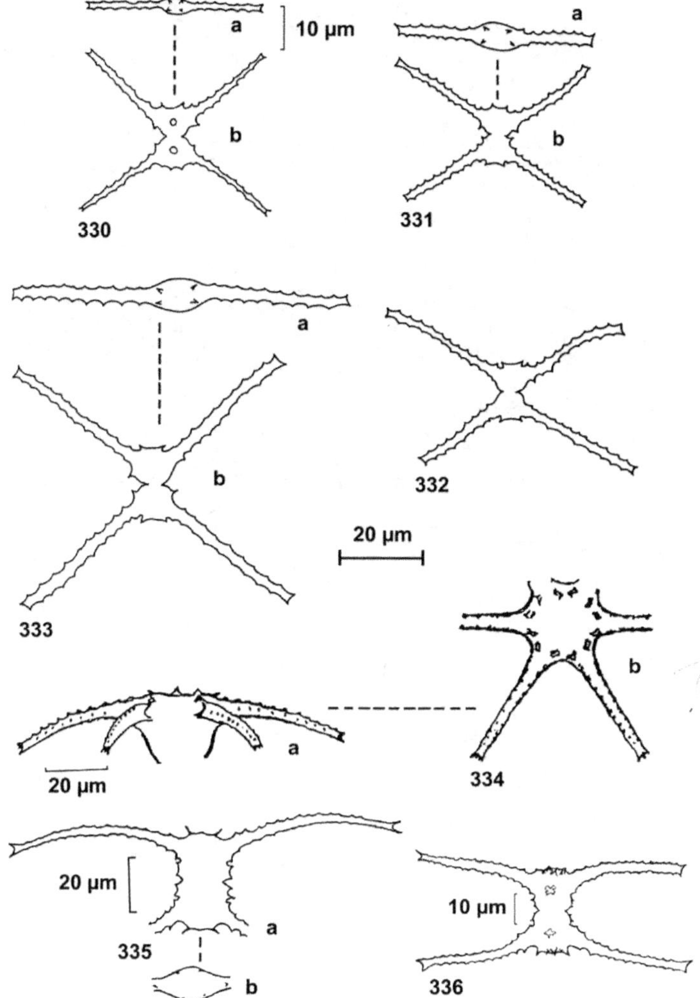

Fig. 330-333. *Staurastrum quadrinotatum* Grönblad; a. vista frontal, b. vista vertical (Silva 1999), fig. 331-333, a. vista frontal, b. vista vertical. Fig. 334. *Staurastrum subophiura* Borge; a. vista frontal, b. vista vertical (Borge 1918). Fig. 335. *Staurastrum subindentatum* West & West var. *brasiliense* Borge f. *brasiliense*; a. vista frontal, b. vista vertical (Borge 1918). Fig. 336. *Staurastrum subindentatum* West & West var. *brasiliense* Borge f. *sexspinulosum* Förster & Eckert (Marinho & Sophia 1997). NOTA: escala 20 μm, exceto quando indicado.

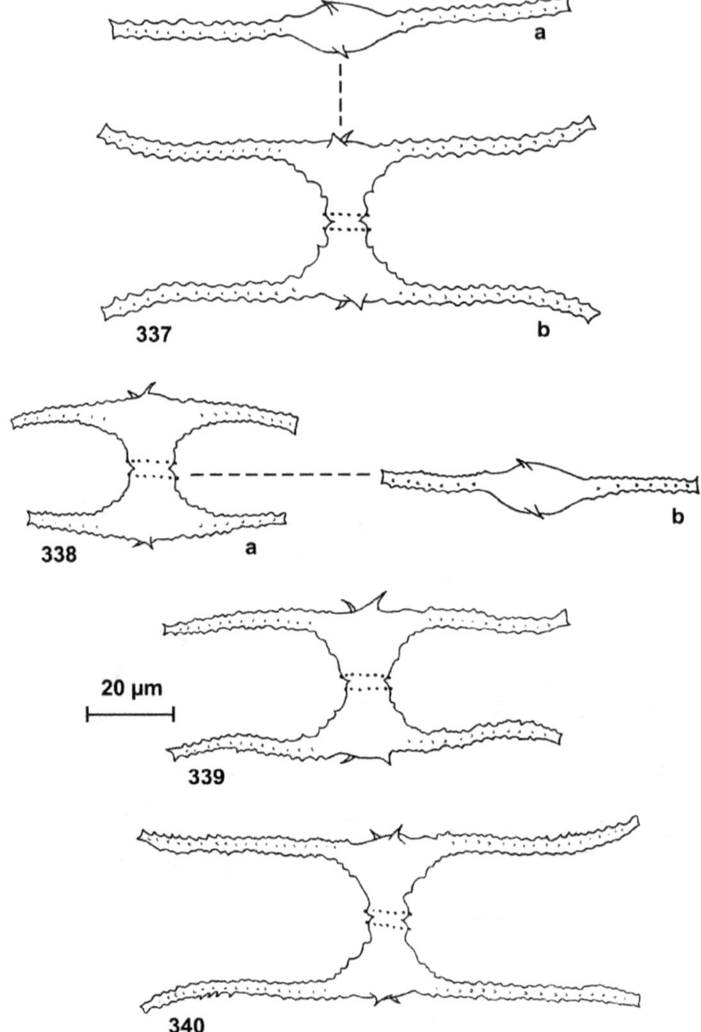

Fig. 337-340. *Staurastrum leptocladum* Nordstedt var. *cornutum* Wille f. *cornutum*; a. vista vertical, b. vista frontal, fig. 338-340, a. vista frontal, b. vista vertical. **NOTA:** escala 20 µm, exceto quando indicado.

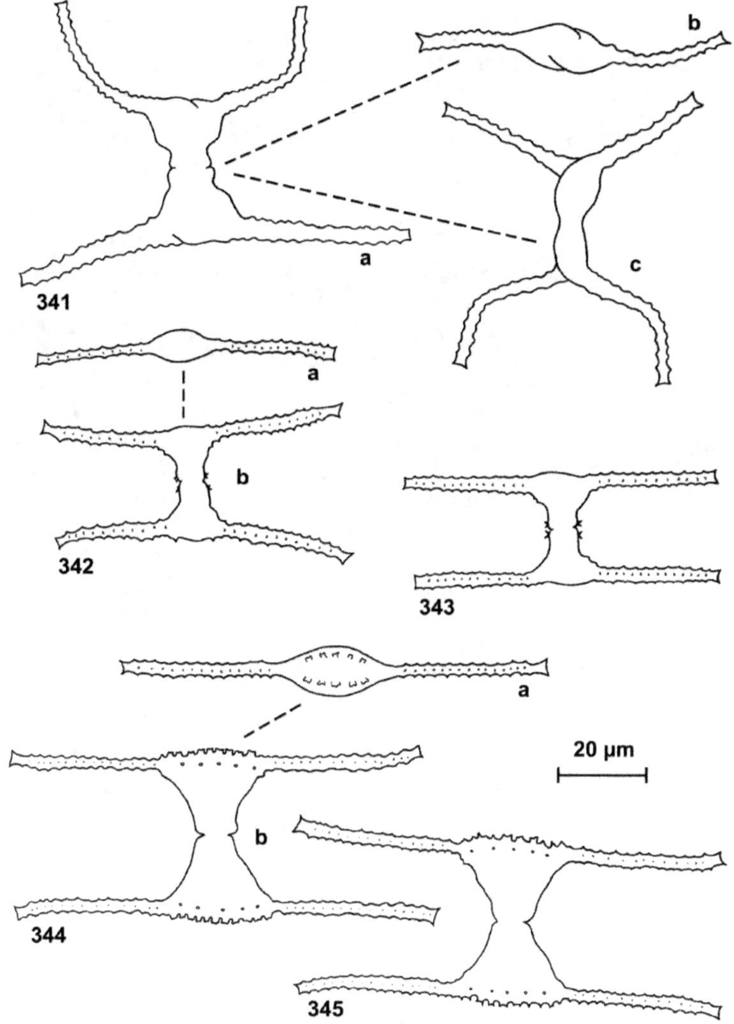

Fig. 341. *Staurastrum leptocladum* Nordstedt var. *sinuatum* Wolle f. *sinuatum*; a. vista frontal, b. vista vertical, c. vista lateral. Fig. 342-343. *Staurastrum leptocladum* Nordstedt var. *leptocladum* f. *africanum* G.S. West; a. vista vertical, b. vista frontal. Fig. 344-345. *Staurastrum grallatorium* Nordstedt var. *grallatorium*; a. vista vertical, b. vista frontal. **NOTA:** escala 20 µm, exceto quando indicado.

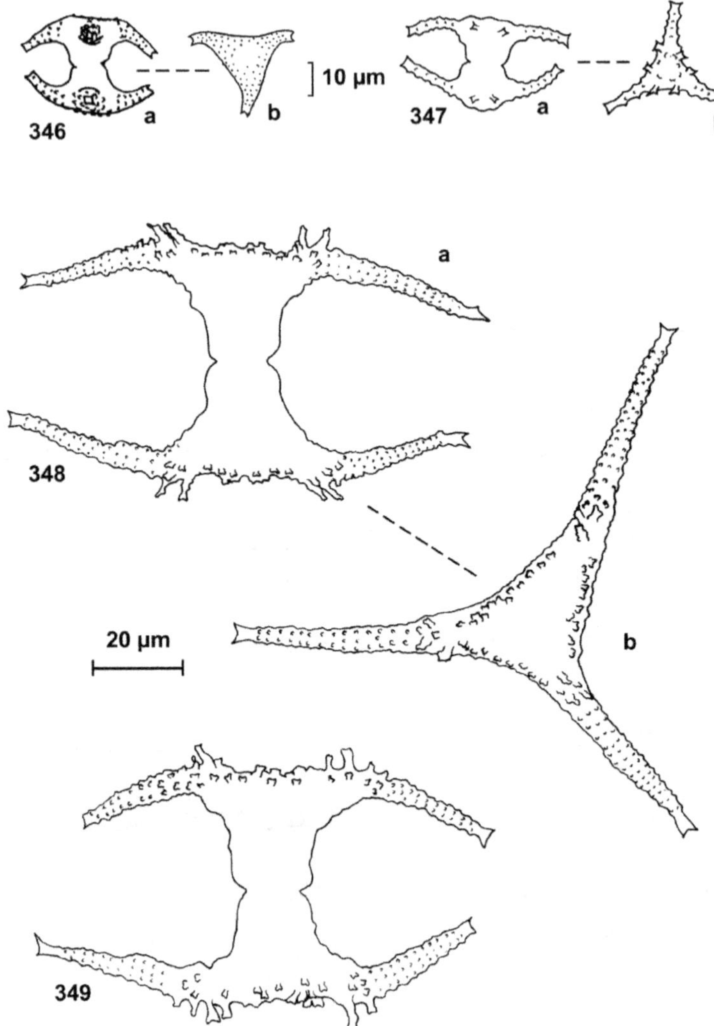

Fig. 346. *Staurastrum cyrtocerum* Brébisson var. *cyrtocerum*; a. vista frontal, b. vista vertical (Ralfs 1848). **Fig. 347.** *Staurastrum bicoronatum* Johnson var. *simplicius* West & West; a. vista frontal, b. vista vertical. **Fig. 348-349.** *Staurastrum manfeldtii* Delponte var.; a. vista frontal, b. vista vertical. **NOTA:** escala 20 µm, exceto quando indicado.

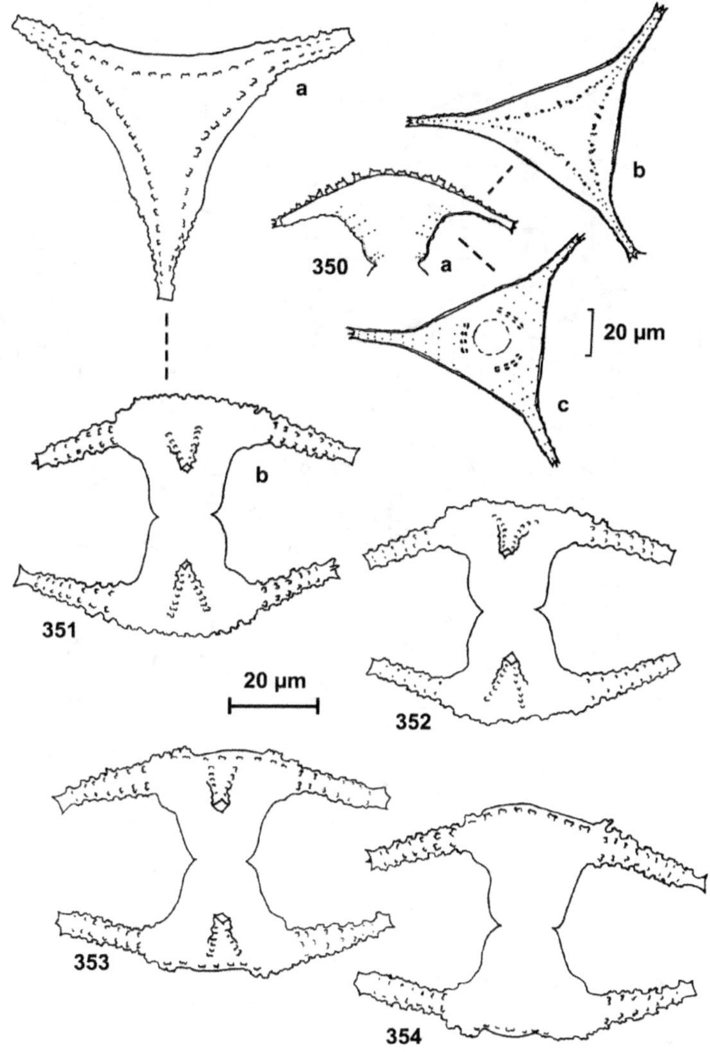

Fig. 350-354. *Staurastrum productum* (West & West) Coesel; a. vista frontal, b. vista vertical, c. vista basal (Börgesen 1890), fig. 351-354, ilustrações próprias. **NOTA:** escala 20 µm, exceto quando indicado.

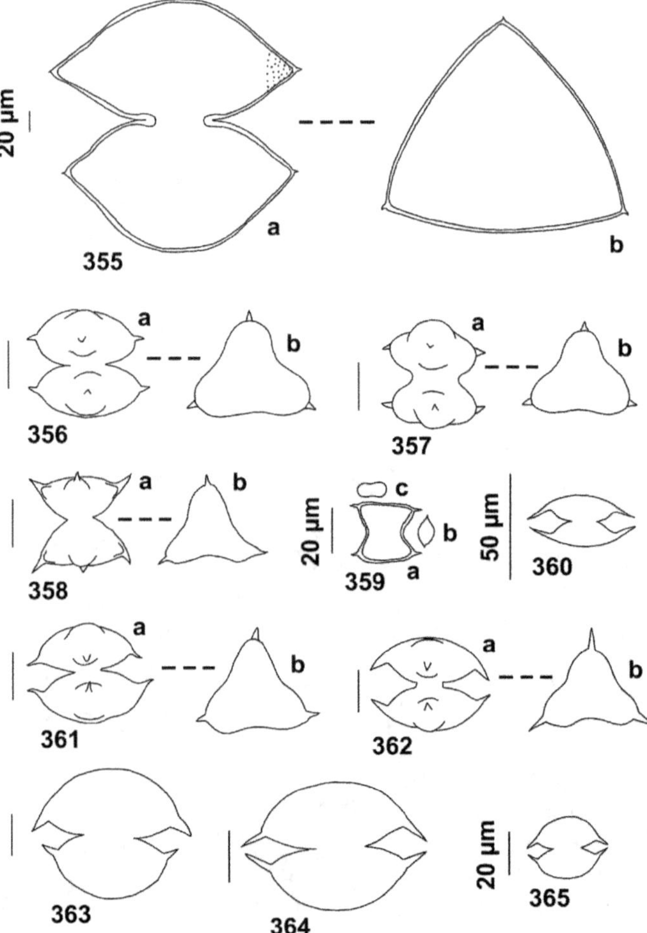

Fig. 355. *Staurodesmus attenuatus* (Borge) Teiling; a. vista frontal, b. vista vertical (Borge 1918). Fig. 356. *Staurodesmus brevispina* (Brébisson) Croasdale; a. vista frontal, b. vista vertical. Fig. 357. *Staurodesmus brevispina* (Brébisson) Croasdale f.; a. vista frontal, b. vista vertical. Fig. 358. *Staurodesmus connatus* (Lundell) Thomasson; a. vista frontal, b. vista vertical. Fig. 359. *Staurodesmus controversus* (West & West) Teiling var.*brasiliensis* (Borge) Teiling; a. vista frontal, b. vista vertical, c. vista lateral (Borge 1918). Fig. 360. *Staurodesmus convergens* (Ehrenberg *ex* Ralfs) Teiling var. *convergens* (Bicudo & Azevedo 1977). Fig. 361-362. *Staurodesmus convergens* (Ehrenberg *ex* Ralfs) Teiling var. *laportei* Teiling; a. vista frontal, b. vista vertical. Fig. 363-364. *Staurodesmus convergens* (Ehrenberg *ex* Ralfs) Teiling var. *pumilus* Teiling. Fig. 365. *Staurodesmus convergens* (Ehrenberg *ex* Ralfs) Teiling var. *pumilus* Teiling f. **NOTA:** escala 10 µm, exceto quando indicado.

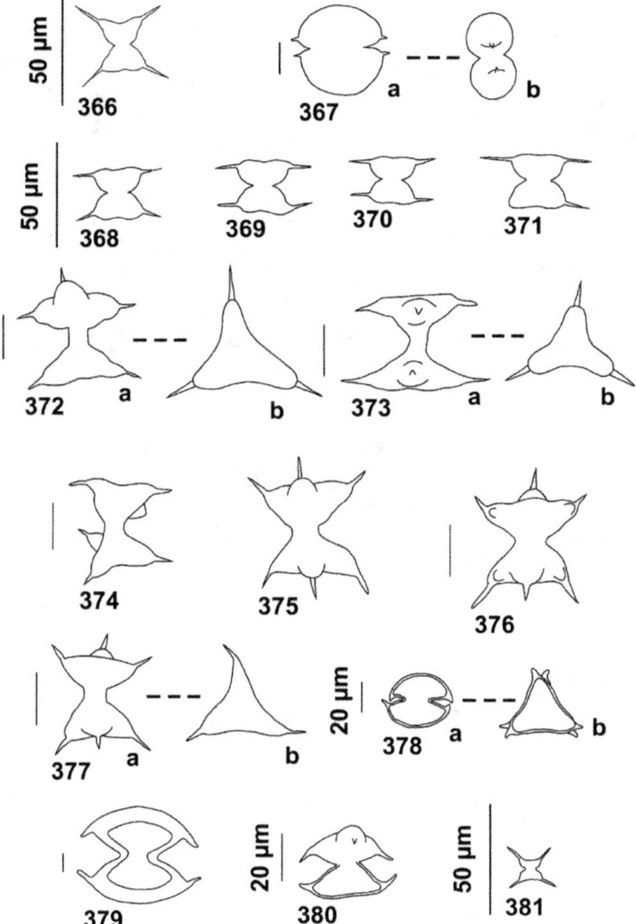

Fig. 366. *Staurodesmus crassus* (West & West) Florin var. *productus* (Skuja) Teiling (Bicudo & Azevedo 1977). Fig. 367. *Staurodesmus croasdaleae* Teiling f.; a. vista frontal, b. vista lateral. Fig. 368-371. *Staurodesmus curvatus* (Turner) Thomasson var. *curvatus* (Bicudo & Azevedo 1977). Fig. 372-374. *Staurodesmus cuspidatus* (Brébisson) Teiling; a. vista frontal, b. vista vertical. Fig. 375-377. *Staurodesmus dejectus*(Brébisson) Teiling; a. vista frontal, b. vista vertical. Fig. 378. *Staurodesmus dickiei* (Ralfs) Lillieroth var. *dickiei*; a. vista frontal, b. vista vertical (Börgesen 1890). Fig. 379. *Staurodesmus dickiei* (Ralfs) Lillieroth var. *rhomboideus* (West & West) Lillieroth f. *rhomboideus*(Taniguchi *et al.* 2000b). Fig. 380. *Staurodesmus dickiei* (Ralfs) Lillieroth var. *rhomboideus* (West & West) Lillieroth f. *minor* Poucques (Bicudo 1969). Fig. 381. *Staurodesmus extensus* (Borge) Teiling var. *extensus* (Bicudo & Azevedo 1977). NOTA: escala 10 µm, exceto quando indicado.

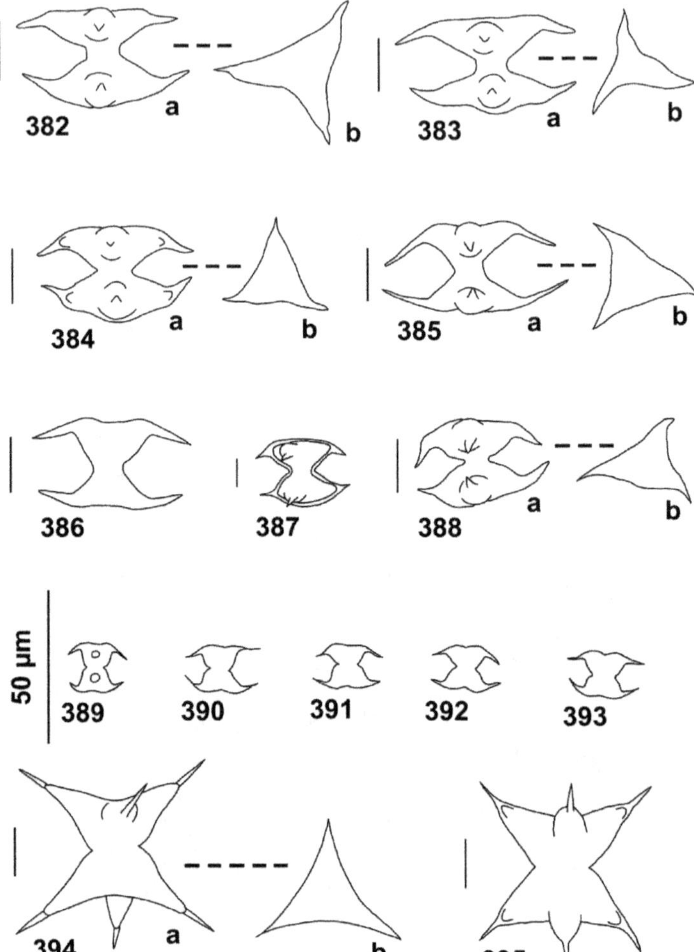

Fig. 382-386. *Staurodesmus glaber* (Ehrenberg) Teiling var. *glaber*; a. vista frontal, b. vista vertical. **Fig. 387.** *Staurodesmus glaber* (Ehrenberg) Teiling var. *flexispinus* (Förster & Eckert) Teiling (Díaz 1972). **Fig. 388.** *Staurodesmus glaber* (Ehrenberg) Teiling var. *hirundinella* (Messikommer) Teiling; a. vista frontal, b. vista vertical. **Fig. 389-393.** *Staurodesmus incus* (Brébisson) Teiling var. *ralfsii* (West & West) Teiling (Bicudo & Azevedo 1977). **Fig. 394-395.** *Staurodesmus leptodermus* (Lundell) Thomasson var. *leptodermus*; a. vista frontal, b. vista vertical. **NOTA:** escala 10 µm, exceto quando indicado.

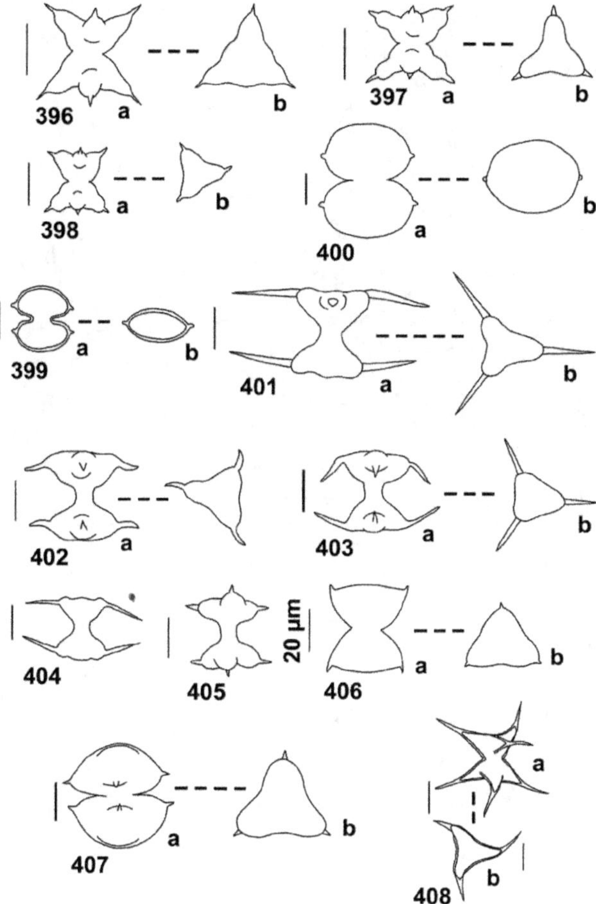

Fig. 396-398. *Staurodesmus leptodermus* (Lundell) Thomasson var. *ikapoae* (Schmidle) Thomasson; a. vista frontal, b. vista vertical. **Fig. 399-400.** *Staurodesmus lobatus* (Börgesen) Bourrelly var. *ellipticus* (Fritsch & Rich) Teiling; a. vista frontal, b. vista vertical (Silva 1999). **Fig. 401.** *Staurodesmus lobatus* (Börgesen) Bourrelly var. *ellipticus* (Fritsch & Rich) Teiling f. 'minor' Teiling; a. vista frontal, b. vista vertical. **Fig. 402-405.** *Staurodesmus mamillatus* (Nordstedt) Teiling var. *mamillatus*; a. vista frontal, b. vista vertical. **Fig. 406.** *Staurodesmus mucronatus* (Ralfs) Croasdale var. *groenbladii* Teiling; a. vista frontal, b. vista vertical (Bicudo & Bicudo 1962). **Fig. 407.** *Staurodesmus mucronatus* (Ralfs) Croasdale var. *parallelus* (Nordstedt) Teiling; a. vista frontal, b. vista vertical. **Fig. 408.** *Staurodesmuso'mearii* (Archer) Teiling var. *infractus* Förster; a. vista frontal, b. vertical (Marinho & Sophia 1997). **NOTA:** escala 10 μm, exceto quando indicado.

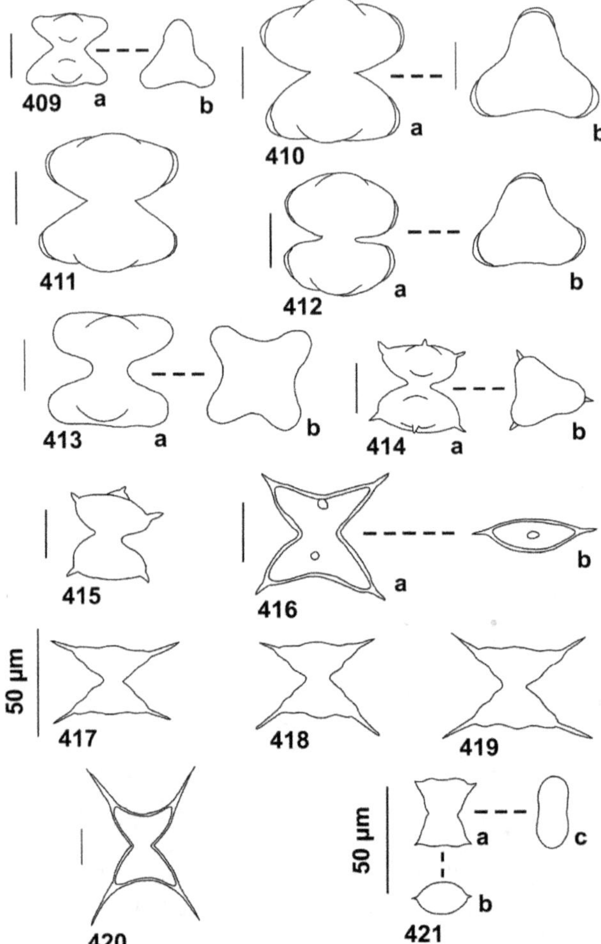

Fig. 409-411. *Staurodesmus pachyrhynchus* (Nordstedt) Teiling var. *pachyrhynchus*; a. vista frontal, b. vista vertical. Fig. 412. *Staurodesmus pachyrhynchus* (Nordstedt) Teiling var. *convergens* (Raciborski) Teiling; a. vista frontal, b. vista vertical. Fig. 413. *Staurodesmus pachyrhynchus* (Nordstedt) Teiling var. *pseudopachyrhynchus* (Wolle) Teiling; a. vista frontal, b. vista vertical. Fig. 414-415. *Staurodesmus patens* (Nordstedt) Croasdale; a. vista frontal, b. vista vertical. Fig. 416. *Staurodesmus phimus* (Turner) Thomasson var. *phimus*; a. vista frontal, b. vista vertical (Silva 1999). Fig. 417-419. *Staurodesmus phimus* (Turner) Thomasson var. *brasiliensis* (Förster) C. Bicudo & Azevedo (Bicudo & Azevedo 1977). Fig. 420. *Staurodesmus phimus* (Turner) Thomasson var. *semilunaris* (Schmidle) Teiling (Marinho & Sophia 1997). Fig. 421. *Staurodesmus psilosporus* (Nordstedt & Löfgren) Teiling var. *psilosporus*; a. vista frontal, b. vista vertical, c. vista lateral (Bicudo & Azevedo 1977). **NOTA:** escala 10 µm, exceto quando indicado.

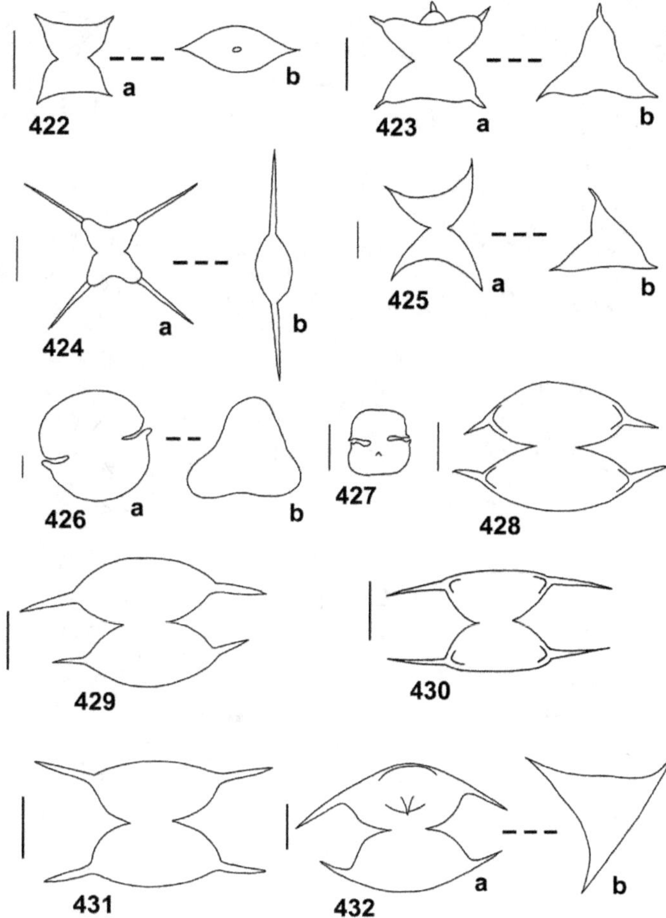

Fig. 422. *Staurodesmus psilosporus* (Nordstedt & Löfgren) Teiling var. *retusus* (Grönblad) Teiling; a. vista frontal, b. vista vertical. Fig. 423. *Staurodesmus pterosporus* (Lundell) Bourrelly; a. vista frontal, b. vista vertical. Fig. 424. *Staurodesmus quiriferus* (West & West) Teiling var. *quiriferus*; a. vista frontal, b. vista vertical. Fig. 425. *Staurodesmus selenaeus* (Grönblad) Teiling; a. vista frontal, b. vista vertical. Fig. 426. *Staurodesmus smolandicus* (Lundell) Teiling var. *smolandicus*; a. vista frontal, b. vista vertical. Fig. 427.*Staurodesmus smolandicus* (Lundell) Teiling var. *angulosus* (Kirchner) Teiling. Fig. 428-431.*Staurodesmus subulatus* (Kützing) Thomasson var. *subulatus*. Fig. 432. *Staurodesmus subulatus* (Kützing) Thomasson var. *nordstedtii* (G.M. Smith) Thomasson; a. vista frontal, b. vista vertical. NOTA: escala 10 µm, exceto quando indicado.

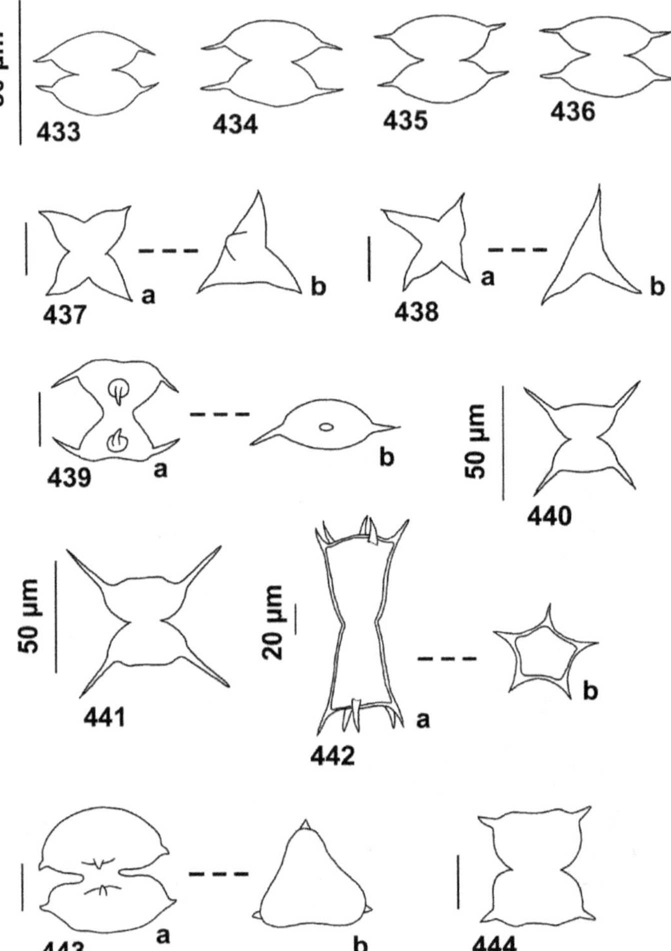

Fig. 433-436. *Staurodesmus subulatus* (Kützing) Thomasson var. *subaequalis* (West & West) Thomasson (Bicudo & Azevedo 1977). Fig. 437-438. *Staurodesmus tortus* (Grönblad) Teiling; a. vista frontal, b. vista lateral. Fig. 439. *Staurodesmus triangularis* (Lagerheim) Teiling; a. vista frontal, b. vista vertical. Fig. 440. *Staurodesmus validus* (West & West) Thomasson va. *validus* (Bicudo & Azevedo 1977). Fig. 441. *Staurodesmus validus* (West & West) Thomasson va. *sinuosus* (Börgesen) Teiling (Bicudo & Azevedo 1977). Fig. 442. *Staurodesmus wandae* (Raciborski) Bourrelly var. *longissimus* (Borge) Teiling; a.vista frontal, b. vista vertical (Borge 1918). Fig. 443. *Staurodesmus* sp. 1. Fig. 444. *Staurodesmus* sp. 2. **NOTA:** escala 10 µm, exceto quando indicado.

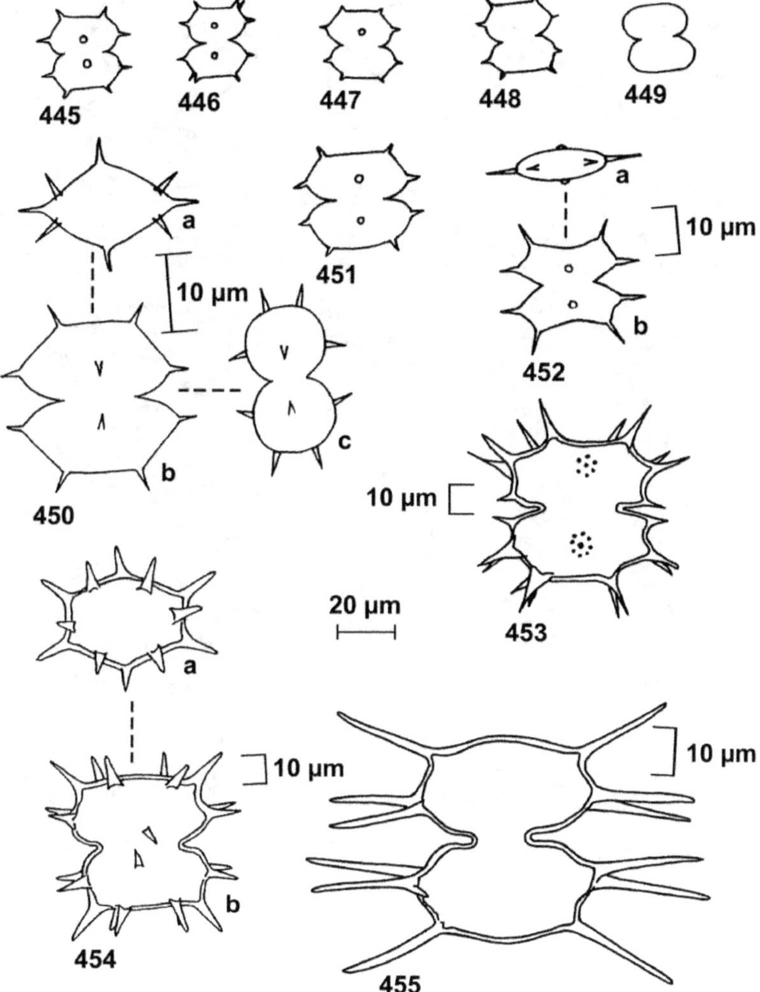

Fig. 445-451. *Xanthidium concinnum* Archer var. *concinnum*. Fig. 452. *Xanthidium westii* Förster *ex* C. Bicudo & Azevedo var. *protuberans*(Förster) C. Bicudo &S.M.M. Faustino; a. vista vertical, b. vista frontal. Fig. 453. *Xanthidium cristatum* Brébisson (Borge 1918). Fig. 454. *Xanthidium paulense* Borge; a. vista vertical, b. vista frontal (Borge 1918). Fig. 455. *Xanthidiumantilopaeum* (Brébisson) Kützing f. Nordstedt (Nordstedt 1877). **NOTA:** escala 10 µm, exceto quando indicado.

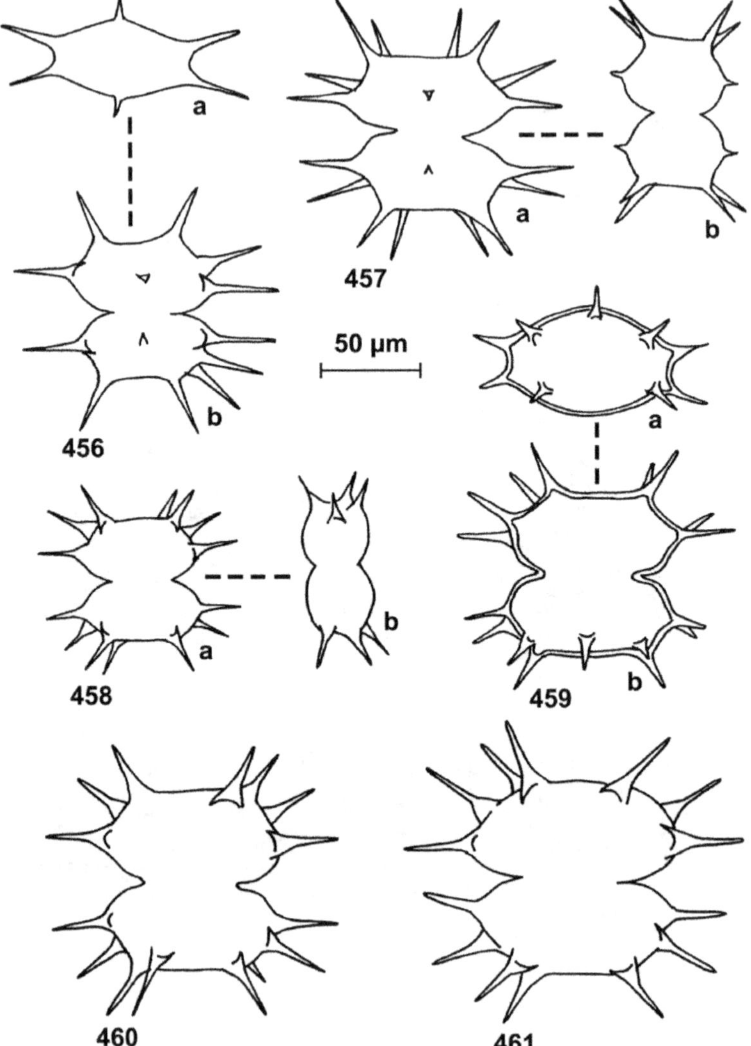

Fig. 456-457. *Xanthidium antilopaeum* (Brébisson) Kützing var. *canadense* Joshua; a. vista vertical, b. vista frontal.
Fig. 458-461. *Arthrodesmus antilopaeum* (Brébisson) Kützing var. *mamillosum* Grönblad f. *mediolaeve* Grönblad; a. vista frontal, b. vista lateral. 459 (Borge 903). **NOTA:** escala 10 µm, exceto quando indicado.

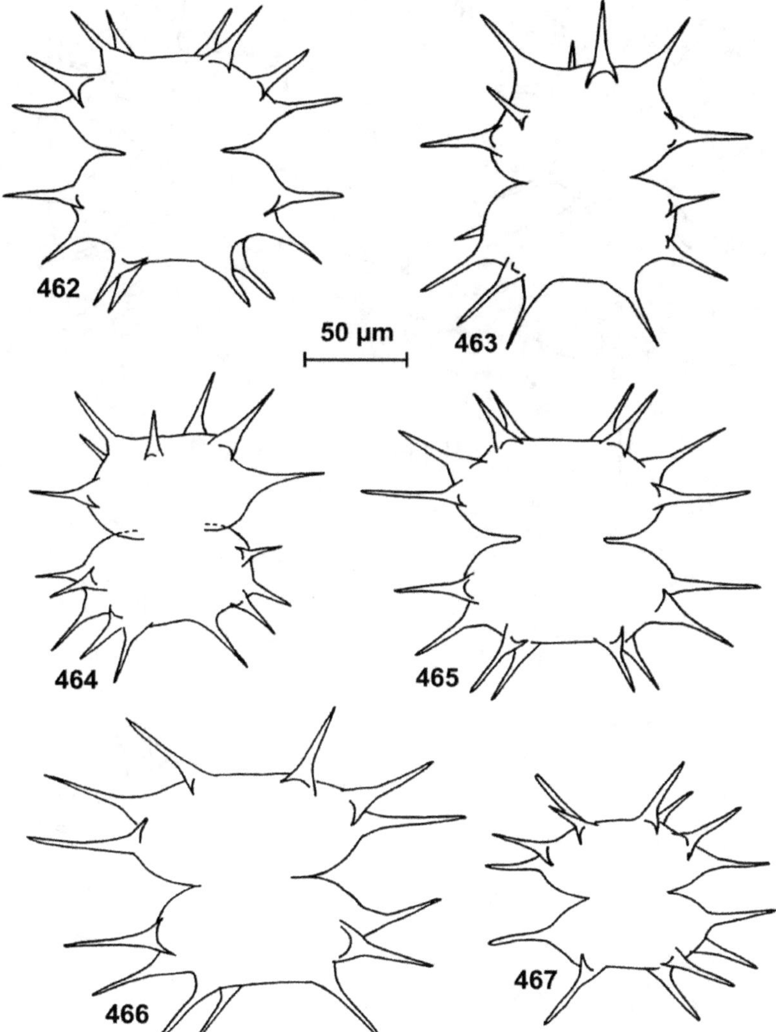

Fig. 462-467. *Xanthidium antilopaeum* (Brébisson) Kützing var. *mamillosum* Grönblad f. *mediolaeve* Grönblad. **NOTA:** escala 10 µm, exceto quando indicado.

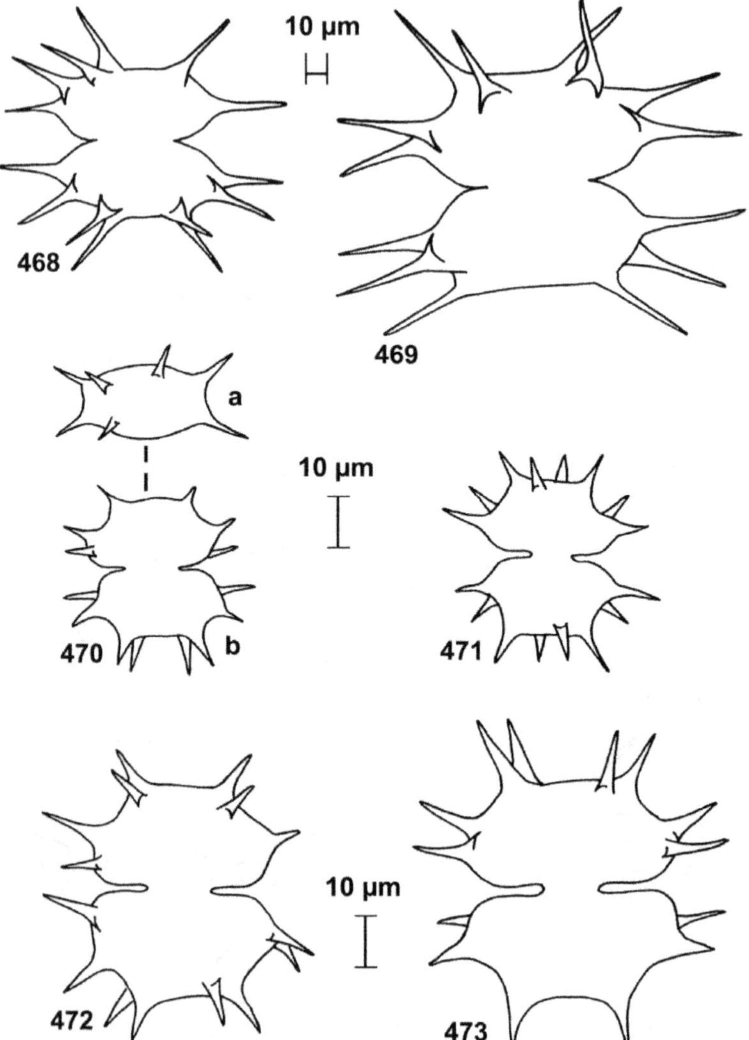

Fig. 468-469. *Xanthidium antilopaeum* (Brébisson) Kützing var. *mamillosum* Grönblad f. *mediolaeve* Grönblad. **Fig. 470-473**. *Xanthidium antilopaeum* (Brébisson) Kützing var.; a. vista vertical, b. vista frontal. **NOTA:** escala 10 µm, exceto quando indicado.

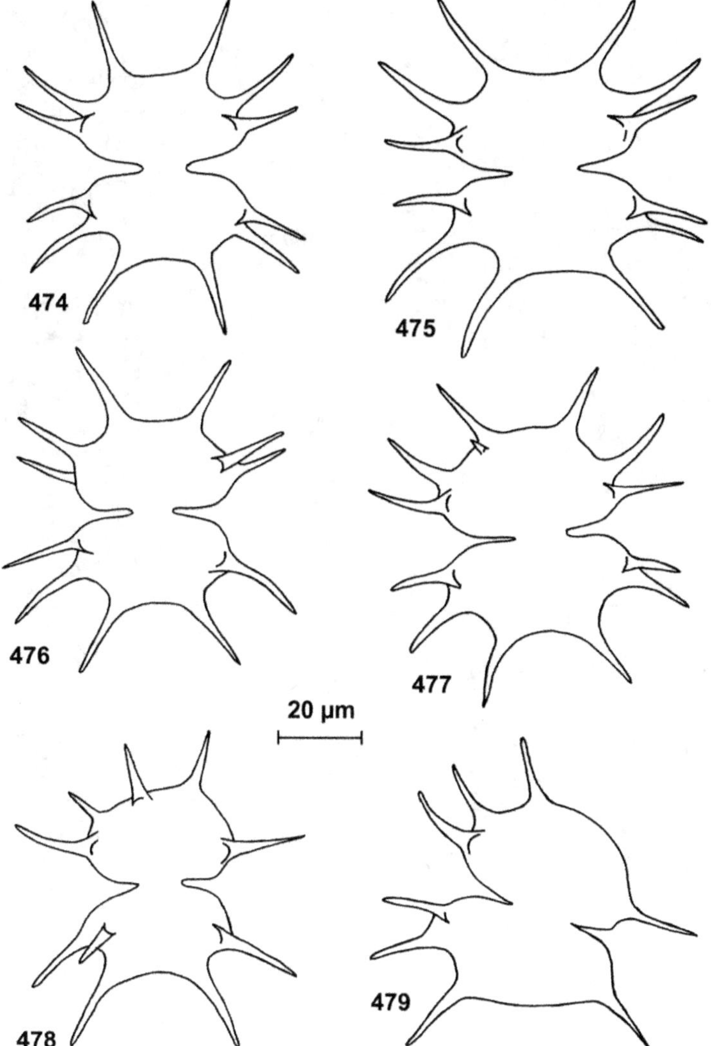

Fig. 474-479. *Xanthidium antilopaeum* (Brébisson) Kützing var. *antilopaeum* f. *javanicum* Nordstedt. **NOTA:** escala 10 μm, exceto quando indicado.

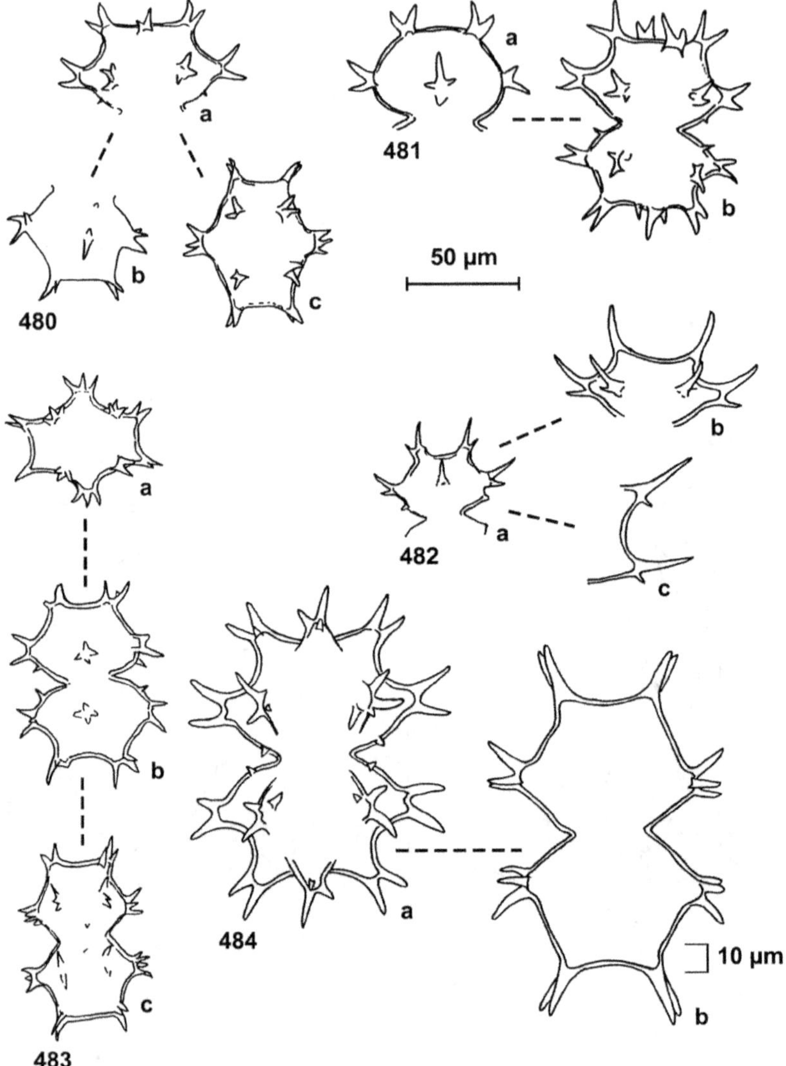

Fig. 480-484. *Xanthidium regulare* Nordstedt var. *asteptum* Nordstedt emend. C. Bicudo & L.M. Carvalho; 480-483 Borge (1918), 484 Bicudo (1969). **NOTA:** escala 10 µm, exceto quando indicado.

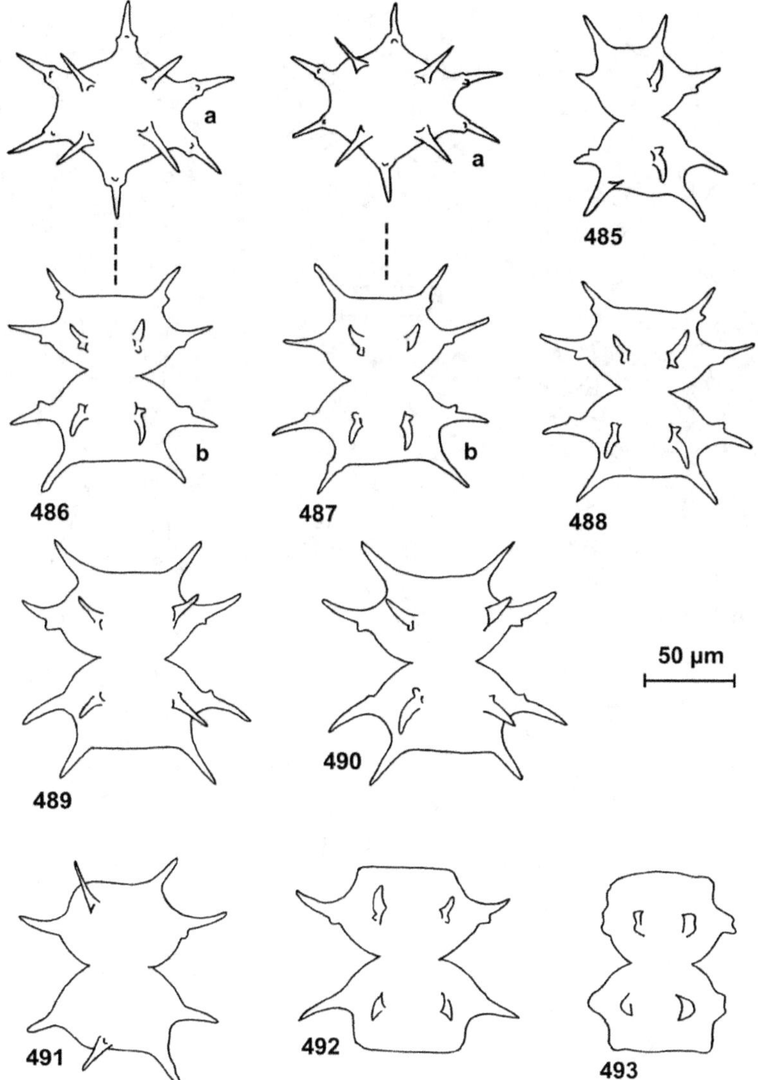

Fig. 485-493. *Xanthidium regulare* Nordstedt var. *asteptum* Nordstedt emend. C. Bicudo & L.M. Carvalho. **NOTA:** escala 10 µm, exceto quando indicado.

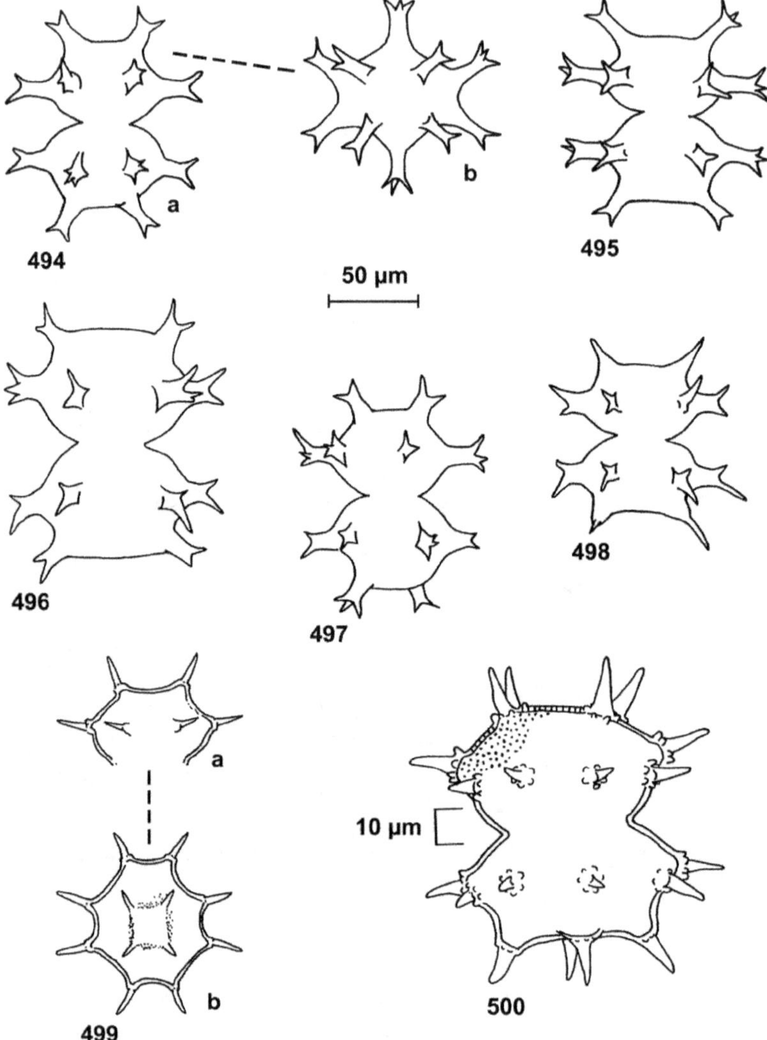

Fig. 494-498. *Xanthidium regulare* Nordstedt var. *pseudoregulare* (Borge) C. Bicudo & L.M. Carvalho. **Fig. 499.** *Xanthidiumregulare* Nordstedt var. *regulare* (Nordstedt 1869). **Fig. 500.** *Xanthidiumregulare* Nordstedt var. *foersteri* C. Bicudo (Bicudo 1969). **NOTA:** escala 10 µm, exceto quando indicado.

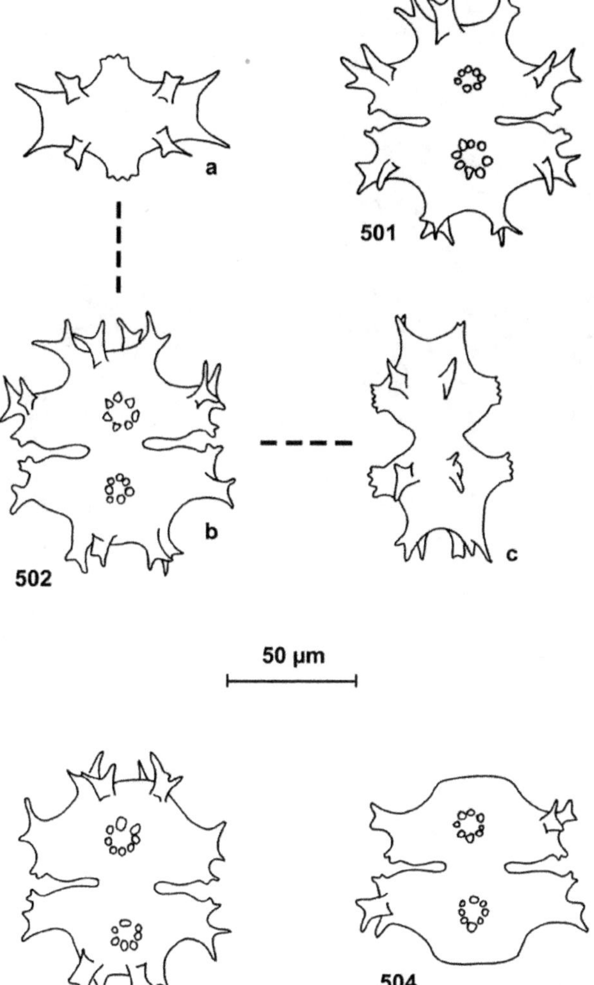

Fig. 501-504. *Xanthidium trilobum* Nordstedt. **NOTA:** escala 10 μm, exceto quando indicado.

Índice Remissivo de Gêneros, Espécies, Variedades e Formas Taxonômicas